新Aクラス 中学数学問題集

3年

6訂版

東邦大付属東邦中・高校講師 ——————— 市川　博規

桐朋中・高校教諭 ——————— 久保田顕二

駒場東邦中・高校教諭 ——————— 中村　直樹

玉川大学教授 ——————— 成川　康男

筑波大附属駒場中・高校元教諭 ——————— 深瀬　幹雄

芝浦工業大学教授 ——————— 牧下　英世

筑波大附属駒場中・高校副校長 ——————— 町田多加志

桐朋中・高校教諭 ——————— 矢島　　弘

駒場東邦中・高校元教諭 ——————— 吉田　　稔

共著

昇龍堂出版

まえがき

　この本は，中学生のみなさんが中学校の3年間で学習する数学のうち，3年生の内容を効率よく学習できるようにまとめたものです。

　この本は，基本的に教科書にそった章立てで配列されていますので，教科書の内容を確認し，理解を深めるために使うことができます。また，教科書に書かれている基本的なことがらを理解したうえで，この問題集にあるいろいろな問題を解くことにより，しっかりとした数学の学力を身につけることができます。

　代数的な内容（数量）では，まず，文字式の計算方法，方程式や関数の考え方をきちんと理解しましょう。表現されている数式の内容や取り扱い方を理解しながら計算力を身につけることが大切です。また，複雑な文章題も，図やグラフをかいたり，文字を利用したりして挑戦してください。

　幾何的な内容（図形）では，図形の定義や性質を正確に理解しましょう。問題をいろいろな角度から筋道を立てて考えて，解いていく力を高めていきましょう。正解に到達する筋道はさまざまです。一つの考え方だけでなく，いくつかの解答を考えてみることも大切です。ひとつひとつ問題を着実に解き，理解を重ねることで，論理的な思考力を養うことができます。

　なお，この本は，中学校3年生の教育課程で学習するすべての内容をふくみ，みなさんのこれからの学習にぜひとも必要であると思われる発展的なことがらについても，あえて取りあげています。教科書にはのっていなくても，まとめや例題で考え方を十分に学んで，問題を解くことができるように配慮してあります。それは，学習指導要領の範囲にとらわれることなく，Aクラスの学力を効率的に身につけてほしいと考えたからです。

　みなさんの努力は必ず報われます。また，数学の難問を解いたときの達成感や充実感は，何ものにもまさる尊い経験です。長い道のりですが，あせらず，急がず，一歩一歩，着実に進んでいってください。そして，みなさん一人ひとりの才能が大きく開花することを切望いたします。

著　者

本書の使い方と特徴

　この問題集を自習する場合には，以下の特徴をふまえて，計画的・効果的に学習することを心がけてください。

　また，学校でこの問題集を使用する場合には，ご担当の先生がたの指示にしたがってください。

1．　まとめ　は，教科書で学習する基本事項や，その節で学ぶ基礎的なことがらを，簡潔にまとめてあります。教科書にない定理には，証明を示したものもあります。

2．　基本問題　は，教科書やその節の内容が身についているかを確認するための問題です。

3．　●例題●　は，その分野の典型的な問題を精選してあります。解説で解法の要点を説明し，解答や証明で，模範的な解答をていねいに示してあります。

4．　演習問題　は，例題で学習した解法を確実に身につけるための問題です。やや難しい問題もありますが，じっくりと時間をかけて取り組むことにより，実力がつきます。

5．進んだ問題の解法‖‖‖　および　‖‖‖進んだ問題‖‖‖　は，やや高度な内容です。解法で考え方・解き方の要点を説明し，解答や証明で，模範的な解答をていねいに示してあります。

6．▶研究◀　は，数学に深い興味をもつみなさんのための問題で，発展的な内容です。

7．▓章の問題▓　は，その章全体の内容をふまえた総合問題です。まとめや復習に役立ててください。

8. **解答編** を別冊にしました。

　基本問題の解答は，原則として （答） のみを示してあります。

　演習問題の解答は，まず （答） を示し，続いて （解説） として，考え方や略解を示してあります。問題の解き方がわからないときや，答えの数値が合わないときには，略解を参考に確認してください。

　進んだ問題の解答は，模範的な解答をていねいに示してあります。

9. （別解） は，解答とは異なる解き方です。

　また，（参考） は，解答，別解とは異なる解き方などを簡単に示してあります。

　さまざまな解法を知ることで，柔軟な考え方を養うことができます。

10. （注） は，まとめの説明を補ったり，くわしく説明したりしています。

　また，解答をわかりやすく理解するための補足や，まちがいやすいポイントについての注意点も示してあります。

目次

式の計算

1…単項式と多項式の乗法・除法

1　**単項式と多項式の乗法**

　分配法則を利用して，単項式と，多項式の各項の積を求めてから，その和を計算する。

$$a(b+c)=ab+ac \qquad (a+b)c=ac+bc$$

2　**単項式と多項式の除法**

　除法を乗法になおすか，分数の形にしてから計算する。

$$c\neq 0 \text{ のとき，} (a+b)\div c=(a+b)\times\frac{1}{c}=a\times\frac{1}{c}+b\times\frac{1}{c}=\frac{a}{c}+\frac{b}{c}$$

$$(a+b)\div c=\frac{a+b}{c}=\frac{a}{c}+\frac{b}{c}$$

基本問題

1. 次の計算をせよ。

(1)　$2x(x-2y)$

(2)　$(x+3y)\times(-4y)$

(3)　$5a(3a-b+2)$

(4)　$(-8x+12)\times(-3x)$

(5)　$-4x(-3x+2y-2)$

(6)　$(3x^2-1)\times(-2x)$

2. 次の計算をせよ。

(1)　$(12a^2-8a)\div 4a$

(2)　$(15x^3-10x^2)\div(-5x)$

(3)　$(4x^3-2x^2)\div(-2x^2)$

(4)　$(6ax-3ay)\div 3a$

(5)　$(30a^2-10ab)\div 5a$

(6)　$\dfrac{6x^3-9x^2}{3x}$

●**例題1**● 次の計算をせよ。

(1) $(-2a^2)^3(a-4)$

(2) $\dfrac{36x^6-18x^3-27x^2}{(3x)^2}$

解説 累乗を先に計算する。つぎに，分配法則を利用する。

解答 (1) $(-2a^2)^3(a-4)=\{(-2)^3\times(a^2)^3\}(a-4)=-8a^6(a-4)$

$\qquad\qquad\qquad\qquad\qquad\qquad\qquad = -8a^7+32a^6$ ········(答)

(2) $\dfrac{36x^6-18x^3-27x^2}{(3x)^2}=\dfrac{36x^6-18x^3-27x^2}{9x^2}=\dfrac{36x^6}{9x^2}-\dfrac{18x^3}{9x^2}-\dfrac{27x^2}{9x^2}$

$\qquad\qquad\qquad\qquad\qquad\qquad\qquad\qquad = 4x^4-2x-3$ ········(答)

参考 (2)は，共通因数でくくることを利用してもよい。(→p.13)

$$\dfrac{36x^6-18x^3-27x^2}{(3x)^2}=\dfrac{\cancel{9x^2}(4x^4-2x-3)}{\cancel{9x^2}}=4x^4-2x-3$$

演習問題

3. 次の計算をせよ。

(1) $x^3(3x^2-2)$

(2) $(a^2-5a+2)\times(-a^3)$

(3) $-2a(3a^2-6a+9)$

(4) $(5x-4y-7)\times(-3x^2)$

4. 次の計算をせよ。

(1) $(-a)^3(4a-5)$

(2) $(3x^2-2x+1)\times(2x)^2$

(3) $(-3x^2)^3(x^2-x+2)$

(4) $(3a-2b)\times(-2ab)^2$

(5) $\left(-\dfrac{1}{2}xy^2\right)^3(32x^2-16y)$

(6) $(9a^2-27ab-18b^2)\times\left(-\dfrac{1}{3}a^2b\right)^2$

5. 次の計算をせよ。

(1) $\dfrac{8x^4-4x^3-2x^2}{-2x^2}$

(2) $(6x^5-2x^3+4x^2)\div\dfrac{2}{3}x^2$

(3) $\left(\dfrac{1}{3}x^3-\dfrac{1}{2}x^2\right)\div\dfrac{1}{6}x$

(4) $\left(\dfrac{7}{10}a^3+\dfrac{3}{5}a^2-\dfrac{1}{4}a\right)\div\left(-\dfrac{1}{20}a\right)$

6. 次の計算をせよ。

(1) $(6x^4-15x^3)\div(-x)^3$

(2) $(12x^3y^2-4x^2y^3)\div(-2xy)^2$

(3) $\dfrac{8a^8-16a^7}{(-2a^2)^3}$

(4) $\dfrac{(a^3b^2)^2-2a^3b^4}{(-ab)^3}$

(5) $\{4x^4y^4-(-xy)^5\}\div(-xy)^4$

(6) $(9a^3b^2-21ab^3)\div3a^3b^4\times(-ab^2)^2$

●**例題2**● 次の計算をせよ。

(1) $3(x^2-4x)-(-2x)^2(3-2x)$ (2) $\dfrac{x^2-2y^2}{2}-\dfrac{1-3x^2-y^2}{4}$

(**解説**) (1) 分配法則を利用して，かっこをはずしてから同類項をまとめる。

(2) 通分するときは，かっこを使って正しく計算する。

(**解答**) (1) $3(x^2-4x)-(-2x)^2(3-2x)=3x^2-12x-4x^2(3-2x)$

$$=3x^2-12x-12x^2+8x^3$$

$$=-9x^2-12x+8x^3$$

$$=8x^3-9x^2-12x \quad\cdots\cdots(\text{答})$$

(2) $\dfrac{x^2-2y^2}{2}-\dfrac{1-3x^2-y^2}{4}=\dfrac{2\,(x^2-2y^2)-(1-3x^2-y^2)}{4}$ ← かっこを使う

$$=\dfrac{2x^2-4y^2-1+3x^2+y^2}{4}$$

$$=\dfrac{5x^2-3y^2-1}{4} \quad\cdots\cdots(\text{答})$$

(**注**) (2)の答えは，$\dfrac{5}{4}x^2-\dfrac{3}{4}y^2-\dfrac{1}{4}$ と書いてもよい。

演習問題

7. 次の計算をせよ。

(1) $x^2(x-3)-3x(x^2-x-1)$ (2) $2a(a^2-3)-(a+2)\times(-4a)^2$

(3) $3x(5x-2y)+2y(4y-7x)$ (4) $2(a^2-b^2)-3b(a-b)-4a(a-b)$

(5) $x(x+y)-2y(y-x)+3(x^2-y^2)$

(6) $2x^2(ax+bx)-\left(-\dfrac{2}{3}x\right)^3(a+b)$

8. 次の計算をせよ。

(1) $\dfrac{-4x^2-y^2}{2}+\dfrac{x^2-2y^2}{3}$

(2) $\dfrac{1}{3}(3x^2+2xy)-\dfrac{1}{4}(-2x^2+3xy)$

(3) $\dfrac{5a^2+b^2+3}{4}-\dfrac{a^2-3b^2-5}{8}-\dfrac{3}{2}$

(4) $\dfrac{x^2+xy+3y^2}{2}-\dfrac{x^2-xy-3y^2}{3}+\dfrac{3(-2x^2-3xy-4y^2)}{4}$

2 … 多項式の乗法

1 多項式の乗法（式の展開）

分配法則 $(A+B)C=AC+BC$, $A(B+C)=AB+AC$ をくり返し利用する。

（例） $(a+b)(c+d)$ を展開する。

$c+d=M$ とおくと，

$$(a+b)(c+d)=(a+b)M=aM+bM$$
$$=a(c+d)+b(c+d)$$
$$=ac+ad+bc+bd$$

実際の計算では，下の矢印の順にかけるとよい。

$$(a+b)(c+d)=ac+ad+bc+bd$$

2 式の整理

(1) **降べきの順** 多項式を，1つの文字について次数の高い項から順に並べて整理する。

(2) **昇べきの順** 多項式を，1つの文字について次数の低い項から順に並べて整理する。

（例） $3x^4-2x^3-5x^2+x-7$ （x について降べきの順）

$-7+x-5x^2-2x^3+3x^4$ （x について昇べきの順）

$2a^3-5a^2b+3ab^2-b^3$ $\left(\begin{array}{l}a \text{ について降べきの順}\\ b \text{ について昇べきの順}\end{array}\right)$

基本問題

9. 次の式を展開せよ。

(1) $(a-b)(c+d)$　　(2) $(a+b)(c-d)$　　(3) $(a-b)(c-d)$

(4) $(x-7)(y+3)$　　(5) $(3x+5)(6y-1)$　　(6) $(3a-1)(4x-3y)$

10. 次の式を，〔 〕の中に示された文字について，降べきの順および昇べきの順に整理せよ。

(1) $4x^2-6+3x-2x^3$ 〔x〕　　(2) $a^3-4ab^2+3b^3-2a^2b$ 〔a〕

●**例題3**● $(3x-2)(x^2+4x-5)$ を展開し，x について降べきの順に整理
せよ。

解説 項が3つ以上でも，右の図の矢印のように，分配法
則を利用して順にかけて計算してよい。つぎに，同類項を
まとめ，結果を x について降べきの順に整理する。

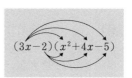

解答 $(3x-2)(x^2+4x-5)$
$$=3x^3+12x^2-15x-2x^2-8x+10$$
$$=3x^3+10x^2-23x+10 \cdots\cdots(答)$$

参考 与えられた式を降べきの順に整理してから，右のよ
うに縦書きで計算してもよい。

$$
\begin{array}{r}
3x - 2 \\
\times)\ \ x^2 + 4x - 5 \\
\hline
3x^3 - 2x^2 \\
12x^2 - 8x \\
+)\ -15x + 10 \\
\hline
3x^3 + 10x^2 - 23x + 10
\end{array}
$$

演習問題

11. 次の式を展開せよ。

(1) $(a+1)(a+3)$ (2) $(x-2)(x-3)$

(3) $(5a+4)(a+7)$ (4) $(x+8y)(3x-y)$

(5) $(x-6y)(-x+2y)$ (6) $(2x-3y)(3x+4y)$

12. 次の式を展開せよ。

(1) $(a-2)(a^2-a+3)$ (2) $(3x-7)(2x^2+4x-3)$

(3) $(2y+5)(3y^2+4y-1)$ (4) $(3x-4)(-x^2-2x+5)$

(5) $(2x^2-3x-1)(x-8)$ (6) $(-a+3)(-2a^2-5a-2)$

13. 次の式を展開せよ。

(1) $(a+b)(a^2-ab+b^2)$ (2) $(3x-5y)(x^2+xy-4y^2)$

(3) $(-7y^2+2xy+x^2)(4x+5y)$ (4) $(a^2-7b^2+2ab)(2a-3b)$

14. 次の計算をせよ。

(1)
$$
\begin{array}{r}
2x - 3 \\
\times)\ \ x + 5 \\
\hline
\end{array}
$$

(2)
$$
\begin{array}{r}
4a + 3b \\
\times)\ -3a + b \\
\hline
\end{array}
$$

(3)
$$
\begin{array}{r}
x^2 - 3x + 5 \\
\times)\ 2x - 1 \\
\hline
\end{array}
$$

(4)
$$
\begin{array}{r}
-x^2 - x + 4 \\
\times)\ \ 5x^2 + 1 \\
\hline
\end{array}
$$

(5)
$$
\begin{array}{r}
3x - 4y + 1 \\
\times)\ 4x + 3y \\
\hline
\end{array}
$$

(6)
$$
\begin{array}{r}
4x^2 - xy + 3y^2 \\
\times)\ 5x - y \\
\hline
\end{array}
$$

●**例題4**● $A=x-3$, $B=x^2-2x-6$, $C=x+2$ のとき，次の式を計算せよ。

(1) $A\times B\times C$ (2) $A\times B-B\times C$

解説 (1) $A\times B$ を計算し，その結果に C をかけて計算する。

すなわち，$A\times B\times C=(A\times B)\times C$ である。

また，交換法則より，$A\times B\times C=A\times C\times B$ として計算の順序をくふうしてもよい。

(2) まず，$A\times B$, $B\times C$ をそれぞれ計算する。

解答 (1) $A\times B\times C=(A\times B)\times C=\{(x-3)(x^2-2x-6)\}(x+2)$

$\qquad\qquad\qquad\quad =(x^3-2x^2-6x-3x^2+6x+18)(x+2)$

$\qquad\qquad\qquad\quad =(x^3-5x^2+18)(x+2)$

$\qquad\qquad\qquad\quad =x^4+2x^3-5x^3-10x^2+18x+36$

$\qquad\qquad\qquad\quad =x^4-3x^3-10x^2+18x+36$ ………(答)

(2) $A\times B-B\times C=(x-3)(x^2-2x-6)-(x^2-2x-6)(x+2)$

$\qquad\qquad\qquad\quad =(x^3-2x^2-6x-3x^2+6x+18)-(x^3+2x^2-2x^2-4x-6x-12)$

$\qquad\qquad\qquad\quad =(x^3-5x^2+18)-(x^3-10x-12)$

$\qquad\qquad\qquad\quad =x^3-5x^2+18-x^3+10x+12$

$\qquad\qquad\qquad\quad =-5x^2+10x+30$ ………(答)

参考 (2)は，$A\times B-B\times C=B\times(A-C)$ と考えて計算してもよい。（→p.13）

$\qquad A\times B-B\times C=B\times(A-C)=(x^2-2x-6)\{(x-3)-(x+2)\}$

$\qquad\qquad\qquad\qquad\quad =(x^2-2x-6)\times(-5)=-5x^2+10x+30$

演習問題

15. $A=3x-2$, $B=-x+1$, $C=2x^2-3$ のとき，次の式を計算せよ。

(1) $A\times B\times C$ (2) $2C-A\times B$

(3) $A\times C-B\times C$

16. 次の計算をせよ。

(1) $(a-1)(2a+3)(3a+5)$

(2) $(-x-2)(4x+5)(x^2-3x-5)$

(3) $(x-2)(x+5)-(x+1)(x-4)$

(4) $(3x-y)(2x-3y)+(x-y)(4x+3y)$

(5) $(x+1)(x+2)(x-4)-(x-1)(x-2)(x+4)$

(6) $(2x-3)(x^2-4x+5)+(x^2-4x+5)(2x+3)$

3…乗法公式による多項式の乗法

┌───┐
│ 1 乗法公式
│ $(a+b)^2=a^2+2ab+b^2$ （和の平方の公式）
│ $(a-b)^2=a^2-2ab+b^2$ （差の平方の公式）
│ $(a+b)(a-b)=a^2-b^2$ （和と差の積の公式）
│ $(x+a)(x+b)=x^2+(a+b)x+ab$ （1次式の積の公式）
│ $(ax+b)(cx+d)=acx^2+(ad+bc)x+bd$
└───┘

◯基本問題◯

17. 次の式を展開せよ。

(1) $(x+y)^2$ (2) $(x+5)^2$ (3) $(a-4)^2$

(4) $(y-z)^2$ (5) $(2-x)^2$ (6) $(-3-a)^2$

(7) $(x+y)(x-y)$ (8) $(a+2)(a-2)$ (9) $(7+p)(7-p)$

18. 次の式を展開せよ。

(1) $(x+2)(x+4)$ (2) $(x-3)(x+5)$ (3) $(x+1)(x-7)$

(4) $(y-1)(y-2)$ (5) $(a+8)(a-4)$ (6) $(x-5)(x+3)$

(7) $(x+4)(x+5)$ (8) $(x-8)(x+3)$ (9) $(y+6)(y-10)$

●**例題5**● 和の平方，差の平方の公式を利用して，次の式を展開せよ。

(1) $(3x+2y)^2$ (2) $\left(2x-\dfrac{1}{4}y\right)^2$

解説 (1) 和の平方の公式 $(a+b)^2=a^2+2ab+b^2$ で，$a=3x$，$b=2y$ として展開する。

(2) 差の平方の公式 $(a-b)^2=a^2-2ab+b^2$ で，$a=2x$，$b=\dfrac{1}{4}y$ として展開する。

解答 (1) $(3x+2y)^2=(3x)^2+2\times 3x\times 2y+(2y)^2$

               $=9x^2+12xy+4y^2$ ………(答)

(2) $\left(2x-\dfrac{1}{4}y\right)^2=(2x)^2-2\times 2x\times\dfrac{1}{4}y+\left(\dfrac{1}{4}y\right)^2$

               $=4x^2-xy+\dfrac{1}{16}y^2$ ………(答)

●演習問題●

19. 次の式を展開せよ。

(1) $(2x+3y)^2$　　　(2) $(5x-2y)^2$　　　(3) $(-3x+4y)^2$

(4) $\left(4x+\dfrac{1}{2}y\right)^2$　　　(5) $\left(\dfrac{1}{2}a-b\right)^2$　　　(6) $\left(\dfrac{2}{3}a-\dfrac{3}{2}b\right)^2$

●例題6● 和と差の積の公式を利用して，$(-3x+2y)(3x+2y)$ を展開せよ。

(解説) $-3x+2y=-(3x-2y)$ と変形できるから，

$(-3x+2y)(3x+2y)=-(3x-2y)(3x+2y)$ として，和と差の積の公式を利用する。

(解答) $(-3x+2y)(3x+2y)=-(3x-2y)(3x+2y)$
$$=-\{(3x)^2-(2y)^2\}$$
$$=-(9x^2-4y^2)=-9x^2+4y^2 \quad\cdots\cdots\cdots(答)$$

(参考) 与えられた式を y について整理して，次のように展開してもよい。
$$(-3x+2y)(3x+2y)=(2y-3x)(2y+3x)=(2y)^2-(3x)^2=4y^2-9x^2$$

●演習問題●

20. 次の式を展開せよ。

(1) $(5x-4y)(5x+4y)$　　　　(2) $(7x+3y)(-7x+3y)$

(3) $(-a+b)(-a-b)$　　　　(4) $(2y-x)(x+2y)$

(5) $(3xy+a)(3xy-a)$　　　　(6) $\left(-\dfrac{3}{4}x-\dfrac{5}{3}y\right)\left(-\dfrac{3}{4}x+\dfrac{5}{3}y\right)$

21. 次の式を展開せよ。

(1) $(x-a)^2(x+a)^2$　　　　(2) $(1-x)(1+x)(1+x^2)(1+x^4)$

(3) $(x-2)(x+2)(x-3)(x+3)$　　　(4) $(x+3)(x+1)(x-1)(x-3)$

●例題7● 1次式の積の公式を利用して，$(x-7y)(x+3y)$ を展開せよ。

(解説) $(x-7y)(x+3y)=\{x+(-7y)\}(x+3y)$ であるから，1次式の積の公式

$(x+a)(x+b)=x^2+(a+b)x+ab$ で，$a=-7y$，$b=3y$ として展開する。

(解答) $(x-7y)(x+3y)=x^2+(-7y+3y)\times x+(-7y)\times 3y$
$$=x^2-4xy-21y^2 \quad\cdots\cdots\cdots(答)$$

演習問題

22. 次の式を展開せよ。

(1) $(x+2y)(x+3y)$ (2) $(a-4b)(a-8b)$

(3) $(x-8y)(x+5y)$ (4) $(x+5y)(x-y)$

(5) $(x-y)(x+7y)$ (6) $(a-2b)(a+8b)$

(7) $(a+3b)(a-5b)$ (8) $(x-2y)(x-11y)$

●例題8● 公式 $(ax+b)(cx+d)=acx^2+(ad+bc)x+bd$ を利用して，次の式を展開せよ。

(1) $(2x-3)(4x+5)$ (2) $(4x+3y)(3x-2y)$

(解説) (1) $(2x-3)(4x+5)=\{2x+(-3)\}(4x+5)=8x^2+\{2\times5+(-3)\times4\}x-15$
として展開する。

(2) $(4x+3y)(3x-2y)=(4x+3y)\{3x+(-2y)\}$ であるから，上の公式で，
$b=3y,\ d=-2y$ として展開する。

(解答) (1) $(2x-3)(4x+5)=8x^2+(10-12)x-15$
$$=8x^2-2x-15 \cdots\cdots(答)$$

(2) $(4x+3y)(3x-2y)=12x^2+(-8y+9y)\times x+3y\times(-2y)$
$$=12x^2+xy-6y^2 \cdots\cdots(答)$$

演習問題

23. 次の式を展開せよ。

(1) $(x-5)(2x-1)$ (2) $(x-3)(4x+2)$

(3) $(2y+1)(2y-5)$ (4) $(3y-2)(3y+7)$

(5) $(2x+3)(3x+4)$ (6) $(5x-1)(3x-7)$

(7) $(4y-5)(3y+10)$ (8) $(3xy+1)(4xy-3)$

24. 次の式を展開せよ。

(1) $(x-3y)(3x+2y)$ (2) $(3a+2b)(3a+4b)$

(3) $(2x-5y)(3x-2y)$ (4) $(5x-2y)(2x+5y)$

(5) $(3y+x)(7x-2y)$ (6) $(3x-y)(5x+6y)$

(7) $(4a+3b)(6a-5b)$ (8) $(3xy+2z)(xy-4z)$

●**例題9**●　次の計算をせよ。

(1)　$(x+3)^2-(x+4)(x-4)$　　　(2)　$\dfrac{(a-2b)^2}{2}-\dfrac{(a-3b)^2}{3}$

(**解説**)　まず，乗法公式を利用して展開してから，同類項をまとめる。

かっこをはずすとき，符号をまちがえないように注意する。

(**解答**)　(1)　$(x+3)^2-(x+4)(x-4)$

$=(x^2+6x+9)-(x^2-16)$

$=x^2+6x+9-x^2+16$

$=6x+25$　………（答）

(2)　$\dfrac{(a-2b)^2}{2}-\dfrac{(a-3b)^2}{3}$

$=\dfrac{3(a-2b)^2-2(a-3b)^2}{6}$

$=\dfrac{3(a^2-4ab+4b^2)-2(a^2-6ab+9b^2)}{6}$

$=\dfrac{3a^2-12ab+12b^2-2a^2+12ab-18b^2}{6}$

$=\dfrac{a^2-6b^2}{6}$　………（答）

(**参考**)　(2)は，通分する前にかっこをはずしてから，次のように計算してもよい。

$\dfrac{(a-2b)^2}{2}-\dfrac{(a-3b)^2}{3}=\dfrac{a^2-4ab+4b^2}{2}-\dfrac{a^2-6ab+9b^2}{3}$

$=\dfrac{1}{2}a^2-2ab+2b^2-\dfrac{1}{3}a^2+2ab-3b^2$

$=\dfrac{1}{6}a^2-b^2$

演習問題

25. 次の計算をせよ。

(1)　$(x-2)^2-(x+3)(x-3)$　　　(2)　$x(x+2)+(x-3)^2$

(3)　$(a+3)(a-2)-a(a-4)$　　　(4)　$(x-2)(x-5)+(x-4)(x+4)$

(5)　$(x+y)^2-2y(x-y)$　　　(6)　$(2x-y)^2+(x+y)(5x-y)$

(7)　$(x+y)^2+(x-y)^2$　　　(8)　$(x+3y)^2-(3x+y)^2$

26. 次の計算をせよ。

(1)　$\dfrac{(x-3)^2}{2}-\dfrac{2x+1}{6}$　　　(2)　$\dfrac{(2x+y)^2}{4}-x(x+y)$

(3)　$\dfrac{(x+y)^2}{2}-\dfrac{(x+2y)^2}{4}$　　　(4)　$\dfrac{(x-2y)^2}{4}-\dfrac{(x+3y)^2}{3}$

(5)　$\left(\dfrac{a-b}{2}\right)^2-\dfrac{(-a+2b)(a+2b)}{3}+\dfrac{b(a+2b)}{2}$

●**例題10**● 次の式を展開せよ。

(1) $(a+b+c)^2$ (2) $(x+y+z)(x-y-z)$

(3) $(2x+3y-4z)(2x+3y+5z)$

(**解説**) 与えられた式の一部をまとめて他の文字におきかえ，乗法公式を利用する。なれて きたら，(2), (3)の解答のように展開してもよい。

(1) $a+b=X$ とおいて，$(a+b+c)^2=(X+c)^2$ を和の平方の公式を利用して展開する。

(2) $(x+y+z)(x-y-z)=\{x+(y+z)\}\{x-(y+z)\}$ とし，$y+z$ をひとかたまりと考 えて，和と差の積の公式を利用して展開する。

(3) $(2x+3y-4z)(2x+3y+5z)=\{(2x+3y)-4z\}\{(2x+3y)+5z\}$ とし， $2x+3y$ をひとかたまりと考えて，1次式の積の公式を利用して展開する。

(**解答**) (1) $a+b=X$ とおくと

$(a+b+c)^2=(X+c)^2$
$=X^2+2Xc+c^2$
$=(a+b)^2+2(a+b)\times c+c^2$
$=a^2+2ab+b^2+2ac+2bc+c^2$
$=a^2+b^2+c^2+2ab+2bc+2ca$
 ………(答)

(2) $(x+y+z)(x-y-z)$
$=\{x+(y+z)\}\{x-(y+z)\}$
$=x^2-(y+z)^2$
$=x^2-(y^2+2yz+z^2)$
$=x^2-y^2-2yz-z^2$
$=x^2-y^2-z^2-2yz$ ………(答)

(3) $(2x+3y-4z)(2x+3y+5z)=\{(2x+3y)-4z\}\{(2x+3y)+5z\}$
$=(2x+3y)^2+(-4z+5z)(2x+3y)+(-4z)\times 5z$
$=4x^2+12xy+9y^2+z(2x+3y)-20z^2$
$=4x^2+12xy+9y^2+2zx+3zy-20z^2$
$=4x^2+9y^2-20z^2+12xy+3yz+2zx$ ………(答)

(**注**) (1)の結果は，乗法公式として利用してよい。

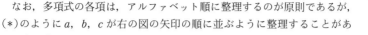

$$(a+b+c)^2=a^2+b^2+c^2+2ab+2bc+2ca\ \cdots\cdots(*)$$

なお，多項式の各項は，アルファベット順に整理するのが原則であるが， $(*)$ のように a, b, c が右の図の矢印の順に並ぶように整理することがあ る。多項式をこのように整理することを，**輪環の順（サイクリック）に整理する**という。

演習問題

27. 次の式を展開せよ。

(1) $(a+b-c)^2$ (2) $(a+b+3)^2$ (3) $(2a-b-3c)^2$

(4) $(2x+y+1)(2x+y-1)$ (5) $(2a+b-c)(2a-b+c)$

(6) $(x+2y+3z)(x+2y+5z)$ (7) $(x^2-x+2)(x^2-x-4)$

4 … 素因数分解の復習

1　**素因数分解**
　　自然数を素数の積で表すことを，**素因数分解する**という。自然数を素因数分解したとき，それぞれの素数をその自然数の**素因数**という。
　　（例）　$120 = 2^3 \times 3 \times 5$ であり，2，3，5 は 120 の素因数である。

基本問題

28. 次の数を素因数分解せよ。

(1)　54　　　　　　(2)　70　　　　　　(3)　2520　　　　　(4)　4095

●**例題11**●　　504 にできるだけ小さい自然数をかけて，その積が平方数になるようにする。どのような数をかけたらよいか。また，その積はどのような自然数の平方になるか。

解説　まず，504 を素因数分解する。その結果から，504 と自然数の積が，ある自然数の平方の形で表されるもののうち，最小になる数を考える。

解答　$504 = 2^3 \times 3^2 \times 7$ であるから，504 に 2×7 をかけて

$$504 \times (2 \times 7) = (2^3 \times 3^2 \times 7) \times (2 \times 7)$$
$$= 2^4 \times 3^2 \times 7^2$$
$$= (2^2 \times 3 \times 7)^2$$
$$= 84^2$$

ゆえに，504 に $2 \times 7 = 14$ をかけると，84 の平方になる。

```
2) 504
2) 252
2) 126
3)  63
3)  21
     7
```

（答）　14，84 の平方

演習問題

29. 次の数にできるだけ小さい自然数をかけて，その積が平方数になるようにする。どのような数をかけたらよいか。また，その積はどのような自然数の平方になるか。

(1)　98　　　　　　　　(2)　240　　　　　　　　(3)　594

5 … 因数分解

1　**因数分解の公式**

　　因数分解は式の展開の逆の計算であるから，乗法公式の左辺と右辺を入れかえると，因数分解の公式になる。

(1)　$ma+mb=m(a+b)$　　　　　　　　　（共通因数でくくる）

　　　$ma-mb=m(a-b)$

(2)　$a^2+2ab+b^2=(a+b)^2$　　　　　　（平方の公式）

　　　$a^2-2ab+b^2=(a-b)^2$　　　　　　（平方の公式）

(3)　$a^2-b^2=(a+b)(a-b)$　　　　　　（平方の差の公式）

(4)　$x^2+(a+b)x+ab=(x+a)(x+b)$　（2次3項式の公式）

(5)　$acx^2+(ad+bc)x+bd=(ax+b)(cx+d)$

2　**因数分解の方法**

(1)　共通因数があれば，共通因数でくくる。

(2)　公式が利用できるときは，公式を使って因数分解する。

(3)　公式が直接利用できないときは，次のようなことを考える。

　　①　式の一部をまとめて，他の文字におきかえる。

　　②　項を適当に組み合わせる。

　　③　1つの文字について式を整理する。（次数の低い文字に着目する）

(注)　因数分解は，それ以上因数分解ができないところまで行う。

基本問題

30. 次の式を因数分解せよ。

(1)　$3a-6ab$　　　　　　(2)　$xy+x$　　　　　　　(3)　$8a^2-4a$

(4)　$7mx^2-7mx-49m$　(5)　x^2y+xy^2　　　　　(6)　$12x^2y-18xy$

(7)　$-3x^3+15x^2-21x$　(8)　$2x^3+4x^2y-8xy^2$　(9)　$5x^4-15x^3+25x^2$

31. 次の式を因数分解せよ。

(1)　x^2+2x+1　　　　　(2)　x^2-4x+4　　　　　(3)　$a^2-8a+16$

(4)　$a^2+22a+121$　　　(5)　x^2-y^2　　　　　　(6)　$49m^2-1$

(7)　$16-p^2$　　　　　　(8)　m^2-36n^2　　　　　(9)　$100x^2-y^2$

●**例題12**● $\dfrac{4}{3}ax^2-\dfrac{8}{9}axy+\dfrac{2}{15}ay^2$ を因数分解せよ。

（**解説**） 係数に分数がふくまれているときは，解答のように，かっこの中の係数が整数になるように，分数をくくり出す。くくる分数は，次のようにして見つける。

くくる分数の分母は，それぞれの分母の最小公倍数

くくる分数の分子は，それぞれの分子の最大公約数

この場合，分母 3，9，15 の最小公倍数は 45，分子 4，8，2 の最大公約数は 2 である。

したがって，くくる分数は $\dfrac{2}{45}$ となり，共通因数は $\dfrac{2}{45}a$ となる。

（**解答**） $\dfrac{4}{3}ax^2-\dfrac{8}{9}axy+\dfrac{2}{15}ay^2=\dfrac{2}{45}a\times30x^2-\dfrac{2}{45}a\times20xy+\dfrac{2}{45}a\times3y^2$

$$=\dfrac{2}{45}a(30x^2-20xy+3y^2)\quad\cdots\cdots\text{（答）}$$

演習問題

32. 次の式を因数分解せよ。

(1) $\dfrac{1}{3}x^2+\dfrac{1}{6}xy$ 　　　　　　(2) $\dfrac{3}{4}abx-\dfrac{15}{8}bcy$

(3) $\dfrac{7}{5}x^2y+\dfrac{4}{15}y^2z^2-\dfrac{3}{20}y^2z$

●**例題13**● 次の式を因数分解せよ。

(1) $x^2+6xy+9y^2$ 　　　　　　(2) $16x^2-24x+9$

(3) $49x^2-4y^2$

（**解説**） 公式が利用できるときは，それを使って因数分解する。

(1) $9y^2=(3y)^2$，$6xy=2\times x\times3y$ であるから，平方の公式を利用する。

(2) $16x^2=(4x)^2$，$9=3^2$，$24x=2\times4x\times3$ であるから，平方の公式を利用する。

(3) $49x^2=(7x)^2$，$4y^2=(2y)^2$ であるから，平方の差の公式を利用する。

（**解答**） (1) $x^2+6xy+9y^2=(x+3y)^2$　$\cdots\cdots$（答）

(2) $16x^2-24x+9=(4x-3)^2$　$\cdots\cdots$（答）

(3) $49x^2-4y^2=(7x+2y)(7x-2y)$　$\cdots\cdots$（答）

演習問題

33. 次の式を因数分解せよ。

(1) $x^2+12xy+36y^2$ (2) $x^2-24xy+144y^2$ (3) $4x^2-4xy+y^2$

(4) $4a^2+12ab+9b^2$ (5) $49a^2-84ab+36b^2$ (6) $9x^2-25y^2$

(7) $81x^2-16y^2$ (8) $4m^2-9n^2$ (9) $x^2y^2-a^2$

●例題14● 次の式を因数分解せよ。

(1) $x^2-15x+36$ (2) $2x^2+8x-24$

(解説) 2次3項式の公式 $x^2+(a+b)x+ab=(x+a)(x+b)$ より，積が ab（定数項），和が $a+b$（x の係数）になる2つの数 a，b を求める。

(1) 積が36，和が -15 になる2つの数は -3 と -12 である。

(2) 共通因数の2でくくると，$2x^2+8x-24=2(x^2+4x-12)$ となる。

積が -12，和が4になる2つの数は -2 と6である。

(解答) (1) $x^2-15x+36=(x-3)(x-12)$ ………（答）

(2) $2x^2+8x-24=2(x^2+4x-12)=2(x-2)(x+6)$ ………（答）

❖ 2次3項式 x^2+px+q の因数分解 ❖

$$x^2+px+q=(x+a)(x+b)$$

と因数分解できたとする。右辺を展開すると，

$$x^2+px+q=x^2+(a+b)x+ab$$

となるから，和 $a+b$ が p，積 ab が q になる2つの数 a，b を見つける。

(1) x^2+5x+6，x^2-5x+6 のように，定数項が正のとき，a，b は同符号であり，

① x の係数が正ならば，a，b はともに正である。

$$x^2+5x+6=(x+2)(x+3)$$

② x の係数が負ならば，a，b はともに負である。

$$x^2-5x+6=(x-2)(x-3)$$

(2) x^2+2x-8，x^2-2x-8 のように，定数項が負のとき，a，b は異符号であり，

① x の係数が正ならば，a，b の絶対値は，正の数のほうが大きい。

$$x^2+2x-8=(x-2)(x+4)$$

② x の係数が負ならば，a，b の絶対値は，負の数のほうが大きい。

$$x^2-2x-8=(x+2)(x-4)$$

演習問題

34. 次の □ にあてはまる正の数を入れよ。

(1) $x^2+7x+6=(x+□)(x+□)$ (2) $x^2+6x+8=(x+□)(x+□)$

(3) $x^2-15x+□=(x-7)(x-□)$ (4) $x^2-□x-18=(x+2)(x-□)$

(5) $x^2+x-□=(x-4)(x+□)$ (6) $2x^2-8x+□=2(x-1)(x-□)$

35. 次の式を因数分解せよ。

(1) x^2+3x+2 (2) x^2-5x+4

(3) x^2+x-12 (4) x^2-5x-6

(5) $a^2-2a-24$ (6) $x^2+16x+28$

(7) $p^2-6p-27$ (8) $x^2+13x+36$

(9) $y^2+5y-24$ (10) $a^2+16a+63$

(11) $3x^2-39x+126$ (12) $-2x^2-20x+112$

●**例題15**● 次の式を因数分解せよ。

(1) $x^2+7xy+10y^2$ (2) $3x^2-6xy-24y^2$

(**解説**) $x^2+(a+b)xy+aby^2=x^2+(ay+by)×x+ay×by=(x+ay)(x+by)$ より，積が ab（y^2 の係数），和が $a+b$（xy の係数）になる 2 つの数 a，b を求める。

(1) 積が 10，和が 7 になる 2 つの数は 2 と 5 である。

(2) 共通因数の 3 でくくると，$3x^2-6xy-24y^2=3(x^2-2xy-8y^2)$ となる。
　　積が -8，和が -2 になる 2 つの数は 2 と -4 である。

(**解答**) (1) $x^2+7xy+10y^2=(x+2y)(x+5y)$ ………（答）

(2) $3x^2-6xy-24y^2=3(x^2-2xy-8y^2)=3(x+2y)(x-4y)$ ………（答）

注 結果の式に y をつけることを忘れないように注意する。

演習問題

36. 次の □ にあてはまる正の数を入れよ。

(1) $x^2+9xy+18y^2=(x+□y)(x+□y)$

(2) $x^2+4xy-21y^2=(x+□y)(x-□y)$

(3) $x^2+15xy+□y^2=(x+6y)(x+□y)$

(4) $x^2-□xy-10y^2=(x+2y)(x-□y)$

37. 次の式を因数分解せよ。

(1) $x^2+8xy+7y^2$

(2) $x^2-9xy+18y^2$

(3) $x^2+11xy+28y^2$

(4) $x^2+xy-6y^2$

(5) $x^2-2xy-24y^2$

(6) $a^2-ab-12b^2$

(7) $a^2+ab-210b^2$

(8) $x^2-6ax-72a^2$

38. 次の式を因数分解せよ。

(1) $ax^2-ax-12a$

(2) x^3-9x^2+20x

(3) x^3+6x^2+5x

(4) $\dfrac{1}{12}x^2-\dfrac{1}{4}x-\dfrac{9}{2}$

(5) $4m-\dfrac{10}{3}my-\dfrac{2}{3}my^2$

(6) $2x^2-22xy+36y^2$

(7) $-2x^2+2xy+112y^2$

(8) $x^3+x^2y-30xy^2$

●**例題16**● $(x-2)^2-(5-4x)$ を因数分解せよ。

（解説） 展開して整理してから，因数分解する。

（解答） $(x-2)^2-(5-4x)=x^2-4x+4-5+4x$

$\qquad\qquad\qquad\qquad =x^2-1$

$\qquad\qquad\qquad\qquad =(x+1)(x-1)$ ………(答)

演習問題

39. 次の式を因数分解せよ。

(1) $(x+2)(x+6)-15x$

(2) $(x-1)^2-3x-15$

(3) $(2x-1)^2-3x(x-2)-4$

(4) $(2x+1)(2x-1)-3(x+4)(x-2)-14$

(5) $(a+2b)(a-2b)-4b(2a-5b)$

(6) $(x-3y)^2-(x+y)^2+(x-y)^2$

(7) $x(x-3y)-y(x+5y)$

(8) $(x+y)^2-(x+2y)(x+3y)+(x+y)(x+3y)$

●**例題17**●　次の式を因数分解せよ。

(1)　$3(a+b)(a+2)-a-b$　　　　(2)　$(2x+y)^2-4(2x+y)-12$

(3)　$16x^2-(x-3y)^2$　　　　　　(4)　x^4-y^4

(解説)　与えられた式の一部を変形したり，ひとかたまりと考えて因数分解する。

(1)　$-a-b=-(a+b)$ であるから，共通因数 $a+b$ でくくる。

(2)　$2x+y=A$ とおくと，2次3項式の公式が利用できる。

(3)　$16x^2=(4x)^2$ であるから，平方の差の公式が利用できる。

(4)　$x^4=(x^2)^2$，$y^4=(y^2)^2$ であるから，平方の差の公式が利用できる。

(解答)　(1)　$3(a+b)(a+2)-a-b$

$\quad =3(a+b)(a+2)-(a+b)$

$\quad =(a+b)\{3(a+2)-1\}$

$\quad =(a+b)(3a+5)$　………(答)

(2)　$2x+y=A$ とおくと

$\quad (2x+y)^2-4(2x+y)-12$

$\quad =A^2-4A-12=(A+2)(A-6)$

$\quad =\{(2x+y)+2\}\{(2x+y)-6\}$

$\quad =(2x+y+2)(2x+y-6)$　……(答)

(3)　$16x^2-(x-3y)^2$

$\quad =(4x)^2-(x-3y)^2$

$\quad =\{4x+(x-3y)\}\{4x-(x-3y)\}$

$\quad =(5x-3y)(3x+3y)$

$\quad =3(5x-3y)(x+y)$　………(答)

(4)　x^4-y^4

$\quad =(x^2)^2-(y^2)^2$

$\quad =(x^2+y^2)(x^2-y^2)$

$\quad =(x^2+y^2)(x+y)(x-y)$　……(答)

(注)　与えられた式をむやみに展開しないで，式の特徴をとらえて因数分解する。

(注)　(4)では，$(x^2+y^2)(x^2-y^2)$ で因数分解をやめないで，答えのように，それ以上因数分解ができないところまで行う。

演習問題

40. 次の式を因数分解せよ。

(1)　$(a-b)x-2(a-b)y$　　　　(2)　$2a(x-1)-4b(1-x)$

(3)　$x^2+xy+(x+y)$　　　　　　(4)　$9(4a-5b)^2+3(4a-5b)$

(5)　$(x+3)^2-8(x+3)+7$　　　(6)　$(a+b)^2-a-b-12$

(7)　$(x-y)(x-y-1)-2$　　　　(8)　$x^2+2xy+y^2+10(x+y)+21$

41. 次の式を因数分解せよ。

(1)　$x^2-(y-z)^2$　　　　　　　(2)　$(x-y)^2-1$

(3)　$(a-c)^2-(6-c)^2$　　　　　(4)　$9(x+2y)^2-4(3x-y)^2$

(5)　x^4-81　　(6)　$16a^4-625b^4$　　(7)　x^8-1　　(8)　$4x^4-\dfrac{1}{4}y^4$

進んだ問題の解法 |||||||||||||||||||||||||||||||||||||||||||||||||||||||||

> ||||問題1　公式 $acx^2+(ad+bc)x+bd=(ax+b)(cx+d)$ を利用して，
> 次の式を因数分解せよ。
>
> (1)　$2x^2+7x+5$　　　　　　(2)　$6x^2+5x-4$

解法　$2x^2+7x+5$ などの x についての2次3項式
px^2+qx+r の因数分解では，係数のみの計算を，
右のように表して考えるとよい。

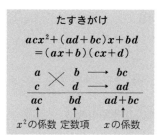

(1)　　　　　$2x^2+7x+5=(ax+b)(cx+d)$
　　と因数分解できたとする。

　　　右辺を展開して，

　　　　　$2x^2+7x+5=acx^2+(ad+bc)x+bd$

　　　よって，左辺と右辺の x^2 の係数，x の係数，
　　定数項を比較して，

　　　　　$ac=2,\quad ad+bc=7,\quad bd=5$

　　となる整数 a, b, c, d を考える。

　　　積 ac が2になる正の整数 a, c の組は 1と2である。
　　　積 bd が5になる正の整数 b, d の組は 1と5である。
　　このうち，$ad+bc=7$ になるものは，

　　　　　$a=1,\quad b=1,\quad c=2,\quad d=5$

　　ゆえに，$2x^2+7x+5=(x+1)(2x+5)$

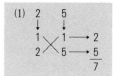

　　　右のようにして因数分解を考える方法を，**たすきがけ**という。

(2)　(1)と同様に，

　　　　　$ac=6,\quad ad+bc=5,\quad bd=-4$

　　となる整数 a, b, c, d を考える。

　　　積 ac が6になる正の整数 a, c の組は 1と6，
　　2と3 である。

　　　積 bd が -4 になる整数 b, d の組は 1と -4，
　　2と -2，-1 と4，-2 と2 である。

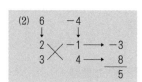

　　　このうち，$ad+bc=5$ になるものは，

　　　　　$a=2,\quad b=-1,\quad c=3,\quad d=4$

　　　ゆえに，$6x^2+5x-4=(2x-1)(3x+4)$

解答　(1)　$2x^2+7x+5=(x+1)(2x+5)$ ………(答)

　　　　(2)　$6x^2+5x-4=(2x-1)(3x+4)$ ………(答)

||||| **進んだ問題** |||||

42. 次の式を因数分解せよ。

(1) $2x^2-3x+1$ (2) $2x^2-5x+2$ (3) $3x^2+7x+2$

(4) $3x^2+11x+6$ (5) $5x^2-8x+3$ (6) $2a^2-13a+21$

(7) $4x^2+8x+3$ (8) $6x^2+5x+1$ (9) $6x^2-13x+6$

43. 次の式を因数分解せよ。

(1) $2x^2+x-1$ (2) $2x^2-3x-2$ (3) $3x^2+5x-2$

(4) $3x^2-4x-15$ (5) $5x^2-7x-6$ (6) $2a^2-7a-4$

(7) $4x^2-4x-15$ (8) $6x^2+13x-5$ (9) $6x^2-5x-6$

進んだ問題の解法 ||||||||||||||||||||||||||||||||||||||||||||||||||||||||||||||||||||||

> ||||| **問題2** 次の式を因数分解せよ。
>
> (1) $3x^2+5xy+2y^2$ (2) $2x^2+xy-6y^2$

解法 (1) $3x^2+5xy+2y^2=(ax+by)(cx+dy)$ と因数分解できたとする。

与えられた式は，2次3項式の因数分解であるから，右のようにたすきがけを使って，a, b, c, d を決める。なお，結果の式に y をつけることを忘れないように注意する。

(2) (1)と同様に，右のようにたすきがけを使って，a, b, c, d を決める。

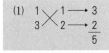

解答 (1) $3x^2+5xy+2y^2=(x+y)(3x+2y)$ ………(答)

(2) $2x^2+xy-6y^2=(x+2y)(2x-3y)$ ………(答)

注 $3x^2+5xy+2y^2$ のように，どの項も x と y について次数が同じである多項式を x と y についての**同次式**という。この場合，x と y についての2次の同次式である。

||||| **進んだ問題** |||||

44. 次の式を因数分解せよ。

(1) $2x^2+7xy+5y^2$ (2) $3x^2+xy-2y^2$

(3) $3x^2-7xy+2y^2$ (4) $3x^2+11xy-4y^2$

(5) $4x^2-9xy+2y^2$ (6) $10a^2+9ab-9b^2$

●**例題18**● 次の式を因数分解せよ。

(1) $x^2-y^2-z^2+2yz$ (2) $a^2-bc+ac-b^2$

解説 (1) $2yz$ に着目して，y と z についての2次の同次式をまとめる。

(2) 次数の低い文字に着目して与えられた式を整理する。この場合 c について整理する。

解答 (1) $x^2-y^2-z^2+2yz$

$=x^2-(y^2-2yz+z^2)=x^2-(y-z)^2$

$=\{x+(y-z)\}\{x-(y-z)\}$

$=(x+y-z)(x-y+z)$ ………(答)

(2) $a^2-bc+ac-b^2=c(a-b)+a^2-b^2$

$=c(a-b)+(a+b)(a-b)$

$=(a-b)(c+a+b)$

$=(a-b)(a+b+c)$ ………(答)

演習問題

45. 次の式を因数分解せよ。

(1) $x^2-4xy+4y^2-9$

(2) $x^2-y^2+8y-16$

(3) $a^2-(4b^2-12b+9)$

(4) $1-x^2-6xy-9y^2$

(5) x^2-y^2-2x+1

(6) $9x^2-4y^2+8y-4$

(7) $a^2+b^2-c^2-d^2-2ab+2cd$

46. 次の式を因数分解せよ。

(1) $xy+2x-3y-6$

(2) $a^2+2b-2ab-a$

(3) $a^2+ab-bc-ac$

(4) $-bc+ab+c^2-ac$

(5) $a^2+b^2+bc-ca-2ab$

(6) $a^2b+b^2c-b^3-a^2c$

(7) $a^2+ab-bd-ad-ac-bc$

進んだ問題の解法

‖‖‖**問題3** $x^2-5xy+6y^2-x+y-2$ を因数分解せよ。

解法 与えられた式を x についての2次3項式と考え，x について降べきの順に整理する。

解答 $x^2-5xy+6y^2-x+y-2$

$=x^2-5xy-x+6y^2+y-2$

$=x^2+(-5y-1)x+\boldsymbol{6y^2+y-2}$

$=\boldsymbol{x^2+(-5y-1)x+(2y-1)(3y+2)}$

$=\{x-(2y-1)\}\{x-(3y+2)\}$

$=(x-2y+1)(x-3y-2)$ ………(答)

$$2 \times -1 \longrightarrow -3$$
$$3 \quad\ \ 2 \longrightarrow \underline{\quad 4\quad}$$
$$1$$

$$1 \times -(2y-1) \longrightarrow -2y+1$$
$$1 \quad\ \ -(3y+2) \longrightarrow \underline{-3y-2}$$
$$-5y-1$$

||||| **進んだ問題** |||||

47. 次の式を因数分解せよ。

(1) $x^2+2xy+x+y^2+y-2$　　　　(2) $a^2-2ab+b^2-2a+2b-3$

(3) $x^2+3xy+2y^2-2x-5y-3$　　　(4) $a^2-4ab+3b^2-a+5b-2$

(5) $x^2+2xy-3y^2+4y-1$　　　　(6) $a^2-ab-2b^2+2a-7b-3$

進んだ問題の解法 ||||||||||||||||||||||||||||||||||||||||||||||||||||||||||||||||||||||||||||||||||||

||||| **問題4**　次の式を因数分解せよ。

(1) $x^4+x^2y^2+y^4$　　　　　(2) $(x+1)(x+3)(x+5)(x+7)+15$

解法　公式が利用できるように，与えられた式を変形する。

(1) 平方の差の公式が利用できるように，与えられた式に x^2y^2 を加えて x^2y^2 をひく。

(2) おきかえができるように，うまく組み合わせて展開する。この場合，x^2+8x が出てくるように，$x+1$ と $x+7$，$x+3$ と $x+5$ を組み合わせる。

解答　(1) $x^4+x^2y^2+y^4$

$\quad = (x^4+2x^2y^2+y^4)-x^2y^2$

$\quad = (x^2+y^2)^2-(xy)^2$

$\quad = \{(x^2+y^2)+xy\}\{(x^2+y^2)-xy\}$

$\quad = (x^2+y^2+xy)(x^2+y^2-xy)$

$\quad = (x^2+xy+y^2)(x^2-xy+y^2)$

$\qquad\qquad\qquad\qquad$………(答)

(2) $(x+1)(x+3)(x+5)(x+7)+15$

$\quad = \{(x+1)(x+7)\}\{(x+3)(x+5)\}+15$

$\quad = (x^2+8x+7)(x^2+8x+15)+15$

ここで，$x^2+8x=X$ とおくと

$\quad (x^2+8x+7)(x^2+8x+15)+15$

$\quad = (X+7)(X+15)+15$

$\quad = X^2+22X+105+15$

$\quad = X^2+22X+120$

$\quad = (X+10)(X+12)$

$\quad = (x^2+8x+10)(x^2+8x+12)$

$\quad = (x^2+8x+10)(x+2)(x+6)$ ……(答)

||||| **進んだ問題** |||||

48. 次の式を因数分解せよ。

(1) $a^4+9a^2b^2+81b^4$　　　　(2) x^4-18x^2+1

(3) $4x^4-13x^2y^2+9y^4$　　　　(4) $(x^2+4x+5)(x^2+4x-3)-20$

(5) $(x+1)(x+2)(x+3)(x+4)-48$

(6) $(x-1)(x-2)(x+2)(x+4)-18x^2$

6 … 式の計算の利用

●例題19● 乗法公式を利用して，次の計算をせよ。

(1) 42×38 (2) 17×24 (3) $199^2 - 200 \times 198$

(解説) 与えられた数を2つの数の和や差などで表し，乗法公式を利用して計算する。

(解答) (1) $42 \times 38 = (40+2) \times (40-2) = 40^2 - 2^2$
$$= 1600 - 4 = 1596 \ \cdots\cdots (答)$$

(2) $17 \times 24 = (20-3) \times (20+4) = 20^2 + (-3+4) \times 20 + (-3) \times 4$
$$= 400 + 20 - 12 = 408 \ \cdots\cdots (答)$$

(3) $199^2 - 200 \times 198 = (200-1)^2 - 200 \times (200-2)$
$$= 200^2 - 2 \times 200 \times 1 + 1^2 - 200^2 + 200 \times 2$$
$$= 1 \ \cdots\cdots (答)$$

(別解) (3) $199^2 - 200 \times 198 = 199^2 - (199+1) \times (199-1)$
$$= 199^2 - (199^2 - 1^2)$$
$$= 199^2 - 199^2 + 1 = 1 \ \cdots\cdots (答)$$

(参考) (3) 1つの数を文字で表してから計算してもよい。たとえば，
$200 = a$ とおくと，
$$199^2 - 200 \times 198 = (a-1)^2 - a(a-2) = (a^2 - 2a + 1) - (a^2 - 2a) = 1$$
$199 = b$ とおくと，
$$199^2 - 200 \times 198 = b^2 - (b+1)(b-1) = b^2 - (b^2 - 1) = 1$$

演習問題

49. 乗法公式を利用して，次の計算をせよ。

(1) 71^2 (2) 95^2

(3) 53×47 (4) 98×92

50. 因数分解の公式を利用して，次の計算をせよ。

(1) $58^2 - 42^2$ (2) $16^2 + 2 \times 16 \times 4 + 4^2$

(3) $97^2 - 5 \times 97 - 8 \times 3$ (4) $\dfrac{207^2 - 134^2}{52^2 - 21^2}$

51. 次の計算をせよ。

(1) $1999^2 - 1999 \times 2001 - 2$ (2) $54^2 + 56 \times 43 + 23^2 - 77^2$

(3) $121 \times 121 - 119 \times 122 - 119 \times 120 + 116 \times 123$

●**例題20**● 連続する2つの奇数の平方の和から，その間にある整数の平方をひいた数は偶数になることを証明せよ。

(解説) 連続する2つの奇数は，整数 n を使って $2n-1$，$2n+1$ と表すことができる。また，その間にある整数は偶数であり，$2n$ である。

(証明) 連続する2つの奇数は，整数 n を使って $2n-1$，$2n+1$ と表すことができる。また，その間にある整数は偶数であり，$2n$ である。

$$\text{よって}\quad (2n-1)^2+(2n+1)^2-(2n)^2=(4n^2-4n+1)+(4n^2+4n+1)-4n^2$$
$$=4n^2+2$$
$$=2(2n^2+1)$$

ここで，n は整数であるから，$2n^2+1$ も整数である。

したがって，$2(2n^2+1)$ は2の倍数，すなわち偶数である。

ゆえに，連続する2つの奇数の平方の和から，その間にある整数の平方をひいた数は偶数になる。

演習問題

52. 連続する2つの奇数の平方の差は，8の倍数になることを証明せよ。

53. 2つの奇数は，整数 m，n を使って $2m+1$，$2n+1$ と表すことができる。これを利用して，2つの奇数の積は奇数になることを証明せよ。

54. 次のことを証明せよ。
(1) 連続する2つの整数の積は偶数である。
(2) 連続する3つの整数の積は6の倍数である。
(3) n を整数とするとき，n^3-n は6の倍数である。

55. 1辺の長さが a cm の正方形 ABCD がある。辺 AB を b cm だけ長くし，辺 AD を b cm だけ短くして長方形 PQRS をつくる。このとき，正方形 ABCD と長方形 PQRS では，どちらの面積がどれだけ大きいか。

56. 右の図のように，長方形 ABCD の辺 AB，BC 上にそれぞれ点 P，Q をとる。
　AB$=a$ cm，AD$=(a+b)$ cm，AP$=$QC$=x$ cm とするとき，△PQD の面積を a，b，x を使って表せ。

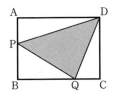

進んだ問題の解法 ||||||||||||||||||||||||||||||||||||||||||||||||||||||||||||||||||||||||||||||||||||||||||

> ||||**問題5**　次の問いに答えよ。
>
> (1) $xy+2x+3y+6$ を因数分解せよ。
>
> (2) 方程式 $xy+2x+3y=30$ を満たす正の整数 x, y の組をすべて求めよ。

解法 (2) 方程式 $xy+2x+3y=30$ の両辺に 6 を加えると $xy+2x+3y+6=36$ となる。(1)の結果を利用すると左辺が因数分解でき，$(x+3)(y+2)=36$ と変形できる。x, y は正の整数であるから，$x+3$, $y+2$ はそれぞれ 4 以上，3 以上の整数であり，ともに 36 の約数である。

解答 (1) $xy+2x+3y+6=x(y+2)+3(y+2)$
$$=(x+3)(y+2) \cdots\cdots(答)$$

(2) $xy+2x+3y=30$ の両辺に 6 を加えて
$$xy+2x+3y+6=36$$

(1)の結果より
$$(x+3)(y+2)=36$$

x, y は正の整数であるから，$x+3$, $y+2$ はそれぞれ 4 以上，3 以上の整数で，ともに 36 の約数である。

また，$36=2^2\times3^2$ であるから
$$\begin{cases} x+3=4 \\ y+2=9, \end{cases} \begin{cases} x+3=6 \\ y+2=6, \end{cases} \begin{cases} x+3=9 \\ y+2=4, \end{cases} \begin{cases} x+3=12 \\ y+2=3 \end{cases}$$

ゆえに，求める正の整数 x, y の組は
$$\begin{cases} x=1 \\ y=7, \end{cases} \begin{cases} x=3 \\ y=4, \end{cases} \begin{cases} x=6 \\ y=2, \end{cases} \begin{cases} x=9 \\ y=1 \end{cases} \cdots\cdots(答)$$

参考 (2) 答えを，$(x, y)=(1, 7), (3, 4), (6, 2), (9, 1)$ と書いてもよい。

||||||**進んだ問題** ||||||

57. 次の方程式を満たす正の整数 x, y の組をすべて求めよ。

(1) $xy=18$

(2) $(x+1)(y+2)=20$

(3) $(3x+1)(2y-1)=50$

(4) $xy-3x-2y=9$

1章の問題

1 次の計算をせよ。

(1) $(27x^5-9x^3+81x^2)\div(-3x)^2$

(2) $a(1-5a)-2(3a^2-4a)$

(3) $(-ab^2)^3(2a^2-3ab-4b^2)$

(4) $(x+1)(x-4)-(x-7)^2$

(5) $(3a+7)^2-8(a+7)(a-5)$

(6) $(2x+3)(3x-2)-(x-1)(4x+6)$

(7) $(a+3)^2-(a+3)(b+3)+ab$

(8) $(3x+y)^2-(2x+y)(2x-y)$

(9) $3x(2x^3-5x^2+3)-2x^2(-x^2-5x+3)-(8x^5-32x^3)\div(-2x)^3$

2 次の計算をせよ。

(1) $(x+2y+1)(x-2y+1)$

(2) $(3x-y+2)(3x+y+2)$

(3) $(a+b+1)(a+b-2)$

(4) $(x-y-2)^2-(x-y)(x-y+3)$

(5) $(a+b+c)^2+(a-b-c)^2$

(6) $(x+1)(x-2)(x-3)(x-6)$

(7) $(x^2+x+1)(x^2-x+1)$

(8) $(x+1)^2(x-1)^2(x^2+1)^2$

3 次の式を因数分解せよ。

(1) $x^2-8x+12$

(2) $x^2+3x-28$

(3) $x^2-7x-30$

(4) $-x^2+2x+35$

(5) $2x^2+10x-12$

(6) $8x^2-24xy+18y^2$

(7) xy^2-4x

(8) $x^2yz-xyz-20yz$

(9) $a^3b-4a^2b^2+4ab^3$

4 次の式を因数分解せよ。

(1) $(x-4)^2-3(x-4)-10$

(2) $2(x+1)^2-(x+2)(x-5)$

(3) $3(x-3)^2-48$

(4) $(2x+1)^2-(x-2)^2$

(5) $(x+2)^2-(x+1)^2+(x+3)^2$

(6) $(a-3b)^2-(a+b)^2+(a-b)^2$

5 次の式を因数分解せよ。

(1) x^2-y^2-4x+4

(2) $x^2-y^2-2x+2y$

(3) $x^2-2xz+2xy-4yz$

(4) $(x-2y)^2+4x-8y+4$

(5) $a^3-a^2b-ab^2+b^3$

(6) $(x^2-2x)^2-11(x^2-2x)+24$

(7) $(x^2-3x-4)(x^2-3x+3)+6$

(8) $a^2-b^2-c^2-2a+2bc+1$

6 次の問いに答えよ。

(1) $(ax+8y)(x-by)$ を展開して整理すると，$x^2+6xy-cy^2$ となる。a, b, c の値を求めよ。

(2) $(3x-1)^2-(2x+3)(x+a)$ を展開して整理すると，$bx^2+cx+16$ となる。a, b, c の値を求めよ。

7 次の計算をせよ。

(1) 75^2-25^2 (2) $\dfrac{199^2-197^2}{201^2-199^2}$ (3) $501\times499+501^2-502\times498-498^2$

8 整数 a に対して，x の2次式 $x^2+ax+24$ を，$(x+m)(x+n)$ と因数分解することを考える。ただし，m, n は整数で $m<n$ とする。

(1) $a=-11$ のとき，m, n の値を求めよ。

(2) $m=2$ のとき，a, n の値を求めよ。

(3) 整数 a は全部で何通り考えられるか。また，最も小さい a の値を求めよ。

9 半径 a cm の円 O がある。円 O の半径を b cm だけ延長して同心円をつくった。

(1) 図の影の部分の面積を S cm^2 とするとき，S を a, b を使って表せ。

(2) 円 O の同心円のうち，線分 AB の中点を通る円（図の点線）の周の長さを ℓ cm とするとき，ℓ を a, b を使って表せ。また，$S=\ell b$ であることを証明せよ。

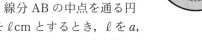

10 次の式の値を求めよ。

(1) $x=2.5$, $y=0.75$ のとき，$x^2+4y^2-4xy+8$

(2) $x-y=-3$ のとき，$x^2-2xy+y^2-4x+4y-2$

(3) $abc\neq0$, $a+b+c=\dfrac{1}{3}$, $\dfrac{1}{a}+\dfrac{1}{b}+\dfrac{1}{c}=1$ のとき，$(a-1)(b-1)(c-1)$

平方根

1…平方根

1 平方根

(1) 2乗（平方）すると a（$a≧0$）になる数を，a の**平方根**という。すなわち，$x^2=a$ を成り立たせる x の値が a の平方根である。

(2) 正の数 a の平方根には，正と負の2つがあり，正の平方根を $\sqrt{a}$，負の平方根を $-\sqrt{a}$ で表す。この記号 $\sqrt{}$ を**根号**といい，**ルート**と読む。

  （例） 7の平方根は $\sqrt{7}$ と $-\sqrt{7}$，36の平方根は6と -6 である。

  注 7の平方根を $\pm\sqrt{7}$，36の平方根を ± 6 と書くことがある。

(3) 0の平方根は0である。負の数の平方根はない。

(4) 平方根の定義から，次の等式が成り立つ。

  $a>0$ のとき，$(\sqrt{a})^2=a$ $(-\sqrt{a})^2=a$ $\sqrt{a^2}=a$

  （例） $(\sqrt{5})^2=5,\quad(-\sqrt{3})^2=3,\quad\sqrt{6^2}=6,\quad\sqrt{64}=\sqrt{8^2}=8$

  $a<0$ のとき，$\sqrt{a^2}=-a$

  （例） $\sqrt{(-3)^2}=-(-3)=3$

2 平方根の大小関係

  $a>0$，$b>0$ のとき，

(1) **$a<b$ ならば $\sqrt{a}<\sqrt{b}$** (2) **$\sqrt{a}<\sqrt{b}$ ならば $a<b$**

  （例） $1<2<3<4<\cdots$ であるから，$\sqrt{1}<\sqrt{2}<\sqrt{3}<\sqrt{4}<\cdots$
    が成り立つ。

●**基本問題**●

1. 次の数の平方根を求めよ。

(1) 4

(2) 49

(3) 144

(4) $\dfrac{9}{25}$

(5) 0.81

(6) 0.0009

2. 次の数を，根号を使わないで表せ。

(1) $\sqrt{25}$

(2) $-\sqrt{81}$

(3) $\sqrt{169}$

(4) $\sqrt{196}$

(5) $-\sqrt{400}$

(6) $\sqrt{\dfrac{49}{100}}$

(7) $-\sqrt{\dfrac{16}{121}}$

(8) $\sqrt{1.96}$

(9) $-\sqrt{0.000016}$

3. 次の(ア)～(カ)のうち，正しいものはどれか。

(ア) 25 の平方根は ± 5 である。

(イ) $\sqrt{49}=\pm 7$

(ウ) $(\sqrt{8}\,)^2=8$

(エ) $\sqrt{(-5)^2}=-5$

(オ) $-\sqrt{16}=-4$

(カ) 負の数の平方根は，正と負の2つがある。

4. 次の数を求めよ。

(1) $(\sqrt{3}\,)^2$

(2) $(-\sqrt{7}\,)^2$

(3) $\sqrt{8^2}$

(4) $(-\sqrt{16}\,)^2$

(5) $\sqrt{(-7)^2}$

(6) $\{-\sqrt{(-10)^2}\}^2$

5. 次の $\boxed{}$ にあてはまる正の数を入れよ。

(1) $\sqrt{\boxed{}}=7$

(2) $25=\sqrt{\boxed{}^2}$

(3) $-36=-(\sqrt{\boxed{}}\,)^2$

(4) $(-\sqrt{\boxed{}^2}\,)^2=16$

6. 次の数の大小を，不等号を使って表せ。

(1) $\sqrt{9}$, $\sqrt{8}$

(2) $\sqrt{15}$, 4

(3) $\sqrt{11}$, 3.2

(4) $-\sqrt{8}$, $-\sqrt{7}$

●**例題1**●　$\sqrt{2}$ の値を小数第2位まで正しく求めよ。

解説　小数第2位まで正しく求めるとは，小数第3位以下を切り捨てて求めるという意味である。次のことを利用して求める。

　　　　2つの正の数 a，b（$a<b$）に対して，$a^2<2<b^2$ ならば $a<\sqrt{2}<b$

解答　$1^2=1$，$2^2=4$ であるから

　　　　　　$1^2<2<2^2$　　　　　　　よって　$1<\sqrt{2}<2$

　　$1.1^2=1.21$，$1.2^2=1.44$，$1.3^2=1.69$，$1.4^2=1.96$，$1.5^2=2.25$ であるから

　　　　　　$1.4^2<2<1.5^2$　　　　　　よって　$1.4<\sqrt{2}<1.5$

　　$1.41^2=1.9881$，$1.42^2=2.0164$ であるから

　　　　　　$1.41^2<2<1.42^2$　　　　　よって　$1.41<\sqrt{2}<1.42$

　　ゆえに，$\sqrt{2}$ の値を小数第2位まで正しく求めると 1.41 である。　　　（答）　1.41

注　上の計算で求めた 1.41 は，$\sqrt{2}$ のおよその値（近似値）であるが（→p.49），等号を使って，$\sqrt{2}=1.41$ のように書くこともある。また，この計算を続けると，小数部分のけた数が増えていき，$\sqrt{2}$ の値に近づいていく。

演習問題

7. 次の数をはさむ連続する2つの整数を求めよ。

　(1)　$\sqrt{3}$　　　　　(2)　$\sqrt{26}$　　　　　(3)　$\sqrt{44}$　　　　　(4)　$\sqrt{58.9}$

8. 次の値を小数第2位まで正しく求めよ。

　(1)　$\sqrt{3}$　　　　　(2)　$\sqrt{7}$　　　　　(3)　$\sqrt{10}$　　　　　(4)　$\sqrt{70}$

9. $7<\sqrt{a}<8$ を満たす正の整数 a の個数を求めよ。

❖ **平方根の近似値のおぼえ方** ❖

$\sqrt{2}=1.41421356\cdots$　（一夜一夜に人見ごろ）

$\sqrt{3}=1.7320508\cdots$　　（人なみにおごれや）

$\sqrt{5}=2.2360679\cdots$　　（富士山麓おうむ鳴く）

$\sqrt{6}=2.449489\cdots$　　（煮よ，よく，弱く）

$\sqrt{7}=2.64575\cdots$　　　（菜に虫いない）

$\sqrt{8}=2.828427\cdots$　　（ニヤニヤ呼ぶな）

$\sqrt{10}=3.16227766\cdots$　（一丸は三色に並ぶ）

2…根号をふくむ式の計算

1 根号をふくむ式の乗法と除法

$a>0$, $b>0$ のとき,

(1) 乗法 $\sqrt{a}\times\sqrt{b}=\sqrt{a}\sqrt{b}=\sqrt{ab}$　　　$\sqrt{a^2b}=a\sqrt{b}$

(2) 除法 $\sqrt{a}\div\sqrt{b}=\dfrac{\sqrt{a}}{\sqrt{b}}=\sqrt{\dfrac{a}{b}}$　　　$\sqrt{\dfrac{a}{b^2}}=\dfrac{\sqrt{a}}{b}$

2 分母の有理化

分母に根号をふくむ分数を, 分母に根号をふくまない分数に変形することを, **分母の有理化**という。

(例) $\dfrac{1}{\sqrt{3}}=\dfrac{1\times\sqrt{3}}{\sqrt{3}\times\sqrt{3}}=\dfrac{\sqrt{3}}{3}$　　　$\dfrac{\sqrt{5}}{\sqrt{2}}=\dfrac{\sqrt{5}\times\sqrt{2}}{\sqrt{2}\times\sqrt{2}}=\dfrac{\sqrt{10}}{2}$

3 根号をふくむ式の加法と減法

$a>0$ のとき,

(1) 加法 $m\sqrt{a}+n\sqrt{a}=(m+n)\sqrt{a}$

(例) $3\sqrt{5}+4\sqrt{5}=(3+4)\sqrt{5}=7\sqrt{5}$

(2) 減法 $m\sqrt{a}-n\sqrt{a}=(m-n)\sqrt{a}$

(例) $6\sqrt{2}-9\sqrt{2}=(6-9)\sqrt{2}=-3\sqrt{2}$

基本問題

10. 次の □ にあてはまる整数を入れよ。

(1) $\sqrt{6}\times\sqrt{5}=\sqrt{\boxed{}}$

(2) $\dfrac{\sqrt{15}}{\sqrt{3}}=\sqrt{\boxed{}}$

(3) $\sqrt{5}\times\sqrt{\boxed{}}=5\sqrt{2}$

(4) $5\sqrt{\boxed{}}=\sqrt{150}$

(5) $\dfrac{\sqrt{\boxed{}}}{3}=\sqrt{3}$

(6) $\dfrac{\sqrt{72}}{\boxed{}}=\sqrt{2}$

11. 次の □ にあてはまる整数を入れよ。

(1) $\sqrt{8}=2\sqrt{\boxed{}}$

(2) $3\sqrt{2}=\sqrt{\boxed{}}$

(3) $\sqrt{48}=\boxed{}\sqrt{3}$

(4) $5\sqrt{2}=\sqrt{\boxed{}}$

(5) $\sqrt{75}=5\sqrt{\boxed{}}$

(6) $\dfrac{1}{2}\sqrt{20}=\sqrt{\boxed{}}$

12. 次の計算をせよ。

(1) $\sqrt{20}\times\sqrt{5}$ (2) $2\sqrt{3}\times\sqrt{8}$ (3) $\sqrt{15}\times(-\sqrt{60})$

(4) $6\sqrt{2}\times\sqrt{6}$ (5) $\sqrt{27}\div\sqrt{3}$ (6) $\sqrt{60}\div\sqrt{15}$

(7) $-\sqrt{140}\div\sqrt{28}$ (8) $\sqrt{1000}\div2\sqrt{10}$ (9) $\sqrt{98}\div\sqrt{2}$

13. 次の数の分母を有理化せよ。

(1) $\dfrac{1}{\sqrt{5}}$ (2) $\dfrac{14}{\sqrt{7}}$ (3) $\dfrac{\sqrt{5}}{\sqrt{2}}$

(4) $\dfrac{9}{2\sqrt{3}}$ (5) $\sqrt{\dfrac{3}{13}}$ (6) $\dfrac{2\sqrt{15}}{\sqrt{10}}$

14. 次の計算をせよ。

(1) $3\sqrt{7}+5\sqrt{7}$ (2) $4\sqrt{6}+\sqrt{6}$ (3) $-2\sqrt{2}+3\sqrt{2}$

(4) $-8\sqrt{5}-5\sqrt{5}$ (5) $-\sqrt{11}-4\sqrt{11}$ (6) $\sqrt{3}-\dfrac{4}{3}\sqrt{3}$

●**例題2**● 次の計算をせよ。

(1) $\sqrt{18}\times\sqrt{75}-\sqrt{12}\times\sqrt{72}$ (2) $\sqrt{48}-\sqrt{27}+\sqrt{108}$

(3) $\sqrt{45}-\dfrac{8}{\sqrt{5}}$

解説 根号の中の数を素因数分解して平方数を見つけ，$\sqrt{a^2b}=a\sqrt{b}$ を利用して，$\sqrt{}$ の中の数をできるだけ小さい正の整数で表す。

また，分母に根号があるときは，先に分母を有理化する。

(1) $18=3^2\times2$, $75=5^2\times3$, $12=2^2\times3$, $72=2^3\times3^2=6^2\times2$ である。

(2) $48=2^4\times3=4^2\times3$, $27=3^3=3^2\times3$, $108=2^2\times3^3=6^2\times3$ である。

(3) $45=3^2\times5$ である。

解答 (1) $\sqrt{18}\times\sqrt{75}-\sqrt{12}\times\sqrt{72}=3\sqrt{2}\times5\sqrt{3}-2\sqrt{3}\times6\sqrt{2}$
$$=15\sqrt{6}-12\sqrt{6}=3\sqrt{6}\ \cdots\cdots\cdots(答)$$

(2) $\sqrt{48}-\sqrt{27}+\sqrt{108}=4\sqrt{3}-3\sqrt{3}+6\sqrt{3}=7\sqrt{3}\ \cdots\cdots\cdots(答)$

(3) $\sqrt{45}-\dfrac{8}{\sqrt{5}}=3\sqrt{5}-\dfrac{8\times\sqrt{5}}{\sqrt{5}\times\sqrt{5}}$
$$=3\sqrt{5}-\dfrac{8\sqrt{5}}{5}=\dfrac{15\sqrt{5}-8\sqrt{5}}{5}=\dfrac{7\sqrt{5}}{5}\ \cdots\cdots\cdots(答)$$

演習問題

15. 次の計算をせよ。

(1) $\sqrt{6} \times \sqrt{18} \times \sqrt{15}$

(2) $\sqrt{21} \times (-2\sqrt{7}) \times 3\sqrt{27}$

(3) $\sqrt{4 \times 16 \times 25}$

(4) $\sqrt{22} \times \sqrt{33} \times \sqrt{44}$

(5) $\sqrt{24} \div \sqrt{3} \times \sqrt{2}$

(6) $\sqrt{24} \div \sqrt{2} \times \sqrt{3}$

16. 次の計算をせよ。

(1) $5\sqrt{3} + \sqrt{12}$

(2) $\sqrt{8} - \sqrt{2}$

(3) $8\sqrt{2} - \sqrt{50}$

(4) $4\sqrt{3} - \sqrt{75}$

(5) $\sqrt{54} - \sqrt{24}$

(6) $-\sqrt{72} + \sqrt{32}$

(7) $4\sqrt{27} - \sqrt{12}$

(8) $5\sqrt{48} + 7\sqrt{75}$

17. 次の計算をせよ。

(1) $(\sqrt{80} + \sqrt{45}) \times \sqrt{5}$

(2) $(\sqrt{12} + \sqrt{27}) \div \sqrt{3}$

(3) $(\sqrt{96} - \sqrt{24}) \div \sqrt{12}$

(4) $(\sqrt{50} + \sqrt{72}) \div \sqrt{32}$

18. 次の計算をせよ。

(1) $\sqrt{18} - \sqrt{10} \times \sqrt{5}$

(2) $\sqrt{14} \times \sqrt{7} - \sqrt{8}$

(3) $\sqrt{2} \times \sqrt{32} + \sqrt{8} \times \sqrt{18}$

(4) $\sqrt{5} \times \sqrt{125} + \sqrt{3} \times \sqrt{12}$

(5) $\sqrt{42} \div \sqrt{14} - \sqrt{72} \div \sqrt{6}$

(6) $\sqrt{3} \times \sqrt{6} + \sqrt{10} \div \sqrt{5} - \sqrt{72}$

19. 次の計算をせよ。

(1) $\sqrt{27} - \sqrt{48} + \sqrt{12}$

(2) $\sqrt{18} - 2\sqrt{2} + \sqrt{50}$

(3) $3\sqrt{11} - \sqrt{44} + 2\sqrt{99}$

(4) $\sqrt{125} - 3\sqrt{80} + 5\sqrt{20}$

(5) $\sqrt{63} + \sqrt{112} - 5\sqrt{28}$

(6) $3\sqrt{75} + \sqrt{108} - 3\sqrt{27}$

(7) $\dfrac{\sqrt{20}}{2} - \sqrt{\dfrac{5}{4}} + 2\sqrt{5}$

(8) $\dfrac{\sqrt{18}}{3} + \sqrt{98} + \dfrac{\sqrt{50}}{10}$

20. 次の計算をせよ。

(1) $\dfrac{10}{\sqrt{2}} - \sqrt{18}$

(2) $\sqrt{75} - \dfrac{6}{\sqrt{3}}$

(3) $\dfrac{14}{\sqrt{7}} + \sqrt{28}$

(4) $\sqrt{12} - \dfrac{12}{\sqrt{3}} + \sqrt{27}$

(5) $\dfrac{4\sqrt{45} + 2\sqrt{20} - \sqrt{180}}{\sqrt{10}}$

(6) $\sqrt{125} - \dfrac{2\sqrt{10}}{\sqrt{2}} - \dfrac{10}{\sqrt{5}} + 9\sqrt{5}$

21. $\sqrt{24n}$ が整数となるような最も小さい正の整数 n を求めよ。

22. $\sqrt{\dfrac{540}{n}}$ が整数となるような最も小さい正の整数 n を求めよ。

23. $\sqrt{14-n}$ が整数となるような正の整数 n をすべて求めよ。

●**例題3**● 次の計算をせよ。

(1) $\sqrt{3}(\sqrt{2}-\sqrt{6}+\sqrt{48})$ (2) $(\sqrt{6}-4)^2$

(3) $(2\sqrt{5}+\sqrt{3})(2\sqrt{5}-\sqrt{3})$ (4) $(\sqrt{3}+5)(\sqrt{3}-2)$

解説 (1) 分配法則を利用して，次のように展開する。

$$\sqrt{3}(\sqrt{2}-\sqrt{6}+\sqrt{48})=\overset{①}{\sqrt{3}\times\sqrt{2}}-\overset{②}{\sqrt{3}\times\sqrt{6}}+\overset{③}{\sqrt{3}\times\sqrt{48}}$$

(2) 乗法公式 $(a-b)^2=a^2-2ab+b^2$ を利用する。

(3) 乗法公式 $(a+b)(a-b)=a^2-b^2$ を利用する。

(4) 乗法公式 $(x+a)(x+b)=x^2+(a+b)x+ab$ を利用する。

解答 (1) $\sqrt{3}(\sqrt{2}-\sqrt{6}+\sqrt{48})=\sqrt{3}\times\sqrt{2}-\sqrt{3}\times\sqrt{6}+\sqrt{3}\times\sqrt{48}$

$$=\sqrt{6}-\sqrt{18}+\sqrt{3}\times4\sqrt{3}=\sqrt{6}-3\sqrt{2}+12 \quad\cdots\cdots\text{（答）}$$

(2) $(\sqrt{6}-4)^2=(\sqrt{6})^2-2\times\sqrt{6}\times4+4^2=6-8\sqrt{6}+16=22-8\sqrt{6} \quad\cdots\cdots\text{（答）}$

(3) $(2\sqrt{5}+\sqrt{3})(2\sqrt{5}-\sqrt{3})=(2\sqrt{5})^2-(\sqrt{3})^2$

$$=4\times5-3=20-3=17 \quad\cdots\cdots\text{（答）}$$

(4) $(\sqrt{3}+5)(\sqrt{3}-2)=(\sqrt{3})^2+(5-2)\sqrt{3}+5\times(-2)$

$$=3+3\sqrt{3}-10=-7+3\sqrt{3} \quad\cdots\cdots\text{（答）}$$

注 (1)の答え $\sqrt{6}-3\sqrt{2}+12$ は，これ以上簡単にすることはできない。

演習問題

24. 次の計算をせよ。

(1) $\sqrt{2}(\sqrt{3}+2\sqrt{6}-\sqrt{18})$ (2) $\sqrt{6}(\sqrt{8}-\sqrt{12}-\sqrt{54})$

(3) $\sqrt{50}-\sqrt{2}(\sqrt{18}-\sqrt{72})$ (4) $\sqrt{3}(\sqrt{6}+\sqrt{3})-\sqrt{8}$

(5) $(\sqrt{20}-3)\times\sqrt{5}-\sqrt{20}$ (6) $\sqrt{5}(4\sqrt{3}-1)-\sqrt{45}(2-\sqrt{3})$

(7) $(\sqrt{3}-2\sqrt{2})\times\sqrt{6}+\sqrt{3}(2-\sqrt{24})$

(8) $\sqrt{12}(\sqrt{2}+\sqrt{3})-\sqrt{6}(\sqrt{6}-\sqrt{3})$

25. 次の計算をせよ。

(1) $(\sqrt{11}-2)^2$

(2) $(3\sqrt{2}+2\sqrt{3})^2$

(3) $(2\sqrt{6}-\sqrt{10})^2$

(4) $(\sqrt{5}+2)(\sqrt{5}-2)$

(5) $(3+\sqrt{7})(3-\sqrt{7})$

(6) $(\sqrt{10}-4)(-4-\sqrt{10})$

(7) $(\sqrt{12}-5)(2\sqrt{3}+5)$

(8) $(2+\sqrt{8})(2-2\sqrt{2})$

26. 次の計算をせよ。

(1) $(\sqrt{2}+4)(\sqrt{2}+5)$

(2) $(\sqrt{6}-3)(\sqrt{6}-2)$

(3) $(\sqrt{3}+7)(\sqrt{3}-3)$

(4) $(\sqrt{5}-5)(\sqrt{5}+2)$

(5) $(\sqrt{3}-\sqrt{2})(\sqrt{3}+2\sqrt{2})$

(6) $(\sqrt{5}+\sqrt{3})(\sqrt{5}-4\sqrt{3})$

(7) $(3\sqrt{2}+4\sqrt{7})(3\sqrt{2}-2\sqrt{7})$

(8) $(2-\sqrt{3})(4+\sqrt{3})$

27. 次の計算をせよ。

(1) $\left(\dfrac{1}{2}+\sqrt{2}\right)^2$

(2) $\left(2\sqrt{3}-\dfrac{1}{3}\right)^2$

(3) $\left(\dfrac{\sqrt{3}-1}{\sqrt{2}}\right)^2$

(4) $\left(\dfrac{3-\sqrt{5}}{2}\right)^2$

(5) $\left(\sqrt{2}-\dfrac{\sqrt{3}}{\sqrt{5}}\right)\left(\sqrt{2}+\dfrac{\sqrt{3}}{\sqrt{5}}\right)$

(6) $\dfrac{2\sqrt{3}+1}{\sqrt{5}-2}\times\dfrac{2\sqrt{3}-1}{\sqrt{5}+2}$

(7) $\left(\sqrt{3}-\dfrac{4}{\sqrt{2}}\right)\left(\sqrt{3}+\dfrac{5}{\sqrt{2}}\right)$

(8) $\left(\dfrac{\sqrt{3}}{\sqrt{2}}-\dfrac{\sqrt{2}}{\sqrt{5}}\right)\left(\dfrac{\sqrt{2}}{\sqrt{3}}+\dfrac{\sqrt{5}}{\sqrt{2}}\right)$

28. 次の計算をせよ。

(1) $(1+\sqrt{2})(2+3\sqrt{2})$

(2) $(\sqrt{3}-\sqrt{6})(2\sqrt{3}+\sqrt{6})$

(3) $(3\sqrt{7}-\sqrt{2})(2\sqrt{7}+3\sqrt{2})$

(4) $(\sqrt{2}-\sqrt{12})(\sqrt{24}+2)$

(5) $(\sqrt{5}+\sqrt{3})(\sqrt{15}-3)$

(6) $(\sqrt{6}+\sqrt{10})(\sqrt{5}+\sqrt{3})$

(7) $(\sqrt{6}-4\sqrt{2})(1+\sqrt{3})$

(8) $(\sqrt{7}+3\sqrt{5})(4\sqrt{7}-\sqrt{5})$

29. 次の計算をせよ。

(1) $(\sqrt{14}+\sqrt{6})(\sqrt{7}-\sqrt{3})$

(2) $(\sqrt{3}+1)^2-(\sqrt{3}-1)(3+\sqrt{3})$

(3) $(\sqrt{27}-3)(\sqrt{27}+9)$

(4) $(\sqrt{3}-\sqrt{2})^2(\sqrt{3}+\sqrt{2})^2$

(5) $(6+4\sqrt{2})(\sqrt{2}-1)^2$

(6) $(\sqrt{6}+1)^2+(\sqrt{3}-\sqrt{2})^2$

(7) $\dfrac{(\sqrt{8}+\sqrt{3})(\sqrt{18}-\sqrt{3})}{\sqrt{6}}$

(8) $\dfrac{(3\sqrt{2}+2\sqrt{3})^2}{\sqrt{3}}-\dfrac{(2\sqrt{2}+3\sqrt{3})^2}{\sqrt{2}}$

●**例題4**●　次の計算をせよ。

(1)　$(1+\sqrt{2}+\sqrt{3})^2$

(2)　$(\sqrt{2}+\sqrt{3}-4)(\sqrt{2}-\sqrt{3}+4)$

(解説) (1)　乗法公式 $(a+b+c)^2=a^2+b^2+c^2+2ab+2bc+2ca$ を利用する。(→1章の
例題10の注, p.11)

(2)　和と差の積の公式が利用できるように，与えられた式を符号に着目して変形する。

(解答) (1)　$(1+\sqrt{2}+\sqrt{3})^2=1^2+(\sqrt{2})^2+(\sqrt{3})^2+2\times1\times\sqrt{2}+2\times\sqrt{2}\times\sqrt{3}+2\times\sqrt{3}\times1$

$\qquad\qquad\qquad =1+2+3+2\sqrt{2}+2\sqrt{6}+2\sqrt{3}$

$\qquad\qquad\qquad =6+2\sqrt{2}+2\sqrt{3}+2\sqrt{6}$ ………(答)

(2)　$(\sqrt{2}+\sqrt{3}-4)(\sqrt{2}-\sqrt{3}+4)=\{\sqrt{2}+(\sqrt{3}-4)\}\{\sqrt{2}-(\sqrt{3}-4)\}$

$\qquad$ここで，$\sqrt{3}-4=A$ とおくと

$\qquad\{\sqrt{2}+(\sqrt{3}-4)\}\{\sqrt{2}-(\sqrt{3}-4)\}=(\sqrt{2}+A)(\sqrt{2}-A)=(\sqrt{2})^2-A^2$

$\qquad\qquad\qquad\qquad\qquad\qquad\qquad =2-(\sqrt{3}-4)^2$

$\qquad\qquad\qquad\qquad\qquad\qquad\qquad =2-\{(\sqrt{3})^2-2\times\sqrt{3}\times4+4^2\}$

$\qquad\qquad\qquad\qquad\qquad\qquad\qquad =2-(3-8\sqrt{3}+16)$

$\qquad\qquad\qquad\qquad\qquad\qquad\qquad =-17+8\sqrt{3}$ ………(答)

(参考) (1)　$\sqrt{2}+\sqrt{3}$ をひとかたまりと考えて，次のように計算してもよい。

$\qquad (1+\sqrt{2}+\sqrt{3})^2=\{1+(\sqrt{2}+\sqrt{3})\}^2=1^2+2\times1\times(\sqrt{2}+\sqrt{3})+(\sqrt{2}+\sqrt{3})^2$

$\qquad\qquad\qquad\qquad =1+2\sqrt{2}+2\sqrt{3}+\{(\sqrt{2})^2+2\times\sqrt{2}\times\sqrt{3}+(\sqrt{3})^2\}$

$\qquad\qquad\qquad\qquad =1+2\sqrt{2}+2\sqrt{3}+(2+2\sqrt{6}+3)=6+2\sqrt{2}+2\sqrt{3}+2\sqrt{6}$

演習問題

30. 次の計算をせよ。

(1)　$(1-\sqrt{2}+\sqrt{3})^2$

(2)　$(\sqrt{2}+2\sqrt{3}-\sqrt{6})^2$

(3)　$(-\sqrt{3}-2\sqrt{6}+3\sqrt{8})^2$

(4)　$(2+\sqrt{3}+\sqrt{7})(2+\sqrt{3}-\sqrt{7})$

(5)　$(\sqrt{2}+\sqrt{3}+\sqrt{5})(\sqrt{2}-\sqrt{3}+\sqrt{5})$

(6)　$(\sqrt{2}+\sqrt{3}+\sqrt{5})(2+\sqrt{6}-\sqrt{10})$

31. 次の計算をせよ。

(1)　$(\sqrt{2}-\sqrt{3}-\sqrt{5}+\sqrt{6})(\sqrt{2}-\sqrt{3}+\sqrt{5}-\sqrt{6})$

(2)　$(\sqrt{3}+2\sqrt{2}-\sqrt{5})^2-(2\sqrt{3}+\sqrt{2})(2\sqrt{3}-\sqrt{2})$

(3)　$2(\sqrt{3}-\sqrt{2}+1)(\sqrt{3}-\sqrt{2}-1)+(2\sqrt{3}+\sqrt{2})^2$

(4)　$(\sqrt{2}-\sqrt{3}+\sqrt{7})^2-(\sqrt{2}-\sqrt{3}-\sqrt{7})(\sqrt{2}-\sqrt{3}+\sqrt{7})$

●**例題5**● $\sqrt{1.23}=1.109$, $\sqrt{12.3}=3.507$ として，次の値を求めよ。

(1) $\sqrt{123}$ (2) $\sqrt{0.00123}$

(解説) (1) $\sqrt{123}=\sqrt{1.23\times100}=\sqrt{1.23\times10^2}=\sqrt{1.23}\times10$ であるから，

$\sqrt{1.23}$ の値を 10 倍すればよい。

(2) $\sqrt{0.00123}=\sqrt{\dfrac{12.3}{10000}}=\sqrt{\dfrac{12.3}{100^2}}=\dfrac{\sqrt{12.3}}{100}=\sqrt{12.3}\times\dfrac{1}{100}$ であるから，

$\sqrt{12.3}$ の値を $\dfrac{1}{100}$ 倍すればよい。

(解答) (1) $\sqrt{123}=\sqrt{1.23\times100}=\sqrt{1.23}\times10=1.109\times10=11.09$ （答）　11.09

(2) $\sqrt{0.00123}=\sqrt{\dfrac{12.3}{10000}}=\dfrac{\sqrt{12.3}}{100}=\dfrac{3.507}{100}=0.03507$ （答）　0.03507

注 上の計算のように，根号の中の数の小数点の位置が 2 けた移るごとに，その数の平方根の小数点の位置は 1 けたずつ移る。したがって，$\sqrt{123}$ や $\sqrt{0.00123}$ の値を求めるとき，$\sqrt{1.23}$ または $\sqrt{12.3}$ のうちのどちらの値を使うかは，根号の中の数を小数点の位置から 2 けたずつ区切って判断する。

たとえば，$\sqrt{123000}$ は $\sqrt{12\vdots30\vdots00}$ より $\sqrt{12.3}$ の値を使えばよい。すなわち，

$$\sqrt{12\vdots30\vdots00}=\sqrt{12.3\times10000}=\sqrt{12.3\times100^2}=\sqrt{12.3}\times100$$
$$=3.507\times100=350.7$$

演習問題

32. $\sqrt{7.6}=2.757$, $\sqrt{76}=8.718$ として，次の値を求めよ。

(1) $\sqrt{760}$ (2) $\sqrt{760000}$ (3) $\sqrt{0.00076}$

33. 次の問いに答えよ。

(1) $\sqrt{10}=3.16$ として，$\sqrt{90}$ の値を求めよ。

(2) $\sqrt{5}=2.24$ として，$\dfrac{1}{2\sqrt{5}}$ の値を求めよ。

(3) $\sqrt{6}=2.45$ として，$(2\sqrt{3}-3\sqrt{2})^2$ の値を求めよ。

34. 次の問いに答えよ。

(1) $\sqrt{30}=a$ として，$\sqrt{2.7}$ を a を使って表せ。

(2) $\sqrt{3.1}=p$, $\sqrt{31}=q$ として，$\sqrt{0.31}-\sqrt{0.124}$ を p, q を使って表せ。

●**例題6**● $x=2+\sqrt{7}$, $y=2-\sqrt{7}$ のとき，次の式の値を求めよ。

(1) x^2+y^2 (2) $\dfrac{x}{y}+\dfrac{y}{x}$ (3) x^3y+xy^3

解説 x, y の値を直接代入してもよいが，2つの数の和 $x+y$ と積 xy の値を利用する。

解答 $x+y=(2+\sqrt{7})+(2-\sqrt{7})=4$

$xy=(2+\sqrt{7})(2-\sqrt{7})=2^2-(\sqrt{7})^2=4-7=-3$

(1) $x^2+y^2=(x^2+2xy+y^2)-2xy=(x+y)^2-2xy=4^2-2\times(-3)=22$ ……(答)

(2) $\dfrac{x}{y}+\dfrac{y}{x}=\dfrac{x^2}{xy}+\dfrac{y^2}{xy}=\dfrac{x^2+y^2}{xy}=\dfrac{22}{-3}=-\dfrac{22}{3}$ ………(答)

(3) $x^3y+xy^3=xy(x^2+y^2)=-3\times22=-66$ ………(答)

●**例題7**● $x=3-2\sqrt{5}$ のとき，$2x^2-9x-12$ の値を求めよ。

解説 x の値を直接代入してもよいが，$x=3-2\sqrt{5}$ を $x-3=-2\sqrt{5}$ と変形してから両辺を2乗すると，$x^2-6x+9=20$，すなわち $x^2=6x+11$ が得られる。これを利用して，解答のように，与えられた式の次数を下げてから計算するとよい。

解答 $x=3-2\sqrt{5}$ より $x-3=-2\sqrt{5}$

両辺を2乗して $x^2-6x+9=20$ $x^2=6x+11$

ゆえに $2x^2-9x-12=2(6x+11)-9x-12=3x+10$

$=3(3-2\sqrt{5})+10=9-6\sqrt{5}+10=19-6\sqrt{5}$ ………(答)

注 x の値を直接代入するか，式を変形してから代入するかは，式の特徴を見て判断する。

演習問題

35. 次の式の値を求めよ。

(1) $x+y=2\sqrt{3}$, $xy=2$ のとき，x^2+y^2

(2) $x=4+2\sqrt{3}$, $y=4-2\sqrt{3}$ のとき，$\dfrac{x}{y}+\dfrac{y}{x}$

(3) $x=\dfrac{\sqrt{6}+\sqrt{2}}{4}$, $y=\dfrac{\sqrt{6}-\sqrt{2}}{4}$ のとき，x^2+xy+y^2

36. 次の式の値を求めよ。

(1) $x=-3+\sqrt{3}$ のとき，x^2-6x+2 (2) $x=\dfrac{9-\sqrt{20}}{2}$ のとき，x^2-9x-9

進んだ問題の解法

||||**問題1**　次の式の分母を有理化せよ。

(1) $\dfrac{\sqrt{3}}{\sqrt{5}+\sqrt{3}}$　　　　(2) $\dfrac{14}{2\sqrt{2}-1}$

解法　分母が $\sqrt{a}+\sqrt{b}$ の形のときは，分母，分子にそれぞれ $\sqrt{a}-\sqrt{b}$ をかけ，$(\sqrt{a}+\sqrt{b})(\sqrt{a}-\sqrt{b})=a-b$ を利用して有理化する。

　　分母が $\sqrt{a}-\sqrt{b}$ の形のときは，分母，分子にそれぞれ $\sqrt{a}+\sqrt{b}$ をかける。

(1)は分母，分子に $\sqrt{5}-\sqrt{3}$ をかけ，(2)は分母，分子に $2\sqrt{2}+1$ をかける。

解答　(1) $\dfrac{\sqrt{3}}{\sqrt{5}+\sqrt{3}}=\dfrac{\sqrt{3}(\sqrt{5}-\sqrt{3})}{(\sqrt{5}+\sqrt{3})(\sqrt{5}-\sqrt{3})}=\dfrac{\sqrt{3}\times\sqrt{5}-(\sqrt{3})^2}{(\sqrt{5})^2-(\sqrt{3})^2}$

$=\dfrac{\sqrt{15}-3}{5-3}=\dfrac{\sqrt{15}-3}{2}$ ………(答)

(2) $\dfrac{14}{2\sqrt{2}-1}=\dfrac{14(2\sqrt{2}+1)}{(2\sqrt{2}-1)(2\sqrt{2}+1)}=\dfrac{14(2\sqrt{2}+1)}{(2\sqrt{2})^2-1^2}$

$=\dfrac{14(2\sqrt{2}+1)}{8-1}=\dfrac{14(2\sqrt{2}+1)}{7}=2(2\sqrt{2}+1)=4\sqrt{2}+2$ ………(答)

||||| **進んだ問題** |||||

37．次の式の分母を有理化せよ。

(1) $\dfrac{1}{\sqrt{3}+1}$　　　(2) $\dfrac{1}{1-\sqrt{2}}$　　　(3) $\dfrac{4}{\sqrt{6}+\sqrt{2}}$

(4) $\dfrac{3}{2\sqrt{3}-3}$　　　(5) $\dfrac{3}{2\sqrt{7}-3\sqrt{5}}$　　　(6) $\dfrac{3+\sqrt{3}}{3-\sqrt{3}}$

38．次の計算をせよ。

(1) $\dfrac{1}{2-\sqrt{3}}-\dfrac{1}{2+\sqrt{3}}$　　　(2) $\dfrac{\sqrt{3}}{\sqrt{6}+\sqrt{3}}-\dfrac{\sqrt{6}}{\sqrt{6}-\sqrt{3}}$

(3) $\left(\dfrac{2}{\sqrt{7}-\sqrt{3}}-\dfrac{2}{\sqrt{7}+\sqrt{3}}\right)^2$

39．$a=\dfrac{3}{\sqrt{5}-\sqrt{2}}$ のとき，$a+\dfrac{3}{a}$ の値を求めよ。

40．$x=\dfrac{1}{3+\sqrt{7}}$，$y=\dfrac{1}{3-\sqrt{7}}$ のとき，x^2-xy+y^2 の値を求めよ。

進んだ問題の解法 ||||||||||||||||||||||||||||||||||||||||||||||||||||||

||||**問題2**　次の式の二重根号をはずして簡単にせよ。

(1)　$\sqrt{8+2\sqrt{15}}$　　　　　　(2)　$\sqrt{5-2\sqrt{6}}$

解法　与えられた式のように，根号が二重になっている式を**二重根号**という。

次のように考えて，$\sqrt{8+2\sqrt{15}}$ の二重根号をはずす。

$\sqrt{5}+\sqrt{3}$ を 2 乗すると，

$$(\sqrt{5}+\sqrt{3})^2=5+2\sqrt{5\times3}+3=8+2\sqrt{15}$$

となる。

$a>0$ のとき，$\sqrt{a^2}=a$ を利用すると，$\sqrt{5}+\sqrt{3}>0$ であるから，

$$\sqrt{8+2\sqrt{15}}=\sqrt{(\sqrt{5}+\sqrt{3})^2}=\sqrt{5}+\sqrt{3}$$

となり，二重根号をはずして簡単にすることができる。

一般に，$a>0$，$b>0$ のとき，

$$(\sqrt{a}+\sqrt{b})^2=(a+b)+2\sqrt{ab}$$
$$(\sqrt{a}-\sqrt{b})^2=(a+b)-2\sqrt{ab}$$

である。

ここで，$\sqrt{a}+\sqrt{b}>0$ であり，また，$a>b$ のとき，$\sqrt{a}-\sqrt{b}>0$ であるから，次の式が成り立つ。

$$a>0,\ b>0\ のとき,\quad \sqrt{(a+b)+2\sqrt{ab}}=\sqrt{a}+\sqrt{b}$$
$$a>b>0\ のとき,\qquad \sqrt{(a+b)-2\sqrt{ab}}=\sqrt{a}-\sqrt{b}$$

解答　(1)　$8+2\sqrt{15}=(5+3)+2\sqrt{5\times3}=(\sqrt{5}+\sqrt{3})^2$

ゆえに　$\sqrt{8+2\sqrt{15}}=\sqrt{(\sqrt{5}+\sqrt{3})^2}=\sqrt{5}+\sqrt{3}$ ………(答)

(2)　$5-2\sqrt{6}=(3+2)-2\sqrt{3\times2}=(\sqrt{3}-\sqrt{2})^2$

ゆえに　$\sqrt{5-2\sqrt{6}}=\sqrt{(\sqrt{3}-\sqrt{2})^2}=\sqrt{3}-\sqrt{2}$ ………(答)

||||**進んだ問題**||||||

41．次の式の二重根号をはずして簡単にせよ。

(1)　$\sqrt{3+2\sqrt{2}}$　　　　　　(2)　$\sqrt{10-2\sqrt{21}}$

(3)　$\sqrt{7+4\sqrt{3}}$　　　　　　(4)　$\sqrt{9+4\sqrt{5}}$

(5)　$\sqrt{4-2\sqrt{3}}$　　　　　　(6)　$\sqrt{2-\sqrt{3}}$

3…有理数と無理数

① 有理数

分数 $\dfrac{m}{n}$（m，n は整数，$n\neq0$）の形で表すことができる数を，**有理数**という。

（例）　$\dfrac{4}{7}$，　$\dfrac{7}{3}$，　$5=\dfrac{5}{1}$，　$-\dfrac{3}{4}=\dfrac{-3}{4}$，　$0.4=\dfrac{2}{5}$，　$0.333\cdots=\dfrac{1}{3}$

また，有理数 $\dfrac{m}{n}$ を小数で表すと，有限小数（途中で割りきれる小数）と，循環する無限小数（数が決まった順序で無限にくり返される小数）に分類できる。循環する無限小数は，循環する数，または，循環する部分のはじめの数と終わりの数の上に ˙ をつけて表す。

（例）　$\dfrac{2}{5}=0.4$，　$\dfrac{7}{4}=1.75$

$\qquad\dfrac{7}{3}=2.333\cdots=2.\dot{3}$，　$\dfrac{4}{7}=0.5714285714285\cdots=0.\dot{5}7142\dot{8}$

② 無理数

有理数でない数を**無理数**という。すなわち，無理数は分数 $\dfrac{m}{n}$ の形で表すことができない数である。また，$\sqrt{2}=1.4142135623\cdots$ のように，無理数を小数で表すと循環しない無限小数になる。

（例）　$\sqrt{2}$，　$\sqrt{3}$，　$\sqrt{5}$，　$\sqrt{2}-1$，　$\dfrac{5}{\sqrt{3}}$，　円周率 π

有理数と無理数を合わせて**実数**という。

実数 $\begin{cases} \text{有理数} \begin{cases} \text{整数} \\ \text{有限小数} \\ \text{循環する無限小数} \end{cases} \\ \text{無理数}\cdots\text{循環しない無限小数} \end{cases}$

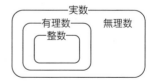

③ 実数と四則演算の可能性

実数と実数の和，差，積，商はつねに実数である。このことを，実数は加法，減法，乗法，除法について閉じているという。ただし，0 で割ることは考えない。

●基本問題●

42. 次の数のうち，無理数をすべて答えよ。

$$\sqrt{169}, \quad 0.666, \quad \frac{4}{7}, \quad (\sqrt{7}-1)^2, \quad \sqrt{4}-\sqrt{36}, \quad \sqrt{3}(\sqrt{3}-3)$$

●例題8● $\sqrt{6}+1$ の整数部分を a，小数部分を b とするとき，次の式の値を求めよ。

(1) a および b　　　　　　　(2) $ab+b^2$

(解説) $\sqrt{6}+1$ を，整数部分と小数部分に分けて考える。

(解答) (1) $\sqrt{6}+1$ の整数部分が a，小数部分が b であるから

$$\sqrt{6}+1=a+b \quad \cdots\cdots\cdots ①$$

$4<6<9$，すなわち，$2^2<6<3^2$ より

$$2<\sqrt{6}<3$$

各辺に 1 を加えて

$$2+1<\sqrt{6}+1<3+1$$
$$3<\sqrt{6}+1<4$$

よって，$\sqrt{6}+1$ の整数部分 a は 3 である。すなわち，$a=3$

ゆえに，①より $\sqrt{6}+1$ の小数部分 b は

$$b=\sqrt{6}+1-a$$
$$=\sqrt{6}+1-3=\sqrt{6}-2 \qquad (答)\ a=3,\ b=\sqrt{6}-2$$

(2) $ab+b^2=3(\sqrt{6}-2)+(\sqrt{6}-2)^2$
$$=3\sqrt{6}-6+(\sqrt{6})^2-2\times\sqrt{6}\times2+2^2$$
$$=3\sqrt{6}-6+6-4\sqrt{6}+4=4-\sqrt{6} \qquad (答)\ 4-\sqrt{6}$$

(別解) (2) $a+b=\sqrt{6}+1$，$b=\sqrt{6}-2$ であるから

$$ab+b^2=b(a+b)=(\sqrt{6}-2)(\sqrt{6}+1)$$
$$=(\sqrt{6})^2+(-2+1)\sqrt{6}+(-2)\times1$$
$$=6-\sqrt{6}-2=4-\sqrt{6} \qquad (答)\ 4-\sqrt{6}$$

(注) 一般に，$n\leqq\sqrt{x}<n+1$（n は整数）のとき，$\sqrt{x}$ の整数部分は n，小数部分は $\sqrt{x}-n$ である。

(参考) $\sqrt{6}$ の近似値が $\sqrt{6}=2.449$ であるから，$\sqrt{6}+1=3.449$ より $\sqrt{6}+1$ の整数部分 a を $a=3$ と求めてもよい。なお，小数部分 b は $0\leqq b<1$ であることに注意する。

演習問題

43. $\sqrt{7}$ と $5-\sqrt{7}$ の小数部分をそれぞれ a, b とするとき，積 ab を求めよ。

44. $\sqrt{2}$ の小数部分を x とするとき，次の式の値を求めよ。

(1) x^2+2x (2) $x(x+1)(x+2)$

45. $2+\sqrt{3}$ の整数部分を a，小数部分を b とするとき，次の式の値を求めよ。

(1) $a+b$ (2) a^2+b^2 (3) $\dfrac{b+1}{a}-\dfrac{a}{b+1}$

進んだ問題の解法

|||||問題3 次の循環する無限小数を分数で表せ。

(1) $0.\overset{\bullet\bullet}{27}$ (2) $0.1\overset{\bullet}{6}$

解法 循環する無限小数を A とおき，(1)では $100A-A$ を，(2)では $100A-10A$ を計算する。

解答 (1) $A=0.\overset{\bullet\bullet}{27}$ とおく。

$$A=0.2727\cdots$$

両辺を 100 倍して

$$100A=27.2727\cdots$$

$100A-A$ より $99A=27$

よって $A=\dfrac{27}{99}=\dfrac{3}{11}$

ゆえに $0.\overset{\bullet\bullet}{27}=\dfrac{3}{11}$ ………(答)

(2) $A=0.1\overset{\bullet}{6}$ とおく。

$$A=0.1666\cdots$$

両辺を 100 倍，10 倍して

$$100A=16.6666\cdots$$
$$10A=1.6666\cdots$$

$100A-10A$ より $90A=15$

よって $A=\dfrac{15}{90}=\dfrac{1}{6}$

ゆえに $0.1\overset{\bullet}{6}=\dfrac{1}{6}$ ………(答)

参考 (2)で，$10A-A=1.5$ より $A=\dfrac{1.5}{9}=\dfrac{15}{90}=\dfrac{1}{6}$ と求めてもよい。

注 循環する無限小数を**循環小数**という。

|||||進んだ問題|||||

46. 次の循環小数を分数で表せ。

(1) $0.\overset{\bullet\bullet}{58}$ (2) $1.\overset{\bullet}{2}$ (3) $1.3\overset{\bullet}{4}$

47. 次の計算をせよ。

(1) $1.\overset{\bullet}{6}-0.3\overset{\bullet}{1}\overset{\bullet}{8}$ (2) $0.\overset{\bullet}{6}0\overset{\bullet}{6}\div0.\overset{\bullet\bullet}{60}\times0.0\overset{\bullet}{6}$

▶▶研究◀◀ 背理法

命題「p であるならば q である」ことを証明するには，次のような方法がある。

「p である」ことがわかっているならば，結論は「q である」か「q であるとは限らない」かのどちらかであり，このうちの一方のみが成り立つ。したがって，「q でないものがある」と仮定して矛盾が起こるならば，結論は「q である」となる。

この論法を**背理法**という。

▶**研究1**◀ a を正の整数とするとき，a^2 が偶数ならば a は偶数であることを，背理法を使って証明せよ。

◀**解説**▶ 「a は偶数とは限らない」と仮定して矛盾が起こることを示す。

「a は偶数である」か「a は奇数である」かのどちらかであるから，「a^2 は偶数であるが，a は奇数であるものがある」と仮定して，矛盾が起こることを示すことになる。

〈**証明**〉 a は奇数であると仮定すると，n を整数として
$$a = 2n - 1$$
と表すことができる。
$$a^2 = (2n-1)^2 = 4n^2 - 4n + 1 = 2(2n^2 - 2n) + 1$$
ここで，n は整数であるから，$2n^2 - 2n$ は整数である。

よって，$2(2n^2 - 2n)$ は偶数であるから，$2(2n^2 - 2n) + 1$ は奇数である。

したがって，a^2 は奇数となる。

これは，a^2 が偶数であることに矛盾する。

ゆえに，a^2 が偶数ならば a は偶数である。

❖**背理法による証明**❖

命題「p であるならば q である」ことを，背理法を使って証明する。

① q でないものがあると仮定する。

② このとき，p に矛盾することを示す。

または，p であることと，q でないことが同時に起こると，数学でよりどころとされていることがらや，定理などに矛盾することを示す。

③ ゆえに，「p であるならば q である」

●**例題9**● a, b を無理数，c を有理数とするとき，次の文について，正しいものには○，正しくないものには×をつけよ。また，正しくないものについては，反例を1つあげよ。

(1) $a+b$ は無理数である。　　　(2) $a+c$ は無理数である。

(3) ab は無理数である。　　　(4) ac は無理数である。

(**解説**) 正しくない例が1つでもあるときは，「正しくない」となる。

　与えられた数が無理数であることを示したいときは背理法を使う。すなわち，与えられた数が有理数 d に等しくなると仮定して，矛盾を導く。

(**解答**) (1) $a=\sqrt{2}$, $b=-\sqrt{2}$ とすると，$a+b=0$ より，有理数となるから，正しくない。

（答）×，反例 $a=\sqrt{2}$, $b=-\sqrt{2}$

(2) $a+c=d$ とおき，d は有理数であると仮定すると，$a=d-c$

c, d は有理数であるから，右辺 $d-c$ は有理数となる。

これは，a が無理数であることに矛盾する。

ゆえに，$a+c$ は無理数である。　　　　　　　　　　（答）○

(3) $a=\sqrt{2}$, $b=\sqrt{2}$ とすると，$ab=2$ より，有理数となるから，正しくない。

（答）×，反例 $a=\sqrt{2}$, $b=\sqrt{2}$

(4) $a=\sqrt{2}$, $c=0$ とすると，$ac=0$ より，有理数となるから，正しくない。

（答）×，反例 $a=\sqrt{2}$, $c=0$

演習問題

48. 次のことがらは正しいか。正しくないものについては，反例を1つあげよ。

(1) 整数は有理数である。　　　(2) 小数には有限小数と無限小数がある。

(3) 有限小数は有理数である。　　　(4) 無限小数は無理数である。

49. a, b を無理数，c を有理数とするとき，次の文について，正しいものには○，正しくないものには×をつけよ。また，正しくないものについては，反例を1つあげよ。ただし，0で割ることは考えない。

(1) $a-b$ は無理数である。　　　(2) $a-c$ は無理数である。

(3) $\dfrac{a}{b}$ は無理数である。　　　(4) $\dfrac{a}{c}$ は無理数である。

(5) $\dfrac{c}{a}$ は無理数である。

▶研究◀「$\sqrt{2}$ は無理数である」ことの証明

▶研究2◀　$\sqrt{2}$ は無理数であることを，背理法を使って証明せよ。

◀解説▶　$\sqrt{2}$ は無理数でないと仮定すると，$\sqrt{2}$ は有理数である。有理数は，分数 $\dfrac{m}{n}$（m と n は互いに素である整数，$n\neq0$）と表される。このことから矛盾が起こることを示す。

◁証明▷　$\sqrt{2}$ は有理数であると仮定すると，互いに素である 2 つの正の整数 m, n（$n\neq0$）を使って　　　$\sqrt{2}=\dfrac{m}{n}$　　　と表すことができる。

両辺を 2 乗して　$2=\dfrac{m^2}{n^2}$　　　よって　$2n^2=m^2$ ………①

①の左辺は偶数であるから，m^2 は偶数である。よって，m は偶数である。…(*)
ここで，$m=2k$（k は正の整数）とおいて，①に代入して
$$2n^2=4k^2　　　よって　n^2=2k^2 \text{………②}$$
②の右辺は偶数であるから，n^2 は偶数である。よって，n は偶数である。
以上より，m, n はともに偶数となり，公約数 2 をもつ。
これは，m と n が互いに素であることに矛盾する。
すなわち，$\sqrt{2}$ は有理数ではない。ゆえに，$\sqrt{2}$ は無理数である。

㊟　整数 m, n が 1 以外に正の公約数をもたないとき，m と n は**互いに素である**という。

㊟　(*)の証明は研究 1（→p.44）を参照。

▶研究3◀　$\sqrt{2}$ が無理数であることを利用して，次のことがらを証明せよ。
　a, b が有理数で $a+b\sqrt{2}=0$ ならば，$a=0$, $b=0$ である。

◀解説▶　$b\neq0$ と仮定して，背理法を使って証明する。

◁証明▷　$b\neq0$ と仮定すると，$a+b\sqrt{2}=0$ より　$b\sqrt{2}=-a$　　　よって　$\sqrt{2}=-\dfrac{a}{b}$

ここで，a, b は有理数であるから，$-\dfrac{a}{b}$ は有理数である。

したがって，$\sqrt{2}$ は有理数となる。
これは，$\sqrt{2}$ が無理数であることに矛盾する。よって，$b=0$ である。
$b=0$ を $a+b\sqrt{2}=0$ に代入して　$a=0$
ゆえに，a, b が有理数で $a+b\sqrt{2}=0$ ならば，$a=0$, $b=0$ である。

㊟　この結果は，定理として利用してよい。

▶研究問題◀

50. a, b, c, d が有理数で $a+b\sqrt{2}=c+d\sqrt{2}$ ならば，$a=c$，$b=d$ であることを，$\sqrt{2}$ が無理数であることを利用して証明せよ。

▶**研究4**◀ 次の等式を満たす有理数 x, y の値を，$\sqrt{2}$ が無理数であることを利用して求めよ。
$$3-2\sqrt{2}+2x+y=-x\sqrt{2}+y\sqrt{2}+1$$

◀**解説**▶ 与えられた等式を $a+b\sqrt{2}=0$ の形に整理して，研究3（→p.46）の「a, b が有理数で $a+b\sqrt{2}=0$ ならば，$a=0$，$b=0$ である」ことを利用する。

◁**解答**▷　　　　　　　$3-2\sqrt{2}+2x+y=-x\sqrt{2}+y\sqrt{2}+1$

よって　　　$(2x+y+2)+(x-y-2)\sqrt{2}=0$

x, y は有理数であるから $2x+y+2$，$x-y-2$ も有理数であり，$\sqrt{2}$ は無理数であるから　　$\begin{cases} 2x+y+2=0 \\ x-y-2=0 \end{cases}$

これを解いて $\begin{cases} x=0 \\ y=-2 \end{cases}$　　　　　（答）$\begin{cases} x=0 \\ y=-2 \end{cases}$

◁**別解**▷　　　　　　　$3-2\sqrt{2}+2x+y=-x\sqrt{2}+y\sqrt{2}+1$

よって　　　$(2x+y+3)-2\sqrt{2}=1+(-x+y)\sqrt{2}$

x, y は有理数であるから $2x+y+3$，$-x+y$ も有理数であり，$\sqrt{2}$ は無理数であるから　　$\begin{cases} 2x+y+3=1 \\ -2=-x+y \end{cases}$

これを解いて $\begin{cases} x=0 \\ y=-2 \end{cases}$　　　　　（答）$\begin{cases} x=0 \\ y=-2 \end{cases}$

注 別解は，研究問題 50 の「a, b, c, d が有理数で $a+b\sqrt{2}=c+d\sqrt{2}$ ならば，$a=c$，$b=d$ である」ことを利用した。

▶研究問題◀

51. 次の等式を満たす有理数 a, b の値を，$\sqrt{2}$，$\sqrt{3}$ が無理数であることを利用して求めよ。

(1) $3+a\sqrt{2}=b-2\sqrt{2}$　　　　(2) $a+(b-1)\sqrt{2}=b-2+3\sqrt{2}$

(3) $\sqrt{2}+a+3-b\sqrt{2}=1-2\sqrt{2}$　　(4) $a(1+\sqrt{3})+b(1-\sqrt{3})=1+3\sqrt{3}$

▶研究◀ 開平計算（計算によって平方根を求める方法）

> ▶研究5◀　開平計算を使って，次の値を求めよ。
>
> (1) $\sqrt{2209}$　　　　　　　　　(2) $\sqrt{5}$（小数第2位まで正しく）

◀解説▶　(1)は，次の手順で**開平計算**を行う。

① 2209 を小数点から2けたずつ区切る。

② 22:09 の 22 からひくことのできる最大の平
　　方数を調べる。その値は $4^2=16$ である。

③ 4 を(ア)，(イ)，(ウ)に，16 を(エ)に書く。

④ 22 から 16 をひき，次の 09 をおろして 609
　　を得る。この 609 を(オ)とする。

⑤ (イ)の 4 と(ウ)の 4 を加えて(カ)8 とする。

⑥ (キ)，(ク)，(ケ)に同じ数を書き，(カ)(ク)と並ぶ数に(ケ)の数をかけて，609 からひくこと
　　のできる最大の数を調べる。この場合，(キ)，(ク)，(ケ)は 7 であり，87×7＝609 である。

⑦ この積 609 を(コ)に書いて，(オ) 609 から(コ) 609 をひき，(サ) 0 となる。

すなわち，$\sqrt{2209}＝47$ である。

```
           (ア)4  7(キ)
    (イ)4     √2 2:0 9
    (ウ)4   (エ)1 6         ←4²
  (カ)8 7(ク)     6:0 9(オ)
        7(ケ)     6:0 9(コ) ←87×7
                       0(サ)
```

（参考）⑥の原理は，次の通りである。

一の位の数を x とすると，右の図で，影の部分の面積は
609 であるから，$40x×2+x^2=(80+x)×x=609$ となる。
ここで，$81×1$，$82×2$，… を順に調べると，$87×7=609$
より，$x=7$ となる。

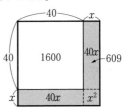

〈解答〉 (1)

```
        4  7
  4     √2 2:0 9
  4       1 6:
 8 7       6:0 9
   7       6:0 9
             0
  ゆえに  √2209 ＝47
```
　　　　　　　　　　　　　　（答）　47

(2)

```
        2: 2  3
  2     √5:
  2      4:
 4 2     1:0 0
   2       8:4     ←42×2
4 4 3     16:0 0
   3      13:2 9   ←443×3
           2 7:1
```

ゆえに　$\sqrt{5}＝2.23$　　　（答）　2.23

（注）(1)のように開平計算の結果，残りが 0 となる場合は，開ききれたという。開ききれな
いときは，(2)のように 0 を 2 つずつ必要なところまでつけ加えて，この計算を続ける。

▶研究問題◀

52. 開平計算を使って，次の値を小数第 3 位まで正しく求めよ。

(1) $\sqrt{17}$　　　　　　(2) $\sqrt{543}$　　　　　　(3) $\sqrt{0.046}$

4 … 近似値と誤差

1 **近似値と誤差**

(1) **近似値** 四捨五入した値や測定値などのように，真の値に近い値を**近似値**という。

(2) **誤差** 近似値から真の値をひいた差を**誤差**という。

$$（誤差）＝（近似値）－（真の値）$$

誤差の絶対値がこえることがない値を誤差の限界という。

四捨五入によって得られた近似値を a，誤差の限界を d とすると，

$$a-d \leqq （真の値）< a+d$$

(3) **有効数字** 近似値の正しさを表す，意味のある数字を**有効数字**という。

たとえば，1653 の十の位を四捨五入し，近似値として 1700 と表すとき，数としての意味をもっている数字は 1 と 7 であり，2 つの 0 は位取りを示す数字である。すなわち，有効数字は 1，7 である。

2 **近似値の表し方**

近似値を表すとき，有効数字をはっきり示すために，有効数字の部分を整数部分が 1 けたの小数 a とし，a と 10 の累乗または $\dfrac{1}{10}$ の累乗の積 $a \times 10^n$，$a \times \dfrac{1}{10^n}$ の形で表すことがある。a で有効数字のけた数を表し，10^n，$\dfrac{1}{10^n}$ で近似値の大きさを表している。

たとえば，近似値 25600，0.0256 の有効数字がそれぞれ 2，5，6 のとき，有効数字はともに 3 けたで，それぞれ 2.56×10^4，$2.56 \times \dfrac{1}{10^2}$ と表す。

3 **近似値の加減乗除**

(1) **加法・減法** 有効数字の末位をそろえてから計算し，答えもそろえた末位と同じにする。

(2) **乗法・除法** 有効数字のけた数をそろえてから計算し，答えもそろえたけた数と同じにする。

●基本問題●

53. 次の測定値の誤差を求めよ。

(1) 真の値 785 m, 測定値 781 m

(2) 真の値 12.7 cm, 測定値 12.8 cm

(3) 真の値 53.3 kg, 測定値 54.7 kg

(4) 真の値 36.1 g, 測定値 35.8 g

54. 次の問いに答えよ。

(1) 甲子園球場で, ある試合の観客数が 42637 人であった。この試合の観客数の近似値を, 百の位を四捨五入して求めよ。また, そのときの誤差を求めよ。

(2) 分度器で △ABC の内角をはかったところ, $\angle A = 45.7°$, $\angle B = 60.2°$, $\angle C = 73.8°$ であった。△ABC の内角の和の近似値を求めよ。また, そのときの誤差を求めよ。

55. 次の □ にあてはまる数を入れよ。

(1) $3510 = 3.51 \times 10^{\square}$

(2) $73000 = 7.30 \times 10^{\square}$

(3) $0.035 = 3.5 \times \dfrac{1}{10^{\square}}$

(4) $0.00152 = 1.52 \times \dfrac{1}{10^{\square}}$

●**例題10**● 2地点間の距離の近似値 13000 m が四捨五入によって得られた値であるとき, 次の問いに答えよ。

(1) 近似値 13000 m を有効数字が 1, 3, 0 の 3 けたであることがわかるような形で表せ。また, そのときの誤差の限界を求めよ。

(2) 近似値 13000 m を有効数字が 1, 3 の 2 けたであることがわかるような形で表せ。また, そのときの誤差の限界を求めよ。

（**解説**） 近似値の有効数字がわかるように示すために,

（整数部分が 1 けたの小数）×（10 の累乗）

の形で表す。また, 有効数字の末位の数字は, 四捨五入によって得られた値である。

（**解答**） (1) 有効数字が 1, 3, 0 の 3 けたであるから, (1.30×10^4) m

有効数字 0 は四捨五入によって得られた値であるから, 真の値を a m とすると

$$12950 \leqq a < 13050$$

ゆえに, 誤差の限界は 50 m である。

（答） (1.30×10^4) m, 誤差の限界 50 m

(2) 有効数字が 1, 3 の 2 けたであるから, (1.3×10^4) m

有効数字 3 は四捨五入によって得られた値であるから, 真の値を b m とすると

$$12500 \leqq b < 13500$$

ゆえに, 誤差の限界は 500 m である。

(答) (1.3×10^4) m, 誤差の限界 500 m

演習問題

56. 次の近似値は,〔 〕の中のけた数が有効数字である。これらの近似値を $a \times 10^n$ または $a \times \dfrac{1}{10^n}$ $(1 \leqq a < 10)$ の形で表せ。

(1) 57000〔2 けた〕　　　　　(2) 57000〔3 けた〕

(3) 0.351〔3 けた〕　　　　　(4) 0.000520〔3 けた〕

57. 次の値について,〔 〕の中に示された位を四捨五入して近似値を求め, $a \times 10^n$ または $a \times \dfrac{1}{10^n}$ $(1 \leqq a < 10)$ の形で表せ。

(1) 5247〔十の位〕　　　　　(2) 8297〔一の位〕

(3) 0.753〔小数第 2 位〕　　　(4) 0.05022〔小数第 4 位〕

58. 次の値は, 四捨五入によって得られた近似値である。有効数字が〔 〕の中のけた数であるとき, 真の値はどのような範囲にあるか。その範囲を, 真の値を A として, 不等号を使って表せ。また, 誤差の限界を求めよ。

(1) 153 cm〔3 けた〕　　　　(2) 153.0 cm〔4 けた〕

(3) 0.065 kg〔2 けた〕　　　(4) 0.0650 kg〔3 けた〕

●**例題11**●　次の近似値の計算をせよ。

(1) $2.3 + 28.682$　　　　　(2) $5.123 - 1.95$

(3) $4.52 \times 10^3 + 1.35 \times 10^2$　　　(4) $3.15 \times 10^3 - 4.3 \times 10^2$

解説　加法と減法では, 四捨五入により有効数字の末位をそろえてから計算する。

(1)では, 2.3, 28.682 の末位はそれぞれ小数第 1 位, 小数第 3 位である。有効数字の末位を小数第 1 位にそろえるために, 28.682 の小数第 2 位を四捨五入する。

(3)では, $4.52 \times 10^3 = 45.2 \times 10^2$ であるから, 1.35×10^2 の有効数字の末位を小数第 1 位にそろえるために, 1.35 の小数第 2 位を四捨五入する。

解答　(1) 28.682 の小数第 2 位を四捨五入して 28.7 とする。

$$2.3 + 28.7 = 31.0$$

(答) 31.0

(2) 5.123 の小数第 3 位を四捨五入して 5.12 とする。

$$5.12-1.95=3.17$$
（答） 3.17

(3) 1.35×10^2 の有効数字の小数第 2 位を四捨五入して 1.4×10^2 とする。

$$45.2\times10^2+1.4\times10^2=(45.2+1.4)\times10^2$$
$$=46.6\times10^2$$
$$=4.66\times10^3$$
（答） 4.66×10^3

(4) $3.15\times10^3=31.5\times10^2$ であるから

$$31.5\times10^2-4.3\times10^2=(31.5-4.3)\times10^2$$
$$=27.2\times10^2$$
$$=2.72\times10^3$$
（答） 2.72×10^3

注 (1)では，0 は有効数字であるから答えは 31.0 とし，31 としない。

演習問題

59. 次の近似値の計算をせよ。

(1) $27.6+53.25$ (2) $6.235-1.25$

(3) $43.7-21.04+6.258-13.82$ (4) $1.85\times10^2+9.23\times10^3$

(5) $7.529\times10^4-9.23\times10^2$ (6) $1.32\times10^3+8.57\times10^2-1.13\times10^3$

60. $\sqrt{2}$, $\sqrt{3}$, π の近似値をそれぞれ 1.414, 1.732, 3.14 とするとき，次の近似値を求めよ。

(1) $\sqrt{3}+\sqrt{2}$ (2) $2\pi-\sqrt{2}$

(3) $\sqrt{27}-\sqrt{8}$ (4) $10\pi+\sqrt{3}$

●**例題12**● 次の近似値の計算をせよ。

(1) 5.26×0.61 (2) $8.5\div1.96$

(3) $(1.56\times10^3)\times(2.451\times10^2)$ (4) $(3.57\times10^3)\div(2.8\times10^2)$

解説 乗法と除法では，四捨五入により有効数字のけた数を少ないほうにそろえてから計算し，答えの有効数字もそろえたけた数になるように四捨五入する。

解答 (1) 近似値の有効数字のけた数を 2 けたにそろえるために，5.26 の小数第 2 位を四捨五入して 5.3 とする。

$$5.3\times0.61=3.233$$
（答） 3.2

(2) 近似値の有効数字のけた数を 2 けたにそろえる。

$$8.5\div2.0=4.25$$
（答） 4.3

(3) 近似値の有効数字のけた数を 3 けたにそろえる。

$$(1.56 \times 10^3) \times (2.45 \times 10^2) = (1.56 \times 2.45) \times (10^3 \times 10^2)$$
$$= 3.822 \times 10^5$$

（答）　3.82×10^5

(4) 近似値の有効数字のけた数を 2 けたにそろえる。

$$(3.6 \times 10^3) \div (2.8 \times 10^2) = (3.6 \div 2.8) \times (10^3 \div 10^2)$$
$$= 1.28\cdots \times 10$$

（答）　1.3×10

演習問題

61. 次の近似値の計算をせよ。

(1) 0.63×5.27 　　　　(2) 6.07×8.458

(3) $2.92 \div 1.4$ 　　　　(4) $53.6 \div 7.052$

(5) $(2.54 \times 10^2) \times (3.052 \times 10^3)$ 　　(6) $(1.32 \times 10^3) \div (6.4 \times 10)$

62. $\sqrt{2}$, $\sqrt{3}$, π の近似値をそれぞれ 1.414, 1.732, 3.14 とするとき，次の近似値を求めよ。

(1) $\sqrt{6}$ 　　(2) $\sqrt{3}\,\pi$ 　　(3) $\sqrt{\dfrac{3}{2}}$ 　　(4) $\dfrac{\sqrt{50}}{\pi}$

63. $\sqrt{2}$, $\sqrt{20}$ の近似値をそれぞれ 1.414, 4.472 とするとき，次の近似値を求めよ。

(1) $\sqrt{200}$ 　　(2) $\sqrt{0.2}$ 　　(3) $\sqrt{0.0002}$ 　　(4) $\sqrt{50000}$

64. $\sqrt{2}$, $\sqrt{3}$, $\sqrt{20}$, $\sqrt{30}$ の近似値をそれぞれ 1.414, 1.732, 4.472, 5.477 とするとき，次の近似値を求めよ。

(1) $\sqrt{2000} - \sqrt{200}$ 　　　　(2) $\sqrt{30000} + \sqrt{3000}$

(3) $\sqrt{2000} \times \sqrt{30000}$ 　　　　(4) $\dfrac{\sqrt{300}}{\sqrt{200000}}$

65. 円の半径をはかって，次の測定値を得た。それぞれの円周の長さを求めよ。ただし，円周率は，$\pi = 3.14159\cdots$ である。

(1) $2.5\,\mathrm{cm}$ 　　　(2) $30.4\,\mathrm{cm}$ 　　　(3) $0.8\,\mathrm{cm}$

66. 地球を半径 $(6.38 \times 10^3)\,\mathrm{km}$ の球と考えるとき，次の問いに答えよ。ただし，円周率は，$\pi = 3.14159\cdots$ である。

(1) 赤道の長さを求めよ。

(2) 光は 1 秒間に地球を何周するか。(1)を利用して求めよ。ただし，光の速さは秒速 $(3.00 \times 10^5)\,\mathrm{km}$ である。

2章の問題

(1) 次の数を小さいものから順に並べよ。

(1) $\dfrac{5}{2}$, $\sqrt{6}$, $\dfrac{4}{\sqrt{2}}$

(2) $\sqrt{3}$, $\dfrac{4}{\sqrt{5}}$, $\dfrac{\sqrt{5}}{\sqrt{2}}$

(3) $\dfrac{7}{2}$, $\sqrt{11}$, $2\sqrt{3}$, $\dfrac{10}{3}$

(4) $\dfrac{2}{3}$, $\dfrac{2}{\sqrt{3}}$, $\dfrac{\sqrt{2}}{3}$, $\sqrt{\dfrac{2}{3}}$

(2) 次の計算をせよ。

(1) $\sqrt{6} \div \sqrt{3} \times \sqrt{2}$

(2) $\sqrt{64} \div \sqrt{12} \times \sqrt{27}$

(3) $2\sqrt{3} - 6\sqrt{6} \div \sqrt{2}$

(4) $\sqrt{27} - \sqrt{6} \times \sqrt{2}$

(5) $\sqrt{18} - \sqrt{32} + \sqrt{8}$

(6) $\sqrt{75} - 2\sqrt{48} + 5\sqrt{3}$

(7) $\sqrt{45} - 4\sqrt{3} - \sqrt{20} + \sqrt{12}$

(8) $\sqrt{12} \times 3\sqrt{32} - \sqrt{18} \times \sqrt{75}$

(3) 次の計算をせよ。

(1) $\sqrt{3}(2\sqrt{18} + \sqrt{12})$

(2) $(\sqrt{5} + \sqrt{2})^2$

(3) $(\sqrt{6} - 3)^2$

(4) $(\sqrt{12} - \sqrt{3})^2$

(5) $(2 + \sqrt{3})(2 - \sqrt{3})$

(6) $(\sqrt{8} + \sqrt{3})(2\sqrt{2} - \sqrt{3})$

(7) $(\sqrt{3} + 1)(\sqrt{3} + 2)$

(8) $(\sqrt{5} - 3)(\sqrt{5} - 2)$

(4) 次の計算をせよ。

(1) $\dfrac{1}{\sqrt{2}} + 2\sqrt{72} - \dfrac{6}{\sqrt{8}} - \sqrt{50}$

(2) $\sqrt{3}(\sqrt{2} - \sqrt{6}) - \sqrt{48} \div \sqrt{2} + \dfrac{6}{\sqrt{2}}$

(3) $9\sqrt{\dfrac{3}{14}} \times 3\sqrt{\dfrac{2}{21}} \div 6\sqrt{\dfrac{21}{28}}$

(4) $\sqrt{27} - \dfrac{4\sqrt{6}}{\sqrt{2}} + \sqrt{5} \times \sqrt{15} - \sqrt{48}$

(5) 次の計算をせよ。

(1) $(2 - \sqrt{3})^2 + \sqrt{12}$

(2) $(\sqrt{10} + 1)(\sqrt{10} - 4) + \sqrt{90}$

(3) $(3 - \sqrt{2})^2 + \sqrt{3}(2\sqrt{6} - \sqrt{3})$

(4) $(2 - \sqrt{2})^2(3 + 2\sqrt{2})$

(5) $(\sqrt{5} - 2)^2 + 4(\sqrt{5} - 2)$

(6) $(\sqrt{3} - \sqrt{2})^2 + \dfrac{1}{\sqrt{6}}$

(7) $(2\sqrt{3} + \sqrt{6})^2 - \dfrac{1}{\sqrt{2}}(\sqrt{8} - 4)$

(8) $(6 + 2\sqrt{3}) \div \sqrt{3} - (\sqrt{6} - \sqrt{2})^2$

6 次の計算をせよ。

(1) $(\sqrt{3}+\sqrt{8})^2+(\sqrt{2}-2\sqrt{3})^2$

(2) $(\sqrt{15}-\sqrt{3})^2-2\sqrt{2}(\sqrt{10}-3\sqrt{2})$

(3) $(\sqrt{7}+\sqrt{3})^2-(\sqrt{7}+\sqrt{2})(\sqrt{7}-\sqrt{2})$

(4) $(\sqrt{3}+\sqrt{5})(2+\sqrt{3})-(\sqrt{3}-\sqrt{5})(2+\sqrt{5})$

7 次の計算をせよ。

(1) $\dfrac{(\sqrt{3}+\sqrt{2})^2}{\sqrt{2}}-\dfrac{(\sqrt{3}+\sqrt{2})(\sqrt{3}-\sqrt{2})}{\sqrt{3}}$

(2) $(\sqrt{3}-\sqrt{2})^2(\sqrt{3}+\sqrt{2})-(\sqrt{3}-1)$

(3) $\left(-\dfrac{\sqrt{3}}{2}+\dfrac{1}{2}\right)^2-2\times\left(-\dfrac{\sqrt{3}}{2}\right)\times\dfrac{1}{2}$

(4) $(\sqrt{2}-2\sqrt{3}+3\sqrt{6})^2$

(5) $(\sqrt{5}+\sqrt{3}-\sqrt{2})(\sqrt{5}-\sqrt{3}+\sqrt{2})$

(6) $(\sqrt{8}+\sqrt{3}+1)^2-(\sqrt{8}-\sqrt{3}+1)^2$

(7) $(\sqrt{7}+1)(\sqrt{7}+2)(\sqrt{7}+3)(\sqrt{7}+4)$

8 $x,\ y$ が連立方程式 $\begin{cases}\sqrt{3}\,x-\sqrt{2}\,y=1\\ \sqrt{2}\,x+\sqrt{3}\,y=1\end{cases}$ を満たすとき，次の式の値を求めよ。

(1) $\dfrac{1}{x}+\dfrac{1}{y}$
(2) x^2+y^2
(3) $\dfrac{x}{y}+\dfrac{y}{x}$

9 次の問いに答えよ。

(1) $-4\sqrt{2}+\sqrt{8}+\sqrt{18}+\sqrt{169}$ の整数部分を a，小数部分を b とするとき，$a-b^2$ の値を求めよ。

(2) $6-2\sqrt{3}$ の整数部分を a，小数部分を b とするとき，$4a^2-4ab+b^2$ の値を求めよ。

(3) $\sqrt{5}$ の小数部分を a とするとき，a^4-81 の値を求めよ。

10 次の問いに答えよ。

(1) $A=\sqrt{54a}-40$ とするとき，A の絶対値の最小値を求めよ。ただし，A，a は整数とする。

(2) $\sqrt{n^2+15}$ が整数となるような正の整数 n をすべて求めよ。

(11) 次の問いに答えよ。

(1) $10<\sqrt{a}<11$ を満たす正の整数 a の個数を求めよ。

(2) n が整数のとき，$n<\sqrt{a}<n+1$ を満たす正の整数 a の個数を n を使って表せ。

(3) $\sqrt{a}$ が連続する 2 つの正の奇数にはさまれるとき，正の整数 a の個数は 135 個である。このような連続する 2 つの奇数を求めよ。

(12) $\dfrac{168}{n}$ と $\sqrt{126n}$ がともに整数となるような正の整数 n をすべて求めよ。

(13) 正の整数 A，B，C は，次の関係式①，②を満たす。

$$A=\sqrt{\frac{3^2\times5^3}{B}}\ \cdots\cdots①\qquad B=\sqrt{\frac{3^4\times5^3}{C}}\ \cdots\cdots②$$

(1) 関係式①を満たす正の整数 B をすべて求めよ。

(2) 関係式①，②をともに満たす正の整数 A，B，C の組をすべて求めよ。

(14) 2 つの正の整数 x と y が互いに素であるとき，$\dfrac{y}{x}$ を既約分数という。既約分数 $\dfrac{y}{x}$ の正の平方根の小数第 2 位以下を切り捨てると，1.3 になる。また，$x+y=20$ である。この既約分数 $\dfrac{y}{x}$ を求めよ。

(15) 有理数 a，b を使って $a+b\sqrt{2}$ と表される数の集合を A とする。集合 A は加法，減法，乗法，除法について閉じていることを証明せよ。ただし，0 で割ることは考えない。

(16) 方程式 $\dfrac{x}{2}-\dfrac{y}{3}=\dfrac{1}{4}$ を満たす整数 x，y は存在しないことを，背理法を使って証明せよ。

(17) 円の半径をはかって，次の測定値を得た。それぞれの円の面積を計算するときの円周率の近似値を求めよ。ただし，円周率は，$\pi=3.14159\cdots$ である。また，円の面積を求めよ。

(1) 3.0 cm (2) 2.50 cm

(18) 光の速さは秒速 (3.00×10^5) km であり，太陽と地球の距離は (1.495×10^8) km である。太陽から地球まで光がとどくには，どれだけの時間がかかるか。

3章

2次方程式

1 **2次方程式**

a, b, c を定数として，$ax^2+bx+c=0$ $(a\neq0)$ の形で表される方程式を，x についての**2次方程式**という。

2次方程式を成り立たせる x の値を，その**2次方程式の解**といい，すべての解を求めることを，**2次方程式を解く**という。

2 **2次方程式の解法**

(1) **因数分解による解法**

2つの数 A，B について，次の性質が成り立つ。

$AB=0$ **ならば，** $A=0$ **または** $B=0$

この性質を利用して，2次方程式 $x^2+bx+c=0$ の左辺を，$(x-p)(x-q)=0$ のように因数分解すると，解は $x=p$, q

(2) $ax^2=b$ $(a>0, b>0)$ **の解法**

$x^2=\dfrac{b}{a}$ より，$x=\pm\sqrt{\dfrac{b}{a}}$

(3) $(x+m)^2=n$ $(n\geqq0)$ **の解法**

$x+m=\pm\sqrt{n}$ より，$x=-m\pm\sqrt{n}$

(4) **平方完成による解法**

2次方程式 $x^2+bx+c=0$ を平方完成の形 $(x+m)^2=n$ に変形し，(3)を利用して解く。

3 **2次方程式の解の公式**

$ax^2+bx+c=0$ $(a\neq0)$ の解は，$x=\dfrac{-b\pm\sqrt{b^2-4ac}}{2a}$

基本問題

1. 次の2次方程式を解け。

(1) $(x-2)(x-7)=0$ (2) $(x+8)(x-6)=0$ (3) $(x+6)(x+3)=0$

(4) $(x+5)(x-4)=0$ (5) $x(x-3)=0$ (6) $(x+1)(2x-6)=0$

2. 次の2次方程式を解け。

(1) $x^2=4$ (2) $x^2-5=0$ (3) $x^2=25$

(4) $9x^2-25=0$ (5) $5x^2-12=3$ (6) $1-4x^2=0$

●**例題1**● 次の2次方程式を，因数分解を利用して解け。

(1) $x^2-x-30=0$ (2) $x^2=8x-16$

（**解説**） (2)は，移項して，$x^2+bx+c=0$ の形に整理する。

（**解答**） (1) $x^2-x-30=0$ (2) $x^2=8x-16$

          $(x+5)(x-6)=0$ $x^2-8x+16=0$

          $x+5=0$ または $x-6=0$ $(x-4)^2=0$

          ゆえに $x=-5,\ 6$ ………（答）   ゆえに $x=4$ ………（答）

（**注**） 2次方程式の解の表し方には，「$x=-5$ または $x=6$」，「$x=-5,\ x=6$」，「$x=-5,\ 6$」などがあるが，本書では「$x=-5,\ 6$」と表す。

（**注**） (1)の「$x+5=0$ または $x-6=0$」にあたる部分は，なれてきたら省略してもよい。

（**注**） (1)のように，一般に，2次方程式には解が2つある。

(2)のように，解が1つしかない2次方程式は，2つの解が $x=4,\ 4$ のように一致している，または重なっていると考える。このような解を**重解**という。

演習問題

3. 次の2次方程式を，因数分解を利用して解け。

(1) $x^2+10x+9=0$ (2) $x^2-7x+12=0$ (3) $x^2-7x+6=0$

(4) $x^2-x-12=0$ (5) $x^2+3x-10=0$ (6) $x^2-9=0$

(7) $x^2=x$ (8) $x^2+2x=0$ (9) $x^2+12x+36=0$

4. 次の2次方程式を，因数分解を利用して解け。

(1) $x^2-32=4x$ (2) $0=x^2-6+x$ (3) $5y^2+8y=0$

(4) $11x=3x^2$ (5) $x^2+49=14x$ (6) $-4x^2+20x=25$

●**例題2**● 次の2次方程式を，平方完成を利用して解け。

(1) $(x+2)^2-36=0$　　　　　(2) $x^2+8x+5=0$

(**解説**) (1) 平方完成された式 $(x+2)^2$ を展開しないでそのまま利用する。この場合，$x+2=X$ とおいて定数項を右辺に移項すると，$X^2=36$ となる。これより X を求め，さらに x を求める。

(2) 左辺を平方完成の形 $(x+m)^2$ になおしてから，$(x+m)^2=n$ の形にして解く。

(**解答**) (1) $(x+2)^2-36=0$

$x+2=X$ とおくと

$X^2-36=0$

$X^2=36$

$X=\pm6$

よって　$x+2=\pm6$

$x=-2\pm6$

ゆえに　$x=-8,\ 4$ ………(答)

(2) $x^2+8x+5=0$

定数項を右辺に移項して

$x^2+8x=-5$

両辺に x の係数8の $\frac{1}{2}$ の2乗，すなわち 4^2 を加えて

$x^2+8x+4^2=-5+4^2$

$(x+4)^2=11$

$x+4=\pm\sqrt{11}$

ゆえに　$x=-4\pm\sqrt{11}$ ………(答)

注 (1) $(x+2)^2=36$ より，ただちに $x+2=\pm6$ としてよい。

注 (2) $-4\pm\sqrt{11}$ は，$-4+\sqrt{11}$ と $-4-\sqrt{11}$ を1つにまとめて表したものである。

演習問題

5. 次の2次方程式を解け。

(1) $(x+1)^2=9$　　　　(2) $(x+4)^2=7$

(3) $(x-2)^2-8=0$　　　(4) $4(x-5)^2-16=0$

(5) $3(x-10)^2=4$　　　(6) $5(2x-3)^2=10$

6. 次の式の □ にあてはまる数を入れて，平方完成せよ。

(1) $x^2-2x+\square=(x-\square)^2$　　(2) $x^2+4x+\square=(x+\square)^2$

(3) $x^2-6x+\square=(x-\square)^2$　　(4) $-x^2-8x+\square=-(x+\square)^2$

(5) $x^2-x+\square=(x-\square)^2$　　　(6) $3x^2+6x+\square=\square(x+\square)^2$

7. 次の2次方程式を，平方完成を利用して解け。

(1) $x^2-6x-1=0$　　　(2) $x^2+4x=2$

(3) $x^2+8x+7=0$　　　(4) $-x^2+2x-1=-4$

(5) $x^2+x-3=0$　　　　(6) $3x^2+15x-3=12$

●**例題3**●　2次方程式 $ax^2+bx+c=0$ の解は

$$x=\frac{-b\pm\sqrt{b^2-4ac}}{2a}\quad\text{(2次方程式の解の公式)}$$

となることを証明せよ。

解説 例題2(2)のように，平方完成を利用して導けばよい。

なお，参考のために，$3x^2+5x+1=0$ について，平方完成を利用した解の求め方を示しておく。

証明　　　　　　$ax^2+bx+c=0$

両辺を a で割って

$$x^2+\frac{b}{a}x+\frac{c}{a}=0$$

定数項を右辺に移項して

$$x^2+\frac{b}{a}x=-\frac{c}{a}$$

両辺に $\left(\dfrac{b}{2a}\right)^2$ を加えて

$$x^2+\frac{b}{a}x+\left(\frac{b}{2a}\right)^2=-\frac{c}{a}+\left(\frac{b}{2a}\right)^2$$

$$\left(x+\frac{b}{2a}\right)^2=\frac{b^2-4ac}{4a^2}$$

$$x+\frac{b}{2a}=\pm\frac{\sqrt{b^2-4ac}}{2a}$$

ゆえに　　　$x=\dfrac{-b\pm\sqrt{b^2-4ac}}{2a}$

参考　　$3x^2+5x+1=0$

両辺を3で割って

$$x^2+\frac{5}{3}x+\frac{1}{3}=0$$

定数項を右辺に移項して

$$x^2+\frac{5}{3}x=-\frac{1}{3}$$

両辺に $\left(\dfrac{5}{6}\right)^2$ を加えて

$$x^2+\frac{5}{3}x+\left(\frac{5}{6}\right)^2=-\frac{1}{3}+\left(\frac{5}{6}\right)^2$$

$$\left(x+\frac{5}{6}\right)^2=\frac{13}{36}$$

$$x+\frac{5}{6}=\pm\frac{\sqrt{13}}{6}$$

ゆえに　　　$x=\dfrac{-5\pm\sqrt{13}}{6}$

注 2次方程式 $ax^2+bx+c=0$ と書いたときには，$a\neq0$ である。

●**例題4**●　次の2次方程式を，解の公式を利用して解け。

(1)　$5x^2+7x+1=0$　　　　　　(2)　$x^2-7x-3=0$

(3)　$3x^2-8x+2=0$　　　　　　(4)　$6x^2+11x-10=0$

解説 2次方程式の解の公式に，a, b, c の値をそれぞれ代入して解く。

(1)は $a=5$, $b=7$, $c=1$, (2)は $a=1$, $b=-7$, $c=-3$, (3)は $a=3$, $b=-8$, $c=2$, (4)は $a=6$, $b=11$, $c=-10$ をそれぞれ代入して解く。

なお，$\sqrt{p^2q}=p\sqrt{q}$（$p>0$, $q>0$）を利用して，根号の中をできるだけ簡単にする。

(解答) (1) $5x^2+7x+1=0$

$$x=\frac{-7\pm\sqrt{7^2-4\cdot5\cdot1}}{2\cdot5}$$

$$=\frac{-7\pm\sqrt{29}}{10} \quad\cdots\cdots\cdots(答)$$

(2) $x^2-7x-3=0$

$$x=\frac{-(-7)\pm\sqrt{(-7)^2-4\cdot1\cdot(-3)}}{2\cdot1}$$

$$=\frac{7\pm\sqrt{61}}{2} \quad\cdots\cdots\cdots(答)$$

(3) $3x^2-8x+2=0$

$$x=\frac{-(-8)\pm\sqrt{(-8)^2-4\cdot3\cdot2}}{2\cdot3}$$

$$=\frac{8\pm\sqrt{40}}{6}=\frac{8\pm2\sqrt{10}}{6}$$

$$=\frac{2(4\pm\sqrt{10})}{6}$$

$$=\frac{4\pm\sqrt{10}}{3} \quad\cdots\cdots\cdots(答)$$

(4) $6x^2+11x-10=0$

$$x=\frac{-11\pm\sqrt{11^2-4\cdot6\cdot(-10)}}{2\cdot6}$$

$$=\frac{-11\pm\sqrt{361}}{12}$$

$$=\frac{-11\pm19}{12}$$

ゆえに $x=-\dfrac{5}{2},\ \dfrac{2}{3}$ $\cdots\cdots\cdots(答)$

(参考) (4)は，$(2x+5)(3x-2)=0$ と因数分解して解くこともできる。

(注) 2次方程式 $ax^2+bx+c=0$ で，x の係数が $b=2b'$ のとき，解の公式に $b=2b'$ とおいて得られる次の公式を利用すると計算が容易である。$ax^2+2b'x+c=0$ の解は，

$$x=\frac{-2b'\pm\sqrt{(2b')^2-4ac}}{2a}=\frac{-2b'\pm\sqrt{4b'^2-4ac}}{2a}=\frac{-2b'\pm\sqrt{4(b'^2-ac)}}{2a}$$

$$=\frac{-2b'\pm2\sqrt{b'^2-ac}}{2a}=\frac{2(-b'\pm\sqrt{b'^2-ac})}{2a}=\frac{-b'\pm\sqrt{b'^2-ac}}{a}$$

となる。

たとえば，(3)で，$a=3$，$b'=-4$，$c=2$ を $x=\dfrac{-b'\pm\sqrt{b'^2-ac}}{a}$ に代入すると，

$$x=\frac{-(-4)\pm\sqrt{(-4)^2-3\cdot2}}{3}=\frac{4\pm\sqrt{10}}{3}$$

> ❖ x の係数が $b=2b'$ のときの2次方程式の解の公式 ❖
>
> $ax^2+2b'x+c=0$ の解は，$x=\dfrac{-b'\pm\sqrt{b'^2-ac}}{a}$

演習問題

8. 次の2次方程式を，解の公式を利用して解け。

(1) $2x^2-x-5=0$

(2) $x^2+12x+7=0$

(3) $x^2-8x-2=0$

(4) $3x^2-5x+2=0$

(5) $4x^2+6x-3=0$

(6) $5x^2-7x+2=0$

(7) $-6t^2-5t+2=0$

(8) $3y^2-2y-4=0$

(9) $7x^2+4x-1=0$

62

2…いろいろな2次方程式の解法

●**例題5**● 次の2次方程式を解け。

(1) $3x^2=(x-1)(x-3)$　　(2) $\dfrac{1}{4}x^2-x-\dfrac{5}{4}=0$

解説 2次方程式は次の手順で解く。

① $ax^2+bx+c=0$ の形に整理する。なお、x^2 の係数が正になるようにする。

② a, b, c が整数になるように、両辺に適当な数をかける。

③ 左辺の各項の係数に公約数があれば、その公約数で両辺を割る。

④ 因数分解または解の公式を利用して解く。

解答 (1) $3x^2=(x-1)(x-3)$

整理して $2x^2+4x-3=0$

$x=\dfrac{-2\pm\sqrt{2^2-2\cdot(-3)}}{2}$

$=\dfrac{-2\pm\sqrt{10}}{2}$ ………(答)

(2) $\dfrac{1}{4}x^2-x-\dfrac{5}{4}=0$

両辺に4をかけて

$x^2-4x-5=0$

$(x+1)(x-5)=0$

ゆえに $x=-1,\ 5$ ………(答)

演習問題

9. 次の2次方程式を解け。

(1) $(x+7)(x-1)=-12$　　(2) $(x+2)^2-6x=4$

(3) $2(x-1)=(x-3)^2+4$

(4) $(3y+5)(2y-1)-(2y+1)^2=y-5$

(5) $(3x-2)(x-4)-(x-3)^2=(x+2)(x-2)$

(6) $(x-\sqrt{3})(x+\sqrt{3})=2x$

(7) $(4x-1)^2-2(x+4)(x-1)=x(x+2)+5$

10. 次の2次方程式を解け。

(1) $x^2-x-\dfrac{3}{4}=0$　　(2) $x^2+\dfrac{2}{5}x-\dfrac{5}{2}=0$　　(3) $-\dfrac{1}{3}x^2+\dfrac{1}{3}x+1=0$

(4) $\dfrac{1}{6}x^2+\dfrac{7}{2}x=\dfrac{5}{3}x$　　(5) $0.04x^2+0.2x-0.24=0$

(6) $\dfrac{2}{5}x^2-3x-1.6=0$　　(7) $\dfrac{1}{2}(x-1)^2=(x-1)(x-2)-0.5$

進んだ問題の解法 ||||||||||||||||||||||||||||||||||||||||||||||||||||||||||||||||||||||||||||||||||||||||||||||||||

> ||||||**問題1**　次の2次方程式を解け。
>
> (1)　$6x^2-11x+3=0$　　　　　　　(2)　$(2x-1)^2+8(2x-1)+2=0$
>
> (3)　$30000x^2-1000x+7=0$

解法　(1)　左辺の $6x^2-11x+3$ を因数分解する。

(2)　$2x-1=X$ とおいて，$X^2+8X+2=0$ を解の公式を利用して解く。

(3)　$100x=X$ とおくと $10000x^2=X^2$ であるから，$30000x^2=3X^2$，$1000x=10X$ となり，
2次と1次の項の係数の絶対値を小さくすることができる。

解答　(1)　$6x^2-11x+3=0$　　　$(2x-3)(3x-1)=0$

ゆえに　$x=\dfrac{3}{2}$，$\dfrac{1}{3}$ ………(答)

(2)　$(2x-1)^2+8(2x-1)+2=0$

$2x-1=X$ とおくと　$X^2+8X+2=0$

$X=-4\pm\sqrt{4^2-1\cdot 2}=-4\pm\sqrt{14}$

よって　$2x-1=-4\pm\sqrt{14}$　　　$2x=-3\pm\sqrt{14}$

ゆえに　$x=\dfrac{-3\pm\sqrt{14}}{2}$ ………(答)

(3)　$30000x^2-1000x+7=0$

$100x=X$ とおくと，$10000x^2=X^2$ であるから

$3X^2-10X+7=0$

$(X-1)(3X-7)=0$　　　$X=1$，$\dfrac{7}{3}$

よって　$100x=1$，$\dfrac{7}{3}$　　　ゆえに　$x=\dfrac{1}{100}$，$\dfrac{7}{300}$ ………(答)

参考　(2)は，おきかえないで，ただちに解の公式を利用して次のようにしてもよい。

$2x-1=-4\pm\sqrt{4^2-1\cdot 2}=-4\pm\sqrt{14}$

|||||| 進んだ問題 ||||||

11. 次の2次方程式を解け。

(1)　$3x^2+4x+1=0$　　　(2)　$2x^2+5x-12=0$　　　(3)　$4x^2-4x-15=0$

(4)　$2(x-5)^2-3(x-5)+1=0$　　　(5)　$(2x-1)^2+4(1-2x)=2$

(6)　$(x-3)^2=3\{2(x-3)-3\}$　　　(7)　$2(x^2-4)=(x-2)^2$

(8)　$20000x^2-500x-3=0$　　　(9)　$\dfrac{3}{10000}x^2-\dfrac{7}{100}x+4=0$

●**例題6**● 2次方程式 $x^2+2ax-3a=0$ の1つの解が $x=-3$ であるとき，次の問いに答えよ。

(1) a の値を求めよ。　　　　(2) 他の解を求めよ。

(解説) 方程式の解とは，その方程式を成り立たせる値であるから，解を代入したとき，その等式（方程式）が成り立つ。この場合，与えられた2次方程式に $x=-3$ を代入したとき，$(-3)^2+2a×(-3)-3a=0$ が成り立つということである。これより a の値を求める。

(解答) (1) $x=-3$ を $x^2+2ax-3a=0$ に代入して

$$(-3)^2+2a×(-3)-3a=0$$
$$9-6a-3a=0$$
$$9-9a=0$$

ゆえに　　　　　　$a=1$　　　　　　　　　　　　（答）　$a=1$

(2) (1)の結果より，$a=1$ を $x^2+2ax-3a=0$ に代入して

$$x^2+2x-3=0$$
$$(x+3)(x-1)=0$$
$$x=-3,\ 1$$

ゆえに，他の解は　　$x=1$　　　　　　　　　　（答）　$x=1$

演習問題

12. 次の2次方程式が，〔　〕の中に示された解をもつとき，a の値を求めよ。また，他の解を求めよ。

(1) $x^2-ax-6=0$ 〔$x=3$〕

(2) $x^2-(a+4)x+a-1=0$ 〔$x=2$〕

(3) $x^2+2(a+1)x+a^2+6=0$ 〔$x=-3$〕

(4) $x^2+2x+a=0$ 〔$x=-1+\sqrt{2}$〕

13. 2次方程式 $x^2+7x-18=0$ の解の小さいほうが，2次方程式 $x^2+ax+9=0$ の解であるとき，a の値を求めよ。

14. 次の2次方程式が，〔　〕の中に示された解をもつとき，a の値を求めよ。また，他の解を求めよ。

(1) $x^2-5x+a+4=0$ 〔$x=a$〕

(2) $2x^2-3x-a^2+1=0$ 〔$x=a+1$〕

(3) $x^2-(a+1)x+a^2+a-9=0$ 〔$x=a-2$　ただし，$a<2$〕

●**例題7**● 2次方程式 $ax^2+bx+3=0$ ……① の1つの解が $x=-\dfrac{3}{5}$,

2次方程式 $3x^2+bx+a=0$ ……② の1つの解が $x=-2$ である。

(1) a, b の値を求めよ。　　　　　　(2) ①, ②の他の解を求めよ。

解説 (1) $x=-\dfrac{3}{5}$ を①に，$x=-2$ を②に代入してできる2つの式を連立させて解く。

(2) (1)の結果より，a, b の値をそれぞれ①, ②に代入して他の解を求める。

解答 (1) $x=-\dfrac{3}{5}$ を①に，$x=-2$ を②に代入して連立させると

$$\begin{cases} a\times\left(-\dfrac{3}{5}\right)^2+b\times\left(-\dfrac{3}{5}\right)+3=0 \\ 3\times(-2)^2+b\times(-2)+a=0 \end{cases} \qquad \text{すなわち} \begin{cases} 3a-5b+25=0 \\ a-2b+12=0 \end{cases}$$

　ゆえに　$a=10$, $b=11$　　　　　　　　　　　　　　（答）　$a=10$, $b=11$

(2) $a=10$, $b=11$ をそれぞれ①, ②に代入すると，

　　①は　　$10x^2+11x+3=0$　　$x=\dfrac{-11\pm\sqrt{11^2-4\cdot10\cdot3}}{2\cdot10}=\dfrac{-11\pm1}{20}$

　　　　　　$x=-\dfrac{3}{5}$, $-\dfrac{1}{2}$　　ゆえに，他の解は　$x=-\dfrac{1}{2}$

　　②は　　$3x^2+11x+10=0$　　$x=\dfrac{-11\pm\sqrt{11^2-4\cdot3\cdot10}}{2\cdot3}=\dfrac{-11\pm1}{6}$

　　　　　　$x=-2$, $-\dfrac{5}{3}$　　ゆえに，他の解は　$x=-\dfrac{5}{3}$

　　　　　　　　　　　　　　　　　　　　（答）　① $x=-\dfrac{1}{2}$　② $x=-\dfrac{5}{3}$

演習問題

15. 2次方程式 $x^2+ax+b=0$ の2つの解が $x=-3$, -2 であるとき，a, b の値を求めよ。また，2次方程式 $x^2+bx+a=0$ の解を求めよ。

16. 3つの2次方程式 $x^2+ax-10=0$ ……①，$x^2+2bx+b^2-9=0$ ……②，$x^2+cx+d=0$ ……③ がある。①と②がともに $x=2$ を解にもつとき，次の問いに答えよ。ただし，$b>0$ とする。

(1) a, b の値を求めよ。

(2) ①と②の $x=2$ 以外の解が，どちらも③の解であるとき，c, d の値を求めよ。

▶▶研究◀◀ 2次方程式の解と係数の関係

▶研究1◀　2次方程式 $ax^2+bx+c=0$ の2つの解が $x=\alpha$, $\overset{\text{アルファ ベータ}}{\beta}$ であるとき,

$$\alpha+\beta=-\frac{b}{a}, \quad \alpha\beta=\frac{c}{a} \quad \text{（2次方程式の解と係数の関係）}$$

となることを証明せよ。

◀解説▶　2次方程式 $ax^2+bx+c=0$ の解の公式 $x=\dfrac{-b\pm\sqrt{b^2-4ac}}{2a}$ で,

$$\alpha=\frac{-b+\sqrt{b^2-4ac}}{2a}, \quad \beta=\frac{-b-\sqrt{b^2-4ac}}{2a}$$

とおいて, 2つの解の和 $\alpha+\beta$ と積 $\alpha\beta$ を, 次のように求める。

$$\alpha+\beta=\frac{-b+\sqrt{b^2-4ac}}{2a}+\frac{-b-\sqrt{b^2-4ac}}{2a}$$

$$\alpha\beta=\frac{-b+\sqrt{b^2-4ac}}{2a}\times\frac{-b-\sqrt{b^2-4ac}}{2a}$$

◁証明▷　$ax^2+bx+c=0$ の2つの解が $x=\alpha$, β であるから,

$$\alpha=\frac{-b+\sqrt{b^2-4ac}}{2a}, \quad \beta=\frac{-b-\sqrt{b^2-4ac}}{2a} \quad \text{とおく。}\cdots\cdots(*)$$

よって　$\alpha+\beta=\dfrac{-b+\sqrt{b^2-4ac}}{2a}+\dfrac{-b-\sqrt{b^2-4ac}}{2a}$

$$=\frac{-2b}{2a}=-\frac{b}{a}$$

$$\alpha\beta=\frac{-b+\sqrt{b^2-4ac}}{2a}\times\frac{-b-\sqrt{b^2-4ac}}{2a}$$

$$=\frac{(-b)^2-(\sqrt{b^2-4ac})^2}{(2a)^2}$$

$$=\frac{b^2-(b^2-4ac)}{4a^2}=\frac{4ac}{4a^2}=\frac{c}{a}$$

ゆえに　$\alpha+\beta=-\dfrac{b}{a}$, $\alpha\beta=\dfrac{c}{a}$

注 証明の $(*)$ は, $\alpha=\dfrac{-b-\sqrt{b^2-4ac}}{2a}$, $\beta=\dfrac{-b+\sqrt{b^2-4ac}}{2a}$ とおいて, $\alpha+\beta$, $\alpha\beta$ の値を求めても, その結果は変わらない。

注 解と係数の関係を利用すると, 2次方程式を解かなくても, 2次方程式の2つの解の和と積を求めることができる。

▶**研究2**◀ 次の2次方程式の2つの解の和と積を求めよ。

(1) $x^2-6x+8=0$ (2) $3x^2+9x-4=0$ (3) $4x^2-1=0$

◀**解説**▶ 2次方程式 $ax^2+bx+c=0$ の2つの解を α, β とすると，解と係数の関係から，

$\alpha+\beta=-\dfrac{b}{a}$, $\alpha\beta=\dfrac{c}{a}$ である。

◁**解答**▷ 2次方程式を $ax^2+bx+c=0$ とし，その2つの解を α, β とする。

(1) $a=1$, $b=-6$, $c=8$ より

$$\alpha+\beta=-\frac{b}{a}=-\frac{-6}{1}=6, \quad \alpha\beta=\frac{c}{a}=\frac{8}{1}=8 \qquad \text{(答)} \ \ 和\,6,\ 積\,8$$

(2) $a=3$, $b=9$, $c=-4$ より

$$\alpha+\beta=-\frac{b}{a}=-\frac{9}{3}=-3, \quad \alpha\beta=\frac{c}{a}=\frac{-4}{3}=-\frac{4}{3} \qquad \text{(答)} \ \ 和\,-3,\ 積\,-\frac{4}{3}$$

(3) $a=4$, $b=0$, $c=-1$ より

$$\alpha+\beta=-\frac{b}{a}=-\frac{0}{4}=0, \quad \alpha\beta=\frac{c}{a}=\frac{-1}{4}=-\frac{1}{4} \qquad \text{(答)} \ \ 和\,0,\ 積\,-\frac{1}{4}$$

▶**研究3**◀ 2次方程式 $x^2-3x-5=0$ の2つの解が $x=\alpha$, β であるとき，$\alpha^2+\beta^2-4\alpha\beta$ の値を求めよ。

◀**解説**▶ $\alpha^2+\beta^2-4\alpha\beta$ を $\alpha+\beta$, $\alpha\beta$ の式で表す。

◁**解答**▷ 解と係数の関係より $\begin{cases} \alpha+\beta=3 \\ \alpha\beta=-5 \end{cases}$

ゆえに $\alpha^2+\beta^2-4\alpha\beta=(\alpha+\beta)^2-6\alpha\beta=3^2-6\times(-5)=39$ (答) 39

注 $\alpha^2+\beta^2-4\alpha\beta$ は，α と β を入れかえても変わらない式である。すなわち，$\beta^2+\alpha^2-4\beta\alpha=\alpha^2+\beta^2-4\alpha\beta$ である。このような式を α と β の**対称式**という。

▶**研究問題**◀

17. 2次方程式 $x^2+6x+1=0$ の2つの解が $x=\alpha$, β であるとき，次の式の値を求めよ。

(1) $\alpha^2+\alpha\beta+\beta^2$ (2) $\dfrac{1}{\alpha}+\dfrac{1}{\beta}$ (3) $(\alpha-\beta)^2$

18. 2次方程式 $x^2-3(1-a)x+a=0$ の1つの解が他の解の2倍になるように，a の値を定めよ。

3…2次方程式の応用

1 2次方程式を利用して文章題を解く手順
  ① 文章をよく読んで，図や表を使って問題の内容を理解する。求める
     数量（未知数）と与えられている数量（既知数）を確認する。
  ② 求める数量，または求める数量に関係のある数量を，未知数 x と
     する。
  ③ 問題の数量関係を，x を使って方程式で表す。（単位をそろえる）
  ④ 方程式を解く。
  ⑤ 求めた解が問題に適しているかどうかを吟味して，答えとする。

●基本問題●

19. ある数 x に2を加えて2乗した数と，x に4をかけて8を加えた数が等し
い。x の値を求めよ。

20. ある数 x と x に8を加えた数の積が48である。x の値を求めよ。

21. 連続する3つの正の整数の平方の和が434である。この3つの整数を求め
よ。

22. 周の長さが28cm，面積が48cm² の長方形がある。この長方形の縦と横の
長さをそれぞれ求めよ。ただし，縦の長さは横の長さより長いものとする。

23. ある円の半径を3cm伸ばした円は，もとの円より面積が50％増加した。
このとき，もとの円の半径を求めよ。

●例題8● 2けたの正の整数がある。一の位の数と十の位の数の和は10で，
積はこの整数より52小さい。この2けたの正の整数を求めよ。

(解説) 2けたの正の整数の十の位の数を a とおいて，一の位の数を a を使って表す。ただ
し，a は $1 \leq a \leq 9$ を満たす整数である。

(解答) 2けたの正の整数の十の位の数を a とすると，一の位の数は $10-a$ と表すことが
できる。ただし，a は $1 \leq a \leq 9$ を満たす整数である。
　　　したがって，2けたの整数は $10a+(10-a)$ と表すことができる。

よって $\quad a(10-a)=\{10a+(10-a)\}-52$

$\qquad a^2-a-42=0$

$\qquad (a+6)(a-7)=0$

$\qquad\qquad a=-6,\ 7$

ここで，$1\leqq a\leqq 9$ であるから $\quad a=7$

よって，一の位の数は $\quad 10-7=3$

ゆえに，求める整数は 73 である。この値は問題に適する。 (答) 73

演習問題

24. 負の数 x を2乗するところを2倍したために，正しい答えより 15 小さくなった。x の値を求めよ。

25. 連続する3つの正の整数がある。真ん中の数の2倍に 27 を加えた数が，最も大きい数の2乗から最も小さい数の2倍をひいた数に等しい。このとき，連続する3つの整数を求めよ。

26. 正方形の1辺を 3cm 長くし，他の1辺を 2cm 長くしてできた長方形の面積は，もとの正方形の面積の2倍より 8cm^2 小さくなった。もとの正方形の1辺の長さを求めよ。

27. 大小2種類の箱がある。まず，1つの小さい箱にある品物を a 個つめる。品物がつめられた小さい箱の数が a 箱になると，それらの小さい箱を1つの大きい箱につめる。200 個の品物を箱につめたところ，大きい箱が2箱と小さい箱が4箱でき，品物が2個余った。a の値を求めよ。

28. あるパン屋さんでは，定価が1個 100 円のパンが毎日 800 個売れる。このパン1個につき x 円値上げすると，1日の売り上げ個数が $5x$ 個減ることがわかっている。このとき，売り上げ金額を 4000 円上げるには，パン1個の定価をいくらにすればよいか。ただし，値上げ幅は 30 円未満とする。

29. 僚さんと愛さんが2年前にもらったお年玉は，同じ金額であった。僚さんのお年玉は，昨年は2年前より2割増え，今年は昨年より5割増えた。愛さんのお年玉は，昨年は2年前より，今年は昨年よりそれぞれ同じ割合で減った。

また，愛さんの今年のお年玉は，僚さんの今年のお年玉の $\dfrac{1}{5}$ であった。

(1) 僚さんの今年のお年玉は，2年前より何割増えたか。

(2) 愛さんの今年のお年玉は，昨年より何割減ったか。

●**例題9**● 縦18m，横24mの長方形の土地がある。
右の図のように，縦と横に直交する同じ幅の道を，
長方形の各辺に平行になるようにつくり，残りの部
分の土地に芝を植えたい。芝を植える土地の面積を
$352\,\mathrm{m}^2$にするには，道の幅を何mにすればよいか。

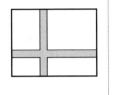

(**解説**) もとの長方形の土地から道を除いた残りの土地の
面積が$352\,\mathrm{m}^2$である。

　道の幅を$x\,$mとして，右の図のように，縦と横の道
を長方形の土地の左と上によせて考えると，芝を植え
る土地の面積は$(18-x)(24-x)\,\mathrm{m}^2$に等しい。このこ
とから方程式をつくる。

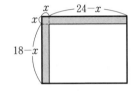

　ただし，道の幅が$x\,$mであるから，$x>0$である。また，道を除いた長方形の縦と横
の長さがそれぞれ$(18-x)\,$m，$(24-x)\,$mであるから，$18-x>0$，$24-x>0$である。
以上より，xの値の範囲は$0<x<18$である。

(**解答**) 道の幅を$x\,$mとする。

　　縦と横の道を長方形の土地の左と上によせると，芝を植える土地の縦と横の長さは
　　それぞれ$(18-x)\,$m，$(24-x)\,$mである。

　　よって　$(18-x)(24-x)=352$

　　　　　　　$x^2-42x+80=0$

　　　　　　$(x-2)(x-40)=0$

　　　　　　　　　$x=2,\ 40$

　　ここで，$x>0$，$18-x>0$，$24-x>0$より　$0<x<18$

　　ゆえに　$x=2$

　　この値は問題に適する。　　　　　　　　　　　　　　　　　　　　（答）　2m

(**参考**) 道の幅を$x\,$mとすると，道の面積は，縦の道の面積$18x\,\mathrm{m}^2$と横の道の面積$24x\,\mathrm{m}^2$
の和から，縦と横の道が重なった部分の面積$x^2\,\mathrm{m}^2$を除いたものになる。

　したがって，もとの長方形の土地から道を除いた残りの部分が，芝を植える土地の面
積となる。

　よって，方程式

　　　　　　　$18\times24-(18x+24x-x^2)=352$

を解いてもよい。

演習問題

30. 縦 40m，横 78m の長方形の土地がある。右の図
のように，縦と横に直交する同じ幅の道を，長方形の
各辺に平行になるように縦に 3 本，横に 1 本つくって，
この土地を面積が等しい 8 つの区画の土地に分けたい。

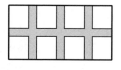

1 区画の土地の面積を 255m² にするには，道の幅を何 m にすればよいか。

31. 右の図のように，線分 OA，OB，OC をそれぞれ
半径とする 3 つの円がある。4 点 O，A，B，C は一
直線上にあり，AB＝BC＝1cm とする。図の⑦の面
積が OA を半径とする円の面積と等しくなるとき，
OA の長さは何 cm になるか。

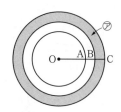

32. 縦の長さが横の長さより 8cm 短い長方形の紙が
ある。右の図のように，この紙の四隅から 1 辺の長さ
が 5cm の正方形を切り取り，直方体の容器をつくる
と，容積が 420cm³ となった。もとの紙の横の長さを
求めよ。

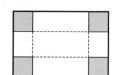

33. 長さ 51cm の線分を 6 つの線分に分け，そのうち
の 4 つを使って長方形 ABCD をつくる。残りの 2 つ
で，右の図のように長方形 ABCD を面積の等しい 3
つの長方形に分ける。AB＝$x$cm，AE＝$y$cm とする。
(1) y を x の式で表せ。
(2) 長方形 ABCD の面積が 81cm² となるとき，x，y
の値を求めよ。

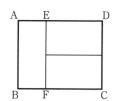

34. 右の図のように，1 辺の長さが 6cm の正方形
ABCD に，面積が 20cm² の正方形 EFGH が内接して
いる。このとき，線分 AE の長さを求めよ。ただし，
AE＞AH とする。

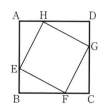

●**例題10**● 右の図のように，2点 A(5，10)，
B(15，0) がある。点 P，Q を，それぞれ
線分 OA，AB 上に PQ∥OB となるよう
にとる。台形 POBQ の面積が 72 となると
き，点 P の座標を求めよ。

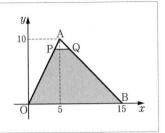

(**解説**) 点 P の x 座標を p として，直線 OA，AB，PQ の式より，台形 POBQ の面積を p
を使って表す。

(**解答**) 直線 OA，AB の式はそれぞれ $y=2x$，$y=-x+15$ である。

P は直線 $y=2x$ 上の点であるから，点 P の x 座標を p とすると
$$P(p, 2p)$$
また，Q は直線 $y=-x+15$ 上の点であり，Q と P の y 座標は等しいから
$$2p=-x+15 \qquad x=-2p+15$$
よって Q($-2p+15, 2p$)

PQ=$(-2p+15)-p=-3p+15$，OB=15，台形 POBQ の高さは $2p$ であるから
$$（台形 POBQ）=\frac{1}{2}\times\{(-3p+15)+15\}\times2p=-3p^2+30p$$
$$（台形 POBQ）=72$$
よって $\qquad -3p^2+30p=72$
$$p^2-10p+24=0$$
$$(p-4)(p-6)=0$$
$$p=4, 6$$
ここで，$0<p<5$ であるから $p=4$
ゆえに P(4，8)

この値は問題に適する。 (答) P(4，8)

(**参考**) 座標平面上で，図形の性質を利用して，次のように求めてもよい。
$$\triangle APQ=\triangle AOB-（台形 POBQ）=\frac{1}{2}\times15\times10-72=3$$
また，PQ∥OB より，△APQ∽△AOB である。
よって，△APQ：△AOB=3：75=1：25=1^2：5^2
AP：AO=1：5 よって，AP：PO=1：4
ゆえに，点 P の x 座標は $5\times\frac{4}{5}=4$，y 座標は $10\times\frac{4}{5}=8$

(**注**) 相似については，5章（→p.106）でくわしく学習する。

演習問題

35. 3点 O(0, 0)，A(2, 4)，B(6, 0) を頂点
とする △OAB の辺 OA，AB 上を動く点を
P(x, y) とする。右の図のように，点 P から
x 軸にひいた垂線で △OAB を2つの部分に分
けるとき，点 O をふくむほうの図形の面積を
S とする。ただし，$0<x<6$ とする。

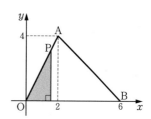

(1) 点 P が辺 OA 上にあるとき，S を x の式で表せ。

(2) 点 P が辺 AB 上にあるとき，S を x の式で表せ。

(3) S が △OAB の面積の $\dfrac{1}{2}$ となるとき，点 P の座標を求めよ。

36. 右の図のように，2点 A(0, 6)，C(8, 0) と，
$y=ax+16$ で表される直線 ℓ がある。直線 ℓ は点 C
を通り，直線 $y=6$ と点 B で交わる。

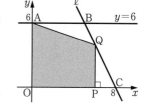

(1) a の値および点 B の座標を求めよ。

(2) 線分 OC 上を動く点 P(p, 0) がある。点 P を
通り x 軸に垂直な直線と，線分 AB または線分
BC との交点を Q とする。四角形 OPQA の面積
を S とするとき，S を p の式で表せ。ただし，$0<p<8$ とする。

(3) (2)において，$S=28$ となるときの p の値を求めよ。

進んだ問題

37. 右の図のように，等脚台形 ABCD がある。点 P
は秒速 2cm で頂点 B を出発し，台形の辺上を C，
D を通って A まで動く。

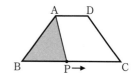

(1) 次の3つの条件を満たすとき，辺 AD の長さ
を求めよ。

（条件1） 頂点 B を出発した点 P は9秒後に頂点 C に到着した。

（条件2） 等脚台形 ABCD の高さと辺 AD の長さの和は 14cm である。

（条件3） 等脚台形 ABCD の面積は 96cm² である。

(2) (1)のとき，点 P が頂点 B を出発してから 10秒後の △ABP の面積を求め
よ。

●**例題11**●　容器の中に濃度 30％ の砂糖水が 100g はいっている。この容器から xg の砂糖水を取り出し、代わりに同じ重さの水を入れてよくかき混ぜた。さらにもう一度この操作をくり返したところ、容器の中の砂糖水の濃度は 19.2％ になった。x の値を求めよ。

(**解説**)　1回目の操作で取り出される砂糖の割合は $\dfrac{x}{100}$ であるから、残る砂糖の割合は

$1-\dfrac{x}{100}$ である。したがって、1回目の操作が終わった後、容器の中の砂糖水にふくまれる砂糖の重さは $\left\{\left(100\times\dfrac{30}{100}\right)\times\left(1-\dfrac{x}{100}\right)\right\}$g である。

(**解答**)　1回目に砂糖水 xg を取り出した後、容器の中の砂糖水にふくまれる砂糖の重さは

$$\left\{\left(100\times\dfrac{30}{100}\right)\times\left(1-\dfrac{x}{100}\right)\right\}\text{g である。}$$

　2回目に砂糖水 xg を取り出した後、容器の中の砂糖水にふくまれる砂糖の重さは

$$\left\{\left(100\times\dfrac{30}{100}\right)\times\left(1-\dfrac{x}{100}\right)\times\left(1-\dfrac{x}{100}\right)\right\}\text{g である。}$$

これが 19.2％ の砂糖水 100g にふくまれる砂糖の重さになるから

$$\left(100\times\dfrac{30}{100}\right)\times\left(1-\dfrac{x}{100}\right)^2=100\times\dfrac{19.2}{100}$$

$$\left(1-\dfrac{x}{100}\right)^2=\dfrac{19.2}{30}$$

$$\left(1-\dfrac{x}{100}\right)^2=\dfrac{64}{100} \quad\cdots\cdots\cdots(*)$$

$$1-\dfrac{x}{100}=\pm\dfrac{8}{10}$$

$$x=20,\ 180$$

ここで、$0<x<100$ であるから　$x=20$

この値は問題に適する。　　　　　　　　　　　　　　　　　　(答)　$x=20$

(**参考**)　(*)の式を整理して、

$$x^2-200x+3600=0$$

$$(x-20)(x-180)=0$$

$$x=20,\ 180$$

と解いてもよい。

(**参考**)　砂糖水にふくまれる砂糖の重さに着目して、方程式をつくってもよい。

濃度 a％ の砂糖水 Mg にふくまれる砂糖の重さは $\left(M\times\dfrac{a}{100}\right)$g となる。

この場合，1回目に砂糖水 x g を取り出した後，容器の中の砂糖水にふくまれる砂糖の重さは，

$$(100-x)\times\frac{30}{100}=\frac{3(100-x)}{10}\,(\text{g})$$

2回目に砂糖水 x g を取り出した後，容器の中の砂糖水にふくまれる砂糖の重さは，

$$(100-x)\times\frac{\dfrac{3(100-x)}{10}}{100}=\frac{3(100-x)^2}{1000}\,(\text{g})$$

これが，19.2％ の砂糖水 100 g にふくまれる砂糖の重さに等しいから，

$$\frac{3(100-x)^2}{1000}=100\times\frac{19.2}{100}$$

演習問題

38. 容器の中に濃度 9％ の食塩水が 600 g はいっている。この容器から r g の食塩水を取り出し，代わりに r g の水を入れてよくかき混ぜる。さらにもう一度この操作をくり返して，容器の中の食塩水を濃度 4％ の食塩水 600 g にしたい。r の値を求めよ。

39. 容器の中に濃度 10％ の食塩水が 200 g はいっている。この食塩水を使って，次の操作を続けて行った。
　（操作1）　容器から x g の食塩水を取り出し，代わりに x g の水を入れてよくかき混ぜる。
　（操作2）　容器から $2x$ g の食塩水を取り出し，代わりに $2x$ g の水を入れてよくかき混ぜる。
　(1)　操作1が終わったとき，容器の中の食塩水にふくまれる食塩の重さを，x を使って表せ。
　(2)　操作2が終わったとき，容器の中の食塩水の濃度は 2.8％ になった。x の値を求めよ。

40. 濃度 x％ の食塩水が 100 g ある。この食塩水を 10 g 取り出し，代わりに $3x$ g の水を入れたところ，濃度が 1％ うすくなった。x の値を求めよ。

41. ある商品は，定価を x％ 値上げすると，売り上げ個数が $\dfrac{x}{2}$％ 減少する。
　(1)　定価を 30％ 値上げすると，売り上げ金額は何％ 増加するか。
　(2)　売り上げ金額を 12％ 増加させるには，何％ の値上げをすればよいか。

進んだ問題の解法 ‖‖

> ‖‖‖**問題2** 　1本の道にそって3つの町 A，B，C がこの順に並んでいる。A
> 町と B 町の間の道のりは 20 km，B 町と C 町の間の道のりは x km である。
> 実さんは自転車で A 町を出発して C 町まで時速 a km で，恵さんは徒歩
> で B 町を出発して C 町まで時速 b km で進む。2人は同時に出発し，実さ
> んが B 町に着いたとき，恵さんは C 町の手前 1 km のところにいた。さ
> らに，恵さんが C 町に着いたとき，実さんは C 町の手前 2 km のところ
> にいた。ただし，実さんと恵さんの進む速さはそれぞれ一定であるとする。
> (1)　$a:b$ を，x を使って2通りに表せ。
> (2)　実さんは，A 町から C 町まで行くのに1時間18分かかった。x，a，b
> の値を求めよ。

解法　(1)　2人の速さの比は，同じ時
間に進む道のりの比に等しい。

(2)　(1)の2つの結果を利用して方程式
をつくる。ただし，$x>2$ である。

$(速さ)=\dfrac{(道のり)}{(時間)}$ を利用する。

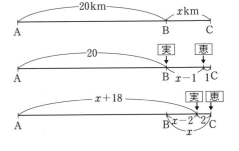

解答　(1)　実さんが 20 km 進むとき，
恵さんは $(x-1)$ km 進む。

ゆえに　$a:b=20:(x-1)$

また，実さんが $20+(x-2)=x+18$ (km) 進むとき，恵さんは x km 進む。

ゆえに　$a:b=(x+18):x$

（答）　$a:b=20:(x-1)$, $a:b=(x+18):x$

(2)　(1)の結果より　$20:(x-1)=(x+18):x$

$$(x-1)(x+18)=20x$$
$$x^2-3x-18=0$$
$$(x+3)(x-6)=0$$
$$x=-3,\ 6$$

ここで，$x>2$ であるから　$x=6$　　　この値は問題に適する。

よって　$a:b=20:(6-1)=4:1$

また，A 町と C 町の間の道のりは $20+6=26$ (km) であるから，

実さんの速さは　$a=26\div1\dfrac{18}{60}=20$

よって　$20:b=4:1$　　　ゆえに　$b=5$　　　　（答）$x=6$, $a=20$, $b=5$

‖‖‖**進んだ問題**‖‖‖

42. 兄は車に乗ってP町からQ町まで，姉はオートバイに乗ってQ町からP町まで行く。2人は同時に出発し，兄が2つの町の真ん中まで来たとき，姉はP町の手前24kmの地点にいた。また，姉が2つの町の真ん中まで来たとき，兄はQ町の手前15kmの地点にいた。P町とQ町の間の道のりを$2x$kmとして，次の問いに答えよ。ただし，兄と姉の進む速さはそれぞれ一定であるとする。

(1) 車とオートバイの速さの比を利用して2次方程式をつくり，xの値を求めよ。

(2) 兄がQ町に着いたとき，姉はP町の手前何kmの地点にいたか。

43. 右の図のように，一直線の道に3地点P，Q，Rがある。明さ

明→　　　　　　←僚←愛
P●————————————●Q ●R

んは分速xmでP地点からR地点まで，僚さんは分速75mでQ地点からP地点まで，愛さんは分速ymでR地点からP地点まで，それぞれ同時に出発して歩いて行く。明さんと僚さんはP地点から3600mのところですれちがい，その27分後に明さんはQ地点を通過した。ただし，明さん，僚さん，愛さんの進む速さはそれぞれ一定であるとする。

(1) xの値を求めよ。

(2) 明さんと愛さんは出発してから40分後にすれちがい，明さんがR地点に到着した18分後に愛さんはP地点に到着した。yの値を求めよ。

44. 2地点P，Qを結ぶ道がある。Aさんは午前9時にP地点を出発して自転車でQ地点に向かい，Bさんは午前9時15分にQ地点を出発してオートバイでP地点に向かった。途中2人はR地点で出会い，その後Aさんは30分でQ地点に到着し，Bさんは15分でP地点に到着した。

Aさん，Bさんが進む速さをそれぞれ時速$x$km，時速$y$kmとするとき，次の問いに答えよ。ただし，Aさん，Bさんの進む速さはそれぞれ一定であるとする。

(1) $\dfrac{y}{x}=t$とおくとき，tの値を求めよ。

(2) PQ間の道のりを20kmとするとき，x，yの値を求めよ。また，PR間の道のりを求めよ。

3章の問題

1 次の2次方程式を解け。

(1) $x^2-8x+16=0$

(2) $x^2-5x+4=0$

(3) $x^2+16x+48=0$

(4) $x^2-5x+2=0$

(5) $5y^2-4y-1=0$

(6) $4a^2+11a-3=0$

(7) $x^2+2x+\dfrac{8}{9}=0$

(8) $6x-1=2x^2$

2 次の2次方程式を解け。

(1) $(x+3)^2-16=0$

(2) $16-\dfrac{9}{25}(t-2)^2=0$

(3) $(x+1)(x-4)=2(x^2-11)$

(4) $2(y+2)(y-2)-3y+10=(y-4)^2$

(5) $(x+3)^2-(2x+1)(2x-1)=(3x-1)^2$

3 次の2次方程式を解け。

(1) $(2x-1)(x+1)=(x+1)^2$

(2) $(y+7)^2-y-7=0$

(3) $x(x+1)=5x+5$

(4) $(x-1)^2-5(x-1)+6=0$

(5) $(x+3)^2=\dfrac{x+3}{2}+3$

(6) $\dfrac{(x+1)^2-4}{4}=\dfrac{-(x+1)}{2}$

4 2次方程式 $x^2+px+q=0$ の2つの解が $x=-2,\ 3$ であるとき，次の問いに答えよ。

(1) $p,\ q$ の値を求めよ。

(2) 2次方程式 $qx^2+px+1=0$ の解を求めよ。

5 次の2次方程式の1つの解が他の解の2倍であるとき，a の値を求めよ。

(1) $x^2+5x+a=0$

(2) $x^2-(a+1)x+a=0$

6 3つの2次方程式 $x^2+2ax-3a=0$ ……①，$ax^2+2bx-3b^2=0$ ……②，$b^2x^2-\dfrac{a}{3}x-\dfrac{2}{3}b=0$ ……③ は，いずれも $x=a$ を解にもち，$x=a$ 以外の①，②，③の解はすべてたがいに異なる。$a,\ b$ の値を求めよ。

7 2次方程式 $x^2-x-n=0$ の2つの解がともに整数となるような正の整数 n がある。$0<n\leqq100$ のとき，n は何個あるか。

8 a, b が整数であるとき，2次方程式 $x^2+ax+b=0$ が整数 n を解にもつならば，n は b の約数である。（約数は，負の整数もふくめて考える）

このことを次のように証明した。□ にあてはまる語句や式を入れよ。

（証明） $x=n$ が 2 次方程式 $x^2+ax+b=0$ の解であるから，代入して，

$$\boxed{\text{(ア)}}=0$$

よって，$b=\boxed{\text{(イ)}}$

右辺を因数分解して，

$$b=n(\boxed{\text{(ウ)}})$$

ここで，a, n は整数であるから，$\boxed{\text{(ウ)}}$ も整数である。

したがって，b は 2 つの整数 n と $\boxed{\text{(ウ)}}$ の積になっていることがわかる。

ゆえに，n は b の $\boxed{\text{(エ)}}$ である。

9 3 つの容器 A，B，C がある。容器 A には濃度 20 % の食塩水が 200 g，容器 B には濃度 10 % の食塩水が 100 g，容器 C には濃度 1 % の食塩水が 250 g はいっている。次の操作を続けて行った。

（操作1） 容器 A，B からそれぞれ x g，y g の食塩水を取り出し，容器 C に入れてよくかき混ぜる。

（操作2） 容器 A，B にそれぞれ x g，y g の水を入れてよくかき混ぜる。

(1) 操作 1 の後，容器 C の食塩水の濃度は何 % か。x，y を使って表せ。

(2) 操作 2 の後，容器 A，B の食塩水の濃度が等しくなった。このとき，y を x の式で表せ。

(3) 操作 1 の後の容器 C の食塩水の濃度と，操作 2 の後の容器 A，B の食塩水の濃度がすべて等しくなった。このとき，x，y の値を求めよ。

10 西欧の建築家や画家たちは，古くから画面全体を美しく，より効果的に表現するための数理的な研究を行ってきた。その代表的な成果の 1 つは

「一般に，長方形の最も美しい形は，長方形 ABCD が，短い辺 AD を 1 辺とする正方形 AEFD を切り取った残りの長方形 BCFE と相似になるときである」

というものであった。

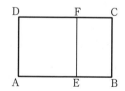

このような長方形 ABCD において，2 辺の比の値 $\dfrac{\text{AD}}{\text{AB}}$ を**黄金比**という。この値を求めよ。

11 1辺の長さが1cm の正五角形 ABCDE において，対角線 AC と BD との交点を P とするとき，次の問いに答えよ。

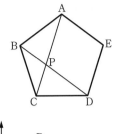

(1) ∠APB の大きさを求めよ。

(2) 対角線 AC の長さを求めよ。

12 右の図のような折れ線 OBC がある。点 P(x, y) は点 A$(1, 2)$ を出発して，この折れ線上を点 B$(3, 6)$ を通り，点 C$(7, 2)$ まで動く。点 P から x 軸，y 軸にそれぞれ垂線 PQ，PR をひいて，長方形 OQPR をつくり，その面積を S とする。

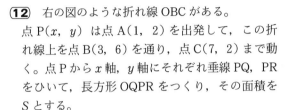

(1) S を x の式で表せ。

(2) $S=20$ となるとき，点 P の座標を求めよ。

13 1辺の長さが 10cm の正方形 ABCD がある。点 P は辺 AB 上を頂点 A から B まで動く。また，辺 BC の延長上に点 Q を，DP⊥DQ となるようにとる。線分 AP の長さを $x$cm とするとき，次の問いに答えよ。

(1) △PBQ の面積を x を使って表せ。

(2) △PBQ の面積が 18cm^2 となるのは，点 P が頂点 A から何 cm 動いたときか。

▓ 進んだ問題 ▓

14 何台かのバスが等しい間隔で休みなく一定の速さで循環しているバス路線がある。もしバスを1台減らせば間隔は2分40秒延び，1台増やせば1分36秒縮まる。バスの台数と，バスが1循環するのにかかる時間を求めよ。

15 1つのさいころを2回投げて，1回目に出た目の数を a，2回目に出た目の数を b とする。

(1) 1次方程式 $ax=b$ の解が整数になる確率を求めよ。

(2) 直線 $y=\dfrac{b}{a}x$ が直線 $y=2x-1$ と交わる確率を求めよ。

(3) 2次方程式 $x^2+ax-b=0$ の解が整数になる確率を求めよ。

関数 $y=ax^2$

1…2乗に比例する関数

> ⬜ **2乗に比例する関数 $y=ax^2$**
>
> y が x の関数で，変数 x と y の関係が，**$y=ax^2$**（a は定数，$a\neq0$）と表されるとき，**y は x の 2 乗に比例する**という。このとき，a を**比例定数**という。

基本問題

1. 関数 $y=3x^2$ について，右の表の空らんをうめよ。

x	$\cdots$	-3	-2	-1	0	1	2	3	$\cdots$
y	$\cdots$								$\cdots$

2. 次の(ア)～(オ)より，y が x の 2 乗に比例するものを選び，その比例定数を求めよ。

(ア) $y=5x^2$　　(イ) $y=3x$　　(ウ) $y=2-x$　　(エ) $y=\dfrac{1}{2}x^2$　　(オ) $y=-2x^2$

3. 次の(1)～(6)について，y を x の式で表せ。また，y が x の 2 乗に比例するものを選び，その比例定数を求めよ。

(1) 1 辺が x cm の立方体の表面積を y cm^2 とする。

(2) 底面が 1 辺 x cm の正方形で，高さが 3 cm の直方体の体積を y cm^3 とする。

(3) 半径 x cm の円の周の長さを y cm とする。

(4) 半径 x cm，中心角 $60°$ のおうぎ形の面積を y cm^2 とする。

(5) 底面の半径 x cm，高さ 12 cm の円すいの体積を y cm^3 とする。

(6) 底面の半径 x cm，体積 100 cm^3 の円柱の高さを y cm とする。

●**例題1**●　y は x の2乗に比例し，$x=3$ のとき $y=18$ である。

(1)　比例定数を求め，y を x の式で表せ。

(2)　$x=-3$ のときの y の値を求めよ。

(3)　$y=8$ のときの x の値を求めよ。

解説　y が x の2乗に比例するとき，変数 x と y の関係は $y=ax^2$（a は比例定数，$a\neq0$）と表すことができる。$x=3$ のとき $y=18$ であることから，比例定数 a の値を求める。

解答　(1)　y は x の2乗に比例するから，変数 x と y の関係は

$$y=ax^2（a \text{ は比例定数}，a\neq0）$$

と表すことができる。$x=3$ のとき $y=18$ であるから

$$18=a\times3^2 \qquad \text{よって，比例定数は}\quad a=2$$

ゆえに　$y=2x^2$　　　　　　　　　　　　　　（答）　比例定数 2，$y=2x^2$

(2)　$y=2x^2$ に $x=-3$ を代入して　$y=2\times(-3)^2=18$　　　　（答）　$y=18$

(3)　$y=2x^2$ に $y=8$ を代入して　　$8=2x^2$　　　$x^2=4$

ゆえに　$x=\pm2$　　　　　　　　　　　　　　　　　　（答）　$x=\pm2$

演習問題

4. 次の(1)〜(4)について，y が x の2乗に比例するとき，y を x の式で表せ。

(1)　比例定数が -2 である。　　　　(2)　$x=3$ のとき $y=27$ である。

(3)　$x=\dfrac{1}{2}$ のとき $y=-1$ である。　　(4)　$x=-3$ のとき $y=-\dfrac{1}{3}$ である。

5. y が x^2 に比例するとき，右の表の空らんをうめよ。

x	$\cdots$	-2	-1	0	1	2	3	$\cdots$
y	$\cdots$	-2						$\cdots$

6. y は $x+1$ の2乗に比例し，$x=2$ のとき $y=-27$ である。$x=-4$ のとき y の値を求めよ。

7. ある宝石の値段は，その重さの2乗に比例する。重さ1カラットの宝石の値段が10万円であるとき，この宝石0.2カラットの値段はいくらか。

8. 物体が自然落下するとき，落下距離 y m は，落下しはじめてからの時間 x 秒の2乗に比例する。物体が2秒間で 19.6m 落下したとき，次の問いに答えよ。

(1)　y を x の式で表せ。

(2)　物体が落下しはじめてから 122.5m 落下するのに何秒かかるか。

2…関数 $y=ax^2$ のグラフ

1 関数 $y=ax^2$ のグラフ

(1) 関数 $y=ax^2$ のグラフは，原点を頂点とし，y 軸について対称な曲線である。この曲線を**放物線**という。

(2) ① $a>0$ のとき
グラフは上に開いている。
（下に凸）
x 軸の上方にある。

② $a<0$ のとき
グラフは下に開いている。
（上に凸）
x 軸の下方にある。

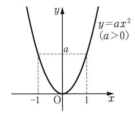

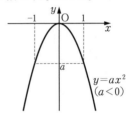

注 $y=2x^2$ のように，y が x の2次式で表される関数を **2次関数**という。

2 $y=x^2$ と $y=ax^2$ $(a>0)$ のグラフの関係

$y=ax^2$ のグラフは，$y=x^2$ のグラフを y 軸方向に a 倍したものである。

また，a の絶対値が大きいほど，グラフの開き方が小さい。

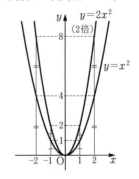

3 $y=ax^2$ と $y=-ax^2$ $(a>0)$ のグラフの関係

$y=ax^2$ と $y=-ax^2$ のグラフは，x 軸について対称である。

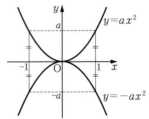

●基本問題●

9. 次の(1)～(5)は，関数 $y=ax^2$（a は比例定数，$a\neq0$）の グラフについて説明した文章である。□ にあてはまる 語句を入れよ。

(1) このグラフは，□(ア) を頂点とする放物線である。

(2) このグラフは，□(イ) 軸について対称である。

(3) グラフの形は

(i) $a>0$ のとき，□(ウ) に開いている。

（□(エ) に凸）

(ii) $a<0$ のとき，□(オ) に開いている。

（□(カ) に凸）

(4) a の絶対値が □(キ) ほど，グラフの開き方は大きい。

(5) 2つの関数 $y=ax^2$ と $y=-ax^2$ のグラフは，□(ク) 軸について対称である。

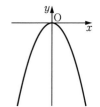

10. 次の関数について，表の空らんをうめよ。

(1) $y=x^2$ と $y=\dfrac{1}{2}x^2$

x	⋯	-4	-3	-2	-1	0	1	2	3	4	⋯
y $(y=x^2)$	⋯	16									⋯
y $\left(y=\dfrac{1}{2}x^2\right)$	⋯	8									⋯

(2) $y=-x^2$ と $y=-3x^2$

x	⋯	-4	-3	-2	-1	0	1	2	3	4	⋯
y $(y=-x^2)$	⋯	-16									⋯
y $(y=-3x^2)$	⋯	-48									⋯

11. 関数 $y=ax^2$ のグラフが次の点を通るとき，a の値を求めよ。

(1) $(2,\ 8)$　　　　　　　　　　(2) $(-3,\ -18)$

(3) $(2,\ -2)$　　　　　　　　　(4) $(-2,\ 3)$

●**例題2**● 次の関数のグラフをかけ。

(1) $y=-2x^2$　　　　　　　　(2) $y=\dfrac{1}{4}x^2$

解説 それぞれの関数について，x の値に対応する y の値についての表をつくる。

解答 (1)

x	…	-4	-3	-2	-1	0	1	2	3	4	…
y	…	-32	-18	-8	-2	0	-2	-8	-18	-32	…

(2)

x	…	-4	-3	-2	-1	0	1	2	3	4	…
y	…	4	$\dfrac{9}{4}$	1	$\dfrac{1}{4}$	0	$\dfrac{1}{4}$	1	$\dfrac{9}{4}$	4	…

ゆえに，表から，グラフは下の図のようになる。

(1)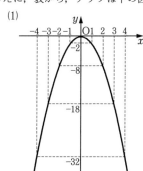

(2)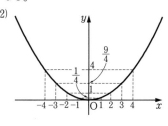

注 2次関数のグラフ（放物線）は，いたるところで
なめらかな曲線である。たとえば，(2)のグラフは
右の図のような折れ線にならないように注意する。

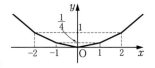

演習問題

12. 次の関数のグラフをかけ。

(1) $y=-x^2$　　(2) $y=\dfrac{1}{3}x^2$　　(3) $y=3x^2$　　(4) $y=-\dfrac{1}{4}x^2$

13. 次の関数について，グラフの開き方が小さいものから順に並べよ。また，
下に開いているグラフ（上に凸）はどれか。

(1) $y=\dfrac{3}{2}x^2$　　(2) $y=-\dfrac{4}{3}x^2$　　(3) $y=\dfrac{2}{3}x^2$　　(4) $y=-x^2$

14. 次の関数のグラフと，x 軸について対称なグラフの式を求めよ。

(1) $y=-2x^2$　　(2) $y=-\dfrac{4}{5}x^2$　　(3) $y=4x^2$　　(4) $y=1.5x^2$

15. 右の図のように，関数 $y=2x^2$ のグラフは，
$y=x^2$ のグラフを y 軸方向に 2 倍してかくことが
できる。

　これと同様にして，$y=x^2$ のグラフをもとに，次
の関数のグラフをかけ。

(1) $y=3x^2$　　　　　(2) $y=\dfrac{1}{2}x^2$

(3) $y=\dfrac{3}{2}x^2$

16. 右の図のように，点 A(3, 0) を通り，y 軸に
平行な直線をひき，関数 $y=x^2$，$y=ax^2$ のグラ
フと交わる点をそれぞれ B，C とする。

　AB：AC＝2：1 のとき，a の値を求めよ。

17. 関数 $y=ax^2$ ……① のグラフが，点 (2, 16) を通る。

(1) a の値を求めよ。

(2) 次の点のうち，関数①のグラフ上にあるものはどれか。

　A $\left(-\dfrac{1}{2},\ 1\right)$，　B(−3, 16)，　C(1, 5)，　D $\left(\dfrac{3}{2},\ 9\right)$，　E $\left(-\dfrac{3}{4},\ -\dfrac{9}{4}\right)$

(3) 点 P(t, t) が関数①のグラフ上にあるとき，t の値を求めよ。

18. 右の図のように，放物線 $y=ax^2$ 上の点 A
を通り y 軸に平行な直線が，放物線 $y=bx^2$，
x 軸とそれぞれ点 B，C で交わっている。

　AB：BC＝4：3 となるとき，$a:b$ を求めよ。

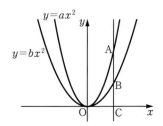

3…関数の変化の割合

1 関数 $y=ax^2$ の値の変化

(1) $a>0$ のとき

① x の値が増加すると,

$x<0$ の範囲では, y の値は減少する。

$x>0$ の範囲では, y の値は増加する。

② $x=0$ のとき y の値は最小となり,

最小値 0 をとる。y の最大値はない。

(2) $a<0$ のとき

① x の値が増加すると,

$x<0$ の範囲では, y の値は増加する。

$x>0$ の範囲では, y の値は減少する。

② $x=0$ のとき y の値は最大となり,

最大値 0 をとる。y の最小値はない。

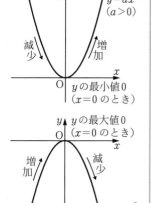

2 関数の変化の割合

y が x の関数で, x の値 x_1, x_2 に対応する y の値をそれぞれ y_1, y_2 とするとき,

(1) $$(変化の割合)=\frac{(y \text{ の増加量})}{(x \text{ の増加量})}=\frac{y_2-y_1}{x_2-x_1}$$

(2) 変化の割合は, この関数のグラフ上の2点 $\mathrm{A}(x_1, y_1)$, $\mathrm{B}(x_2, y_2)$ を通る直線 AB の傾きに等しい。

(3) x のある範囲で, つねに

$$(変化の割合)>0 \iff y \text{ の値は増加}$$
$$(変化の割合)<0 \iff y \text{ の値は減少}$$

(4) 変化の割合は, 1次関数 $y=ax+b$ では一定の値 a であるが, 2次関数 $y=ax^2$ では一定ではない。

(5) x が時間, y が距離を表すとき, x_1 から x_2 までの変化の割合は, x_1 から x_2 までの平均の速さを表す。

●基本問題●

19. 次の(ア)〜(オ)の関数について，後の問いに答えよ。

(ア) $y=2x$ (イ) $y=2x^2$

(ウ) $y=-x^2$ (エ) $y=-3x-5$

(オ) $y=-\dfrac{1}{3}x^2$

(1) 変化の割合が一定であるものはどれか。

(2) $x<0$ の範囲で，x の値が増加すると y の値が減少するものはどれか。

(3) $x>0$ の範囲で，x の値が増加すると y の値が減少するものはどれか。

(4) x の値が増加するとき，y の値が $x=0$ を境として増加から減少に変わるものはどれか。

(5) y に最大値のあるものはどれか。

(6) y に最小値のあるものはどれか。

20. 次の関数について，x の値が 2 から 5 まで増加するとき，y の増加量を求めよ。

(1) $y=3x^2$ (2) $y=-x^2$

(3) $y=3x-2$ (4) $y=\dfrac{1}{3}x^2$

(5) $y=\dfrac{1}{2}x^2$ (6) $y=-\dfrac{1}{2}x^2$

21. 次の問いに答えよ。

(1) 関数 $y=2x^2$ について，x の値が 1 から 3 まで増加するとき，変化の割合を求めよ。

(2) 関数 $y=\dfrac{1}{2}x^2$ について，x の値が 2 から 4 まで増加するとき，変化の割合を求めよ。

(3) 関数 $y=-3x^2$ について，x の値が -1 から 3 まで増加するとき，変化の割合を求めよ。

●**例題3**● 関数 $y=\dfrac{1}{3}x^2$ について，x の変域が $-3\leqq x\leqq2$ のとき，y の変域を求めよ。また，y の最大値と最小値を求めよ。

解説 グラフを利用して考える。関数 $y=ax^2$ について，$a>0$ のとき $ax^2\geqq0$，すなわち，$y\geqq0$ となり，$a<0$ のとき $ax^2\leqq0$，すなわち，$y\leqq0$ となる。

解答 $x=-3$ のとき $y=\dfrac{1}{3}\times(-3)^2=3$

$x=2$ のとき $y=\dfrac{1}{3}\times2^2=\dfrac{4}{3}$

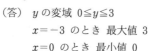

よって，$y=\dfrac{1}{3}x^2$（$-3\leqq x\leqq2$）のグラフは，

右の図のようになる。

（答） y の変域 $0\leqq y\leqq3$

$x=-3$ のとき 最大値 3

$x=0$ のとき 最小値 0

注 答えには，y が最大値と最小値をとるときの x の値を必ず書くこと。また，答えを，
「最大値 3（$x=-3$ のとき），最小値 0（$x=0$ のとき）」と書いてもよい。

注 y が x の関数であるとき，x の変域を**定義域**，y の変域を**値域**という。

演習問題

22. 次の関数について，x の変域が（ ）の中に示された範囲であるとき，y の変域を求めよ。

(1) $y=2x^2$（$x\leqq1$）　　　　(2) $y=-3x^2$（$-2\leqq x\leqq3$）

23. 次の関数について，x の変域が（ ）の中に示された範囲であるとき，y の最大値と最小値を求めよ。

(1) $y=x^2$（$-4\leqq x\leqq2$）　　　　(2) $y=-x^2$（$1\leqq x\leqq4$）

24. 関数 $y=ax^2$ について，x の変域が $-4\leqq x\leqq2$ のとき，y の変域は $b\leqq y\leqq8$ である。このとき，a，b の値を求めよ。

25. 2つの関数 $y=-3x^2$ と $y=ax+b$（$a>0$）は，x の変域が $-1\leqq x\leqq2$ のとき，それぞれの y の変域が等しくなる。

(1) y の変域を求めよ。

(2) a，b の値を求めよ。

●**例題4**● 関数 $y = 2x^2$ について，x の値が a から 2 だけ増加するとき，y の値は 24 だけ増加する。このとき，a の値を求めよ。

解説 $x = a$, $x = a + 2$ に対応する y の値の差が 24 であることを，a を使って表す。

解答 $x = a$ のとき $\quad y = 2a^2$

$\qquad x = a + 2$ のとき $\quad y = 2(a+2)^2$

$\qquad$ よって $\quad 2(a+2)^2 - 2a^2 = 24$

$$(a+2)^2 - a^2 = 12$$

$$a^2 + 4a + 4 - a^2 = 12$$

$$4a = 8$$

$\qquad$ ゆえに $\qquad\qquad a = 2 \qquad\qquad\qquad$ （答）$a = 2$

演習問題

26. 関数 $y = ax^2$ について，x の値が 3 から 2 だけ増加するとき，y の値は 8 だけ増加する。このとき，a の値を求めよ。

27. 関数 $y = 3x^2$ について，x の値が -2 から a まで変化するとき，y の値は $a + 2$ だけ増加する。このとき，a の値を求めよ。ただし，$a \neq -2$ とする。

●**例題5**● 関数 $y = ax^2$ について，x の値が p から q まで増加するときの変化の割合を求めよ。ただし，$p \neq q$ とする。

解説 （変化の割合）$= \dfrac{（y \text{ の増加量}）}{（x \text{ の増加量}）}$ を計算する。

解答 （変化の割合）$= \dfrac{aq^2 - ap^2}{q - p} = \dfrac{a(q+p)(q-p)}{q-p} = a(p+q)$ $\qquad$ （答）$a(p+q)$

注 関数 $y = ax^2$ の変化の割合を求めるとき，これを公式として利用してよい。

なお，本書の解答では，$y = ax^2$ の変化の割合を求めるとき，この公式を利用する。

演習問題

28. 次の関数について，x の値が -3 から 1 まで増加するとき，変化の割合を求めよ。

(1) $y = 2x^2$ $\qquad$ (2) $y = \dfrac{1}{2}x^2$ $\qquad$ (3) $y = -3x^2$ $\qquad$ (4) $y = ax^2$

●**例題6**● 2つの関数 $y=6x+5$ と $y=ax^2$ について，x の値が -2 から 4まで増加するとき，それぞれの変化の割合が等しい。このとき，a の値を求めよ。

(解説) 2つの関数の変化の割合をそれぞれ求める。

(解答) x の値が -2 から4まで増加するとき，

$y=6x+5$ の変化の割合は　6

$y=ax^2$ の変化の割合は　　$a\{(-2)+4\}=2a$

よって　$2a=6$

ゆえに　　$a=3$ 　　　　　　　　　　　　　　　　　　　（答）$a=3$

注 1次関数 $y=ax+b$ で，x の値が p から q まで増加するときの変化の割合は，p，q に関係なく一定の値 a をとる。このことから，$y=6x+5$ の変化の割合はただちに6とわかる。

演習問題

29. 関数 $y=ax^2$ について，x の値が1から5まで増加するとき，変化の割合が -18 である。このとき，a の値を求めよ。

30. 関数 $y=-\dfrac{1}{2}x^2$ について，x の値が a から $a+2$ まで増加するとき，変化の割合が4である。このとき，a の値を求めよ。

31. 関数 $y=ax^2$ について，x の値が a から $a+3$ まで増加するとき，変化の割合が $6a+2$ である。このとき，a の値を求めよ。

32. 2つの関数 $y=-2x+1$ と $y=ax^2$ について，x の値が -1 から3まで増加するとき，それぞれの変化の割合が等しい。このとき，a の値を求めよ。

33. ある物体が運動をはじめてから x 秒間に進む距離を y m とすると，y は x の2乗に比例し，$x=2$ のとき $y=1$ である。

(1) この物体が運動をはじめて3秒後から4.6秒後までの平均の速さを求めよ。

(2) この物体が運動をはじめて2.4秒後から何秒間の平均の速さが秒速2.5m となるか。

4…いろいろな応用

●**例題7**● 右の図のように，x の変域が $x \geqq 0$ である 4 つの関数

$$y = x^2 \quad \cdots\cdots①$$

$$y = \frac{1}{4}x^2 \quad \cdots\cdots②$$

$$y = -x^2 \quad \cdots\cdots③$$

$$y = mx^2 \quad \cdots\cdots④$$

のグラフがある。また，点 A，B，C，D はそれぞれ①，②，③，④のグラフ上にあって，線分 AB と DC はともに x 軸に平行であり，線分 AD と BC はともに y 軸に平行である。このとき，m の値を求めよ。

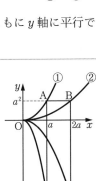

解説 四角形 ABCD の各辺は座標軸に平行であるから，点 A と B，点 C と D はそれぞれ y 座標が等しく，点 A と D，点 B と C はそれぞれ x 座標が等しい。

解答 点 A の x 座標を a（$a>0$）とする。

点 A は $y = x^2$ 上にある。

よって $A(a, a^2)$

点 B は $y = \frac{1}{4}x^2$ 上にあり，y 座標が a^2 であるから

$$a^2 = \frac{1}{4}x^2 \qquad x = \pm 2a$$

$x \geqq 0$ であるから $x = 2a$

よって $B(2a, a^2)$

点 C は $y = -x^2$ 上にあり，x 座標が $2a$ であるから

$$y = -(2a)^2 = -4a^2$$

よって $C(2a, -4a^2)$

点 A と D の x 座標，点 C と D の y 座標がそれぞれ等しい。

よって $D(a, -4a^2)$

また，点 D は $y = mx^2$ 上にあるから

$$-4a^2 = ma^2$$

$a \neq 0$ であるから $m = -4$

（答）$m = -4$

演習問題

34. 右の図のように，x の変域が $x \geqq 0$ である 2 つ
の関数 $y=4x^2$ ……①，$y=x^2$ ……② のグラフが
ある。①のグラフ上の点 A を通り x 軸に平行な直
線 ℓ と，②のグラフとの交点を B とし，A の x 座
標を a とする。

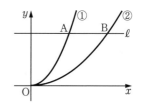

(1) 点 B の座標を a を使って表せ。

(2) ②のグラフ上に点 P を，△ABP が AP＝AB の直角二等辺三角形となる
ようにとる。このとき，点 P の座標を求めよ。

35. 右の図で，放物線①は関数 $y=2x^2$ のグラフ，

放物線②は関数 $y=-\dfrac{1}{2}x^2$ のグラフを表してい

る。2 点 A，B は放物線①上にあり，A の x 座標
は正，B の x 座標は負である。2 点 C，D は放物
線②上にあり，点 A と D，点 B と C の x 座標は
それぞれ等しい。四角形 ABCD が正方形になる
とき，点 A の座標を求めよ。

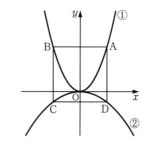

36. 右の図のように，点 A(2, 6)，D(6, 6)
を頂点とする正方形 ABCD がある。放物線
$y=ax^2$ が正方形 ABCD と共有点をもつとき，
a の値の範囲を求めよ。ただし，点 A の y 座
標は点 B の y 座標より大きいものとする。

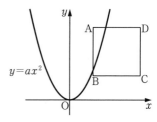

37. 右の図のように，x の変域が $x \geqq 0$ である 2 つの放物

線 $y=2x^2$ ……①，$y=\dfrac{1}{2}x^2$ ……② がある。放物線①上

の点 A を通り x 軸，y 軸にそれぞれ平行な直線が，放物
線②と交わる点を D，B とし，長方形 ABCD をつくる。
点 A の x 座標を a とする。

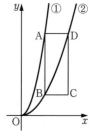

(1) 点 C の座標を a を使って表せ。

(2) 長方形 ABCD が正方形となるとき，a の値を求めよ。

(3) 直線 $y=\dfrac{1}{3}x$ が長方形 ABCD の面積を 2 等分するとき，a の値を求めよ。

●例題8● 放物線 $y=x^2$ と直線 $y=x+2$ との共有点の座標を求めよ。

(解説) 放物線 $y=x^2$ と直線 $y=x+2$ との共有点を $(a,\ b)$ とすると，点 $(a,\ b)$ は放物線 $y=x^2$ 上にあり，かつ直線 $y=x+2$ 上にある。したがって，共有点 $(a,\ b)$ を求めるためには，連立方程式 $\begin{cases} y=x^2 \\ y=x+2 \end{cases}$ を解けばよい。

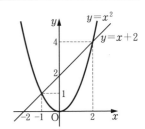

(解答) 連立方程式 $\begin{cases} y=x^2 & \cdots\cdots① \\ y=x+2 & \cdots\cdots② \end{cases}$ を解く。

①を②に代入して

$x^2=x+2$ $\quad$ $x^2-x-2=0$ $\quad$ $(x+1)(x-2)=0$ $\quad$ $x=-1,\ 2$

これらの値を②に代入して $\cdots\cdots\cdots(*)$

$x=-1$ のとき $y=-1+2=1$ $\qquad$ $x=2$ のとき $y=2+2=4$

ゆえに，共有点の座標は $(-1,\ 1),\ (2,\ 4)$ $\qquad$ (答) $(-1,\ 1),\ (2,\ 4)$

(注) $(*)$ は，$x=-1,\ 2$ を①に代入して y の値を求めてもよい。

演習問題

38. 次の放物線と直線との共有点の座標を求めよ。

(1) $y=-x^2,\quad y=3x-4$ $\qquad\qquad$ (2) $y=x^2,\quad y=4x-4$

39. 放物線 $y=-2x^2$ と直線 $y=ax-6$ との共有点の1つは，x 座標が3である。このとき，a の値を求めよ。

40. 3つの関数 $y=ax^2$（a は定数）$\cdots\cdots①$，

$y=\dfrac{4}{3}x+b$（b は定数）$\cdots\cdots②$，$\quad y=-\dfrac{5}{3}x+11$ $\cdots\cdots③$

のグラフがある。この3つのグラフは，右の図のように点 A で交わり，A の x 座標は3である。

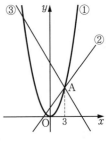

(1) $a,\ b$ の値を求めよ。

(2) ①のグラフ上に点 B を，②のグラフ上に点 C を，③のグラフ上に点 D を，B，C，D の x 座標がすべて等しく，3より大きくなるようにとる。

　(i) 点 B，C，D の x 座標を t として，線分 BC，CD の長さを t を使って表せ。

　(ii) BC：CD$=4$：3 となるとき，線分 BD の長さを求めよ。

●**例題9**● 右の図のように，放物線 $y=x^2$ と，点 A$(0, 6)$ を通り傾きが負である直線が，2点で交わっている。2点のうち x 座標が負である点を P，直線と x 軸との交点を Q とする。

(1) 点 P の x 座標が -3 のとき，この直線の式を求めよ。

(2) PA：AQ＝1：3 となるとき，点 P の座標を求めよ。

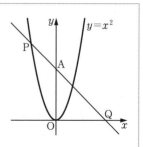

解説 (2) 座標平面上で，図形の性質を利用して考える。

点 P から x 軸に垂線 PP′ をひくと，△PP′Q∽△AOQ（2角）であるから，

PA：AQ＝1：3 より PP′：AO＝PQ：AQ＝4：3

解答 (1) P は放物線 $y=x^2$ 上の点であるから P$(-3, 9)$

よって $y=\dfrac{6-9}{0-(-3)}x+6$

ゆえに $y=-x+6$ （答） $y=-x+6$

(2) 点 P から x 軸に垂線 PP′ をひくと

$\qquad$ △PP′Q∽△AOQ（2角）

PA：AQ＝1：3 より

$\qquad$ PP′：AO＝PQ：AQ＝4：3

AO＝6 より

$\qquad$ PP′：6＝4：3

$\qquad$ PP′＝$\dfrac{6\times4}{3}$＝8

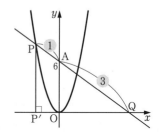

したがって，点 P の y 座標は 8 である。

また，P は放物線 $y=x^2$ 上の点であるから

$\qquad$ 8＝x^2 $\qquad$ $x=\pm2\sqrt{2}$

点 P の x 座標は負であるから

$\qquad$ $x=-2\sqrt{2}$

ゆえに P$(-2\sqrt{2}, 8)$ （答） P$(-2\sqrt{2}, 8)$

参考 (2)は，次のように求めてもよい。

PA：AQ＝1：3 より Q$(3q, 0)$ とすると $(q>0)$，P$(-q, q^2)$ と表すことができる。

3点 A，P，Q が一直線上にあるから，直線 AP と AQ の傾きは等しい。

よって，$\dfrac{6-q^2}{0-(-q)}=\dfrac{0-6}{3q-0}$ $\qquad$ $q^2=8$ $\qquad$ $q=\pm2\sqrt{2}$ $\qquad$ $q>0$ より，$q=2\sqrt{2}$

演習問題

41. 右の図のように，放物線 $y=2x^2$ 上に点 P がある。
線分 OP の延長上に点 Q を OQ＝3OP となるように
とり，Q を通る放物線を $y=ax^2$ とする。点 P の x
座標を p として，次の問いに答えよ。

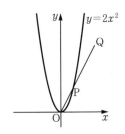

(1) 点 Q の座標を p を使って表せ。

(2) a の値を求めよ。

42. 右の図のように，3 つの関数 $y=ax^2$ ……①，
$y=bx$ ……②，$y=-2x^2$ ……③ のグラフがある。
A は②と③のグラフの交点で，x 座標は -1 であり，
B は①と②のグラフの交点で，AO：OB＝1：3 で
ある。また，点 A と y 軸について対称な点を C と
する。

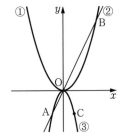

(1) a，b の値を求めよ。

(2) AB を対角線とする □ACBD をつくるとき，
点 D の座標を求めよ。

43. 右の図のように，放物線 $y=ax^2$ と直線 ℓ が 2 点
A，B で交わっている。点 A の座標は（4，16）で，
直線 ℓ と x 軸の負の部分との交点を C とすると，
AB：BC＝3：1 である。

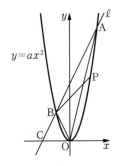

(1) 点 B の座標を求めよ。

(2) 点 B を通り $\triangle$OAB の面積を 2 等分する直線の式
を求めよ。

(3) 放物線上に x 座標が 3 である点 P をとる。この
とき，$\triangle$PAB の面積を求めよ。

44. 右の図のように，放物線 $y=x^2$ 上に点 A$(-3, 9)$
をとる。P は x 軸の正の部分を動く点である。線分
AP と放物線 $y=x^2$ との交点のうち A と異なる点を
B とするとき，次の点の座標を求めよ。

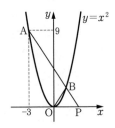

(1) B が線分 AP の中点となるときの点 P

(2) $\angle$BOP＝$\angle$BPO となるときの点 B

●**例題10**● 右の図のように，1辺の長さが6cmの
正方形 ABCD の辺上を2点 P，Q が動く。2点 P，
Q は頂点 A を同時に出発し，P は秒速1cmでBを
通りCに向かって動き，Q は秒速2cmで D，C を
通りBに向かって動き，2点が出会うまで動く。

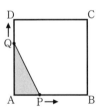

2点 P，Q が出発してから x 秒後の △APQ の面
積を $y\,\mathrm{cm}^2$ とする。ただし，$x=0$，8 のときは $y=0$ とする。

(1) 2点 P，Q が出会うのは出発してから何秒後か。

(2) y を x の式で表し，そのグラフをかけ。

(3) △APQ の面積が最大となるのは出発してから何秒後か。また，その
面積を求めよ。

(4) △APQ の面積が $8\,\mathrm{cm}^2$ となるのは出発してから何秒後か。

(**解説**) (2) 2点 P，Q の位置を考える。次の3つの場合に分けて，y を x の式で表す。

(ⅰ) 点 Q が辺 AD 上にあり，点 P が辺 AB 上にあるとき

(ⅱ) 点 Q が辺 DC 上にあり，点 P が辺 AB 上にあるとき

(ⅲ) 点 Q が辺 CB 上にあり，点 P が辺 CB 上にあるとき

(4) $0 \leqq x \leqq 3$，$6 \leqq x \leqq 8$ にそれぞれ1つずつある。

(**解答**) (1) 2点 P，Q が出発してから t 秒後に出会うとすると

$$t+2t=6\times4$$

ゆえに $t=8$ （答） 8秒後

(2)(ⅰ) 点 Q が辺 AD 上にあるとき，すなわち $0 \leqq x \leqq 3$ のとき

$$\triangle APQ = \frac{1}{2}AP\cdot AQ = \frac{1}{2}\times x \times 2x = x^2 \qquad \text{ゆえに} \quad y=x^2$$

(ⅱ) 点 Q が辺 DC 上にあるとき，すなわち $3 \leqq x \leqq 6$ のとき

$$\triangle APQ = \frac{1}{2}AP\cdot AD = \frac{1}{2}\times x \times 6 = 3x \qquad \text{ゆえに} \quad y=3x$$

(ⅰ) $0 \leqq x \leqq 3$ のとき　　(ⅱ) $3 \leqq x \leqq 6$ のとき　　(ⅲ) $6 \leqq x \leqq 8$ のとき

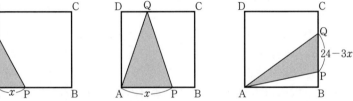

(iii) 点 Q が辺 CB 上にあるとき,すなわち $6 \leqq x \leqq 8$ のとき,点 P も辺 CB 上にある。

AB+BP=x であるから

$$BP=x-6$$

同様に,AD+DC+CQ=$2x$ であるから

$$CQ=2x-12$$

$$PQ=6-(BP+CQ)=6-\{(x-6)+(2x-12)\}=24-3x$$

よって $\triangle APQ=\dfrac{1}{2}PQ \cdot AB=\dfrac{1}{2} \times (24-3x) \times 6=-9x+72$

ゆえに $y=-9x+72$

(答) $0 \leqq x \leqq 3$ のとき $y=x^2$

$3 \leqq x \leqq 6$ のとき $y=3x$

$6 \leqq x \leqq 8$ のとき $y=-9x+72$

グラフは右の図

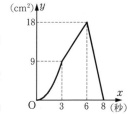

(3) (2)で求めたグラフより,$x=6$ のとき y の値は最大となり,最大値 18 をとる。

(答) 6秒後,18cm²

(4) (i)のとき $x^2=8$　　$x=\pm 2\sqrt{2}$

$0 \leqq x \leqq 3$ であるから $x=2\sqrt{2}$

(iii)のとき $-9x+72=8$　　$x=\dfrac{64}{9}$

この値は変域 $6 \leqq x \leqq 8$ に適する。

(答) $2\sqrt{2}$ 秒後,$\dfrac{64}{9}$ 秒後

演習問題

45. 右の図のような AB=20cm,AC=10cm,面積 80cm² の $\triangle ABC$ がある。2点 P,Q は頂点 A を同時に出発し,P は秒速 2cm で辺 AB 上を B まで動き,Q は秒速 1cm で辺 AC 上を C まで動く。

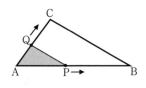

2点 P,Q が出発してから x 秒後の $\triangle APQ$ の面積を $y$cm² とする。ただし,$x=0$ のときは $y=0$ とする。

(1) y を x の式で表せ。

(2) $\triangle APQ$ の面積が 20cm² となるのは出発してから何秒後か。

46. 右の図のように，1辺の長さが 10cm の正方形 ABCD がある。2点 P，Q はそれぞれ頂点 A，B を同時に出発し，P は秒速 2cm で B まで，Q は秒速 4cm で C を通り D まで正方形の辺上を動く。

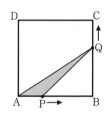

2点 P，Q が出発してから x 秒後の △APQ の面積を $y$cm² とするとき，y を x の式で表し，そのグラフをかけ。ただし，$0 \leqq x \leqq 5$ とする。

47. 右の図のように，A 地点と B 地点，A 地点と C 地点を結ぶ真っすぐな道 AB，AC がある。∠BAC＝30°，∠ABC＝45°，BC＝$10\sqrt{2}$ m のとき，次の問いに答えよ。

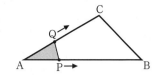

(1)　A 地点から B 地点，A 地点から C 地点までの距離をそれぞれ求めよ。

(2)　P，Q の 2 人が A 地点を同時に出発し，ともに秒速 1m で，P は B 地点まで，Q は C 地点までそれぞれ歩く。そのときできる △APQ の面積を S m² とする。2 人が出発してからの時間を t 秒とするとき，S を t の式で表し，そのグラフをかけ。ただし，$t=0$ のとき $S=0$ とする。

48. 右の図のような三角柱 ABC-DEF があり，その底面は ∠CAB＝90° の直角三角形で，AB＝3cm，AC＝2cm，その高さは AD＝4cm である。また，2点 P，Q は頂点 A を同時に出発し，それぞれ秒速 1cm で三角柱の辺上を動く。点 P は辺 AB 上を A→B →A の順に動き，点 Q は辺 AC，CF 上を A→C→F の順に動く。

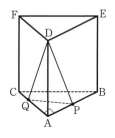

(1)　2 秒後の三角すい Q-APD の体積を求めよ。

(2)　2 点 P，Q が出発してから x 秒後の三角すい Q-APD の体積を $y$cm³ とするとき，x と y の関係をグラフに表せ。ただし，$0 \leqq x \leqq 6$ とする。

(3)　三角すい Q-APD の体積が $\dfrac{5}{2}$cm³ となるのは出発してから何秒後か。

●**例題11**● 右の図のように，関数 $y=ax^2$ のグラフがあり，点 A$(0, -3)$ を通り x 軸に平行な直線と，このグラフとの交点を P，Q とする。△OPQ が正三角形となるとき，a の値を求めよ。

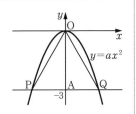

解説 右の図のように，内角が $30°$，$60°$，$90°$である直角三角形の3辺の比は，$1 : 2 : \sqrt{3}$ である。(→8章，p.186)

解答 P，Q は $y=ax^2$ 上の点で，直線 PQ は x 軸に平行であるから，P と Q は y 軸について対称な点である。

△OPQ が正三角形であるから，△PAO は ∠POA$=30°$，∠OPA$=60°$，∠PAO$=90°$ の直角三角形である。

$$AP : OA = 1 : \sqrt{3} \qquad AP = \frac{OA}{\sqrt{3}} = \sqrt{3} \qquad よって \quad P(-\sqrt{3}, -3)$$

点 P は $y=ax^2$ のグラフ上にあるから　$-3=a\times(-\sqrt{3})^2$

ゆえに　$a=-1$ 　　　　　　　　　　　　　　　　　　　（答）$a=-1$

演習問題

49. 右の図のように，放物線 $y=x^2$ 上に，x 座標が正である点 A と負である点 B がある。点 B から x 軸にひいた垂線と x 軸との交点を C とすると，△ABC が正三角形となった。このとき，点 A の x 座標と，△ABC の1辺の長さを求めよ。

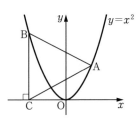

||||進んだ問題||||

50. 右の図のように，関数 $y=ax^2$（$a>0$）のグラフ上に，x 座標がそれぞれ 1，3 である 2 点 A，B がある。また，y 軸上に点 C を，線分の長さの和 AC+BC が最小となるようにとる。

(1) 点 C の y 座標を a を使って表せ。

(2) △ABC の面積が 5 となるとき，a の値を求めよ。

(3) △ABC が直角三角形となるとき，a の値をすべて求めよ。

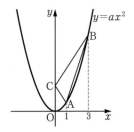

●**例題12**● x の変域を $0 \leqq x < 5$ とし，y を x の小数点以下を切り捨てた値とするとき，y は x の関数である。この関数のグラフをかけ。

(解説) $x = 0.1,\ 0.2,\ \cdots$ のとき $y = 0$ となり，$x = 1.1,\ 1.2,\ \cdots$ のとき $y = 1$ となる。すなわち，$0 \leqq x < 1$ のとき $y = 0$ であり，$1 \leqq x < 2$ のとき $y = 1$ である。以下同様に，x の変域を分けて調べる。

(解答) y は x の小数点以下を切り捨てた値であるから

$0 \leqq x < 1$ のとき　$y = 0$

$1 \leqq x < 2$ のとき　$y = 1$

$2 \leqq x < 3$ のとき　$y = 2$

$3 \leqq x < 4$ のとき　$y = 3$

$4 \leqq x < 5$ のとき　$y = 4$

（答）　右の図

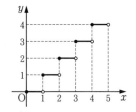

(注) x をこえない最大の整数を $[x]$ で表す。すなわち，

　　$n \leqq x < n+1$（n は整数）のとき，$[x] = n$

となる。たとえば，$[4.2] = 4$，$[4] = 4$，$[-2.3] = -3$ である。

　とくに，$x \geqq 0$ のときは，$[x]$ は x の小数点以下を切り捨てた値となる。

　上の図は，関数 $y = [x]$（$0 \leqq x < 5$）のグラフである。

　$[x]$ を**ガウス記号**という。

演習問題

51. 次の問いに答えよ。

(1)　x の変域を $0 \leqq x < 5$ とするとき，関数 $y = [x] - 1$ のグラフをかけ。ただし，$[x]$ はガウス記号とする。

(2)　x の変域を $0 \leqq x \leqq 4$ とし，y は x の小数第 1 位を四捨五入した値とするとき，y は x の関数である。この関数のグラフをかけ。

52. 右の表は，宅配便の重量が $1000\,\mathrm{g}$ までの基本運賃である。荷物の重量を $x\,\mathrm{g}$，その運賃を y 円とすると，y は x の関数である。この関数のグラフをかけ。

重量	150 g まで	250 g まで	500 g まで	1000 g まで
運賃	180 円	210 円	290 円	340 円

4章の問題

1 2つの関数 $y=\dfrac{1}{2}x+3$ と $y=2x^2$ について，x の値が a から $a+2$ まで増加するとき，それぞれの変化の割合が等しい。このとき，a の値を求めよ。

2 関数 $y=ax^2$ について，x の変域が $-1\leqq x\leqq 2$ のとき，y の変域は $-5\leqq y\leqq 0$ である。このとき，a の値を求めよ。

3 2つの関数 $y=ax+4$ と $y=bx^2$ は，x の変域（定義域）が $-2\leqq x\leqq 4$ のとき，それぞれの y の変域（値域）が等しくなる。a，b の値を求めよ。ただし，$a<0$ とする。

4 井戸の口から井戸の中に石を落とす。石を落としてから水面に達した音が返ってくるまでの時間は $\dfrac{35}{17}$ 秒であった。井戸の口から水面までの距離を求めよ。ただし，物体を自然に落下させるとき，落下する距離は落下しはじめてからの時間の2乗に比例し，その比例定数は5，音速は秒速340mとする。

5 右の図のように，放物線 $y=ax^2$（$a>0$）上に x 座標が2である点 A，放物線 $y=bx^2$（$b>0$）上に x 座標が3である点 B がある。直線 AB は x 軸に平行であり，$\mathrm{OA}=2\sqrt{10}$ である。

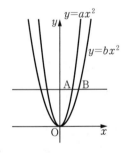

(1) a，b の値を求めよ。

(2) 直線 OA と放物線 $y=bx^2$ との交点のうち原点と異なる点を C とするとき，点 C の座標を求めよ。

(3) 直線 BC と x 軸との交点を D とするとき，△COD と △CAB の面積の比を求めよ。

6 右の図で，放物線 $y=x^2$ は，直線 $y=-x+6$ と2点 A，B で交わり，直線 $y=-x+12$ と2点 C，D で交わっている。

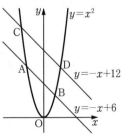

(1) 4点 A，B，C，D の座標を求めよ。

(2) 四角形 ABDC の面積を求めよ。

(3) 直線 $y=x+a$ が四角形 ABDC の面積を2等分するとき，a の値を求めよ。

[7] 右の図のように, 放物線 $y=ax^2$ と直線 $y=2x+4$
がある。A はこの放物線と直線との交点で x 座標は 6
であり, B はこの直線と y 軸との交点である。また,
C は x 軸上の点で, x 座標は正であり, △OAB と
△OAC の面積は等しい。

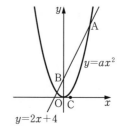

(1) a の値を求めよ。

(2) 直線 BC の式を求めよ。

(3) 点 D は直線 $y=x-1$ 上にあり, △ABC と
△DBC の面積は等しい。このとき, 点 D の座標を
すべて求めよ。

[8] 右の図のように, 2 点 A$(2, -2)$,
B$\left(-1, -\dfrac{1}{2}\right)$ を通る放物線 $y=ax^2$ と, B を

通る直線 $y=\dfrac{5}{2}x+b$ がある。この直線と放物線

との交点のうち B と異なる点を C, 線分 AB と y
軸との交点を D とする。

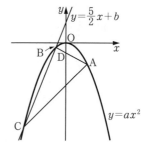

(1) a, b の値を求めよ。

(2) 点 C の座標を求めよ。

(3) △ABC の面積を求めよ。

(4) 点 D を通り △ABC の面積を 2 等分する直線
の式を求めよ。

[9] 右の図のように, 放物線 $y=ax^2$ 上に 3 点
A, B, C があり, A, B の x 座標はそれぞれ
4, -6 で, 直線 AB の傾きは $-\dfrac{1}{2}$ である。ま

た, 直線 AC は点 $(-4, 0)$ を通る。

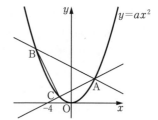

(1) a の値を求めよ。

(2) △ABC の面積を求めよ。

(3) この放物線上に 3 点 A, B, C と異なる点
P をとる。3 点 A, B, C のうちの 2 点と点 P で三角形をつくるとき, その
面積が △ABC の面積と等しくなるような点 P の座標をすべて求めよ。

10 右の図のように，放物線 $y=-x^2$ と台形 ABCD がある。点 A，D の座標はそれぞれ $(a, 0)$，$(a+4, 0)$ である。また，辺 AB，DC はともに x 軸に垂直であり，2 点 B，C は放物線上にある。台形 ABCD の面積が 20 であるとき，次の問いに答えよ。

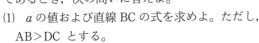

(1) a の値および直線 BC の式を求めよ。ただし，AB＞DC とする。

(2) 点 $(0, -3)$ を通る直線 ℓ が，台形 ABCD の面積を 2 等分するとき，直線 ℓ の式を求めよ。

11 右の図のように，放物線 $y=\dfrac{1}{4}x^2$ ……① と直線 $y=mx-4m$ ……② がある。ただし，$m<0$ とする。放物線①と直線②との交点を A，B とし，②と x 軸，y 軸との交点をそれぞれ C，D とする。

(1) 点 C の座標を求めよ。

(2) AD：DC＝2：1 であるとき，m の値および点 B の座標を求めよ。

(3) 3 つの三角形の面積の比 △OCB：△OBD：△ODA を求めよ。

12 右の図のように，2 つの関数 $y=ax^2$ $(a>0)$ ……①，$y=-x+6$ ……② のグラフがある。②のグラフと x 軸，y 軸との交点をそれぞれ A，B とし，①のグラフと線分 AB との交点を P とする。

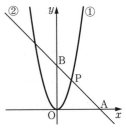

(1) △OAB の面積を求めよ。

(2) 点 P の y 座標が 4 のとき，a の値を求めよ。

(3) OP⊥AB となるとき，a の値を求めよ。

(4) 点 P の座標が $(4, 2)$ のとき，①のグラフと 2 つの線分 OA，AP で囲まれた図形の内部および周上にあり，x 座標，y 座標がともに整数である点の個数を求めよ。

⓭ 右の図のように，AB＝4cm，BC＝3cm，CA＝5cm，
∠ABC＝90°の直角三角形 ABC がある。2点 P，Q は頂
点 A を同時に出発し，それぞれ秒速 1cm，秒速 2cm で
辺 AC，AB 上を矢印の向きに動き，頂点 C，B に到着す
ると止まる。

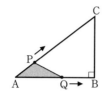

　2点 P，Q が出発してから x 秒後の △APQ の面積を y
cm^2 とするとき，次の問いに答えよ。
(1) 次の(i)～(iii)の場合について，y を x の式で表せ。
　(i) $0 \leqq x \leqq 2$　　　　(ii) $2 \leqq x \leqq 5$　　　　(iii) $5 \leqq x$
(2) (1)で求めた関数のグラフをかけ。

⓮ A 駅を出発した電車が x 秒間で A 駅から ym だけ走ったとすると，A 駅
から 500m 離れた B 地点までは $y = \dfrac{1}{5}x^2$ の関係がある。一方，線路にそって
平行な道路を 3 台の自動車 P，Q，R がそれぞれ一定の速さで走っている。
(1) A 駅を出発した電車は，20 秒後に自動車 P に追いこされたが，40 秒後に
　は追いついた。自動車 P の秒速を求めよ。また，電車が A 駅を出発したと
　き，自動車 P は A 駅の手前何 m の地点を走っていたか。
(2) A 駅を出発した電車は，25 秒後に自動車 Q に追いこされ，B 地点まで追
　いつくことはできなかった。自動車 Q の速さは秒速何 m より速いか。
(3) A 駅を出発した電車は，C 地点で自動車 R に追いこされ，B 地点で追い
　ついた。電車が A 駅を出発したとき，自動車 R は A 駅の手前 300m の地点
　を走っていた。C 地点は A 駅から何 m のところにあるか。

⓯ 右の図のように，放物線 $y = x^2$ と直線 $y = 2x + 3$
がある。この放物線と直線との交点を A，B とする。
(1) 放物線上に原点 O と異なる点 P を，△PAB と
　△OAB の面積が等しくなるようにとるとき，点 P
　の x 座標をすべて求めよ。
(2) △OAB を x 軸のまわりに 1 回転させたときにで
　きる立体の体積を求めよ。
(3) △OAB を y 軸のまわりに 1 回転させたときにで
　きる立体の体積を求めよ。

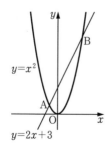

5章

相似な図形

1… 相似な図形

1 **図形の相似**

(1) ある図形を一定の割合で拡大した図形を**拡大図**，一定の割合で縮小した図形を**縮図**という。

(2) 2つの図形で，一方の図形を一定の割合で拡大または縮小すると，もう一方の図形と合同になるとき，この2つの図形は**相似**であるという。

 2倍に拡大 $\frac{1}{2}$ に縮小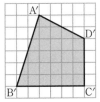

2つの図形が相似であることを記号∽を使って表す。

四角形 ABCD と四角形 A′B′C′D′ が相似であるとき，

四角形 ABCD∽四角形 A′B′C′D′ と書く。

2 **相似な図形の基本性質**

2つの多角形が相似であるとき，次の性質がある。

(1) 対応する線分の長さの比がすべて等しい。(この比を**相似比**という)

(2) 対応する角の大きさがそれぞれ等しい。

右の図で，

四角形 ABCD∽四角形 A′B′C′D′ であるとき，

$$AB：A′B′＝BC：B′C′＝CD：C′D′＝DA：D′A′ （相似比）$$
$$∠A＝∠A′，\quad ∠B＝∠B′，\quad ∠C＝∠C′，\quad ∠D＝∠D′$$

3 **相似の位置と相似の中心**

　　2つの図形について，対応する2点を結んだ直線がすべて1点Oを通り，Oから対応する2点までの距離の比がすべて等しいとき，この2つの図形は**相似の位置**にあるという。点Oを**相似の中心**という。

(1) 相似の位置にある2つの図形は相似であり，対応する2辺は平行であるか，一直線上にある。

(2) 相似比は，相似の中心から対応する2点までの距離の比に等しい。

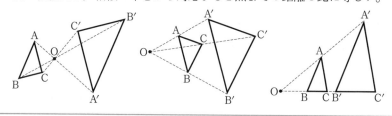

基本問題

1. 右の図で，△ABC を4倍に拡大したものが △DEF で，△ABC∽△DEF である。

(1) ∠B の大きさを求めよ。

(2) 辺 DE，BC の長さを求めよ。

(3) △ABC と △DEF の相似比を求めよ。

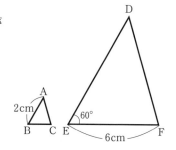

2. 次の(ア)〜(オ)のうち，2つの図形がつねに相似であるものをすべて答えよ。

(ア) 2つの二等辺三角形　　(イ) 2つの正方形　　(ウ) 2つの平行四辺形

(エ) 2つの正五角形　　　　(オ) 2つの円

3. 右の図で，△ABC と △DEF は相似の位置にあり，相似の中心はOである。

(1) ∠D の大きさを求めよ。

(2) △ABC と △DEF の相似比を求めよ。

(3) 辺 AB，DF の長さを求めよ。

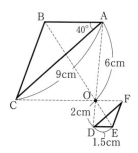

4. 右の図のように，△ABC とその内部に点 O，外部に
点 P がある。

(1) △ABC と △DEF の相似比が 1：2 となる △DEF
を，O を相似の中心として相似の位置にかけ。

(2) △ABC と △GHI の相似比が 1：2 となる △GHI
を，P を相似の中心として相似の位置にかけ。

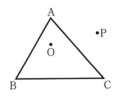

●**例題1**● 右の図で，線分 EF の長さは △ABC
の辺 BC の長さの 2 倍であり，BC∥EF であ
る。△ABC と相似で，線分 EF が辺 BC に対
応する △DEF を相似の位置にかけ。

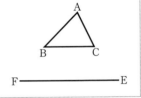

（**解説**）線分 BE と CF との交点 O を相似の中心として，△ABC と △DEF の相似比が
1：2 である △DEF をかく。

（**解答**）① 対応する点 B と E，点 C と F を結び，その交
点を O とする。

② 直線 OA 上に，点 O について点 A と反対側に
OD＝2OA となるように点 D をとる。

③ 点 D と E，点 D と F を結ぶ。

（答） 右の図

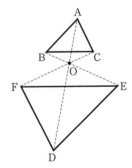

（**注**）点 E を通り辺 AB に平行な直線と，点 F を通り辺 AC
に平行な直線との交点が D である。

演習問題

5. 右の図で，線分 EF の長さは △ABC の辺 BC の長さ
の $\dfrac{1}{2}$ であり，BC∥EF である。△ABC と相似で，線
分 EF が辺 BC に対応する △DEF を相似の位置にかけ。

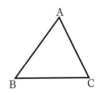

6. 右の図で,

四角形 ABCD∽四角形 EFGH
である。

(1) ∠C, ∠H の大きさを求めよ。

(2) 四角形 ABCD と四角形 EFGH の
相似比を求めよ。

(3) 辺 HG の長さを求めよ。

7. 次の図で,△ABC,△DEF,△GHI は,O を相似の中心として相似の位置
にある。辺 DE,HI の長さを求めよ。

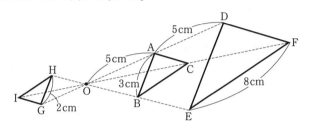

8. 次のような 2 つの図形は,つねに相似であるといえるか。

(1) 辺の数が等しい 2 つの正多角形

(2) 対応する角が順にそれぞれ等しい 2 つの四角形

(3) 対応する辺の比がすべて等しい 2 つの四角形

2 … 三角形の相似

1 **三角形の相似条件**

2つの三角形は，次のそれぞれの場合に相似である。

(1) 3組の辺の比がすべて等しいとき

（3辺の比の相似）

右の図で，

$$a:a'=b:b'=c:c'$$

(2) 2組の辺の比とその間の角が
それぞれ等しいとき

（2辺の比と間の角の相似）

右の図で，

$$a:a'=c:c', \quad \angle B=\angle B'$$

(3) 2組の角がそれぞれ等しいとき

（2角の相似）

右の図で，

$$\angle A=\angle A', \quad \angle B=\angle B'$$

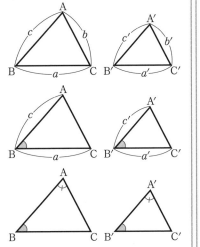

◝基本問題◜

9. 次の図の三角形の中から相似なものをすべて選び，記号 ∽ を使って表せ。また，そのときの相似条件を書け。

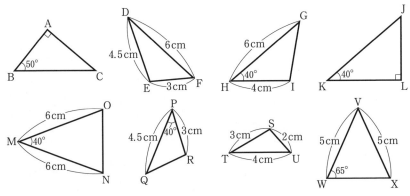

10. 次の図で，それぞれ △ABC∽△A′B′C′ であるとき，△ABC と △A′B′C′ の相似比と x, y の値を求めよ。

(1)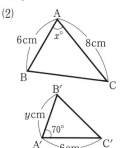

(2) (3)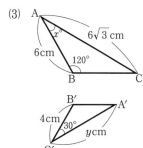

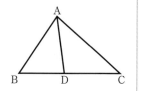

●**例題2**● 右の図で，AB＝12cm，AC＝15cm，
BD＝8cm，DC＝10cm である。
(1) △ABC と相似な三角形をあげよ。
(2) 線分 AD の長さを求めよ。

(**解説**) (1) △ABC と角を共有する三角形と，△ABC との辺の比を考える。
(2) (1)で求めた三角形と △ABC の相似比を利用する。

(**解答**) (1) △DBA と △ABC は ∠B を共有する。
また BA：BC＝12：18＝2：3 BD：BA＝8：12＝2：3
ゆえに，2組の辺の比とその間の角がそれぞれ等しい。 （答） △DBA
(2) △ABC∽△DBA であるから AB：DB＝CA：AD
よって 12：8＝15：AD
ゆえに AD＝10 （答） 10cm

演習問題

11. 次の図で，x, y の値を求めよ。

(1)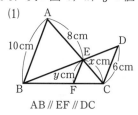

AB∥EF∥DC

(2)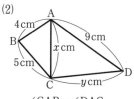

∠CAB＝∠DAC
∠BCA＝∠CDA

(3)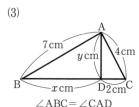

∠ABC＝∠CAD

12. 右の図の四角形 ABCD で，対角線 AC と BD との交点を E とする。AB＝8cm，AE＝4cm，BE＝DE＝6cm，CE＝9cm のとき，次の問いに答えよ。

(1) △ABE と相似な三角形をあげよ。

(2) 辺 CD の長さを求めよ。

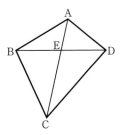

13. 右の図の △ABC で，頂点 A，B から対辺にそれぞれ垂線 AD，BE をひき，その交点を H とする。

(1) △AHE と相似な三角形をすべてあげよ。

(2) AE＝12cm，AH＝15cm，HE＝9cm，HD＝8cm のとき，線分 BD，DC の長さを求めよ。

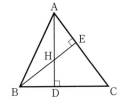

●**例題3**● 線分 AB 上に点 K を，AK：KB＝1：2 となるようにとり，線分 AK 上に点 A，K と異なる点 C をとる。∠ACD＝60°，∠CAD＝90° の △ACD と，∠BCE＝60°，∠CBE＝30° の △BEC を，直線 AB について同じ側につくり，線分 AE と BD との交点を F とする。

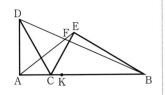

(1) △ACE∽△DCB であることを証明せよ。

(2) ∠AFB の大きさを求めよ。

解説 次の三角形の相似条件のうち，どれが成り立つかを考える。

  (i) 3辺の比   (ii) 2辺の比と間の角   (iii) 2角

解答 (1) △ACD と △ECB において

        ∠ACD＝∠ECB＝60°

     ∠CAD＝90°，∠CEB＝180°−60°−30°＝90° より   ∠CAD＝∠CEB

     ゆえに △ACD∽△ECB（2角）

     よって CA：CE＝CD：CB ………①

    △ACE と △DCB において

     ∠BCE＝60° より ∠ACE＝120°，∠ACD＝60° より ∠DCB＝120° であるから

        ∠ACE＝∠DCB

    ①より CA：CD＝CE：CB

    ゆえに △ACE∽△DCB（2辺の比と間の角）

(2) (1)より　　∠EAC＝∠BDC

　　△FAB で　∠AFD＝∠FAB＋∠FBA

　　　　　　　　　＝∠BDC＋∠FBA

　　△CBD で　∠BDC＋∠DBC＝∠ACD＝60°

　　よって　　　∠AFD＝60°

　　ゆえに　　　∠AFB＝120°　　　　　　　　（答）　120°

注　右の図のように，△ACE を，C を中心として時
計まわりに ∠ACD＝60° と同じ角度だけ回転し
た △GCH は，△DCB と相似の位置にある。
辺 AE と GH との交点を I とすると，∠AIG＝60°，
GH∥DB であるから，∠AFD＝60° である。

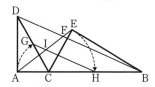

演習問題

14. ∠A＝90° の直角三角形 ABC で，頂点 A か
ら辺 BC に垂線 AD をひく。

　　AB＝12cm，BC＝13cm，CA＝5cm のとき，
次の問いに答えよ。

(1)　△ABC∽△DAC であることを証明せよ。

(2)　線分 AD，CD の長さを求めよ。

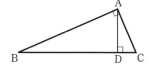

15. 右の図のように，正三角形 OAB の辺 OB の延
長上に点 C を，BC＝OB となるようにとる。また，
AB を 1 辺とする正方形 APQB を，直線 AB につ
いて点 C と同じ側につくる。線分 OP と辺 AB，線
分 AC との交点をそれぞれ R，S とするとき，
△OSC∽△BRP であることを証明せよ。

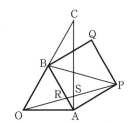

16. 右の図で，△ABC と △ABD はともに正三角形である。
辺 BC 上に点 E をとり，線分 DE の延長と辺 AC の延長
との交点を F とするとき，次のことを証明せよ。

(1)　△ADF∽△BED

(2)　△ABE∽△FAB

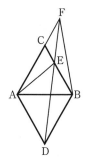

17. 右の図のように, AB＝AC の二等辺三角形
ABC がある。∠ABC の二等分線と辺 AC, および
頂点 A を通る辺 BC の平行線との交点をそれぞれ
D, E とする。また, 辺 BC の延長上に点 F を,
DF＝BD となるようにとり, 線分 FD の延長と辺
AB との交点を G とする。

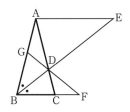

(1) △ADE∽△BGF であることを証明せよ。

(2) AB＝6cm, BC＝3cm のとき, 次の問いに答えよ。

 (i) AD：DC を求めよ。

 (ii) 線分 CF, BG の長さを求めよ。

18. 右の図で, 四角形 ABCD は正方形であり, M は
辺 CD の中点である。対角線 AC と線分 BM との交
点を E, 線分 AM と DE との交点を F とするとき,

$$△AMD∽△DMF$$

であることを証明せよ。

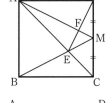

19. 右の図の □ABCD で, E は辺 AB の延長上
の点で BE＝AB とする。また, F は辺 CD の
中点, G は線分 DE と BF との交点とする。

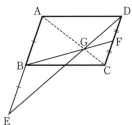

(1) BG：GF＝2：1 であることを証明せよ。

(2) 3点 A, G, C は一直線上にあることを証
明せよ。

進んだ問題の解法 |||||||||||||||||||||||||||||||||||||||||||||||||||||||

||||**問題1** 右の図のように, AB＝AC の二等辺
三角形 ABC がある。辺 BC の延長上に点 D を,
CD＝AC となるようにとると, AD＝BD となっ
た。AD＝1cm のとき, 辺 AB の長さを求め
よ。

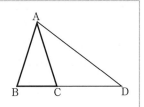

解法 △ABC と △DBA は相似になる。AB＝$x$cm とすると, BC＝(1－x)cm であり,
相似比を利用する。

[解答] △ABC と △DBA において

$$\angle ABC = \angle DBA \text{（共通）} \cdots\cdots①$$

AB＝AC（仮定）より

$$\angle ABC = \angle ACB$$

BD＝AD（仮定）より

$$\angle DBA = \angle DAB$$

よって $\angle ACB = \angle DAB \cdots\cdots②$

①，②より △ABC∽△DBA（2角）

ゆえに $AB : DB = BC : BA$

AB＝$x$cm とする。

BD＝AD＝1，CD＝AC＝AB＝x より，BC＝BD－CD＝1－x であるから

$$x : 1 = (1-x) : x$$

ゆえに $x^2 + x - 1 = 0$

これを解いて $x = \dfrac{-1 \pm \sqrt{5}}{2}$

$x > 0$ より $x = \dfrac{-1 + \sqrt{5}}{2}$

（答） $\dfrac{-1 + \sqrt{5}}{2}$ cm

▓▓▓ 進んだ問題 ▓▓▓

20. 右の図は，正三角形 ABC を，頂点 A が辺 BC 上
の点 D に重なるように，線分 EF を折り目として折
り返したものである。

(1) △EBD∽△DCF であることを証明せよ。

(2) BD＝7cm，DC＝3cm のとき，線分 EB，FC の
長さを求めよ。

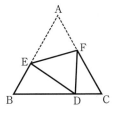

21. 右の図の △ABC と △ADE で，
AB＝AD＝7cm，BC＝DE＝10cm，
CA＝EA＝6cm，AB∥ED とする。辺 BC
と辺 AD，ED との交点をそれぞれ F，G と
し，辺 AC と ED との交点を H とする。

(1) ∠ABC＝∠HAE であることを証明せよ。

(2) 線分 GC と BF の長さを求めよ。

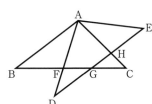

116

5章の問題

1 次の図で，x，y の値を求めよ。

(1)

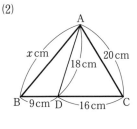

∠ADE＝∠ACB

(2)

(3)

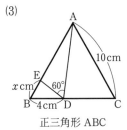

正三角形 ABC

2 右の図のように，△ABC を，頂点 C が辺 AB 上の点 C′ に重なるように，線分 PQ を折り目として折り返したとき，△C′PQ∽△BPC′ となった。

(1) △ABC は二等辺三角形であることを証明せよ。

(2) ∠A＝70° のとき，∠C′QA の大きさを求めよ。

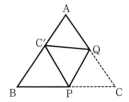

3 右の図の △ABC で，∠ABC＝2∠ACB で，∠ABC の二等分線と辺 AC との交点を D とする。

(1) △ABC∽△ADB であることを証明せよ。

(2) AB＝6cm，AC＝8cm のとき，線分 CD，辺 BC の長さを求めよ。

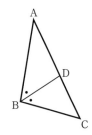

4 1辺の長さが9cm の正方形の紙 ABCD がある。辺 AB 上に点 E，辺 CD 上に点 F をとり，線分 EF を折り目としてこの紙を折ったところ，右の図のように，頂点 B は辺 AD 上の点 G と重なり，辺 BC は線分 GH に移った。AE＝4cm，AG＝3cm のとき，この紙を折って重なった部分の面積を求めよ。

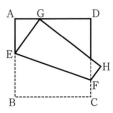

(5) 右の図のように，AB＝AC の二等辺三角形 ABC があり，辺 AB の延長上に点 D を，AB：BD＝2：1 となるようにとる。頂点 B を通り辺 AC に平行な直線と，線分 CD との交点を E とする。また，線分 EB の延長上に点 F を，EB：BF＝2：9 となるようにとる。

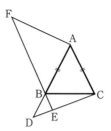

(1) △BDE∽△BFA であることを証明せよ。

(2) AB＝5cm，EC＝4cm のとき，線分 AF の長さを求めよ。

‖‖‖‖進んだ問題‖‖‖‖

(6) 右の図で，△ABC と △DEC は合同な直角三角形で，AB＝13cm，AC＝12cm，BC＝5cm である。頂点 E から辺 AB に垂線 EF を，頂点 B から辺 DE に垂線 BG をひく。線分 EF の延長と BG の延長との交点を H，辺 AB と DE との交点を I とする。

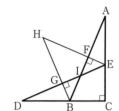

(1) △EFI∽△BFH であることを証明せよ。

(2) ∠EAF＝a° とするとき，∠GHF の大きさを a° を使って表せ。

(3) 線分 EF，FI の長さを求めよ。

(7) 右の図は，AB＝3cm，BC＝5cm の長方形 ABCD である。その内部には，辺 BC から1cm，辺 CD から2cm の距離に点 E がある。点 P は，点 E を出発して矢印の向きに直進し，辺 CD と点 F でぶつかってはねかえり，同様に，辺 DA，

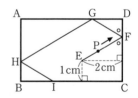

AB とそれぞれ点 G，H でぶつかってはねかえり，辺 BC とぶつかる点 I で止まる。ただし，辺に対してぶつかっていく角とはねかえる角とは等しい。たとえば，∠EFC＝∠GFD である。

(1) DF＝1cm のとき，線分 BI の長さを求めよ。

(2) 点 I が頂点 C と一致するとき，線分 DF の長さを求めよ。

(3) 点 P が点 E を出発してふたたび E を通るとき，線分 DF の長さを求めよ。

相似の応用

1…平行線と辺の比

1 内分と外分

(1) **内分**　線分 AB 上に点 P があって，

AP：PB＝m：n

のとき，点 P は線分 AB を m：n に**内分する**という。

このとき，点 P は線分 BA を n：m に内分する。

(2) **外分**　線分 AB（または BA）の延長上に
点 P があって，

AP：PB＝m：n

のとき，点 P は線分 AB を m：n に**外分する**
という。

このとき，点 P は線分 BA を n：m に外分
する。

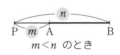

2 平行線と辺の比

(1)　△ABC で，辺 AB，AC，またはその延長上の点をそれぞれ P，Q
とするとき，PQ∥BC ならば，次のことが成り立つ。

①　AB：AP＝AC：AQ＝BC：PQ

②　AP：PB＝AQ：QC

③　AB：PB＝AC：QC

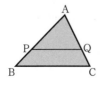
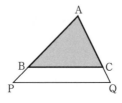
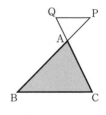

(2) △ABC で，辺 AB，AC，またはその延長上の点をそれぞれ P，Q
とするとき，次のいずれかが成り立つならば，**PQ∥BC** である。

① AB：AP＝AC：AQ

② AP：PB＝AQ：QC

③ AB：PB＝AC：QC

●基本問題●

1. 数直線上の点に次のような記号がついている。例にならって，下の □ に
あてはまる数，記号または文字を入れよ。

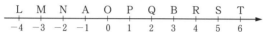

（例）点 O は線分 AB を □1 ：□3 に □内 分する。点 S は線分 AB
を □3 ：□1 に □外 分する。

(1) 点 Q は線分 AB を □(ア) ：□(イ) に □(ウ) 分する。

(2) 点 T は線分 AB を □(エ) ：□(オ) に □(カ) 分する。

(3) 点 L は線分 AB を □(キ) ：□(ク) に □(ケ) 分する。

(4) 点 O は線分 BN を □(コ) ：□(サ) に □(シ) 分する。

(5) 線分 AQ を 2：1 に内分する点は □(ス) であり，2：1 に外分する点は
□(セ) で，1：2 に外分する点は □(ソ) である。

2. 次の図で，PQ∥BC のとき，x の値を求めよ。

(1)

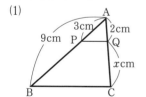

(2)

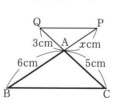

(3)

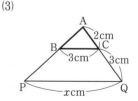

3. 右の図のように，BC＝6cm，AC＝4cm の △ABC
がある。辺 BC 上に点 D を，BD＝4cm となるよう
にとり，辺 AB，AC 上にそれぞれ点 E，F を，
DE∥CA，EF∥BC となるようにとる。線分 ED と
FB との交点を G とする。

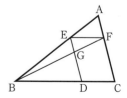

(1) 線分 ED の長さを求めよ。

(2) 線分 GD の長さを求めよ。

4. 右の図のように，△ABC の辺 BC の中点を D とし
て，線分 AD 上に点 P をとる。点 P を通り辺 BC に
平行な直線と，辺 AB，AC との交点をそれぞれ E，F
とするとき，EP＝PF であることを証明せよ。

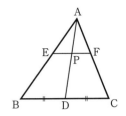

●**例題1**● 右の図の △ABC で，BP：PC＝1：3,
AQ：QC＝1：1，RQ∥BC とし，線分 AP と BQ
との交点を S とするとき，AR：RS を求めよ。

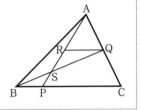

解説 RQ∥BC より，次の図に着目して平行線と辺の比の性質を利用する。

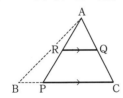 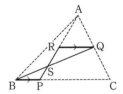

解答 △APC で，RQ∥PC より

$$AR：RP＝AQ：QC＝1：1 （仮定）$$

RQ：PC＝AQ：AC＝1：2 より

$$RQ＝\frac{1}{2}PC$$

また，BP：PC＝1：3（仮定）より

$$BP＝\frac{1}{3}PC$$

ゆえに

$$RQ：BP＝\frac{1}{2}PC：\frac{1}{3}PC＝3：2$$

RQ∥BP より RS：PS＝RQ：PB＝3：2

よって

$$RS＝\frac{3}{3+2}RP＝\frac{3}{5}RP$$

ゆえに

$$AR：RS＝RP：\frac{3}{5}RP＝5：3$$

（答）5：3

演習問題

5. 右の図で，AB∥CD∥EF のとき，x，y の値を
求めよ。

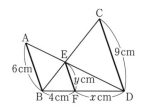

6. 右の図の □ABCD で，E は辺 BC を 3：2
に内分する点である。直線 AE と対角線 BD，
辺 DC の延長との交点をそれぞれ P，Q とする。
　AB＝2cm，BD＝5cm のとき，次の問いに
答えよ。

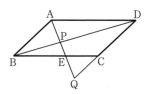

(1)　線分 BP の長さを求めよ。

(2)　線分 DQ の長さを求めよ。

7. 右の図の △ABC で，辺 BC の中点を D とし，辺
CA の延長上に点 E をとり，線分 ED と辺 AB との交
点を F とする。点 F を通り辺 BC に平行な直線と，
辺 AC との交点を G とする。
　EF：FD＝1：2 のとき，次の比を求めよ。

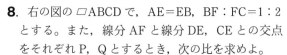

(1)　AF：FB　　　　　(2)　AC：AE

8. 右の図の □ABCD で，AE＝EB，BF：FC＝1：2
とする。また，線分 AF と線分 DE，CE との交点
をそれぞれ P，Q とするとき，次の比を求めよ。

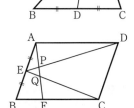

(1)　AP：PF　　　　　(2)　PQ：AF

9. AB＝10cm，BC＝4cm の △ABC がある。右の
図のように，辺 AB 上に点 D をとり，線分 CD を折
り目として折り返し，頂点 A が移った点を A′ とし，
線分 A′C と BD との交点を E とする。
　A′D∥BC のとき，次の問いに答えよ。

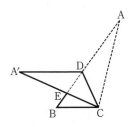

(1)　∠EBC＝a° とするとき，∠A′DC の大きさを
　a° を使って表せ。

(2)　線分 DE の長さを求めよ。

進んだ問題の解法 ||||||||||||||||||||||||||||||||||||||||||||||||||||||

> ||||**問題1** 右の図の △ABC で，辺 AB を 4：3
> に内分する点を P，辺 BC を 5：2 に外分する
> 点を Q とする。線分 PQ と辺 AC との交点を
> R とするとき，$\dfrac{RC}{AR}$ の値を求めよ。

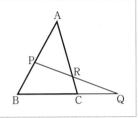

解法 頂点 C を通り線分 PQ に平行な直
線と，辺 AB との交点を D とする。
　　PQ // DC より，右の図の △BQP と
△ADC に着目して平行線と辺の比の性
質を利用する。

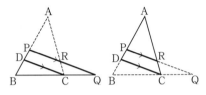

解答 頂点 C を通り線分 PQ に平行な直線と，
辺 AB との交点を D とする。
　　△BQP で，PQ // DC より
　　　　BP：DP＝BQ：CQ＝5：2（仮定）

　ゆえに　$DP=\dfrac{2}{5}BP$

　AP：PB＝4：3（仮定）より　$AP=\dfrac{4}{3}PB$

　よって　$AP：PD=\dfrac{4}{3}PB：\dfrac{2}{5}PB=10：3$

　△ADC で，PR // DC より　AR：RC＝AP：PD＝10：3

　ゆえに　$\dfrac{RC}{AR}=\dfrac{3}{10}$　　　　　　　　　（答）$\dfrac{3}{10}$

別解 頂点 C を通り辺 AB に平行な直線と，線分 PQ との交点を E とする。
　　△QPB で，PB // EC より　PB：EC＝QB：QC＝5：2（仮定）

　ゆえに　$EC=\dfrac{2}{5}PB$

　AP：PB＝4：3（仮定）より　$AP=\dfrac{4}{3}PB$

　よって　$AP：EC=\dfrac{4}{3}PB：\dfrac{2}{5}PB=10：3$

　AP // EC より　RA：RC＝AP：CE＝10：3

　ゆえに　$\dfrac{RC}{AR}=\dfrac{3}{10}$　　　　　　　　　（答）$\dfrac{3}{10}$

参考 頂点 A または B を通り線分 PQ に平行な直線をひいて考えてもよい。

‖‖‖進んだ問題‖‖‖

10. 右の図のように，△ABC の辺 BC を 3：2 に
内分する点を D，線分 AD を 2：1 に内分する
点を E，線分 BE の延長と辺 AC との交点を F
とするとき，次の値を求めよ。

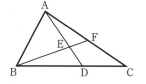

(1) $\dfrac{FC}{AF}$　　　　(2) $\dfrac{EF}{BE}$

11. 右の図のような AB=5cm の △ABC があり，
BD：DC=1：1，AE：EC=2：3 とする。線分
AD と BE との交点を P，線分 CP の延長と辺
AB との交点を F とするとき，線分 AF の長さを
求めよ。

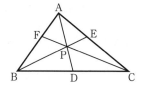

▶研究◀ メネラウスの定理

　△ABC の 3 辺 BC，CA，AB，
またはその延長が，頂点を通ら
ない 1 つの直線とそれぞれ点 P，
Q，R で交わるとき，

$$\frac{BP}{PC}\cdot\frac{CQ}{QA}\cdot\frac{AR}{RB}=1$$

が成り立つ。

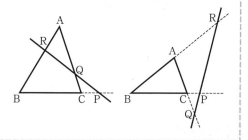

〈証明〉　頂点 C を通り直線 PQ に平行な直線と，辺 AB，またはその延長との交点を D
　　　　とする。

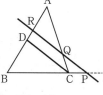

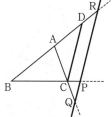

　　　　△BPR で，CD∥PR より

$$\frac{BP}{PC}=\frac{BR}{RD}\quad\cdots\cdots①$$

　　　　△ADC で，CD∥QR より

$$\frac{CQ}{QA}=\frac{DR}{RA}\quad\cdots\cdots②$$

　①，②より　$\dfrac{BP}{PC}\cdot\dfrac{CQ}{QA}\cdot\dfrac{AR}{RB}=\dfrac{BR}{RD}\cdot\dfrac{DR}{RA}\cdot\dfrac{AR}{RB}=1$

　　ゆえに　$\dfrac{BP}{PC}\cdot\dfrac{CQ}{QA}\cdot\dfrac{AR}{RB}=1$

▶研究1◀　右の図の △ABC で，辺 BC を 1 : 2 に内分する点を D，線分 AD を 2 : 1 に内分する点を E とする。線分 CE の延長と辺 AB との交点を F とするとき，AF : FB を求めよ。

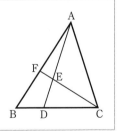

◀解説▶　比のわかっている線分 BC，AD と，比を求めたい線分 AB でつくられる △ABD と直線 CEF において，メネラウスの定理を利用する。

◁解答▷　△ABD と直線 CEF において，メネラウスの定理より

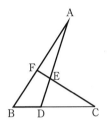

$$\frac{BC}{CD} \cdot \frac{DE}{EA} \cdot \frac{AF}{FB} = 1 \quad \cdots\cdots①$$

BD : DC = 1 : 2 （仮定）より

$$\frac{BC}{CD} = \frac{3}{2} \quad \cdots\cdots②$$

AE : ED = 2 : 1 （仮定）より

$$\frac{DE}{EA} = \frac{1}{2} \quad \cdots\cdots③$$

①，②，③より　$\dfrac{3}{2} \times \dfrac{1}{2} \times \dfrac{AF}{FB} = 1$　　$\dfrac{AF}{FB} = \dfrac{4}{3}$

ゆえに　　　　　AF : FB = 4 : 3

(答)　4 : 3

▶研究問題◀

12. 次の図の △ABC で，AR : RB を求めよ。

(1)

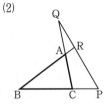

BP : PC = 3 : 2
QC : CA = 1 : 2

(2)

BP : PC = 3 : 1
CQ : QA = 2 : 1

(3)

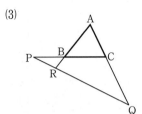

PB : BC = 3 : 4
AC : CQ = 2 : 3

13. 右の図の △ABC で，線分 BF の長さを求めよ。また，$\dfrac{\text{FE}}{\text{DF}}$ の値を求めよ。

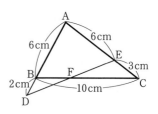

14. 右の図のように，△ABC の辺 AB，AC 上にそれぞれ点 D，E を，AD：AE＝1：3，BD：CE＝2：1 となるようにとる。また，線分 DE の延長と辺 BC の延長との交点を F とする。

(1) BF：CF を求めよ。

(2) AB＝AC のとき，DE：EF を求めよ。

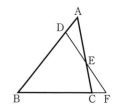

▶研究◀ チェバの定理

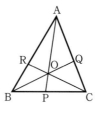 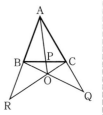

　　△ABC の 3 つの頂点 A，B，C と三角形の辺上にもその延長上にもない点 O とを結ぶ直線が，対辺 BC，CA，AB，またはその延長と交わるとき，その交点をそれぞれ P，Q，R とするならば，

$$\frac{\text{BP}}{\text{PC}} \cdot \frac{\text{CQ}}{\text{QA}} \cdot \frac{\text{AR}}{\text{RB}} = 1$$

が成り立つ。

◁**証明**▷　　△ABP と直線 COR において，メネラウスの定理より

$$\frac{\text{BC}}{\text{CP}} \cdot \frac{\text{PO}}{\text{OA}} \cdot \frac{\text{AR}}{\text{RB}} = 1 \quad \cdots\cdots\cdots①$$

　　△APC と直線 BOQ において，メネラウスの定理より

$$\frac{\text{PB}}{\text{BC}} \cdot \frac{\text{CQ}}{\text{QA}} \cdot \frac{\text{AO}}{\text{OP}} = 1 \quad \cdots\cdots\cdots②$$

①，②より　$\dfrac{\text{BC}}{\text{CP}} \cdot \dfrac{\text{PO}}{\text{OA}} \cdot \dfrac{\text{AR}}{\text{RB}} \cdot \dfrac{\text{PB}}{\text{BC}} \cdot \dfrac{\text{CQ}}{\text{QA}} \cdot \dfrac{\text{AO}}{\text{OP}} = 1$

ゆえに　　$\dfrac{\text{BP}}{\text{PC}} \cdot \dfrac{\text{CQ}}{\text{QA}} \cdot \dfrac{\text{AR}}{\text{RB}} = 1$

▶研究2◀　右の図の △ABC で，辺 BC を 2：3
に内分する点を P，辺 CA を 3：4 に内分する
点を Q とする。線分 AP と BQ との交点を O
とし，線分 CO の延長と辺 AB との交点を R
とするとき，AR：RB を求めよ。

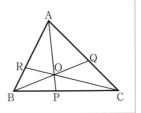

◀解説▶　チェバの定理を利用して求めることができる。

◀解答▶　△ABC で，チェバの定理より　$\dfrac{BP}{PC}\cdot\dfrac{CQ}{QA}\cdot\dfrac{AR}{RB}=1$ ………①

BP：PC＝2：3（仮定）より　　$\dfrac{BP}{PC}=\dfrac{2}{3}$　　　………②

AQ：QC＝4：3（仮定）より　　$\dfrac{CQ}{QA}=\dfrac{3}{4}$　　　………③

①，②，③より　$\dfrac{2}{3}\times\dfrac{3}{4}\times\dfrac{AR}{RB}=1$　　$\dfrac{AR}{RB}=2$

ゆえに　　　　　　AR：RB＝2：1　　　　　　　　　　　　（答）　2：1

▶研究問題◀

15. 次の図の △ABC で，BP：PC を求めよ。

(1)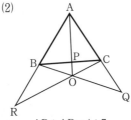

2AQ＝3CQ
AR＝2BR

(2)

AB：AR＝4：7
AC：AQ＝3：5

(3)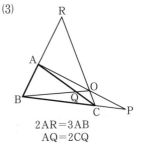

2AR＝3AB
AQ＝2CQ

16. 右の図の △ABC で，D は辺 BC の中点である。
点 A，D を除く線分 AD 上に点 P をとり，線分 BP
の延長と辺 AC との交点を E，線分 CP の延長と辺
AB との交点を F，線分 EF と AD との交点を Q とす
る。

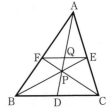

(1)　FE∥BC であることを証明せよ。

(2)　AP：PD＝5：2 のとき，AQ：QD を求めよ。

2…平行線と線分の比

① 平行線と線分の比

2つの直線がいくつかの平行線と交わっているとき、平行線によって切り取られる2直線の対応する部分の長さの比は等しい。

右の図のように、2つの直線 ℓ, ℓ' が平行線 a, b, c, d と交わっているとき、

$$AB : A'B' = BC : B'C' = CD : C'D'$$
$$= AC : A'C' = BD : B'D' = AD : A'D'$$

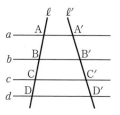

●基本問題●

17. 次の図で、x, y の値を求めよ。

(1)
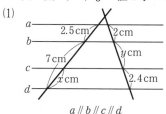
$a /\!/ b /\!/ c /\!/ d$

(2)
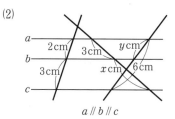
$a /\!/ b /\!/ c$

18. 右の図は、与えられた線分 AB を5等分する方法を示したものである。この方法を説明せよ。

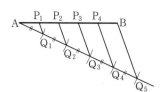

●例題2● 右の図のような AD // BC の台形 ABCD で、辺 AB、CD 上にそれぞれ点 P、Q を、PQ // AD となるようにとる。

AP : PB = 2 : 3、AD = 6cm、BC = 10cm のとき、線分 PQ の長さを求めよ。

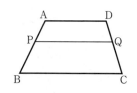

（**解説**）AD∥PQ∥BC より，DQ：QC＝AP：PB＝2：3 である。

対角線 AC をひき，台形を 2 つの三角形に分けて考える。または，頂点 D を通る辺 AB の平行線をひき，台形を平行四辺形と三角形に分けて考える。

（**解答**）対角線 AC と線分 PQ との交点を R とする。

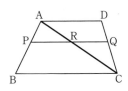

△ABC で，PR∥BC より

$$PR：BC＝AP：AB＝2：5$$

よって $PR＝\dfrac{2}{5}BC＝4$ ………①

△CDA で，RQ∥AD より

$$RQ：AD＝CQ：CD＝3：5$$

よって $RQ＝\dfrac{3}{5}AD＝\dfrac{18}{5}$ ………②

①，②より $PQ＝PR＋RQ＝\dfrac{38}{5}$

（答）$\dfrac{38}{5}$cm

（**別解**）頂点 D を通り辺 AB に平行な直線と，線分 PQ，辺 BC との交点をそれぞれ S，E とする。

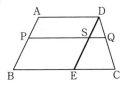

四角形 ABED，APSD はそれぞれ平行四辺形になるから

$$BE＝PS＝AD＝6$$ ………①

△DEC で，SQ∥EC より

$$SQ：EC＝DQ：DC＝2：5$$

よって $SQ＝\dfrac{2}{5}EC＝\dfrac{2}{5}(BC－BE)＝\dfrac{8}{5}$ ……②

①，②より $PQ＝PS＋SQ＝\dfrac{38}{5}$

（答）$\dfrac{38}{5}$cm

演習問題

19. 次の図で，AD∥EF∥BC のとき，x，y の値を求めよ。

(1)

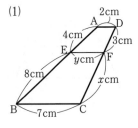

(2)

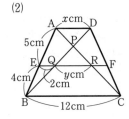

(3)

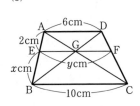

20. AD∥BC，AD<BC の台形 ABCD で，AD=a，BC=b とするとき，次の問いに答えよ。

(1) 右の図のように，対角線 AC，BD の交点 O を通り底辺 BC に平行な直線と，辺 AB，CD との交点をそれぞれ E，F とするとき，OE=OF であることを証明せよ。また，OE=x とするとき，$\dfrac{1}{x}=\dfrac{1}{a}+\dfrac{1}{b}$ であることを示せ。

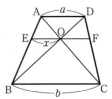

(2) 右の図で，EF∥BC，AE：EB=m：n のとき，線分 EF の長さをa，b，m，n を使って表せ。

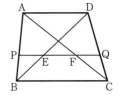

21. 右の図の台形 ABCD で，AD∥BC，AD=10cm，BC=14cm とする。辺 AB，CD 上にそれぞれ点 P，Q を，PQ∥AD となるようにとる。線分 PQ と対角線 BD，AC との交点をそれぞれ E，F とする。
PQ=12.5cm のとき，次の問いに答えよ。

(1) AP：PB を求めよ。

(2) 線分 EF の長さを求めよ。

22. 右の図の線分 AB について，次の点を作図する方法を説明せよ。

(1) 線分 AB を 3：2 に内分する点 P

(2) 線分 AB を 3：1 に外分する点 Q

A———————B

||||||**進んだ問題**||||||

23. 右の図のように，AD=3cm，BC=6cm，AD∥BC の台形 ABCD がある。辺 AB 上の点 P を通り辺 AD に平行な直線と，辺 DC との交点を Q とする。
次の場合について，線分 PQ の長さを求めよ。

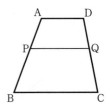

(1) 線分 PQ が対角線 AC，BD の交点を通る。

(2) 台形 APQD と台形 PBCQ が相似になる。

3…中点連結定理

1 **中点連結定理**

　三角形の2辺の中点を結ぶ線分は，残りの辺に平行で，長さはその半分である。

　右の図で，P，Qがそれぞれ2辺 AB，AC の中点ならば，PQ∥BC，$PQ=\dfrac{1}{2}BC$

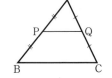

2 **中点連結定理の逆**

　三角形の1辺の中点を通り，他の1辺に平行な直線は，残りの辺の中点を通る。

　右の図で，Pが辺 AB の中点で，PQ∥BC ならば，Q は辺 AC の中点である。

3 　台形の平行ではない2辺の中点を結ぶ線分は，底に平行で，長さは2つの底の長さの和の半分である。

　右の図で，AD∥BC であり，P，Qがそれぞれ2辺 AB，CD の中点ならば，

$$AD \parallel PQ \parallel BC, \quad PQ=\dfrac{1}{2}(AD+BC)$$

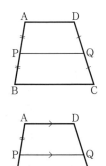

4 　台形の平行ではない1辺の中点を通り，底に平行な直線は，残りの辺の中点を通る。

　右の図で，AD∥BC であり，Pが辺 AB の中点で，PQ∥AD ならば，Q は辺 CD の中点である。

● **基本問題** ●

24. 次の図で，x の値を求めよ。

(1)

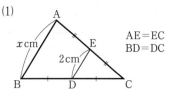

AE＝EC
BD＝DC

(2)

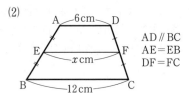

AD∥BC
AE＝EB
DF＝FC

25. 右の図の四角形 ABCD で，4 辺 AB，BC，CD，DA の中点をそれぞれ P，Q，R，S とする。

　AC⊥BD，AC＝6cm，BD＝10cm のとき，四角形 PQRS の面積を求めよ。

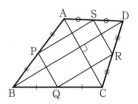

26. 右の図の □ABCD で，∠A の二等分線と辺 BC との交点を E，線分 AE，辺 CD の中点をそれぞれ F，G とする。

　AB＝6cm，AD＝9cm のとき，線分 FG の長さを求めよ。

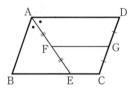

27. △ABC の辺 AB の中点を D とする。辺 AC 上に点 E があり，DE＝$\frac{1}{2}$BC ならば，E は AC の中点である。このことはつねに成り立つか。

●**例題3**● 右の図の △ABC で，D，E は辺 AB の 3 等分点，F は辺 BC の中点である。線分 AF と CD との交点を G とする。

　DG＝3cm のとき，線分 GC の長さを求めよ。

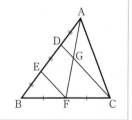

解説 △BCD で，中点連結定理より，EF∥DC がいえるから，△AEF で，中点連結定理の逆が利用できる。

解答 △BCD で，BE＝ED，BF＝FC であるから，中点連結定理より

$$EF\parallel DC \quad\cdots\cdots① \qquad EF＝\frac{1}{2}DC \quad\cdots\cdots②$$

△AEF で，AD＝DE，①より DG∥EF であるから，中点連結定理の逆より，

$$AG＝GF \qquad よって \quad DG＝\frac{1}{2}EF$$

DG＝3 より　EF＝6 ………③

②，③より　DC＝12

ゆえに　　　GC＝DC－DG＝12－3＝9　　　　　　　（答）9cm

参考 △DBC と直線 AGF において，メネラウスの定理を使って，DG：GC を求めてもよい。

演習問題

28. 次の図で，x の値を求めよ。

(1)

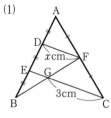

AD＝DE＝EB
AF＝FC

(2)

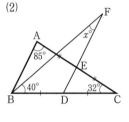

AE＝EC
BD＝DC

(3)

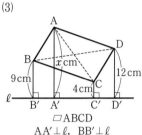

▱ABCD
AA′⊥ℓ，BB′⊥ℓ
CC′⊥ℓ，DD′⊥ℓ

29. 右の図の四角形 ABCD で，AC＝BD とし，対角線 AC と BD との交点を P とする。また，辺 AB，AD，DC の中点をそれぞれ L，M，N とし，線分 LN と対角線 BD との交点を Q とする。

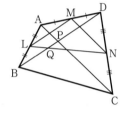

(1) BD＝3cm のとき，線分 LM の長さを求めよ。

(2) ∠BQL＝36° のとき，∠APD の大きさを求めよ。

30. 右の図のように，△ABC の辺 AB の中点を D，線分 CD の中点を E とし，線分 AE の延長と辺 BC との交点を F とする。

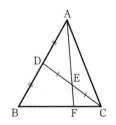

(1) BF：FC を求めよ。

(2) AE：EF を求めよ。

●**例題4**● 四角形 ABCD の 2 辺 AB，CD の中点をそれぞれ E，G とし，対角線 AC，BD の中点をそれぞれ F，H とするとき，四角形 EFGH は平行四辺形であることを証明せよ。

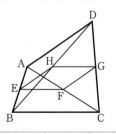

(解説) 平行四辺形であることを証明するには，次のいずれかを示せばよい。

(i) 2組の対辺がそれぞれ平行である。

(ii) 2組の対辺の長さがそれぞれ等しい。

(iii) 2組の対角の大きさがそれぞれ等しい。

(iv) 対角線がそれぞれの中点で交わる。

(v) 1組の対辺が平行で，かつその長さが等しい。

(証明) △ABC で，E，F はそれぞれ辺 AB，対角線 AC の中点であるから，中点連結定理より

$$EF /\!/ BC, \quad EF = \frac{1}{2}BC \quad \cdots\cdots\cdots①$$

同様に，△DBC で

$$HG /\!/ BC, \quad HG = \frac{1}{2}BC \quad \cdots\cdots\cdots②$$

①，②より　EF /\!/ HG，EF＝HG

ゆえに，1組の対辺が平行で，かつその長さが等しいから，四角形 EFGH は平行四辺形である。

(参考) △BDA で EH /\!/ AD，△CDA で FG /\!/ AD より，EH /\!/ FG

これと，上の証明の EF /\!/ HG より，2組の対辺がそれぞれ平行であることを示してもよい。

または，△ABC で $EF = \frac{1}{2}BC$，△DBC で $HG = \frac{1}{2}BC$，△BDA で $EH = \frac{1}{2}AD$，

△CDA で $FG = \frac{1}{2}AD$ より，2組の対辺の長さがそれぞれ等しいことを示してもよい。

演習問題

31. 次のことを証明せよ。

(1) ひし形の各辺の中点を順に結んでできる四角形は長方形であり，その長方形の4辺の長さの和は，もとのひし形の対角線の長さの和に等しい。

(2) 等脚台形の各辺の中点を順に結んでできる四角形はひし形である。

32. 右の図の □ABCD で，AD＝2AB である。直線 CD 上に2点 E，F を，EC＝DF＝CD となるようにとる。

　このとき，AE⊥BF であることを証明せよ。

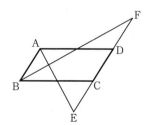

33. 次の問いに答えよ。

(1) AD∥BC の台形 ABCD で，辺 AB，対角線 AC，辺 CD の中点をそれぞれ P，Q，R とするとき，3 点 P，Q，R は一直線上にあることを証明せよ。

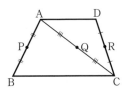

(2) 右の図のように，AD∥BC，AD<BC の台形 ABCD で，対角線 BD，AC の中点をそれぞれ M，N とするとき，MN∥BC であることを証明せよ。

このとき，$MN=\dfrac{1}{2}(BC-AD)$ であることを示せ。

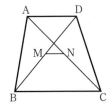

34. 右の図のように，四角形 ABCD の辺 AB，CD の中点をそれぞれ E，F とする。$EF=\dfrac{1}{2}(AD+BC)$ が成り立つとき，AD∥BC であることを証明せよ。

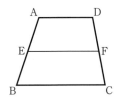

||||||進んだ問題||||||

35. 右の図のように，△ABC の ∠B，∠C の二等分線に頂点 A から垂線をひき，その交点をそれぞれ P，Q とする。

BC=a，CA=b，AB=c とするとき，線分 PQ の長さを a，b，c を使って表せ。

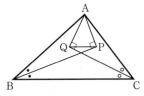

36. 右の図のように，半径 8cm の円 A と半径 2cm の円 B がある。点 P は円 A の周上に，点 Q は円 B の周上にあり，それぞれ自由に周全体を動きまわる。

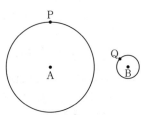

(1) 線分 PB の中点を M とする。点 P が円 A の周上を 1 周する間に，点 M が動いてできる線の長さを求めよ。

(2) 線分 PQ の中点を N とする。点 N が通過してできる図形の面積を求めよ。

4…面積の比・体積の比

1 三角形の面積の比

(1) 底辺の長さが等しい2つの
三角形の面積の比は，それら
の高さの比に等しい。

右の図で，BC＝EF のとき，

$\triangle ABC : \triangle DEF = h : h'$

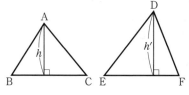

(2) 高さが等しい2つの三角形の面積の比は，それらの底辺の長さの比
に等しい。

右の図で，頂点 A を共有し，3点 B，P，C
が一直線上にあるとき，

$\triangle ABP : \triangle APC = BP : PC$

$\triangle ABC : \triangle ABP = BC : BP$

$\triangle ABC : \triangle APC = BC : PC$

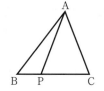

(3) 下の図で，底辺 BC を共有する △ABC と △A'BC で，頂点 A，A'
を結ぶ直線と辺 BC，またはその延長との交点を P とするとき，

$\triangle ABC : \triangle A'BC = AP : A'P$

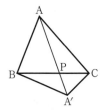 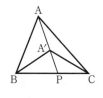 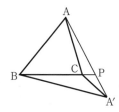

2 相似な図形の面積の比・体積の比

(1) 2つの相似な平面図形では，

① 周の長さの比は，相似比に等しい。

② 面積の比は，相似比の2乗に等しい。

(2) 2つの相似な立体図形では，

① 対応する曲線，線分などの長さの比は，相似比に等しい。

② 対応する面の面積の比は，相似比の2乗に等しい。

③ 体積の比は，相似比の3乗に等しい。

◯基本問題◯

37. 右の図で, AD：DC＝1：2, BE：ED＝3：2
のとき, 次の面積の比を求めよ。

(1) △ABE：△AED

(2) △AED：△AEC

(3) △ABE：△ABC

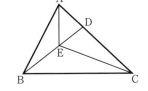

38. 次の問いに答えよ。

(1) 半径の比が 2：3 である 2 つの円の周の比, および面積の比を求めよ。

(2) △ABC∽△DEF で, AB：DE＝5：2, △DEF＝24cm² のとき, △ABC
の面積を求めよ。

39. 次の問いに答えよ。

(1) 球の半径を 2 倍にすると, 表面積, 体積はそれぞれ何倍になるか。

(2) A, B 2 つの相似な直方体があって, その 1 組の対応する辺の長さはそれ
ぞれ 6cm, 8cm である。B の体積が 1600 cm³ のとき, A の体積を求めよ。

●**例題5**● 右の図のような △ABC と
△PQR で, ∠A＝∠P ならば,

△ABC：△PQR＝ab：pq

であることを証明せよ。

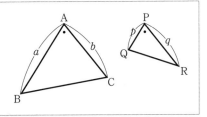

(解説) ∠A＝∠P より, △PQR と合同な三角形を △ABC に重ねて考える。

(証明) 辺 AB, AC 上にそれぞれ点 S, T を, AS＝PQ, AT＝PR となるようにとると,

∠SAT＝∠QPR（仮定）より

△AST≡△PQR（2辺夾角）

頂点 C からの高さが等しいから

△ABC：△ASC＝AB：AS＝a：p

同様に △ASC：△AST＝AC：AT＝b：q

ゆえに △ABC：△ASC＝ab：bp

△ASC：△AST＝bp：pq

よって △ABC：△AST＝ab：pq

ゆえに △ABC：△PQR＝ab：pq

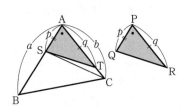

(注) △PQR と合同な三角形を △ABC に重
ねたとき，(i)のようになる場合でも
△ABC：△PQR＝ab：pq である。
また，(ii)のように，∠A＋∠P＝180°
の場合でも △ABC：△PQR＝ab：pq
である。

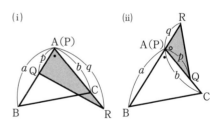

演習問題

40. 次の図で，△ABC と △ADE の面積の比を求めよ。

(1)

AD＝DB
AE：EC＝3：1

(2)

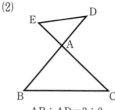

AB：AD＝3：2
AC：AE＝2：1

(3)

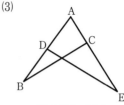

AD：DB＝3：2
AC：CE＝1：2

41. 右の図で，AP：PB＝1：1，BQ：QC＝1：3，
CR：RA＝2：3 とする。
次の面積の比を求めよ。

(1) △APR：△ABC

(2) △PQR：△ABC

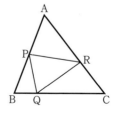

42. 右の図の △ABC で，D，E は辺 BC の 3 等分点，
F は辺 AB 上，G は辺 AC 上の点で，線分 FE，GD
はそれぞれ △ABC の面積を 2 等分する。線分 FE
と GD との交点を H とするとき，次の問いに答え
よ。

(1) AF：FB を求めよ。

(2) △HDE：△ABC を求めよ。

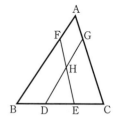

●**例題6**● 右の図で，
　　　△ABC：△A'BC＝AP：A'P
であることを証明せよ。

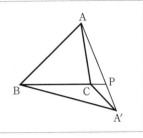

(**解説**) 頂点 A，A' から辺 BC，およびその延長にそれぞれ垂線 AD，A'E をひくと，
△ADP∽△A'EP である。

(**証明**) 頂点 A，A' から辺 BC，およびその延長にそれぞ

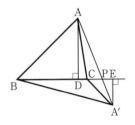

　　れ垂線 AD，A'E をひく。
　　　　△ADP と △A'EP において
　　　　　　　∠ADP＝∠A'EP（＝90°）
　　　　　　　∠APD＝∠A'PE（対頂角）
　　　　ゆえに　△ADP∽△A'EP（2角）
　　　　よって　AD：A'E＝AP：A'P

　　ゆえに　△ABC：△A'BC＝$\frac{1}{2}$BC・AD：$\frac{1}{2}$BC・A'E
　　　　　　　　　　　　＝AD：A'E＝AP：A'P

演習問題

43. 右の図のように，四角形 ABCD の対角線 AC と
　　BD との交点を E とし，線分 ED 上に点 F をとる。
　　　AE：EC＝4：5，BE：EF：FD＝5：3：4 のと
　　き，次の面積の比を求めよ。

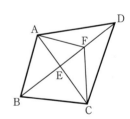

　(1)　△AFD：△CFD
　(2)　△DAC：△FAC：△BCA
　(3)　△AFD：△BCF

44. △ABC の内部に点 O をとり，線分 AO の延長と
　　辺 BC，線分 BO の延長と辺 CA，線分 CO の延長と
　　辺 AB との交点をそれぞれ P，Q，R とする。
　　　△OAB，△OBC，△OCA の面積の比を利用して

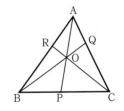

　　$\dfrac{BP}{PC}\cdot\dfrac{CQ}{QA}\cdot\dfrac{AR}{RB}=1$（チェバの定理）を証明せよ。

●**例題7**● 右の図のように，円すいの高さ AH を 2：1 に内分する点を通り，底面に平行な平面でこの円すいを切って，上下 2 つに分ける。下の部分の立体の側面積と体積をそれぞれ $75\pi\,cm^2$，$228\pi\,cm^3$ とする。

(1) 上の部分の立体の側面積を求めよ。

(2) 上の部分の立体の体積を求めよ。

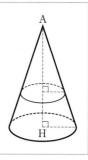

解説 上の部分の立体は円すいで，もとの円すいと相似になり，相似比は 2：3 である。

解答 底面に平行な平面で円すいを切るから，上の部分の立体は円すいになる。

上の部分の円すいと，もとの円すいは相似で，相似比は 2：3 である。

(1) 上の部分の円すいと，もとの円すいの側面積の比は $2^2：3^2=4：9$ であるから，上の部分の円すいと，下の部分の立体の側面積の比は

$$4：(9-4)=4：5$$

ゆえに，求める側面積は $75\pi\times\dfrac{4}{5}=60\pi$ （答） $60\pi\,cm^2$

(2) 上の部分の円すいと，もとの円すいの体積の比は $2^3：3^3=8：27$ であるから，上の部分の円すいと，下の部分の立体の体積の比は

$$8：(27-8)=8：19$$

ゆえに，求める体積は $228\pi\times\dfrac{8}{19}=96\pi$ （答） $96\pi\,cm^3$

演習問題

45. 2 つの相似な円すい A，B の底面積はそれぞれ $50\pi\,cm^2$，$128\pi\,cm^2$ である。

(1) 円すい A の高さが $h\,cm$ のとき，円すい B の高さを h を使って表せ。

(2) 円すい B の体積が $V\,cm^3$ のとき，円すい A の体積を V を使って表せ。

46. 右の図のように，三角すい O–ABC の辺 OA，OB 上にそれぞれ点 D，E を，OD：DA＝OE：EB＝3：2 となるようにとる。また，△ABC に平行で線分 DE をふくむ平面と，辺 OC との交点を F とする。

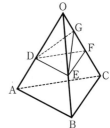

(1) 三角すい O–DEF と立体 DEF–ABC の側面積の比，および体積の比を求めよ。

(2) 辺 OC を 2：5 に内分する点を G とするとき，三角すい O–DEG と三角すい O–ABC の体積の比を求めよ。

●**例題8**● 右の図のように，▱ABCD の辺 AD, DC の中点をそれぞれ M，N とし，線分 AN と BM との交点を P とする。

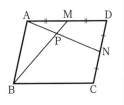

(1) AP：PN を求めよ。

(2) ▱ABCD の面積を 40cm² とするとき，△APM の面積を求めよ。

(**解説**) (1) 線分 AN の延長と辺 BC の延長との交点を Q として考える。

(2) △APM と △AND の面積の比を考える。

(**解答**) (1) 線分 AN の延長と辺 BC の延長との交点を Q とする。

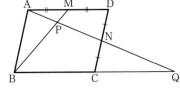

△AND と △QNC において

ND＝NC（仮定）

∠AND＝∠QNC（対頂角）

AD∥CQ より

∠ADN＝∠QCN（錯角）

よって △AND≡△QNC（2 角夾辺）

ゆえに AD＝QC ……① AN＝QN ……②

AM∥BQ と①より AP：QP＝AM：QB＝$\frac{1}{2}$AD：2AD＝1：4 ………③

②，③より AP：PN＝AP：(AN－AP)＝$\frac{1}{5}$AQ：$\left(\frac{1}{2}-\frac{1}{5}\right)$AQ＝2：3

(答) 2：3

(2) N は辺 CD の中点であるから

$$\triangle AND＝\frac{1}{4}▱ABCD＝\frac{1}{4}\times 40＝10$$

△APM と △AND において，∠A は共通であるから，

AM：AD＝1：2, AP：AN＝2：5 より

△APM：△AND＝AP・AM：AN・AD＝2：10＝1：5

ゆえに △APM＝$\frac{1}{5}$△AND＝$\frac{1}{5}\times 10＝2$

(答) 2cm²

(**参考**) (1) 線分 BM の延長と辺 CD の延長との交点を R として，△ABM≡△DRM を示し，AP：PN＝AB：NR から求めてもよい。

または，点 N を通り辺 AD に平行な直線と辺 AB，線分 BM との交点をそれぞれ S，T とすると，ST＝$\frac{1}{2}$AM より，ST：TN＝1：3

よって，AP：NP＝AM：NT から求めてもよい。

演習問題

47. 右の図の □ABCD で，辺 BC を 1：2 に内分する
点を E，辺 CD を 1：2 に内分する点を F とする。
線分 AF と DE との交点を G とする。

(1) DG：GE を求めよ。

(2) △AGD と □ABCD の面積の比を求めよ。

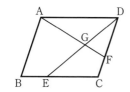

48. 右の図の □ABCD で，辺 BC を 3：2 に内分
する点を E，辺 CD を 1：3 に内分する点を F
とする。対角線 BD と線分 AE，AF との交点を
それぞれ P，Q とする。

(1) BP：PQ：QD を求めよ。

(2) 五角形 PECFQ と □ABCD の面積の比を求めよ。

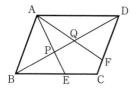

49. 右の図のように，AD∥BC の台形 ABCD の対
角線 BD と AC との交点を E とし，BD，AC の中
点をそれぞれ F，G とする。台形 ABCD の面積を
120cm²，△AFC の面積を 24cm² とする。

(1) △ACD の面積を求めよ。

(2) AD：BC を求めよ。

(3) 線分 FC と BG との交点を H とするとき，四角形 EFHG の面積を求めよ。

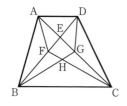

|||||**進んだ問題**|||||

50. 図1の △ABC で，
AD：DB＝BE：EC＝CF：FA＝1：2 である。
線分 AE と BF との交点を G，線分 BF と CD と
の交点を H，線分 CD と AE との交点を I とする。

(1) DI：IC を求めよ。

(2) △GHI と △ABC の面積の比を求めよ。

(3) 図2のように，辺 AB と平行な直線 ℓ をひ
き，△GHI の辺 GH，HI との交点をそれぞれ
J，K とすると，四角形 GJKI と △HKJ の面積
の比は 2：1 となった。このとき，IH：KH
を求めよ。

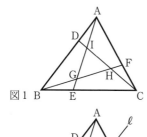

図1

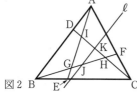

図2

5 … 三角形の角の二等分線

❖ 三角形の内角の二等分線 ❖

△ABC で，∠A の二等分線と辺 BC との交点を D とすると，
$$BD : DC = AB : AC$$

◆◆ 証明1 ◆◆ 頂点 C を通り線分 AD に平行な直線と，辺 BA の延長との交点を E とする。

AD∥EC より　BD：DC＝BA：AE　………①
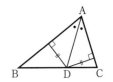

∠AEC＝∠BAD（同位角）

∠ACE＝∠CAD（錯角）

AD は ∠A の二等分線より　∠BAD＝∠CAD

よって　　　　　∠AEC＝∠ACE

ゆえに，△ACE で　AC＝AE　………②

①，②より　　BD：DC＝AB：AC

◆◆ 証明2 ◆◆ △ABD と △ACD において，BD，DC をそれぞれ底辺とみると，高さが共

通であるから　△ABD：△ACD＝BD：DC　………①

また，∠BAD＝∠CAD より，点 D は直線 AB，AC

から等距離にある。

よって　　　　　△ABD：△ACD＝AB：AC　………②

①，②より　　BD：DC＝AB：AC

❖ 三角形の外角の二等分線 ❖

AB≠AC の △ABC で，∠A の外角の二等分線と辺 BC の延長との交点
を D とすると，BD：DC＝AB：AC

◆◆ 証明 ◆◆ 頂点 C を通り線分 AD に平行な直線と辺 AB との交点を E とし，BA の延長上

に点 F をとる。

AD∥EC より　BD：DC＝BA：AE　……①
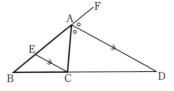

∠AEC＝∠FAD（同位角）

∠ACE＝∠CAD（錯角）

AD は ∠A の外角の二等分線より

∠FAD＝∠CAD

よって　　　　　∠AEC＝∠ACE

ゆえに，△AEC で　AE＝AC　………②

①，②より　　BD：DC＝AB：AC

● 基本問題 ●

51. 次の図で，x の値を求めよ。

(1)

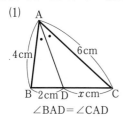

∠BAD＝∠CAD

(2)

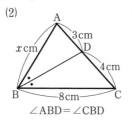

∠ABD＝∠CBD

(3)

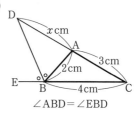

∠ABD＝∠EBD

52. 右の図のように，BC＝14cm，AC＝12cm の
△ABC で，∠A の二等分線と辺 BC との交点を D，
∠B の二等分線と線分 AD との交点を E とする。
BD：DC＝3：4 のとき，次の問いに答えよ。

(1) 辺 AB の長さを求めよ。

(2) AE：ED を求めよ。

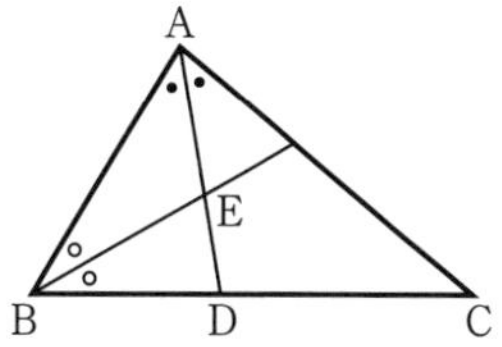

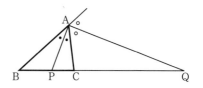

53. △ABC で，AB＝6cm，BC＝5cm，
CA＝4cm のとき，∠A および ∠A の
外角の二等分線と，辺 BC およびその延
長との交点をそれぞれ P，Q とする。
このとき，線分 PQ の長さを求めよ。

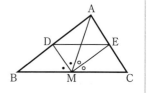

●例題9● 右の図の △ABC で，辺 BC の中点
を M とする。∠AMB，∠AMC の二等分線と
辺 AB，AC との交点をそれぞれ D，E とする
とき，DE∥BC であることを証明せよ。

（解説）MD は ∠AMB の二等分線であるから，AD：DB＝MA：MB である。
　また，ME は ∠AMC の二等分線であるから，AE：EC＝MA：MC である。

（証明）△MAB で，MD は ∠AMB の二等分線であるから　AD：DB＝MA：MB
　　　△MAC で，ME は ∠AMC の二等分線であるから　AE：EC＝MA：MC
　　　M は辺 BC の中点であるから　MB＝MC
　　　よって　AD：DB＝AE：EC
　　　ゆえに　DE∥BC

演習問題

54. △ABC の ∠B, ∠C の二等分線と辺 AC, AB との
交点をそれぞれ D, E とする。
　　次のことが成り立つとき, △ABC は二等辺三角形で
あることをそれぞれ証明せよ。
(1)　ED∥BC
(2)　EB＝DC

55. 右の図のように, △ABC の辺 AC 上に点 D を,
∠CBD＝∠BAC となるようにとる。∠ABD の二等分線
と辺 AC との交点を E とする。
　　BC＝9cm, AC＝15cm のとき, 線分 DE の長さを求め
よ。

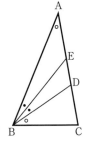

56. 次の図のように, AB＝5cm, BC＝7cm, CA＝3cm の △ABC で, ∠A
の外角の二等分線と辺 BC の延長との交点を D, ∠C の外角の二等分線と辺
BA の延長との交点を E とする。
　　このとき, △ABD と △BCE の面積の比を求めよ。

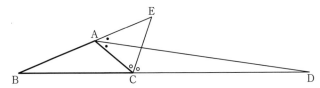

‖‖‖‖進んだ問題‖‖‖‖

57. 右の図は, AB＝10cm, AC＝8cm の △ABC
である。∠A の二等分線と辺 BC との交点を D と
し, 線分 AD を 3：2 に内分する点を E とする。
また, 線分 BE の延長と辺 AC との交点を F とし,
線分 AD 上に点 G を, GF∥BC となるようにとる。
　　このとき, AG：GE：ED を求めよ。

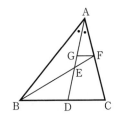

6 … 三角形の五心

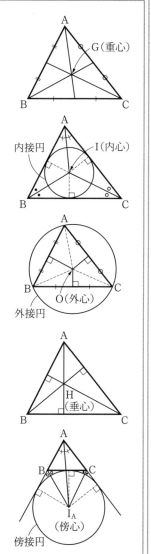

1. **重心**

三角形の頂点とその対辺の中点を結ぶ3つの線分（中線）は1点で交わる。この点を三角形の**重心**という。重心はそれぞれの中線を2：1に内分する。

2. **内心**

三角形の3つの内角の二等分線は1点で交わる。この点を三角形の**内心**という。内心は三角形の3辺から等距離にあり，内心を中心として，三角形の3辺に接する円がかける。この円を三角形の**内接円**という。

3. **外心**

三角形の3つの辺の垂直二等分線は1点で交わる。この点を三角形の**外心**という。外心は三角形の3頂点から等距離にあり，外心を中心として，三角形の3頂点を通る円がかける。この円を三角形の**外接円**という。

4. **垂心**

三角形の3つの頂点からそれぞれの対辺にひいた垂線は1点で交わる。この点を三角形の**垂心**という。

5. **傍心**

三角形の1つの内角と他の2つの外角の二等分線は1点で交わる。この点を三角形の**傍心**という（傍心は3つある）。傍心は三角形の3辺またはその延長から等距離にあり，傍心を中心として，1辺と他の2辺の延長に接する円がかける。この円を三角形の**傍接円**という。

❖ 重心 ❖

> 三角形の頂点とその対辺の中点を結ぶ3つの線分（中線）は1点で交わり，その点はそれぞれの中線を 2：1 に内分する。

◆◆証明◆◆ △ABC の辺 AB，AC の中点をそれぞれ D，E とし，中線 BE と CD との交点を G とする。

線分 AG の延長と辺 BC との交点を F とする。

また，線分 AG の延長上に点 H をとり，GH＝AG とする。

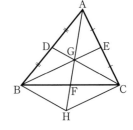

△AHC で，AG＝GH，AE＝EC であるから，中点連結定理より

$$GE \parallel HC \quad \cdots\cdots① \qquad GE = \frac{1}{2}HC \quad \cdots\cdots②$$

△ABH で，AD＝DB，AG＝GH であるから，中点連結定理より

$$DG \parallel BH \quad \cdots\cdots③ \qquad DG = \frac{1}{2}BH \quad \cdots\cdots④$$

①，③より BG∥HC，GC∥BH

よって，2組の対辺がそれぞれ平行であるから，四角形 BHCG は平行四辺形である。

したがって，対角線 BC と GH との交点 F は辺 BC の中点である。

ゆえに，△ABC の3つの中線は1点 G で交わる。

また，GF＝FH より

$$2GF = GH = AG$$

②より 2GE＝HC＝BG

④より 2DG＝BH＝GC

よって AG：GF＝BG：GE＝CG：GD＝2：1

ゆえに，点 G はそれぞれの中線を 2：1 に内分する。

🔵基本問題🔵

58. 右の図で，G は △ABC の重心である。次の面積の比を求めよ。

 (1) △ABG：△ACG

 (2) △AFG：△ABC

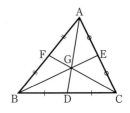

❖ 内心 ❖

> 三角形の3つの内角の二等分線は1点で交わり，その点を中心として三角形の3辺に接する円がかける。

◆◆証明◆◆ △ABC の ∠A，∠B の二等分線の交点を I とし，I から辺 BC，CA，AB にそれぞれ垂線 ID，IE，IF をひく。

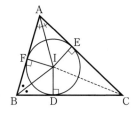

点 I は ∠A の二等分線上にあるから，2辺 AC，AB から等距離にある。

すなわち　IE＝IF

また，点 I は ∠B の二等分線上にもあるから

IF＝ID

よって　　ID＝IE

ゆえに，点 I は ∠C の二等分線上にもあることになるから，△ABC の3つの内角の二等分線は1点 I で交わる。

また，ID＝IE＝IF，ID⊥BC，IE⊥CA，IF⊥AB であるから，I を中心として ID を半径とする △ABC の3辺 BC，CA，AB に接する円がかける。

❖ 外心 ❖

> 三角形の3つの辺の垂直二等分線は1点で交わり，その点を中心として三角形の3頂点を通る円がかける。

◆◆証明◆◆ △ABC の辺 AB，BC の垂直二等分線の交点を O とする。

点 O は辺 AB の垂直二等分線上にあるから

OA＝OB

また，点 O は辺 BC の垂直二等分線上にもあるから

OB＝OC

よって　OC＝OA

ゆえに，点 O は辺 CA の垂直二等分線上にもあることになるから，△ABC の3つの辺の垂直二等分線は1点 O で交わる。

また，OA＝OB＝OC であるから，O を中心として OA を半径とする △ABC の3頂点 A，B，C を通る円がかける。

❖ 垂心 ❖

三角形の3つの頂点からそれぞれの対辺にひいた垂線は1点で交わる。

◆◆証明◆◆ △ABC の頂点 A，B，C から対辺にそれぞれ垂線 AD，BE，CF をひく。

また，右の図のように，頂点を通りそれぞれの対辺に平行な直線をひき，それらの交点を P，Q，R とする。

BC∥AQ，AB∥QC より，2組の対辺がそれぞれ平行であるから，四角形 ABCQ は平行四辺形である。

よって BC＝AQ ………①

同様に，四角形 RBCA も平行四辺形である。

ゆえに BC＝RA ………②

①，②より AQ＝AR ………③

また，AD⊥BC，BC∥RQ より

    AD⊥QR ………④

③，④より，AD は線分 QR の垂直二等分線である。

同様に，BE，CF も，それぞれ線分 RP，PQ の垂直二等分線である。

よって，垂線 AD，BE，CF は △PQR の外心で交わる。

すなわち，頂点 A，B，C からそれぞれの対辺にひいた垂線は1点で交わる。

〔 基本問題 〕

59. 次の図で，x の値を求めよ。

(1)

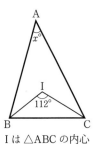

I は △ABC の内心

(2)

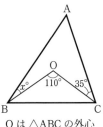

O は △ABC の外心

(3)

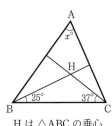

H は △ABC の垂心

60. 次の問いに答えよ。

(1) 図1で，I を △ABC の内心とするとき，合同な三角形の組を3つあげよ。

(2) 図2で，O を △ABC の外心とするとき，合同な三角形の組を3つあげよ。

(3) 図3で，H を △ABC の垂心とするとき，△AFH と相似な三角形を3つ
あげよ。

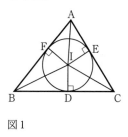
図1

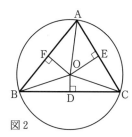
図2

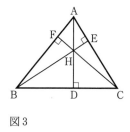
図3

●**例題10**● △ABC で，重心と外心が一致するならば，△ABC は正三角
形であることを証明せよ。

(**解説**) 重心は3つの中線の交点，外心は3つの辺の垂直二等分線の交点である。その性質
を利用して導く。

(**証明**) △ABC の重心であり，外心でもある点を P とし，
線分 AP の延長と辺 BC との交点を M とする。
P は △ABC の重心であるから，AM は中線である。
また，P は △ABC の外心でもあるから，PM は辺
BC の垂直二等分線である。
ゆえに，AM は辺 BC の垂直二等分線である。
よって　AB＝AC
同様に　BA＝BC
ゆえに，△ABC は正三角形である。

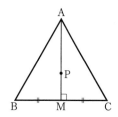

演習問題

61. △ABC で，重心と内心が一致するならば，△ABC は正三角形であること
を証明せよ。

62. 右の図の △ABC で，∠A の二等分線と∠B，∠C の外角の二等分線は1点（傍心）で交わることを証明せよ。

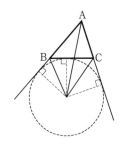

63. 次の <u>　　</u> に重心，内心，外心，垂心，傍心のいずれかを入れよ。

(1) 正三角形では，<u>(ア)</u>，<u>(イ)</u>，<u>(ウ)</u>，<u>(エ)</u> は一致する。

(2) 直角三角形では，<u>(オ)</u> は斜辺の中点と一致する。

(3) どのような三角形でも，<u>(カ)</u> は三角形の外部にある。また，鈍角三角形では，<u>(キ)</u>，<u>(ク)</u> は三角形の外部にある。

(4) △ABC の3辺 BC，CA，AB の中点をそれぞれ D，E，F とする。
△ABC の外心は △DEF の <u>(ケ)</u>，△ABC の重心は △DEF の <u>(コ)</u> である。

64. 右の図のように，△ABC の内部に点 P をとる。次の場合について，∠BPC の大きさを $a°$ を使って表せ。

(1) P は △ABC の内心である。

(2) P は △ABC の外心である。

(3) P は △ABC の垂心である。

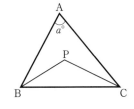

65. 右の図で，P は △ABC の傍心である。∠BPC の大きさを $a°$ を使って表せ。

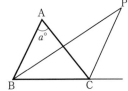

66. 右の図の △ABC で，3辺 BC，CA，AB の中点をそれぞれ D，E，F とする。線分 FE の延長上に点 G を，EG=FE となるようにとる。
このとき，E は △ADG の重心であることを証明せよ。

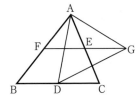

67. 右の図の △ABC で，AB＝30cm，
BC＝40cm，CA＝20cm である。△ABC の
内心を I，線分 AI の延長と辺 BC との交点
を D とするとき，△IBD と △ABC の面積の
比を求めよ。

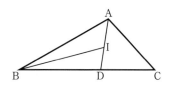

68. △ABC と直線 ℓ があって，頂点 A，B，C，および重心 G から直線 ℓ に垂
線をひき，その長さをそれぞれ a，b，c，g とする。直線 ℓ が次のような場合
にあるとき，与えられた式が成り立つことを証明せよ。

(1) 図1のように，直線 ℓ が点 G を通るとき，

　　$a＝b+c$

である。ただし，頂点 B，C は直線 ℓ につ
いて頂点 A と反対側にあるものとする。

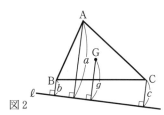

図1

(2) 図2のように，直線 ℓ が △ABC と交わ
らないとき，

　　$a+b+c＝3g$

である。

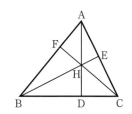

図2

69. 右の図で，△ABC の垂心を H とするとき，

　　$AH \cdot HD＝BH \cdot HE＝CH \cdot HF$

であることを証明せよ。

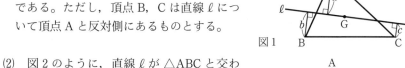

|||||進んだ問題|||||

70. △ABC の外心を O とする。右の図のように，
辺 BC，CA，AB について点 O と対称な点をそれ
ぞれ A′，B′，C′ とするとき，次のことを証明せよ。

(1) △A′B′C′≡△ABC である。

(2) O は △A′B′C′ の垂心である。

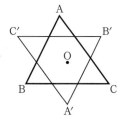

7 … 縮図と測量

1 縮図と測量

下の図の①，②，③のような距離 AB や④，⑤のような高さ AB は，直接はかることはできないが，縮尺 $\dfrac{1}{n}$ の縮図をかいて，線分 A′B′ の長さを求め，n 倍すれば求めることができる。

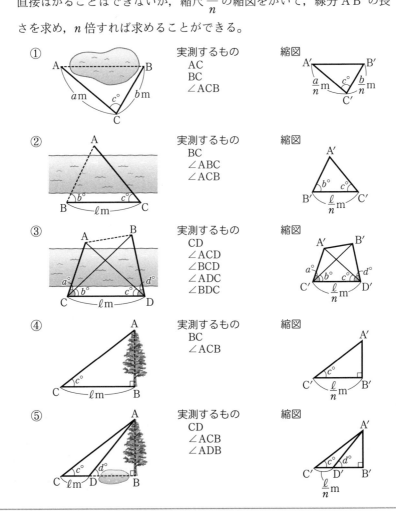

●**例題11**● 池の両側の 2 地点 A, B 間
の距離をはかるために, A, B を見通す
地点 C を選んで平板を置き, △ABC に
相似な △A′B′C をかいた。CA, CB の
距離はそれぞれ 70m, 55m であった。

平板上で CA′=28cm とするとき,
次の問いに答えよ。

(1) CB′ は何 cm にすればよいか。

(2) A′B′ をはかったら 32cm であった。2 地点 A, B 間の距離を求めよ。

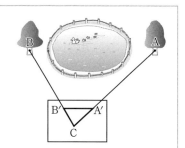

(**解説**) $\dfrac{CA'}{CA}=\dfrac{28}{7000}=\dfrac{1}{250}$ であるから, 縮尺は $\dfrac{1}{250}$ である。

(**解答**) (1) $CB'=CB\times\dfrac{CA'}{CA}=5500\times\dfrac{1}{250}=22$ (cm)

(答) 22cm

(2) $AB=A'B'\times 250=32\times 250=8000$ (cm)

(答) 80m

演習問題

71. 次の問いに答えよ。

(1) 右の図の四角形 ABCD, A′B′C′D′ で,
∠ABC=∠A′B′C′, ∠DBC=∠D′B′C′,
∠ACB=∠A′C′B′, ∠DCB=∠D′C′B′
であるとき,

$$AD : A'D'=BC : B'C'$$

であることを証明せよ。

(2) 海に浮かぶ島の 2 地点 P, Q 間の距離を
はかるために, 右の図のように測量した。
縮図をかいて 2 地点 P, Q 間の距離を求め
よ。

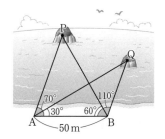

72. 右の図のように，地面に垂直に立っている街
灯と塀があり，街灯の影の一部分が塀にうつって
いる。このとき，長さ 1m の棒を地面に垂直に
立てると，地面にうつった影の長さが 1.2m になっ
た。

BD＝3m，CD＝2m のとき，街灯の高さを求
めよ。

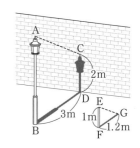

73. 高さ 60m のビルの屋上 A から，テレビ塔
の先端 P と地点 Q までの角度をはかると，右
の図のようになった。

縮図をかいて，テレビ塔の高さを求めよ。

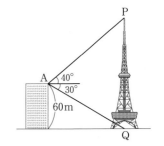

74. 図1のように，地点 A において，透
明の定規を目から 50cm 離して，まっ
すぐに立てて持ち，定規を透かして見る
と，地点 P に立っている鉄塔は 5cm の
高さに見えた。図2は，このときの関係
を表したものである。

さらに，地点 A から鉄塔に向かって
まっすぐに 60m 進んだ地点 B において，
同じように定規を目から 50cm 離して
透かして見ると，鉄塔は 6cm の高さに
見えた。

目と鉄塔がある地点 P は同じ高さに
あるとして，鉄塔の高さを求めよ。

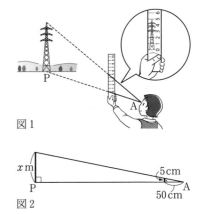

図1

図2

6章の問題

(1) 右の図の △ABC で，辺 BC，AC の中点をそれぞれ P，Q とし，線分 AP と BQ との交点を G とする。また，点 P を通り辺 AC に平行な直線と線分 BQ との交点を D とする。

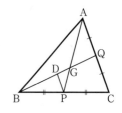

(1) AG : GP を求めよ。

(2) △AGQ の面積は，△DPG の面積の何倍か。

(3) △ABC の面積は，△DPG の面積の何倍か。

(2) 右の図の台形 ABCD で，AD∥BC，AD＝5cm，BC＝8cm である。対角線 AC を 1：2 に内分する点を E とし，E を通り辺 AD に平行な直線と，辺 CD との交点を F，線分 DE の延長と辺 AB との交点を G とする。

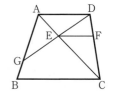

(1) 線分 EF の長さを求めよ。

(2) △ACD の面積は，△DEF の面積の何倍か。

(3) AG : GB を求めよ。

(3) 右の図の正方形 ABCD で，辺 CD の中点を M，線分 BM と対角線 AC との交点を P，線分 DP と AM との交点を Q とする。

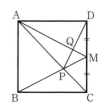

(1) BP : PM を求めよ。

(2) AQ : QM を求めよ。

(3) △QPM の面積は，正方形 ABCD の面積の何倍か。

(4) 右の図の三角すい A-BCD で，△BCD は 1 辺の長さが a の正三角形，また，AB＝AC＝AD＝$2a$ である。辺 AC，AD 上にそれぞれ点 E，F をとり，△BEF の周囲の長さが最も短くなるようにするとき，次の問いに答えよ。

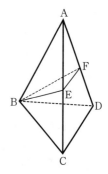

(1) △BEF の周囲の長さを a を使って表せ。

(2) 三角すい A-BEF と三角すい A-BCD の体積の比を求めよ。

[5] 次の図の □ABCD で，影の部分の面積は，□ABCD の面積の何倍か。

(1)

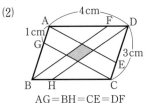

AE：ED＝1：2

(2)

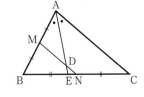

AG＝BH＝CE＝DF

[6] 右の図の △ABC で，AB＝5cm，AC＝7cm である。辺 AB，BC の中点をそれぞれ M，N とし，∠A の二等分線と，線分 MN，辺 BC との交点をそれぞれ D，E とする。次の比を求めよ。

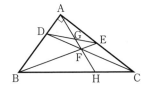

(1) BE：EC

(2) BE：EN

(3) AD：DE

(4) △AMD：△DEN

[7] 右の図の △ABC で，AB＝6cm，AC＝8cm，∠A＝90° である。また，AD：DB＝1：2，AE：EC＝1：1 で，線分 BE と CD との交点を F，線分 AF と DE との交点を G，線分 AF の延長と辺 BC との交点を H とする。

(1) △ADF と △AEF の面積の比を求めよ。

(2) △DEF の面積を求めよ。

(3) △BCF の面積を求めよ。

(4) AG：GF：FH を求めよ。

||||| **進んだ問題** |||||

[8] 右の図のように，正四面体 ABCD の辺 AB，AC の 3 等分点のうち，頂点 A に近いほうの点をそれぞれ P，Q とする。また，辺 BC，BD の 3 等分点のうち，頂点 B に近いほうの点をそれぞれ R，S とする。この正四面体を次のような平面で切るとき，頂点 A をふくむほうの立体の体積を，正四面体 ABCD の体積を V として，V を使って表せ。

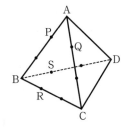

(1) 3点 P，R，S を通る平面

(2) 点 P を通り，辺 AC にも辺 BD にも平行な平面

(3) 3点 P，Q，S を通る平面

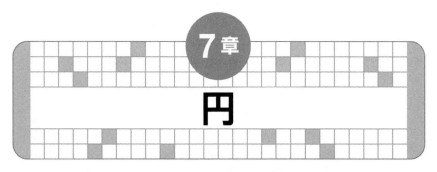

1… 円の基本性質

1 **円の対称性**

(1) 円は中心について点対称である。

(2) 円は直径について線対称である。

2 **弧と中心角**

1つの円，または半径の等しい円で，

(1) 大きさの等しい中心角に対する弧の長さは等しい。

右の図で，∠AOB＝∠COD ならば $\overset{\frown}{AB}=\overset{\frown}{CD}$

(2) 長さの等しい弧に対する中心角の大きさは等しい。

右の図で，$\overset{\frown}{AB}=\overset{\frown}{CD}$ ならば ∠AOB＝∠COD

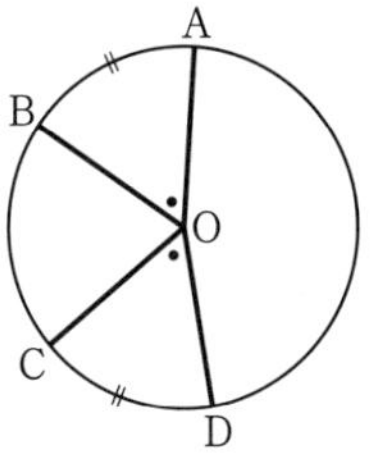

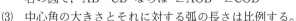

(3) 中心角の大きさとそれに対する弧の長さは比例する。

(4) おうぎ形の弧の長さと面積は，中心角の大きさに比例する。

注 円周上の2点で分けられた弧のうち，小さいほうを劣弧，大きいほうを優弧という。ふつう，弧というときは劣弧をさす。

3 **弧と弦**

1つの円，または半径の等しい円で，

(1) 長さの等しい弧に対する弦の長さは等しい。

右の図で，$\overset{\frown}{AB}=\overset{\frown}{CD}$ ならば AB＝CD

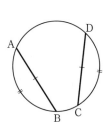

(2) 長さの等しい弦に対する弧の長さは等しい。

右の図で，AB＝CD ならば $\overset{\frown}{AB}=\overset{\frown}{CD}$

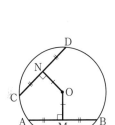

4　**弦と中心**
(1) 円の中心から弦にひいた垂線は，その弦を
2 等分する。
　　　右の図で，OM⊥AB ならば AM=BM
(2) 円の中心と直径ではない弦の中点を結ぶ線
分は，その弦に垂直である。
　　　右の図で，AM=BM ならば OM⊥AB
(3) 弦の垂直二等分線は，円の中心を通る。
(4) 弦に垂直な直径は，その弦，およびその弦に対する弧を 2 等分する。
　　　右上の図で，CD⊥AB ならば AM=BM，$\overset{\frown}{AC}=\overset{\frown}{BC}$，$\overset{\frown}{AD}=\overset{\frown}{BD}$

5　**中心から弦までの距離と弦の長さ**
　　1 つの円，または半径の等しい円で，
(1) 中心からの距離が等しい 2 つの弦の長さは
等しい。
　　　右の図で，OM=ON ならば AB=CD
(2) 長さの等しい 2 つの弦は，中心からの距離
が等しい。
　　　右の図で，AB=CD ならば OM=ON

───────────

◯**基本問題**◯

1. 次の図で，x の値を求めよ。ただし，O は円の中心である。

(1)
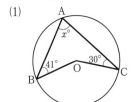

(2)
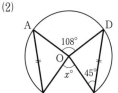
AB=CD

(3)
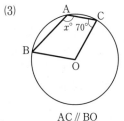
AC∥BO

2. 半径 6cm の円で，30°，105° の中心角に対する弧の長さをそれぞれ求めよ。

3. 右の図は，円の一部分である。この円の中心を作図す
る方法を述べよ。

4. 右の図のように，円 O の中心から弦 AB に垂線 OM をひくとき，M は弦 AB の中点であることを証明せよ。

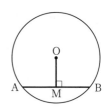

5. 右の図のように，O を中心とする 2 つの円があって，大きい円の弦 AB が小さい円と 2 点 C，D で交わるとき，AC＝BD であることを証明せよ。

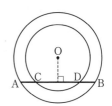

●**例題1**● 右の図の円 O で，直径 AB，CD は垂直に交わり，P は半径 OC 上の点とする。$\overparen{AC}$ 上に点 Q を，OQ＝PQ となるようにとり，線分 QP の延長，QO の延長と円 O との交点をそれぞれ R，S とするとき，$\overparen{RB}＝3\overparen{BS}$ であることを証明せよ。

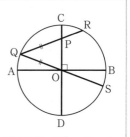

(**解説**) 「弧の長さは中心角の大きさに比例する」ことを利用し，∠BOR＝3∠BOS を示す。

(**証明**) ∠BOS＝$a°$ とする。

$$∠QOA＝a° （対頂角）$$
$$∠QOP＝90°－a°$$

△QOP で，OQ＝PQ（仮定）より

$$∠QOP＝∠QPO$$

よって ∠OQP＝180°－2∠QOP
$$＝180°－2(90°－a°)＝2a°$$

△ORQ で，OR＝OQ（半径）より

$$∠ORQ＝∠OQR＝2a°$$

ゆえに ∠ROS＝∠ORQ＋∠OQR＝4a°

よって，∠BOR＝∠ROS－∠BOS＝4a°－a°＝3a° となるから

$$∠BOR＝3∠BOS$$

ゆえに $\overparen{RB}＝3\overparen{BS}$

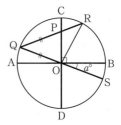
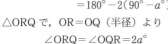

演習問題

6. 次の図の AB を直径とする円 O で，x の値を求めよ。

(1)

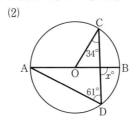

(2)

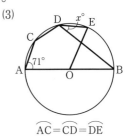

(3)

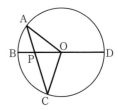

$\overset{\frown}{AC}=\overset{\frown}{CD}=\overset{\frown}{DE}$

7. 右の図で，4点 A，B，C，D は BD を直径とする円 O の周上にあり，$\overset{\frown}{AB}:\overset{\frown}{BC}:\overset{\frown}{CD}=1:2:3$ である。

(1) ∠AOB，∠BOC の大きさを求めよ。

(2) 弦 AC と BD との交点を P とするとき，∠APB の大きさを求めよ。

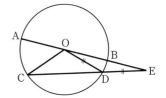

8. 右の図の円 O で，直径 AB の延長と弦 CD の延長との交点を E とする。DE＝DO，∠CEA＝16° のとき，次の問いに答えよ。

(1) ∠OCD の大きさを求めよ。

(2) $\overset{\frown}{BD}$＝3cm のとき，$\overset{\frown}{AC}$ の長さを求めよ。

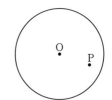

9. 右の図の円 O で，点 P を通る弦 AB を折り目として $\overset{\frown}{AB}$ を折り返すと，中心 O が $\overset{\frown}{AB}$ 上の点 Q と一致した。

(1) 点 Q と弦 AB を作図せよ。

(2) ∠AOB の大きさを求めよ。

10. 右の図のように，円 O の 2 つの弦 AB，CD に中心 O からひいた垂線をそれぞれ OM，ON とする。OM＝ON ならば AB＝CD であることを証明せよ。

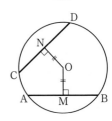

11. AB を直径とする円 O について，次の問いに答えよ。

(1) 右の図のように，円 O の周上に 2 点 C，D を，
∠BAC＝∠BAD となるようにとるとき，AC＝AD
であることを証明せよ。

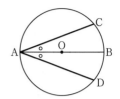

(2) 右の図のように，点 A を通り長さの等しい弦を
AC，AD とするとき，直径 AB は ∠CAD を 2 等
分することを証明せよ。

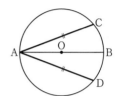

12. 右の図のように，▱ABCD の頂点 A を中心
とし，AB を半径とする円と，辺 BC，AD，およ
び BA の延長との交点をそれぞれ P，Q，R とす
るとき，$\overset{\frown}{PQ}=\overset{\frown}{QR}$ であることを証明せよ。

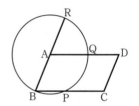

13. 右の図のように，長さの等しい弦 AB，CD が点 P
で交わっているとき，PA＝PD であることを証明せ
よ。

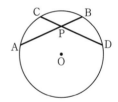

14. 右の図で，AB は半円 O の直径，$\overset{\frown}{AC}:\overset{\frown}{BD}=2:3$
である。

(1) ∠AOC の大きさを求めよ。

(2) $\overset{\frown}{CD}$ は $\overset{\frown}{AB}$ の何倍か。

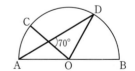

||||| **進んだ問題** |||||

15. 右の図のように，正三角形 ABC の辺 BC 上に点 D
をとり，D を中心とし DA を半径とする円をかく。
辺 AB の延長，AC の延長と円 D との交点をそれぞ
れ E，F とするとき，BC＝BE＋CF であることを証
明せよ。

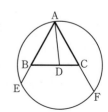

2… 円と直線

1 円と直線の位置関係

円の半径を r とし, 円の中心と直線との距離を d とするとき, 円と直線の位置関係は, 次のようになる。

(1) 2点を共有する。　(2) 1点を共有する。　(3) 共有点をもたない。

 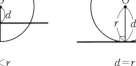 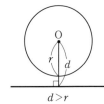

$$d < r \qquad\qquad d = r \qquad\qquad d > r$$

2 接線

円と直線が1点だけを共有するとき, 直線は円に**接する**という。その共有点を**接点**, 直線を円の**接線**という。また, 円外の1点から接線をひいたとき, その点と接点との距離を**接線の長さ**という。

(1) 円の接線は, 接点を通る半径に垂直である。逆に, 円周上の1点で, その点を通る半径に垂直な直線は円の接線である。

(2) 円外の1点から, その円にひいた2つの接線の長さは等しい。また, この円外の1点と円の中心とを結ぶ直線はその2つの接線のつくる角を2等分する。

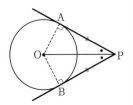

右の図で, 直線 PA, PB が円 O にそれぞれ点 A, B で接するならば,

$$PA = PB, \quad \angle OPA = \angle OPB$$

3 円に外接する四角形

円に外接する四角形の向かい合う辺の長さの和は等しい。

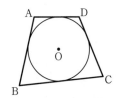

右の図で, 四角形 ABCD が円 O に外接するならば, $AB + CD = AD + BC$

注 一般に, 多角形の内部にある円が, すべての辺に接しているとき, この多角形はその円に**外接する**といい, この円はその多角形に**内接する**という。

◖基本問題◗

16. 右の図のように，点 P から円 O に 2 本の接線を
ひき，その接点をそれぞれ A，B とするとき，
PA＝PB，∠OPA＝∠OPB であることを証明せよ。

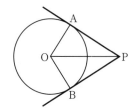

17. 右の図のように，直線 ℓ 上の点 A で接する円が
ある。点 A を通り直線 ℓ に垂直な直線をひくこと
によって，この円の中心 O を作図せよ。

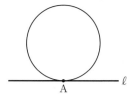

18. 四角形 ABCD が円 O に外接するとき，AB＋CD＝AD＋BC であることを
証明せよ。

●**例題2**● 右の図のような四角形 ABCD が
あり，△ABC に内接する円と △ACD に内
接する円が，ともに点 P で対角線 AC に接
している。接点をそれぞれ E，F，G，H と
し，AB＝a，BC＝b，CD＝c，DH＝h とす
るとき，辺 AD と対角線 AC の長さを a，b，
c，h を使って表せ。

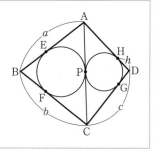

◖解説◗ 「円外の 1 点から，その円にひいた 2 つの接線の長さは等しい」ことを利用する。
上の図で，DG＝DH＝h，CF＝CP＝CG＝$c-h$ である。

◖解答◗ E，F，G，H，P はそれぞれ接点であるから

$$DG＝DH＝h, \quad CF＝CP＝CG＝c-h$$

また $\quad BE＝BF＝BC-CF＝b-(c-h)＝b-c+h$

$\quad AH＝AP＝AE＝AB-BE＝a-(b-c+h)＝a-b+c-h$

ゆえに $\quad AD＝AH+DH＝(a-b+c-h)+h＝a-b+c$

また $\quad AC＝AP+CP＝(a-b+c-h)+(c-h)＝a-b+2c-2h$

（答）AD＝$a-b+c$, AC＝$a-b+2c-2h$

㊟ 上の図で，AE＝AH（＝AP），BE＝BF，CG＝CF（＝CP），DG＝DH であるから，
AB＋CD＝AE＋BE＋CG＋DG＝AH＋BF＋CF＋DH＝AD＋BC が成り立つ。

演習問題

19. 次の図で，x の値を求めよ。ただし，O は円の中心である。

(1)

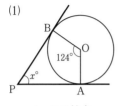

A，B は接点

(2)

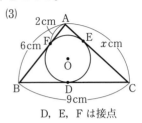

A は接点，$\overset{\frown}{AB} : \overset{\frown}{BC} = 5 : 6$

(3)

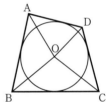

D，E，F は接点

20. 右の図で，点 A を通り，直線 ℓ 上の点 B で
直線 ℓ に接する円を作図せよ。

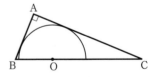

21. 右の図のように，四角形 ABCD が円 O に外接す
るとき，∠AOB＋∠COD＝180° であることを証明せ
よ。

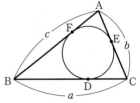

22. 右の図のように，AB＝5cm，AC＝12cm，
∠A＝90° の直角三角形 ABC と，辺 BC 上に
中心をもつ半円 O が辺 AB，AC で接している。
このとき，半円 O の半径を求めよ。

進んだ問題

23. 右の図のように，△ABC で，3 辺 BC，CA，
AB の長さをそれぞれ a，b，c とする。△ABC
に内接する円の半径を r，この円と辺 BC，CA，
AB との接点をそれぞれ D，E，F とする。
　また，△ABC の周の長さの半分を s，すなわち

$s = \dfrac{1}{2}(a+b+c)$ とし，△ABC の面積を S とするとき，次のことを証明せよ。

(1) AE＝AF＝$s-a$，BF＝BD＝$s-b$，CD＝CE＝$s-c$　　　(2) $S=sr$

3 … 円周角

① 円周角

(1) 円周角の定理

① 1つの弧に対する円周角の大きさは，その弧に対する中心角の大きさの半分である。

右の図で，$\angle APB = \dfrac{1}{2}\angle AOB$

② 同じ弧に対する円周角の大きさは等しい。

(2) 1つの円，または半径の等しい円で，

① 長さの等しい弧に対する円周角の大きさは等しい。

② 大きさの等しい円周角に対する弧および弦の長さはそれぞれ等しい。

(3) 円周角の大きさとそれに対する弧の長さは比例する。

(4) 直径と円周角

① 直径に対する円周角は直角である。

右の図で，$\angle APB = 90°$

② 円周角が直角のとき，その円周角に対する弦および弧は，その円の直径および半円周である。

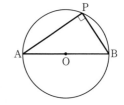

(5) 円 O の $\overgroup{AB}$ に対する円周角を $a°$ とし，点 P を直線 AB について $\overgroup{AB}$ と反対側にとるとき，

(i) P が円 O の周上にあれば $\angle APB = a°$

(ii) P が円 O の内部にあれば $\angle APB > a°$

(iii) P が円 O の外部にあれば $\angle APB < a°$

である。

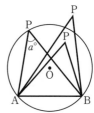

円 O の $\overset{\frown}{AB}$ に対する円周角を $a°$ とし，点 P を直線
AB について $\overset{\frown}{AB}$ と反対側にとるとき，
 (i) P が円 O の周上にあれば $\angle APB = a°$
 (ii) P が円 O の内部にあれば $\angle APB > a°$
 (iii) P が円 O の外部にあれば $\angle APB < a°$

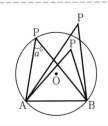

◆◆証明◆◆ (i) P は円 O の周上の点であるから，$\angle APB$
  は $\overset{\frown}{AB}$ に対する円周角である。
  ゆえに $\angle APB = a°$

 (ii) 図1のように，線分 BP の延長と円 O との
  交点を C とすると，$\angle ACB$ は $\overset{\frown}{AB}$ に対する
  円周角であるから $\angle ACB = a°$
  △APC において，$\angle APB = \angle ACP + \angle CAP$
  であるから $\angle APB > \angle ACP$
  ゆえに $\angle APB > a°$

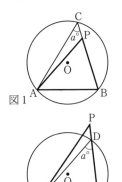

図1

 (iii) 図2のように，線分 BP と円 O との点 B 以
  外の交点を D とすると，$\angle ADB$ は $\overset{\frown}{AB}$ に対
  する円周角であるから $\angle ADB = a°$
  △ADP において，$\angle ADB = \angle APD + \angle DAP$
  であるから $\angle ADB > \angle APD$
  ゆえに $\angle APB < a°$
  また，図3のように，線分 BP が円 O と点 B
  以外で交わらないときは，線分 AP との交点
  を E として同様に証明できる。

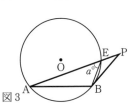

図2

図3

●基本問題●

24. 次の図で，x の値を求めよ。ただし，O は円の中心である。

(1)

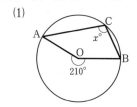

(2)

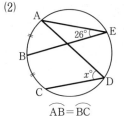

$\overset{\frown}{AB} = \overset{\frown}{BC}$

(3)

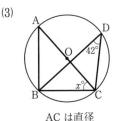

AC は直径

25. 右の図で，AB∥CD ならば，$\overset{\frown}{AC}=\overset{\frown}{BD}$ であることを証明せよ。

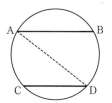

26. 右の図で，△OAB は正三角形である。2点 P，Q が直線 AB について中心 O と同じ側にあり，P が円 O の内部にあり，Q が円 O の外部にあるとき，∠APB，∠AQB の大きさは，それぞれ 30°より大きいか，小さいか。

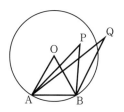

●**例題3**● 右の図のように，2つの弦 AB，CD が点 P で交わっているとき，

∠APC＝($\overset{\frown}{AC}$ に対する円周角)

　　　　＋($\overset{\frown}{BD}$ に対する円周角)

であることを証明せよ。

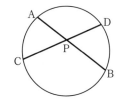

(**解説**) 点 B と C を結び，$\overset{\frown}{AC}$ に対する円周角と，$\overset{\frown}{BD}$ に対する円周角を考える。

(**証明**) △PCB で　∠APC＝∠PBC＋∠PCB

　　　　∠PBC は $\overset{\frown}{AC}$ に対する円周角 ∠ABC であり，

　　　　∠PCB は $\overset{\frown}{BD}$ に対する円周角 ∠BCD である。

　　　　ゆえに　∠APC＝($\overset{\frown}{AC}$ に対する円周角)

　　　　　　　　　　　　＋($\overset{\frown}{BD}$ に対する円周角)

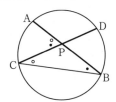

演習問題

27. 次の図で，x の値を求めよ。ただし，O は円の中心である。

(1)   (2)   (3)

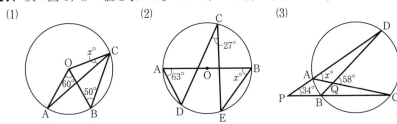

AB は直径

28. 右の図のように，円周上に 4 点 A，B，C，D があ
り，P は弦 AC と BD との交点である。∠CPD＝72°
で，$\overparen{AB}$ と $\overparen{CD}$ の長さの和が 6π cm のとき，円の半径
を求めよ。

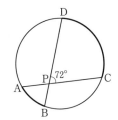

29. 次の図を作図せよ。

(1) 右の図で，点 P からひいた円 O の接線

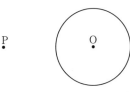

(2) 右の図で，直線 ℓ 上にあり，
∠APB＝∠ACB となる点 P

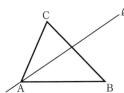

30. 右の図のように，AB を直径とする円 O の周上に
点 C をとり，∠CAB の二等分線と円 O との交点を D，
線分 AC の延長と BD の延長との交点を E とする。
∠AEB＝64° のとき，∠ABC の大きさを求めよ。

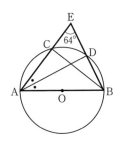

31. 右の図のように，円周上に5点 A，B，C，D，E があり，$\overparen{AD}=\overparen{BC}$，$\overparen{AB}=3\overparen{CD}$，$\overparen{AE}=\overparen{ED}$ で，直線 AD と BC のつくる角が 40°である。

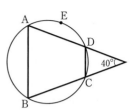

(1) $\overparen{AED}:\overparen{BCD}$ を求めよ。

(2) 直線 AC と BE のつくる鋭角の大きさを求めよ。

●**例題4**● 右の図で，4点 A，B，C，D は円 O の周上にあり，AB＝BC である。点 A を通り線分 BD に平行な直線と，円 O との交点を E とする。線分 AC と BE との交点を F とする。

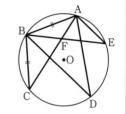

(1) △ABD∽△BFC であることを証明せよ。

(2) AB＝6cm，BF＝4cm，AF＝3cm のとき，線分 AD，AE の長さを求めよ。

解説 (1) ∠ADB と ∠BCF は，$\overparen{AB}$ に対する円周角であるから等しい。残りの対応する1組の内角が等しいことを，AB＝BC，AE∥BD から示せばよい。

解答 (1) △ABD と △BFC において

$$\angle ADB=\angle BCF（\overparen{AB} に対する円周角）\cdots\cdots①$$

AB＝BC（仮定）より ∠AEB＝∠BAC ………②

AE∥BD（仮定）より ∠AEB＝∠DBE（錯角） ………③

②，③より ∠BAC＝∠DBE ………④

また ∠CAD＝∠CBD（$\overparen{CD}$ に対する円周角）………⑤

④，⑤より ∠BAC＋∠CAD＝∠DBE＋∠CBD

すなわち ∠BAD＝∠FBC ………⑥

①，⑥より △ABD∽△BFC（2角）

(2) (1)より，AB：BF＝AD：BC であるから 6：4＝AD：6

ゆえに AD＝9

△AFE と △BFC において

∠AFE＝∠BFC（対頂角），∠AEF＝∠BCF（$\overparen{AB}$ に対する円周角）

ゆえに △AFE∽△BFC（2角）

よって，AF：BF＝AE：BC であるから 3：4＝AE：6

ゆえに $AE=\dfrac{9}{2}$

（答）AD＝9cm，$AE=\dfrac{9}{2}$cm

参考 (2) △ABD∽△AFE を示し，AB：AF＝AD：AE から AE を求めてもよい。

演習問題

32. 右の図で，4点 A，B，C，D は円周上
にあり，AB＝AC である。∠ADB＝62°，
∠AED＝33° のとき，∠ABD，∠CFD の
大きさを求めよ。

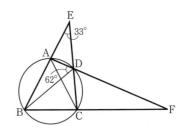

33. 右の図のように，△ABC の外接円があり，
$\overset{\frown}{BD}＝\overset{\frown}{DC}$ である。線分 AD と∠C の二等分線との
交点を E とする。∠BAD＝42°，∠ACE＝18° のと
き，△EDC は正三角形であることを証明せよ。

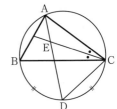

34. 右の図のように，□ABCD の辺 DC の延長と頂
点 A，B，C を通る円との交点を E とするとき，
△AED は二等辺三角形であることを証明せよ。

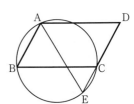

35. 右の図で，4点 A，B，C，D は円周上にあり，
∠ACB＝∠ACD である。線分 AC と BD との交点
を E とする。
(1) △ABE∽△ACB であることを証明せよ。
(2) AB＝5cm，BC＝7cm，CA＝8cm のとき，線
分 AE，BE，CD の長さを求めよ。

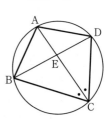

36. 右の図で，4点 A，B，C，D は円周上にあり，
BA＝BD である。点 A を通り線分 DC に平行な直
線と，円との交点を E とする。線分 AE と線分 BD，
BC との交点をそれぞれ F，G とする。
(1) △ABG≡△DBE であることを証明せよ。
(2) AB＝10cm，BE＝3cm，CG＝5cm のとき，
線分 BF の長さを求めよ。

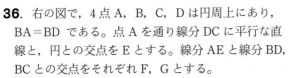

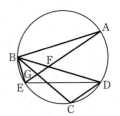

37. 右の図のように，△ABC の外接円があり，$\overset{\frown}{\text{BAC}}$ を 2 等分する点を D とする。辺 AB，AC の延長上にそれぞれ点 M，N を，BM＝CN となるようにとるとき，DM＝DN であることを証明せよ。

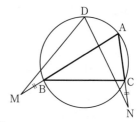

38. 右の図のように，正三角形 ABC の外接円の $\overset{\frown}{\text{BC}}$ 上に点 P をとり，線分 AP 上に点 D を，PD＝PC となるようにとる。

(1)　△PCD は正三角形であることを証明せよ。

(2)　PA＝PB＋PC であることを証明せよ。

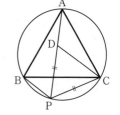

39. 右の図のように，円周上に 4 点 A，B，C，D をとり，AC は円の直径である。∠BAD の二等分線をひき，円との交点を E，線分 CD との交点を P，線分 BC の延長との交点を Q とする。このとき，PE＝EQ であることを証明せよ。

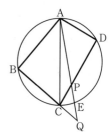

進んだ問題の解法 ||||||||||||||||||||||||||||||||||||||||||||||||||||||||||||||||||||||

||||**問題1**　右の図のように，円周上に 5 点 A，B，C，D，E があり，$\overset{\frown}{\text{AB}}＝\overset{\frown}{\text{BC}}$，$\overset{\frown}{\text{CD}}＝\overset{\frown}{\text{DE}}$ である。弦 BD と，CA，CE との交点をそれぞれ F，G とするとき，△CGF は二等辺三角形であることを証明せよ。

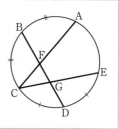

解法　線分 BC，CD をひいて，「長さの等しい弧に対する円周角は等しい」ことを利用する。

$\overset{\frown}{\text{AB}}$ に対する円周角は，点 B と C を結ぶ ∠ACB か，点 A と D を結ぶ ∠ADB のどちらかを考える。

証明 ∠ACB=$a°$，∠CBD=$b°$ とする。

$\overset{\frown}{AB}=\overset{\frown}{BC}$ （仮定）より

∠ACB=∠BDC=$a°$

$\overset{\frown}{CD}=\overset{\frown}{DE}$ （仮定）より

∠CBD=∠DCE=$b°$

△CDG で ∠CGF=∠GDC+∠GCD=$a°+b°$

△BCF で ∠CFG=∠FCB+∠FBC=$a°+b°$

よって，△CGF で ∠CGF=∠CFG

ゆえに，△CGF は CG=CF の二等辺三角形である。

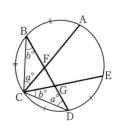

参考 △BEG と △ADF において，内対角の和がそれぞれ等しいから，∠CGF=∠CFG であることを示してもよい。

|||||進んだ問題 |||||

40. 右の図のように，AB を直径とする円の周上に点 C をとり，$\overset{\frown}{AC}$ を 2 等分する点を M とする。点 M から直径 AB に垂線 MH をひき，弦 AC と線分 MH，MB との交点をそれぞれ D，E とする。

(1) △DEM は二等辺三角形であることを証明せよ。

(2) D は線分 AE の中点であることを証明せよ。

41. 右の図のように，AB=8cm を直径とする半円 O の周上に点 P をとり，線分 AP を 1 辺とする正三角形 APQ をつくる。点 P から辺 AQ にひいた垂線と半円 O との交点を R とする。

$\overset{\frown}{AB}$ を 2 等分する点を C とし，点 P が $\overset{\frown}{BC}$ 上を点 B から C まで動くとき，次の問いに答えよ。

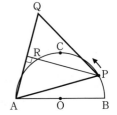

(1) 点 P の位置に関係なく，$\overset{\frown}{AR}$ の長さは一定であることを示せ。

(2) 点 Q が動いたあとの長さを求めよ。

4 … 円に内接する四角形

1 **円に内接する四角形**

四角形が円に内接するとき，

(1) 向かい合う 1 組の内角の和は 180° である。

右の図で，∠A＋∠C＝180°

∠B＋∠D＝180°

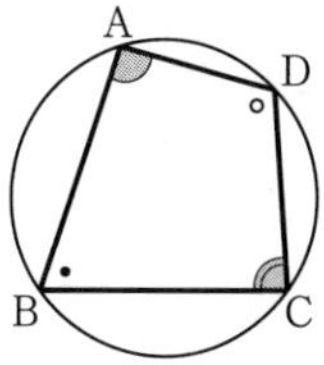

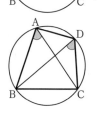

(2) 1 つの内角はその向かい合う内角の外角に
等しい。

右の図で，∠A＝∠DCE

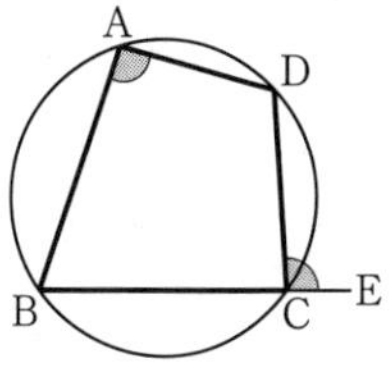

(3) 同じ弧に対する 2 つの円周角は等しい。

右の図で，∠BAC＝∠BDC

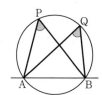

2 **4 点が同一円周上にある条件**

1の(1)，(2)，(3)のいずれかが成り立つとき，四角形 ABCD は円に内
接する。すなわち，4 点 A，B，C，D は同一円周上にある。

3 **円周角の定理の逆**

2 点 P，Q が直線 AB について同じ側にある
とき，∠APB＝∠AQB ならば，4 点 A，B，P，
Q は同一円周上にある。

基本問題

42. 右の図の円に内接する四角形 ABCD で，中心角 $a°$，
$b°$ を利用して，∠A＋∠C＝180° であることを証明せよ。

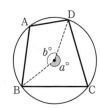

43. 次の図で，x の値を求めよ。ただし，O は円の中心である。

(1)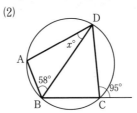

(2)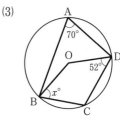

(3)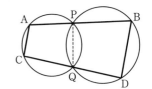

44. 右の図のように，2つの円が2点P，Qで交わっている。点Pを通る直線と点Qを通る直線が，2つの円と点 A，B，C，D で交わるとき，AC∥BD であることを証明せよ。

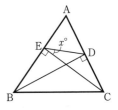

45. 右の図の △ABC で，頂点 B，C から辺 AC，AB にそれぞれ垂線 BD，CE をひく。

(1)　4点 B，C，D，E は同一円周上にあることを示せ。

(2)　∠ACB＝63° のとき，x の値を求めよ。

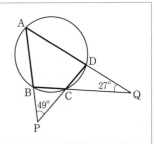

●**例題5**●　右の図のように，円に内接する四角形 ABCD の辺 AB の延長と DC の延長との交点を P，辺 BC の延長と AD の延長との交点を Q とする。∠APD＝49°，∠BQA＝27° のとき，∠BCD の大きさを求めよ。

解説　∠DAB＝a° として，∠QDC，∠DCQ を a°で表す。

解答　∠DAB＝a° とする。

　　　△APD で　∠PDQ＝∠DAP＋∠APD＝a°＋49°

　　　四角形 ABCD は円に内接するから　∠DCQ＝∠DAB＝a°

　　　△DCQ で　$(a+49)+a+27=180$　　$a=52$

　　　ゆえに　　∠BCD＝180°−∠DAB＝180°−52°＝128°　　　　　（答）　128°

別解 ∠BCD=$b°$ とする。

　　△BPC で　∠CBP=$b°-49°$

　　△DCQ で　∠QDC=$b°-27°$

　　四角形 ABCD は円に内接するから

　　　　　　∠CBP=∠ADC

　　よって　　$b-49=180-(b-27)$

　　ゆえに　　$b=128$　　　　　　　（答）　128°

注 右の図で，四角形 ABCD が円に内接しているとき，x, y, z の間に $2x-y-z=180$ の関係式が成り立つ。

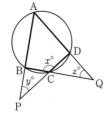

演習問題

46. 次の図で，x の値を求めよ。ただし，O は円の中心である。

(1)

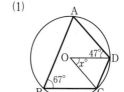

(2)

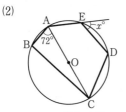

AC は直径，$\overparen{BC}:\overparen{CD}=2:1$

(3)

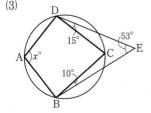

47. 右の図のように，四角形 ABCD は円に内接している。辺 BA の延長と CD の延長との交点をP，辺 AD の延長と BC の延長との交点をQとする。∠BAC=70°，∠BPC=40°，∠BQA=30° のとき，次の問いに答えよ。

(1)　∠ABC の大きさを求めよ。

(2)　$\overparen{CD}$ の長さは円周の何倍か。

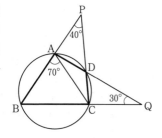

48. 右の図のように，四角形 ABCD は円に内接している。∠D の外角の二等分線と円との交点をPとするとき，BP は ∠ABC の二等分線であることを証明せよ。

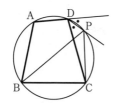

49. 右の図のように，3点 A，B，C が円 O の周上
にあり，AB＞AC である。線分 AC の延長上に点
D を，AD＝AB となるようにとり，線分 BD と円
O との交点を E とする。また，点 C を通り線分 DB
に平行な直線をひき，円 O との交点を F，線分 AB
との交点を G とする。

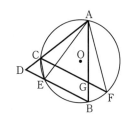

(1) △ACE≡△AGF であることを証明せよ。

(2) DE＝GF であることを証明せよ。

●**例題6**● 右の図のように，△ABC の辺
BC，CA，AB をそれぞれ 1 辺とする正三
角形 BDC，CEA，AFB を △ABC の外側
につくる。線分 BE と FC との交点を P と
するとき，4点 P，B，D，C は同一円周上
にあることを証明せよ。

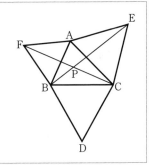

解説 4点 P，B，D，C が同一円周上にあることを示すには，∠BDC＝60° であるから，
∠BPF＝60° がいえればよい。

証明 △AFC と △ABE において

$$AF＝AB （正三角形 AFB の辺）$$

$$AC＝AE （正三角形 CEA の辺）$$

また ∠FAC＝∠BAE （＝∠BAC＋60°）

よって △AFC≡△ABE （2辺夾角）

ゆえに，∠AFC＝∠ABE であるから，

4点 A，F，B，P は同一円周上にある。

よって ∠BPF＝∠BAF＝60° （$\stackrel{\frown}{BF}$ に対する円周角）

また，∠BDC＝60° より ∠BPF＝∠BDC

ゆえに，4点 P，B，D，C は同一円周上にある。

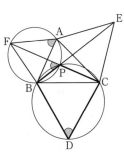

参考 △AFC を，A を中心として反時計まわりに 60°回転した三角形が △ABE に重なる
ことを利用して，∠BPF＝60° を示してもよい。

演習問題

50. 右の図の △ABC と △ADE は，ともに頂点 A
を共有する直角二等辺三角形で，
∠BAC＝∠DAE＝90° である。線分 BD と CE と
の交点を F とするとき，4 点 A，D，E，F は同一
円周上にあることを証明せよ。

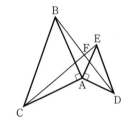

51. 右の図の正三角形 ABC で，辺 BC，CA を
2：1 に内分する点をそれぞれ D，E とする。線分
AD と BE との交点を F とするとき，4 点 C，E，F，
D は同一円周上にあることを証明せよ。

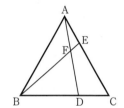

52. 右の図のように，△ABC の内接円の中心を I とし，
△IBC の外接円の中心を O とする。
(1) ∠BIC＝a° とするとき，∠BAC，∠BOC の大きさ
を a° を使って表せ。
(2) 四角形 ABOC は円に内接することを示せ。

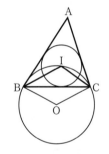

53. 右の図のように，正三角形 ABC とその辺 BC 上
を動く点 D がある。線分 AD の右側に点 E を，
∠ADE＝30°，∠EAD＝90° となるようにとる。
(1) 点 D が頂点 C と一致しないとき，4 点 A，D，C，
E は同一円周上にあることを証明せよ。
(2) 点 D が辺 BC 上を頂点 B から C まで動くとき，
点 E はどのような線をえがくか。図にかき入れよ。

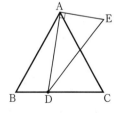

進んだ問題の解法

|||||問題2　右の図のように，△ABC の頂点 A，B から辺 BC，AC にそれぞれ垂線 AD，BE をひき，その交点を H とする。線分 CH の延長と辺 AB との交点を F とするとき，AB⊥CF であることを証明せよ。

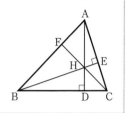

[解法]　4点 F，B，C，E が同一円周上にあることを示すことができれば，∠BFC＝∠BEC＝90° がいえるので，∠FBE＝∠FCE を示す。

[証明]　点 D と E を結ぶ。四角形 ABDE で，∠AEB＝∠ADB（＝90°）より，

4点 A，B，D，E は同一円周上にあるから

　　　∠ABE＝∠ADE（$\overarc{AE}$ に対する円周角）……①

四角形 HDCE で，∠HDC＋∠HEC＝180° より，

4点 H，D，C，E は同一円周上にあるから

　　　∠HDE＝∠HCE（$\overarc{HE}$ に対する円周角）……②

①，②より，∠ABE＝∠HCE であるから

　　　　∠FBE＝∠FCE

ゆえに，4点 F，B，C，E は同一円周上にある。

よって　∠BFC＝∠BEC＝90°

ゆえに　AB⊥CF

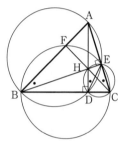

● この問題は，垂心（→6章，p.145）の証明である。

|||||進んだ問題 |||||

54. 右の図のように，△ABC の3辺 BC，CA，AB の中点をそれぞれ L，M，N とし，頂点 A，B，C から対辺にひいた垂線とその対辺との交点をそれぞれ P，Q，R とする。∠C＝a° とするとき，次の問いに答えよ。

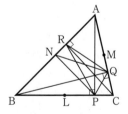

(1)　∠PNQ の大きさを a° を使って表せ。

(2)　CR は ∠PRQ の二等分線であることを証明せよ。

(3)　3点 L，M，N は △PQR の外接円の周上にあることを証明せよ。

7章の問題

1 次の図で，x，y の値を求めよ。ただし，O は円の中心である。

(1)

(2)

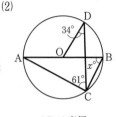

(3)

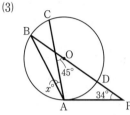

A，B は接点　　AB は直径　　BD は直径，A は接点

(4)

(5)

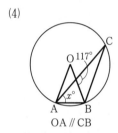

(6)

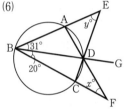

OA∥CB　　AD∥BC，$\overset{\frown}{\text{AED}}:\overset{\frown}{\text{EDC}}=2:1$　　∠GDF＝∠CDF

2 右の図のように，円周が 12 等分された円がある。x，y の値を求めよ。

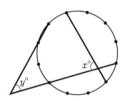

3 右の図のように，半円 C の直径 AB の延長上に点 D をとり，D を通りこの半円と 2 点で交わる直線をひき，その交点を E，F とする。BC＝DE，∠BDE＝$a°$ のとき，次の角をすべてあげよ。ただし，角は A，B，C，D，E，F を使って表すことのできる角のみとする。

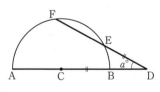

(1) $\dfrac{1}{2}a°$ となる角

(2) $\dfrac{3}{2}a°$ となる角

(3) $2a°$ となる角

(4) $3a°$ となる角

(4) 右の図のように，∠B＝45°，∠C＝30°の
△ABC があり，円 O は △ABC の外接円であ
る。辺 AB の延長上に点 D を，BD＝AB とな
るようにとるとき，3点 D, O, C は一直線上
にあることを証明せよ。

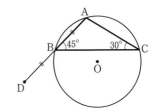

(5) 右の図のように，△ABC の ∠B と ∠C の二等分
線の交点を I とし，線分 AI の延長と △ABC の外接
円との交点を D とするとき，DB＝DI＝DC であるこ
とを証明せよ。

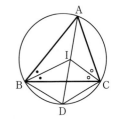

(6) ∠A＝90° の直角三角形 ABC で，
AB＝4cm，BC＝5cm，CA＝3cm とする。
右の図のように，△ABC の内接円，∠B の内
部にある傍接円の中心をそれぞれ O, P とする。

(1) 円 O の半径を求めよ。

(2) 円 P の半径を求めよ。

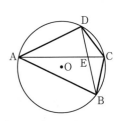

(7) 右の図で，4点 A, B, C, D は円 O の周上に
あり，AB＝AC，BC＝CD である。弦 AC と BD
との交点を E とする。

(1) △ABE≡△ACD であることを証明せよ。

(2) AB＝10cm，AD＝8cm のとき，弦 CD, BD
の長さを求めよ。

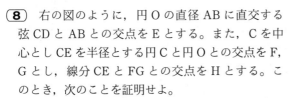

(8) 右の図のように，円 O の直径 AB に直交する
弦 CD と AB との交点を E とする。また，C を中
心とし CE を半径とする円 C と円 O との交点を F,
G とし，線分 CE と FG との交点を H とする。こ
のとき，次のことを証明せよ。

(1) △CDG∽△CGH

(2) CH＝HE

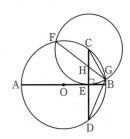

9 右の図のように，半径 1cm の円 O がある。2点
P，Q は点 A を同時に出発し，それぞれ秒速 1cm，
秒速 2cm で円周上を矢印の向きに動く。

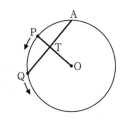

(1) ∠AOP＝20° のとき，∠PAQ の大きさを求めよ。

(2) 線分 AQ と OP との交点を T とするとき，動き

はじめて $\dfrac{\pi}{6}$ 秒後から $\dfrac{\pi}{3}$ 秒後までに点 T が動いた

あとの長さを求めよ。

10 右の図のように，四角形 ABCD の辺 BA
の延長と CD の延長との交点を E とし，辺 AD
の延長と BC の延長との交点を F とする。∠E
と ∠F の二等分線が点 G で交わり，
∠EGF＝90° のとき，四角形 ABCD は円に内
接することを証明せよ。

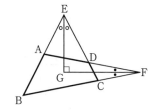

|||||**進んだ問題**|||||

11 右の図のように，円 O に四角形 ABCD が内接
している。対角線 AC 上に2点 E，F を，それぞれ
∠ABE＝∠DAC，∠ADF＝∠BAC となるように
とるとき，次のことを証明せよ。

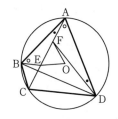

(1) AE：CD＝AB：BD   (2) △CDF∽△BDA

(3) OE＝OF

12 右の図のように，円に内接する四角形 ABCD の
対角線 AC，BD が点 P で垂直に交わっている。点 P
から辺 AB に垂線 PE をひき，直線 PE と辺 CD との
交点を K とする。

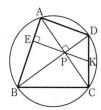

(1) K は辺 CD の中点であることを証明せよ。

(2) 点 P から辺 BC，CD，DA にそれぞれ垂線 PF，
PG，PH をひくとき，4点 E，F，G，H は同一円
周上にあることを証明せよ。

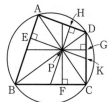

三平方の定理

1… 三平方の定理

---

1 **三平方の定理（ピタゴラスの定理）**

直角三角形の直角をはさむ 2 辺の長さを
a, b, 斜辺の長さを c とするとき,

$$a^2 + b^2 = c^2$$

が成り立つ。

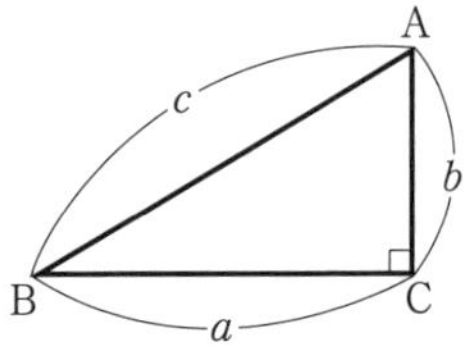

2 **三平方の定理の逆**

三角形の 3 辺の長さ a, b, c の間に $a^2 + b^2 = c^2$ が成り立てば, その三角形は, 斜辺の長さを c とする直角三角形である。

3 **角の大きさと辺の長さ**

三角形の 3 辺の長さを, 下の図のように a, b, c とするとき,

(1) $\angle C < 90° \Longleftrightarrow a^2 + b^2 > c^2$　　(2) $\angle C > 90° \Longleftrightarrow a^2 + b^2 < c^2$

　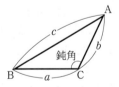

基本問題

1. 直角三角形の直角をはさむ 2 辺の長さを a, b, 斜辺の長さを c として, 右の表の空らんをうめよ。

a	3		12		6
b	4	12		5	4
c		13	15	10	

●**例題1** 右の図のように，∠A＝90°
の直角三角形 ABC の各辺をそれぞれ1
辺とする正方形 BDEC，CFGA，AHIB
を △ABC の外側につくる。また，頂点
A から辺 BC に垂線をひき，辺 BC，DE
との交点をそれぞれ J，K とする。
　右の図を使って，
$$AB^2 + AC^2 = BC^2$$
であることを証明せよ。

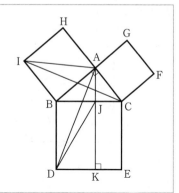

（**解説**）（正方形 AHIB）＝（長方形 JBDK）を示す。そのために，合同や等積の性質を利用
　して △AIB＝△DJB を示す。

（**証明**）△CIB と △DAB において

　　　　　　　　BI＝BA，BC＝BD（ともに正方形の辺）

　　　　　　　　∠IBC＝∠ABD（＝90°＋∠ABC）

　　よって　　　△CIB≡△DAB（2辺夾角）

　　ゆえに　　　△CIB＝△DAB　…………①

　　AC∥IB より　△CIB＝△AIB　…………②

　　AJ∥BD より　△DAB＝△DJB　…………③

　　①，②，③より，△AIB＝△DJB であるから

$$\frac{1}{2} \times (正方形\ AHIB) = \frac{1}{2} \times (長方形\ JBDK)$$

　　ゆえに　　　（正方形 AHIB）＝（長方形 JBDK）………④

　　同様に　　　（正方形 CFGA）＝（長方形 CJKE）………⑤

　　④，⑤より　（正方形 AHIB）＋（正方形 CFGA）＝（正方形 BDEC）

　　ゆえに　　　AB²＋AC²＝BC²

演習問題

2. ∠A＝90° の直角三角形 ABC で，頂点 A から
辺 BC に垂線 AH をひく。

(1) △ABC∽△HBA，△ABC∽△HAC である
　　ことをそれぞれ証明せよ。

(2) (1)を利用して，AB²＋AC²＝BC² であるこ
　　とを証明せよ。

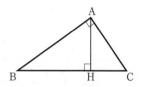

3. 直角三角形の直角をはさむ2辺の長さを a, b, 斜辺の長さを c とするとき, 次の図を使って, $a^2+b^2=c^2$ が成り立つことをそれぞれ説明せよ。

(1) 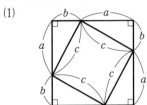 (2)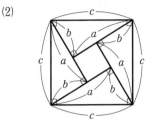

4. ∠A＝90° の直角三角形 ABC の辺 AB, AC 上にそれぞれ点 D, E をとるとき,
$$BE^2+CD^2=BC^2+DE^2$$
であることを証明せよ。

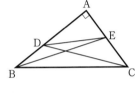

5. 右の図で, 線分 AB, BC の長さはそれぞれ1cm, 2cmである。長さが $\sqrt{3}$ cm の線分 AD を作図せよ。

6. 次の問いに答えよ。

(1) △ABC で, BC＝a, CA＝b, AB＝c とする。$a^2+b^2=c^2$ が成り立つとき, ∠C＝90° であることを, 次のように証明せよ。

 (i) ∠C′＝90°, B′C′＝a, C′A′＝b である直角三角形 A′B′C′ について, △ABC≡△A′B′C′ であることを示す。

 (ii) (i)を利用して, ∠C＝90° であることを示す。

(2) 3辺の長さが次の(ア)～(エ)の三角形のうち, 直角三角形はどれか。

 (ア) 6cm, 8cm, 10cm　　　　(イ) 4cm, 7cm, 9cm

 (ウ) 2cm, $\sqrt{5}$ cm, 3cm　　　(エ) $\sqrt{7}$ cm, 3cm, 4cm

7. 次の問いに答えよ。

(1) m^2+n^2, $2mn$, m^2-n^2 を3辺の長さとする三角形は, 直角三角形であることを証明せよ。ただし, $m>n>0$ とする。

(2) 正の整数 a, b, c において, $a^2=b^2+c^2$ $(b>c)$ が成り立つとき, 正の整数の組 $\{a, b, c\}$ をピタゴラス数という。(1)のことを利用して, ピタゴラス数を4組求めよ。ただし, 相似である直角三角形を除く。

進んだ問題の解法 ‖‖‖

> ‖‖‖**問題1**　$\angle C > 90°$ の $\triangle ABC$ で，$\angle C$ をはさむ 2
> 辺の長さをそれぞれ a，b，$\angle C$ の対辺の長さを c
> とするとき，$a^2 + b^2 < c^2$ であることを証明せよ。

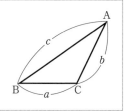

[解法]　$\angle C > 90°$ であるから，頂点 A を通り辺 BC に垂直な直線は，辺 BC の延長と交わ
る。その交点を H とすると，$\triangle ACH$，$\triangle ABH$ は直角三角形になる。

[証明]　頂点 A から辺 BC の延長に垂線 AH をひき，$AH = x$，$CH = y$ とする。

$\triangle ACH$ で，$\angle AHC = 90°$ であるから
$$x^2 + y^2 = b^2 \quad \cdots\cdots\cdots ①$$
$\triangle ABH$ で，$\angle AHB = 90°$ であるから
$$x^2 + (a+y)^2 = c^2$$
よって　　　　$x^2 + y^2 + 2ay + a^2 = c^2 \quad \cdots\cdots\cdots ②$

①を②に代入して　$b^2 + 2ay + a^2 = c^2$

$ay > 0$ より　　　$a^2 + b^2 < c^2$

注　この逆「$a^2 + b^2 < c^2$ ならば　$\angle C > 90°$」も成り立つ。

‖‖‖‖**進んだ問題** ‖‖‖‖

8. $\angle C < 90°$ の $\triangle ABC$ で，$\angle C$ をはさむ 2 辺の長さをそれぞれ a，b，$\angle C$ の
対辺の長さを c とするとき，$a^2 + b^2 > c^2$ であることを証明せよ。

9. 方眼紙にかかれた右の図の
$\triangle ABC$ と $\triangle DEF$ で，$\angle A$，
$\angle D$ はそれぞれ鋭角，直角，
鈍角のどれか。また，その理
由をいえ。

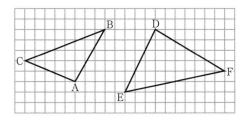

10. 右の図のように，$\angle A = 90°$ の直角三角形
ABC の斜辺 BC の中点を M とする。辺 AB，AC
上にそれぞれ点 P，Q を，$\angle PMQ = 90°$ となるよ
うにとるとき，$PQ^2 = BP^2 + CQ^2$ であることを証
明せよ。

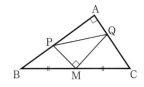

2 … 平面図形への応用(1)

1 直角三角形の辺の長さ

(1) 斜辺

$$x=\sqrt{a^2+b^2}$$

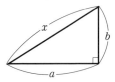

(2) 直角をはさむ1つの辺

$$x=\sqrt{c^2-a^2}$$

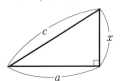

2 特別な直角三角形の3辺の比

(1) 直角二等辺三角形

(2) 1つの角が60°の直角三角形

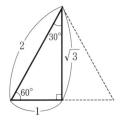

3 正三角形の高さと面積

1辺の長さがaの正三角形で，高さをh，面積をSとするとき，

$$h=\frac{\sqrt{3}}{2}a \qquad S=\frac{\sqrt{3}}{4}a^2$$

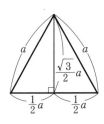

4 座標平面上の2点間の距離

2点$P(a, b)$，$Q(c, d)$間の距離PQは，

$$PQ=\sqrt{(c-a)^2+(d-b)^2}$$

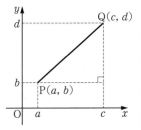

●基本問題●

11. 次の図で, x の値を求めよ。

(1)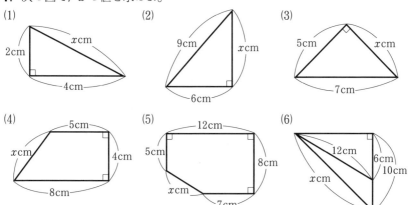

(2)

(3)

(4)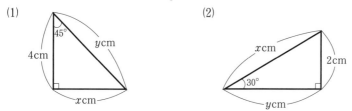

(5)

(6)

12. 次の図の直角三角形で, x, y の値を求めよ。

(1)

(2)

13. 1辺の長さが6cm の正三角形について, 次の問いに答えよ。

(1) 高さを求めよ。　　　　(2) 面積を求めよ。

14. AB＝AC＝9cm, BC＝14cm の二等辺三角形 ABC について, 次の問いに答えよ。

(1) 頂点 A から辺 BC にひいた垂線の長さを求めよ。

(2) 面積を求めよ。

15. 次の2点間の距離を求めよ。

(1) A(7, 8), B(−5, 3)　　　(2) C(4, −5), D(−2, −3)

16. 次の3点を頂点とする三角形の3辺の長さを求めよ。また, この三角形はどのような三角形か。

(1) A(1, 4), B(2, 1), C(4, 3)

(2) D(5, −7), E(6, −2), F(3, −4)

●**例題2**● AD∥BC の台形 ABCD で，AB＝DC＝6cm，AD＝5cm，
BC＝9cm とする。

(1) 台形 ABCD の面積を求めよ。

(2) 頂点 C から辺 AB に垂線 CE をひくとき，CE の長さを求めよ。

（**解説**） (1) 頂点 A から辺 BC に垂線 AH をひき，AH の長さを求める。

(2) △ABC の面積を求め，$\triangle ABC=\dfrac{1}{2}AB\cdot CE$ を利用する。

（**解答**） (1) 頂点 A から辺 BC に垂線 AH をひく。

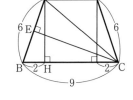

$$BH=(9-5)\div2=2$$

△ABH で，∠AHB＝90° であるから

$$AH=\sqrt{AB^2-BH^2}=\sqrt{6^2-2^2}=4\sqrt{2}$$

ゆえに，求める面積は $\dfrac{1}{2}\times(5+9)\times4\sqrt{2}=28\sqrt{2}$

（答） $28\sqrt{2}$ cm²

(2) BC＝9，AH＝$4\sqrt{2}$ より △ABC＝$\dfrac{1}{2}\times9\times4\sqrt{2}=18\sqrt{2}$

また △ABC＝$\dfrac{1}{2}AB\cdot CE$

よって $18\sqrt{2}=\dfrac{1}{2}\times6\times CE$

ゆえに CE＝$6\sqrt{2}$ （答） $6\sqrt{2}$ cm

（**参考**） (2) △ABH∽△CBE（2角）より，AB：CB＝AH：CE から求めてもよい。

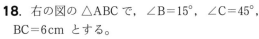

17. 右の図の AD∥BC の台形 ABCD で，
AB＝DC＝6cm，AD＝4cm，BC＝10cm とする。

(1) 対角線 AC の長さを求めよ。

(2) 頂点 D から対角線 AC に垂線 DE をひくとき，DE の長さを求めよ。

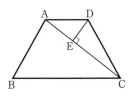

18. 右の図の △ABC で，∠B＝15°，∠C＝45°，
BC＝6cm とする。

(1) 辺 AB，AC の長さを求めよ。

(2) △ABC の面積を求めよ。

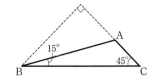

19. 右の図のような正三角形 OAB の辺 OA 上に点 C,
辺 OB 上に点 D をとる。線分 CD を折り目として
△OCD を折り返すと,頂点 O は辺 AB 上の点 E と重
なり,BD＝4cm,BE＝2cm となった。

(1) 正三角形 OAB の 1 辺の長さを求めよ。

(2) △CED の面積を求めよ。

●**例題3**● 右の図の △ABC で,頂点 A から辺
BC に垂線 AH をひく。AB＝7cm,BC＝8cm,
CA＝5cm のとき,次の問いに答えよ。

(1) 線分 BH の長さを求めよ。

(2) △ABC の面積を求めよ。

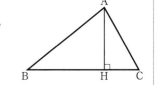

(**解説**) (1) BH＝$x$cm とすると,CH＝$8-x$ となる。また,△ABH と △ACH は直角三
角形であるから,三平方の定理を利用する。

(2) (1)より,線分 AH の長さを求める。

(**解答**) (1) BH＝$x$cm とすると,CH＝$8-x$

$\qquad$ △ABH で,∠AHB＝90° であるから　AH^2＝AB^2－BH^2＝7^2-x^2

$\qquad$ △ACH で,∠AHC＝90° であるから　AH^2＝AC^2－CH^2＝$5^2-(8-x)^2$

$\qquad$ よって　　$7^2-x^2=5^2-(8-x)^2$

$\qquad$ ゆえに　　$x=\dfrac{11}{2}$ $\qquad\qquad\qquad\qquad$ (答) $\dfrac{11}{2}$cm

$\quad$ (2) (1)より　AH＝$\sqrt{\text{AB}^2-\text{BH}^2}=\sqrt{7^2-\left(\dfrac{11}{2}\right)^2}=\dfrac{5\sqrt{3}}{2}$

$\qquad$ ゆえに　　△ABC＝$\dfrac{1}{2}\times 8\times\dfrac{5\sqrt{3}}{2}=10\sqrt{3}$ $\qquad$ (答) $10\sqrt{3}$ cm^2

演習問題

20. 右の図の △ABC で,頂点 A から辺 BC に垂
線 AD をひき,辺 AC 上に点 E を,
AE：EC＝2：3 となるようにとる。AB＝4cm,
BC＝6cm,AC＝5cm のとき,次の線分の長さ
を求めよ。

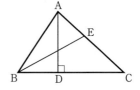

(1) 線分 BD $\qquad$ (2) 線分 BE

21. 右の図の1辺の長さが5cmの正方形 ABCD で, 辺 BC, CD 上にそれぞれ点 E, F をとる。△AEF が 正三角形であるとき, 線分 BE の長さを求めよ。

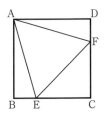

22. 1辺の長さが6cmの正方形 ABCD がある。辺 BC 上に点 P を, BP=2cm となるようにとる。右の図 のように, 頂点 A が点 P と重なるように, 線分 EF を折り目として折り返す。頂点 D が移った点を Q と し, 辺 PQ と CD との交点を R とする。

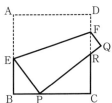

(1) 線分 AE の長さを求めよ。

(2) 線分 RC の長さを求めよ。

(3) △EBP と △FQR の面積の比を求めよ。

●**例題4**● 2点 A(5, 4), B(9, 0) があ り, 点 P は y 軸上にある。

(1) △APB が ∠A=90° の直角三角形 となるとき, 点 P の y 座標を求めよ。

(2) △APB が AP=AB の二等辺三角 形となるとき, 点 P の y 座標を求めよ。

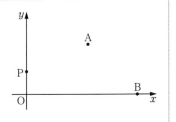

(**解説**) (1) △APB で, ∠A=90° であるから, $AP^2+AB^2=PB^2$ が成り立つ。

(2) AP=AB より, $AP^2=AB^2$ が成り立つ。

(**解答**) 点 P の座標を $(0, p)$ とする。

    (1) △APB で, ∠A=90° であるから

$$AP^2+AB^2=PB^2$$
$$AP^2=(0-5)^2+(p-4)^2=p^2-8p+41 \quad\cdots\cdots①$$
$$AB^2=(9-5)^2+(0-4)^2=32 \quad\cdots\cdots②$$
$$PB^2=(9-0)^2+(0-p)^2=p^2+81$$

  ゆえに $(p^2-8p+41)+32=p^2+81$

$$-8p=8$$

  よって $p=-1$

  ゆえに, 点 P の y 座標は -1 である。

                                                 (答) -1

(2) AP＝AB より AP²＝AB²

①, ②より $p^2-8p+41=32$

$p^2-8p+9=0$

ゆえに $p=4\pm\sqrt{7}$

直線 AB は, 傾きが $\dfrac{0-4}{9-5}=-1$ で, 点 $(9, 0)$ を通るから,

直線 AB の式は $y=-x+9$

よって, 直線 AB と y 軸との交点の座標は $(0, 9)$

ゆえに, 点 P の y 座標が $4+\sqrt{7}$ または $4-\sqrt{7}$ のとき, 3 点 A, B, P は一直線上にはない。

ゆえに, 点 P の y 座標は $4\pm\sqrt{7}$ である。   (答) $4\pm\sqrt{7}$

注 (2) 3 点 A, B, P が一直線上にあるときは三角形にならない。

演習問題

23. 2 点 A$(1, 5)$, B$(4, 2)$ があり, 点 P は x 軸上にある。

(1) 直線 AB の式を求めよ。

(2) △APB が AB＝BP の二等辺三角形となるとき, 点 P の x 座標を求めよ。

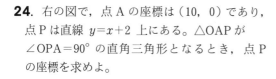

24. 右の図で, 点 A の座標は $(10, 0)$ であり, 点 P は直線 $y=x+2$ 上にある。△OAP が ∠OPA＝90° の直角三角形となるとき, 点 P の座標を求めよ。

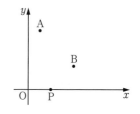

25. 右の図のように, 放物線 $y=\dfrac{\sqrt{3}}{2}x^2$ 上の $x>0$ の部分に, 2 点 A, B があり, B から x 軸に平行な直線をひき, y 軸との交点を C とする。△ABC が正三角形となるとき, 2 点 A, B の座標を求めよ。

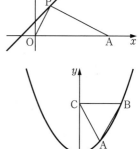

進んだ問題の解法 ||||||||||||||||||||||||||||||||||||||||||||||||||||||||||

||||| **問題2** 次の図のように，AD∥BC，DC⊥BC，AD＝4cm，BC＝7cm，DC＝4cm の台形 ABCD と，PQ＝4cm，∠Q＝90° の直角二等辺三角形 PQR が直線 ℓ 上にある。△PQR は直線 ℓ 上を矢印の向きに秒速1cm で動き，△PQR と台形 ABCD が重なりはじめてから x 秒後の重なった部分の面積を S cm² とする。

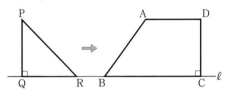

(1) $0<x≦4$ のとき，S を x の式で表せ。

(2) $4<x≦7$ のとき，S を x の式で表せ。

解法 (1) 重なった部分の図形は，底辺が BR＝$x$cm の三角形になる。

(2) $4<x<7$ のとき，重なった部分の図形は，四角形になる。

解答 (1) 頂点 A から辺 BC に垂線 AH をひく。

△ABH で，∠AHB＝90°，AH＝DC＝4，BH＝7−4＝3 であるから

$$AB＝\sqrt{AH^2＋BH^2}＝\sqrt{4^2＋3^2}＝5$$

辺 AB と PR との交点を E とし，E から直線 ℓ に垂線 EF をひく。

△EFR は直角二等辺三角形であるから

FR＝EF ………①

EF∥AH より

EF：AH＝BF：BH

EF：4＝BF：3

よって　　BF＝$\dfrac{3}{4}$EF ………②

①，②より　BR＝BF＋FR＝$\dfrac{7}{4}$EF

BR＝$x$cm であるから

$$\dfrac{7}{4}EF＝x \qquad EF＝\dfrac{4}{7}x ………③$$

ゆえに　　$S＝△EBR＝\dfrac{1}{2}BR・EF＝\dfrac{1}{2}×x×\dfrac{4}{7}x＝\dfrac{2}{7}x^2$

（答）　$S＝\dfrac{2}{7}x^2$

(2) 辺 AB と PQ との交点を G とする。

③より　　$FR = EF = \dfrac{4}{7}x$

よって　$QF = QR - FR = 4 - \dfrac{4}{7}x = \dfrac{28 - 4x}{7}$

$\qquad BQ = BR - QR = x - 4$

GQ∥AH より

$\qquad GQ : AH = BQ : BH$

$\qquad GQ : 4 = BQ : 3$

$\qquad GQ = \dfrac{4}{3}BQ = \dfrac{4(x-4)}{3}$

よって　$PG = PQ - GQ = 4 - \dfrac{4(x-4)}{3} = \dfrac{28 - 4x}{3}$

ゆえに　$S = \triangle PQR - \triangle PGE = \dfrac{1}{2}PQ^2 - \dfrac{1}{2}PG \cdot QF$

$\qquad = \dfrac{1}{2} \times 4^2 - \dfrac{1}{2} \times \dfrac{28-4x}{3} \times \dfrac{28-4x}{7} = \dfrac{8}{21}(-x^2 + 14x - 28)$

（答）　$S = \dfrac{8}{21}(-x^2 + 14x - 28)$

注 (2) $x = 7$ のとき，重なった部分の図形は三角形になるが，上の式を満たす。

|||||**進んだ問題**|||||

26. 次の図のように，BC＝7cm，CA＝$3\sqrt{3}$ cm，∠C＝90° の直角三角形 ABC と，DE＝4cm，EF＝10cm，∠E＝60° の □DEFG が直線 ℓ 上にある。
　□DEFG は直線 ℓ 上を矢印の向きに秒速1cmで動き，□DEFG と △ABC が重なりはじめてから x 秒後の重なった部分の面積を y cm² とする。

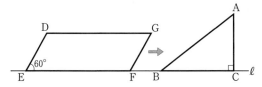

(1) 頂点 G が辺 AB，AC 上にあるときの x の値をそれぞれ a，b とする。a，b の値を求めよ。

(2) x が次の範囲のとき，y を x の式で表せ。

　(i) $0 < x \leqq a$　　　(ii) $a < x \leqq b$　　　(iii) $b < x \leqq 7$

(3) y の最大値を求めよ。また，そのときの x の値の範囲を求めよ。

▶研究◀ 中線定理（パップスの定理）

△ABC で，辺 BC の中点を M とするとき，
$$AB^2 + AC^2 = 2(AM^2 + BM^2)$$

◁|証明|▷　頂点 A から直線 BC に垂線 AH をひき，BM＝MC＝x，MH＝y，AH＝h とする。

(i) 点 H が線分 MC 上にあるとき

　　　　　BH＝$x+y$，　CH＝$x-y$

　△ABH で，∠AHB＝90° であるから

　　　　　$AB^2 = BH^2 + AH^2 = (x+y)^2 + h^2$

　△ACH で，∠AHC＝90° であるから

　　　　　$AC^2 = CH^2 + AH^2 = (x-y)^2 + h^2$

　よって　$AB^2 + AC^2 = 2(x^2 + y^2 + h^2)$

　また，△AMH で，∠AHM＝90° であるから

　　　　　$AM^2 = MH^2 + AH^2 = y^2 + h^2$

　よって　$2(AM^2 + BM^2) = 2(y^2 + h^2 + x^2)$

　ゆえに　$AB^2 + AC^2 = 2(AM^2 + BM^2)$

(ii) 点 H が線分 BM 上にあるとき　　　BH＝$x-y$，　CH＝$x+y$

(iii) 点 H が辺 BC の延長上にあるとき　BH＝$x+y$，　CH＝$y-x$

(iv) 点 H が辺 CB の延長上にあるとき　BH＝$y-x$，　CH＝$x+y$

(ii)，(iii)，(iv) のときも，(i) と同様に証明できる。

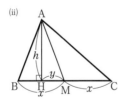 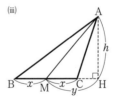 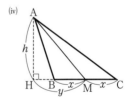

▶研究問題◀

27. △ABC で，AB＝5cm，BC＝8cm，CA＝7cm のとき，中線 AM の長さ を求めよ。

28. □ABCD で，AB＝15cm，AD＝9cm，AC＝$8\sqrt{2}$ cm のとき，対角線 BD の長さを求めよ。

29. 点 P が長方形 ABCD の内部にあるとき，$PA^2 + PC^2 = PB^2 + PD^2$ が成り立つことを証明せよ。

3 … 平面図形への応用(2)

---

1 **円の弦の長さ**

半径 r の円 O で，中心 O から弦 AB までの距離を d とするとき，弦 AB の長さは，

$$AB = 2\sqrt{r^2 - d^2}$$

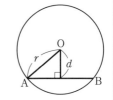

2 **円にひいた接線の長さ**

半径 r の円 O で，中心 O からの距離が d $(d > r)$ である点 P からこの円にひいた接線と円との接点を T とするとき，線分 PT の長さ（接線の長さ）は，

$$PT = \sqrt{d^2 - r^2}$$

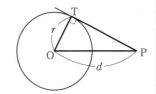

基本問題

30. 半径 10cm の円で，中心からの距離が 4cm である弦の長さを求めよ。

31. 半径 9cm の円で，弦の長さが 12cm のとき，円の中心から弦までの距離を求めよ。

32. 右の図のように，円 O の周上の点 P における接線上に 2 点 A，B をとる。円 O の半径が 4cm，OA＝8cm，OB＝12cm のとき，線分 AB の長さを求めよ。

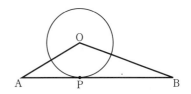

33. 右の図で，AB を直径とする半円の周上の点 P における接線と，点 A，B を通り直径 AB に垂直な直線との交点をそれぞれ C，D とする。AC＝16cm，BD＝25cm のとき，直径 AB の長さを求めよ。

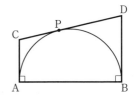

●**例題5**● 右の図のように，長方形 ABCD の 3 辺に接する円 O がある。頂点 D から円 O に接線をひき，辺 BC との交点を P とし，円 O と線分 BP，DP との接点をそれぞれ E，F とする。AD＝6cm，EP＝1cm のとき，次の問いに答えよ。

(1) 辺 AB の長さを求めよ。

(2) 線分 CF の長さを求めよ。

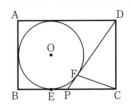

解説 (1) 円外の点から円にひいた 2 つの接線の長さが等しいことを使う。

(2) 点 F から線分 PC に垂線 FH をひき，△FHC で三平方の定理を使う。

解答 (1) 円 O と辺 AD との接点を G とする。

円 O の半径を $r$cm とすると

$$AG＝BE＝r$$

DF，DG は円 O の接線であるから

$$DF＝DG＝6-r$$

PF，PE も円 O の接線であるから

$$PF＝PE＝1$$

よって DP＝DF＋PF＝$(6-r)$＋1＝$7-r$

また DC＝$2r$

$$PC＝BC-BE-EP＝6-r-1＝5-r$$

△DPC で，∠DCP＝90° であるから

$$DP^2＝DC^2＋PC^2$$

$$(7-r)^2＝(2r)^2＋(5-r)^2$$

$$r^2＋r-6＝0$$

$$(r-2)(r+3)＝0$$

$0<r<5$ より $r＝2$

ゆえに AB＝$2r＝4$ （答）4cm

(2) 点 F から線分 PC に垂線 FH をひく。

FH∥DC，DF：FP＝4：1 より

$$FH＝\frac{1}{5}DC＝\frac{4}{5}, \quad HC＝\frac{4}{5}PC＝\frac{12}{5}$$

△FHC で，∠FHC＝90° であるから

$$CF＝\sqrt{\left(\frac{4}{5}\right)^2＋\left(\frac{12}{5}\right)^2}＝\frac{4\sqrt{10}}{5}$$ （答）$\frac{4\sqrt{10}}{5}$cm

演習問題

34. 右の図のように，長方形 ABCD の3辺に円 O が接し，円 O と辺 BC との接点を P，頂点 C から円 O にひいた接線と円 O との接点を Q，辺 AD との交点を R とする。∠BCR＝∠DCR，AB＝2cm のとき，次の問いに答えよ。

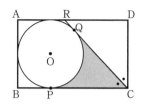

(1) 線分 CR の長さを求めよ。

(2) 線分 QR の長さを求めよ。　　(3) 影の部分の面積を求めよ。

35. 右の図で，四角形 ABCD は長方形で，E は辺 AB の中点である。BC を直径とする半円と線分 DE は点 F で接している。

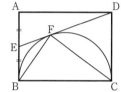

(1) $\dfrac{\text{AD}}{\text{AB}}$ の値を求めよ。

(2) AE＝3cm のとき，線分 BF，CF の長さを求めよ。

36. 右の図のような △ABC に内接する円の半径を求めよ。

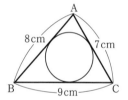

37. 右の図のように，1辺の長さが 8cm の正方形 ABCD の辺 AB，AD とそれぞれ点 E，F で接し，辺 BC，CD とそれぞれ点 P，Q で交わる円 O がある。BP＝1cm のとき，円 O の半径を求めよ。

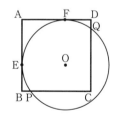

38. 右の図のように，関数 $y＝\dfrac{1}{6}x^2$ のグラフ上に2点 A，B を，y 軸上に点 C をとり，△ABC が正三角形で，その重心が原点 O と重なるようにする。

(1) 点 A の座標を求めよ。

(2) 辺 AC，BC と x 軸との交点をそれぞれ D，E とするとき，△CDE の内接円 P の半径を求めよ。

●**例題6**● 右の図のように，円 O の直径 AB に垂直な弦 CD と AB との交点を E とし，AE＝6cm，EB＝4cm とする。線分 DE の中点を F とし，線分 AF の延長と円 O との交点を G とする。

(1) 線分 AC，AF の長さを求めよ。

(2) 四角形 AGBC の面積を求めよ。

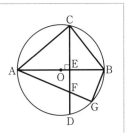

解説 (1) △OEC で，三平方の定理を使って，線分 CE の長さを求める。また，CE＝DE である。

(2) △AGB∽△AEF より，線分 AG，BG の長さを求める。

解答 (1) OC は半径であるから OC＝$\dfrac{6+4}{2}$＝5

△OEC で，∠OEC＝90°，OE＝6－5＝1 であるから
$$CE＝\sqrt{OC^2－OE^2}＝\sqrt{5^2－1^2}＝2\sqrt{6}$$

△AEC で，∠AEC＝90° であるから
$$AC＝\sqrt{AE^2+CE^2}＝\sqrt{6^2+(2\sqrt{6})^2}＝2\sqrt{15}$$

また，AB⊥CD より $EF＝\dfrac{1}{2}DE＝\dfrac{1}{2}CE＝\dfrac{1}{2}\times 2\sqrt{6}＝\sqrt{6}$

△AEF で，∠AEF＝90° であるから $AF＝\sqrt{AE^2+EF^2}＝\sqrt{6^2+(\sqrt{6})^2}＝\sqrt{42}$

（答） AC＝$2\sqrt{15}$ cm，AF＝$\sqrt{42}$ cm

(2) △AGB と △AEF において
$$∠BAG＝∠FAE（共通）$$
AB は直径であるから ∠AGB＝90° また ∠AEF＝90°（仮定）

よって ∠AGB＝∠AEF（＝90°）

ゆえに △AGB∽△AEF（2角）

よって AB：AF＝AG：AE＝BG：FE 　　10：$\sqrt{42}$＝AG：6＝BG：$\sqrt{6}$

ゆえに AG＝$\dfrac{10\sqrt{42}}{7}$ 　　BG＝$\dfrac{10\sqrt{7}}{7}$

よって △AGB＝$\dfrac{1}{2}$AG・BG＝$\dfrac{1}{2}\times\dfrac{10\sqrt{42}}{7}\times\dfrac{10\sqrt{7}}{7}＝\dfrac{50\sqrt{6}}{7}$

また △ABC＝$\dfrac{1}{2}$AB・CE＝$\dfrac{1}{2}\times 10\times 2\sqrt{6}＝10\sqrt{6}$

ゆえに （四角形 AGBC）＝△AGB＋△ABC＝$\dfrac{50\sqrt{6}}{7}+10\sqrt{6}＝\dfrac{120\sqrt{6}}{7}$

（答） $\dfrac{120\sqrt{6}}{7}$ cm²

参考 (2) △AGB∽△AEF で，相似比は AB：AF＝10：$\sqrt{42}$ であるから，

△AGB：△AEF＝AB²：AF²＝50：21

$$△AGB＝\frac{50}{21}△AEF＝\frac{50}{21}×\left(\frac{1}{2}×6×\sqrt{6}\right)＝\frac{50\sqrt{6}}{7}$$ と求めてもよい。

演習問題

39. 右の図のように，AB を直径とする円 O の
周上に 2 点 C，D をとる。線分 AB の延長と
DC の延長との交点を P とする。AB＝8cm，
OB＝BP，DC＝CP のとき，次の問いに答えよ。

(1) 線分 BC の長さを求めよ。

(2) 線分 AC の長さを求めよ。

(3) 四角形 ABCD の面積を求めよ。

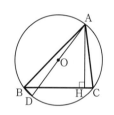

40. 右の図のように，△ABC の 3 つの頂点を通り，O を
中心とする半径 $\dfrac{5\sqrt{2}}{2}$ cm の円がある。線分 AO の延長
と円 O との交点を D とし，頂点 A から辺 BC に垂線
AH をひく。AB＝7cm，AC＝5cm のとき，線分 BD，
AH，および辺 BC の長さを求めよ。

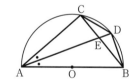

41. 右の図のように，AB を直径とする半円 O の周
上に 2 点 C，D があり，線分 AD は∠CAB を 2 等
分している。線分 AD と BC との交点を E とする。
AB＝3cm，BD＝1cm のとき，次の問いに答えよ。

(1) 線分 DE，BE の長さを求めよ。

(2) 線分 CE の長さを求めよ。

(3) 四角形 ABDC の面積を求めよ。

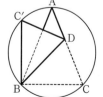

42. 右の図のように，AB＝AC，BC＝4cm の二等辺三
角形 ABC が円に内接している。辺 AC 上に点 D をとり，
線分 BD を折り目として△BCD を折り返したとき，頂
点 C が円周上の点 C′ と重なり，∠CBC′＝90° となった。

(1) ∠BAC，∠BC′D の大きさをそれぞれ求めよ。

(2) △ABC の面積を求めよ。

(3) △BC′D の面積を求めよ。

進んだ問題の解法

> |||問題3　右の図のように，AB＝4cm，
> AD＝6cm の長方形 ABCD の内部に，AB
> を直径とする半円 O がある。点 P，Q はそ
> れぞれ辺 AD，BC 上にあり，線分 PQ は半
> 円 O に接するように動く。 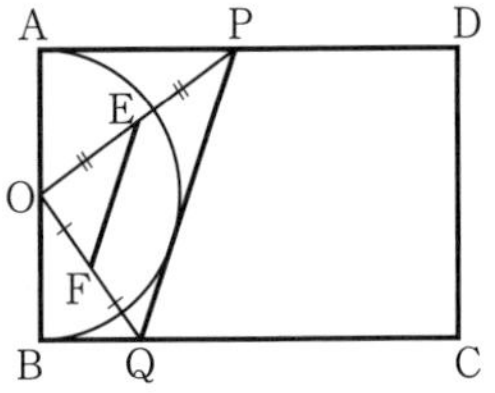
>
> 　線分 OP，OQ の中点をそれぞれ E，F と
> するとき，線分 EF の長さの最小値および最大値を求めよ。

解法　中点連結定理より，線分 PQ の長さが最小になるとき，線分 EF の長さは最小となり，PQ の長さが最大になるとき，EF の長さは最大となる。

解答　△OQP で，OE＝EP，OF＝FQ であるから，

中点連結定理より　EF∥PQ，$EF＝\dfrac{1}{2}PQ$

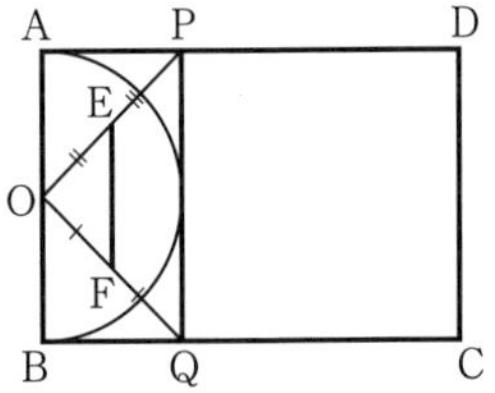

線分 EF の長さが最小になるのは，線分 PQ の
長さが最小，すなわち PQ∥AB のときである。
ゆえに，PQ＝AB＝4cm のとき，線分 EF の
長さは最小になり，最小値は 2cm である。

線分 EF の長さが最大になるのは，点 P が頂
点 D に一致するとき，または点 Q が頂点 C に
一致するときである。

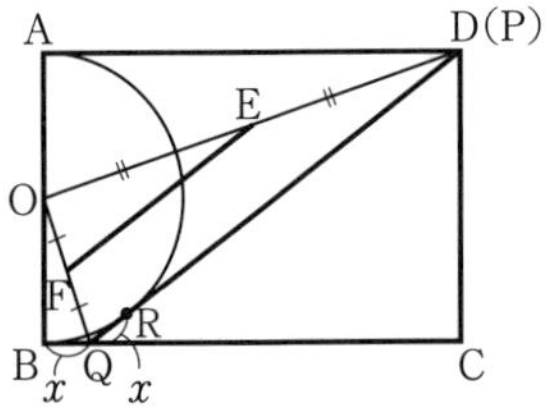

点 P が頂点 D に一致するとき，線分 PQ と半
円 O との接点を R とする。

A，B，R はそれぞれ半円 O の接点であるから

　　　DR＝DA＝6

BQ＝$x$cm とすると，RQ＝x より

　　　DQ＝DR＋RQ＝6＋x，CQ＝6－x

△DQC で，∠C＝90° であるから

　　　$DQ^2＝CQ^2＋CD^2$

　　　　$(6＋x)^2＝(6－x)^2＋4^2$　　　$24x＝16$　　　$x＝\dfrac{2}{3}$

よって　$PQ＝6＋\dfrac{2}{3}＝\dfrac{20}{3}$　　　ゆえに　$EF＝\dfrac{10}{3}$

点 Q が頂点 C に一致するときも同様である。

（答）　最小値 2cm，最大値 $\dfrac{10}{3}$cm

参考 線分 PQ の長さの最大値は，次のように求めてもよい。

$\triangle$AOD∽$\triangle$OQD（2角）より，AD：OD＝OD：QD

$\triangle$AOD で，OD＝$\sqrt{2^2+6^2}$＝$2\sqrt{10}$

ゆえに，$6:2\sqrt{10}=2\sqrt{10}:QD$ よって，$PQ=QD=\dfrac{20}{3}$

注 線分 PQ の長さが最大になるのは，点 P が頂点 D に一致するときであることを，次のように示すことができる。

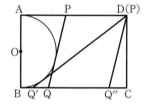

右の図で，PQ∥DQ″ とすると，PQ＝DQ″ ………①

$\triangle$DQ′Q″ で，∠DQ″Q′＝90°＋∠CDQ″ であるから，

∠DQ″Q′＞90°

よって，DQ′²＞DQ″²＋Q′Q″²

ゆえに，DQ′²＞DQ″² すなわち，DQ′＞DQ″ ……②

①，②より，DQ′＞PQ となり，線分 PQ の長さが最大になるのは，点 P が頂点 D に一致するときである。

‖‖‖‖進んだ問題‖‖‖‖

43. 1辺の長さが 12 cm の正三角形 ABC がある。右の図のように，辺 BC 上に点 P を，BP＝8 cm となるようにとり，3点 P，A，B を通る円 O をかく。また，この円の直径を PQ とし，頂点 A について点 Q と対称な点を R とする。

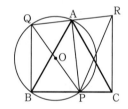

(1) 線分 AP，PQ の長さを求めよ。

(2) 線分 BQ，CR の長さを求めよ。

(3) 線分 BR と CQ との交点を S とするとき，$\triangle$SBC の面積を求めよ。

44. 右の図のように，円 A は y 軸の正の部分に点 B で接し，x 軸と2点 C(8, 0)，D(10, 0) で交わっている。

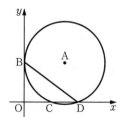

(1) 円の中心 A の座標を求めよ。

(2) この平面上で，線分 BD を，原点 O を中心として1回転させてできる図形の面積を求めよ。

(3) 円 A の周上に点 P をとり，4点 P，B，C，D を頂点とする四角形をつくる。この平面上で，この四角形を，P を中心として1回転させてできる図形の面積は，P の位置によって変わる。その面積の最小値を求めよ。

202

4 … 空間図形への応用

① 直方体・立方体の対角線の長さ

(1) 3辺の長さが a, b, c の直方体
の対角線の長さは

$$\sqrt{a^2+b^2+c^2}$$

(2) 1辺の長さが a の立方体の
対角線の長さは

$$\sqrt{3}\,a$$

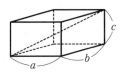

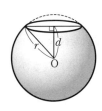

② 球の切り口の円の半径と面積

半径 r の球を，中心から d $(d<r)$ の距離にあ
る平面で切ったとき，

切り口の円の半径は $\sqrt{r^2-d^2}$

切り口の円の面積は $\pi(r^2-d^2)$

《基本問題》

45. 次の立体の対角線の長さを求めよ。
(1) 3辺の長さが 3cm，4cm，5cm の直方体
(2) 1辺の長さが 5cm の立方体

46. 半径 6cm の球を，中心から 3cm の距離にある平面で切ったとき，切り口
の円の半径と面積を求めよ。

47. 底面の半径が 2cm，高さが $\sqrt{5}$ cm の円すいの表面積を求めよ。

48. 展開図が右の図のような円すいがある。
(1) 底面の半径を求めよ。
(2) 体積を求めよ。

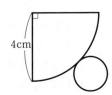

4cm

●**例題7**● 右の図のように，1辺の長さが $\sqrt{6}$ cm の正四面体 OABC があり，辺 OA の中点を D とする。

(1) △DBC の面積を求めよ。

(2) 三角すい O–DBC の体積を求めよ。

(3) 点 D から面 OBC にひいた垂線 DH の長さを求めよ。

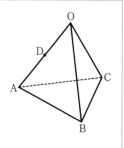

解説 (1) 正四面体の各面は，1辺の長さが $\sqrt{6}$ cm の正三角形である。

(2) 三角すい O–DBC の底面を △DBC とすると，OA⊥BD，OA⊥CD より，高さは線分 OD の長さに等しい。

(3) 三角すい O–DBC を，△OBC を底面とする三角すい D–OBC であると考える。

解答 (1) 正四面体の各面は，1辺の長さが $\sqrt{6}$ cm の正三角形であり，D は辺 OA の中点であるから，

△DBC は $DB = DC = \dfrac{\sqrt{3}}{2} OA = \dfrac{\sqrt{3}}{2} \times \sqrt{6} = \dfrac{3\sqrt{2}}{2}$

の二等辺三角形である。

辺 BC の中点を M とする。

△DBM で，∠DMB = 90° であるから

$$DM = \sqrt{DB^2 - BM^2}$$

$$= \sqrt{\left(\dfrac{3\sqrt{2}}{2}\right)^2 - \left(\dfrac{\sqrt{6}}{2}\right)^2} = \sqrt{3}$$

ゆえに △DBC $= \dfrac{1}{2} BC \cdot DM = \dfrac{1}{2} \times \sqrt{6} \times \sqrt{3} = \dfrac{3\sqrt{2}}{2}$

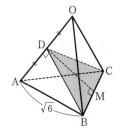

(答) $\dfrac{3\sqrt{2}}{2}$ cm²

(2) 三角すい O–DBC で，△DBC を底面とみると，OA⊥BD，OA⊥CD より，△DBC は辺 OA に垂直であるから，高さは線分 OD の長さに等しい。

ゆえに，求める体積は

$$\dfrac{1}{3} \triangle DBC \cdot OD = \dfrac{1}{3} \times \dfrac{3\sqrt{2}}{2} \times \dfrac{\sqrt{6}}{2} = \dfrac{\sqrt{3}}{2}$$

(答) $\dfrac{\sqrt{3}}{2}$ cm³

(3) △OBC は 1 辺の長さが $\sqrt{6}$ cm の正三角形であるから

$$\triangle OBC = \frac{\sqrt{3}}{4} \times (\sqrt{6})^2 = \frac{3\sqrt{3}}{2}$$

よって，三角すい D–OBC の体積は

$$\frac{1}{3}\triangle OBC \cdot DH = \frac{1}{3} \times \frac{3\sqrt{3}}{2} DH = \frac{\sqrt{3}}{2} DH$$

(2)より　$\dfrac{\sqrt{3}}{2} DH = \dfrac{\sqrt{3}}{2}$

ゆえに　DH＝1　　　　　　　　　　　　　　　　　　　（答）　1 cm

別解 (3) △DBM で，点 M から辺 BD に垂線 MN をひく。

△MOD≡△DBM より　DH＝MN

$$\triangle DBM = \frac{1}{2}\triangle DBC = \frac{3\sqrt{2}}{4}$$

よって　$\dfrac{3\sqrt{2}}{4} = \dfrac{1}{2} \times \dfrac{3\sqrt{2}}{2} \times MN$

ゆえに　DH＝MN＝1　　　　　　　　　　　　　　　　（答）　1 cm

演習問題

49. 1 辺の長さが 6 cm の正四面体 ABCD がある。

(1) 頂点 A から底面 BCD に垂線 AH をひくと，H
は △BCD の重心となる。線分 AH の長さ，および
正四面体 ABCD の体積を求めよ。

(2) 辺 AC，AD の中点をそれぞれ M，N とする。
△BMN の面積，および頂点 A から平面 BMN にひ
いた垂線の長さを求めよ。

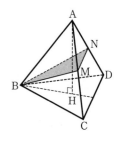

50. 右の図のように，1 辺の長さが 6 cm の立方体
ABCD-EFGH がある。辺 AD，CD 上にそれぞれ点
P，Q を，PD＝QD＝2 cm となるようにとり，4 点 P，
E，G，Q を通る平面と直線 DH との交点を R とする。

(1) 線分 PQ，PR の長さを求めよ。

(2) 四角形 PEGQ の面積を求めよ。

(3) この立方体を，4 点 P，E，G，Q を通る平面で
切って 2 つに分けたとき，頂点 D をふくむほうの
立体の体積を求めよ。

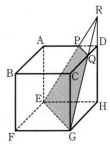

51. 右の図のように，すべての辺の長さが6cm の正四角すい O-ABCD がある。辺 OB，OD の中点をそれぞれ E，F とし，3点 A，E，F を通る平面と辺 OC との交点を G とすると，GC＝2OG である。

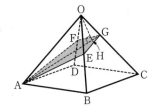

(1) 頂点 O から線分 AG にひいた垂線 OH の長さを求めよ。

(2) 四角形 AEGF の面積を求めよ。

(3) 四角すい O-AEGF の体積を求めよ。

52. 右の図のように，1辺の長さが8cm の立方体 ABCD-EFGH がある。辺 AE 上に点 P を，AP＝2cm となるようにとる。この立方体を，3点 D，P，F を通る平面で切ったとき，切り口の平面と辺 CG との交点を Q とする。

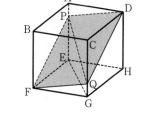

(1) 線分 PQ の長さを求めよ。

(2) 四角形 PFQD の面積を求めよ。

(3) 四角すい F-PEGQ の体積を求めよ。

53. 右の図は，1辺の長さが2cm の正四面体 ABCD である。この正四面体の面上に，頂点 A から辺 BC→BD→AD→AC→BC の順で交わるように，頂点 D まで線をひく。このような線のうち，最も短い頂点 A から D までひいた線の長さを求めよ。

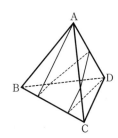

●**例題8**● 右の図のように，1辺の長さが6cm の正方形を底面とする四角すい A-BCDE があり，AB＝AC＝AD＝AE ＝5cm である。この四角すいに内接する球 O の半径を求めよ。

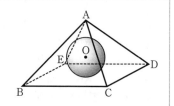

解説 四角すい A-BCDE の体積は，四角すい O-BCDE の体積と三角すい O-ABC，O-ACD，O-ADE，O-AEB の体積の和に等しい。

（**解答**）四角すい A–BCDE の体積は，四角すい O–BCDE の体積と三角すい O–ABC，
O–ACD，O–ADE，O–AEB の体積の和に等しく，
△ABC≡△ACD≡△ADE≡△AEB であるから
　　　（四角すい A–BCDE の体積）
　　　　　＝（四角すい O–BCDE の体積）＋（三角すい O–ABC の体積）×4
正方形 BCDE の対角線の交点を H とすると

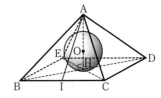

$$BH＝\frac{1}{\sqrt{2}}BC＝\frac{1}{\sqrt{2}}×6＝3\sqrt{2}$$

AH⊥正方形 BCDE より，△ABH で

$$AH＝\sqrt{AB^2-BH^2}$$
$$＝\sqrt{5^2-(3\sqrt{2})^2}＝\sqrt{7}$$

ゆえに　（四角すい A–BCDE の体積）$＝\frac{1}{3}×6^2×\sqrt{7}＝12\sqrt{7}$

辺 BC の中点を I とすると　$BI＝\frac{1}{2}BC＝\frac{1}{2}×6＝3$

AI⊥BC より，△ABI で
$$AI＝\sqrt{AB^2-BI^2}＝\sqrt{5^2-3^2}＝4$$

よって　$△ABC＝\frac{1}{2}×6×4＝12$

求める半径を r cm とすると

$$12\sqrt{7}＝\frac{1}{3}×6^2×r+\left(\frac{1}{3}×12×r\right)×4$$

ゆえに　$r＝\dfrac{3\sqrt{7}}{7}$　　　　　　　　　　　　　　　　（答）$\dfrac{3\sqrt{7}}{7}$ cm

（**別解**）正方形 BCDE の対角線の交点を H，辺 BC，ED の中点をそれぞれ I，J とし，四角
すい A–BCDE を3点 A，I，J を通る平面で切る。
球 O は線分 AI，AJ に接するから，切り口は
右の図のようになる。

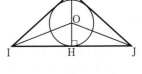

AI⊥BC より，△ABI で
$$AI＝\sqrt{AB^2-BI^2}＝\sqrt{5^2-3^2}＝4$$

また　　$AJ＝AI＝4$

AH⊥IJ より，△AIH で
$$AH＝\sqrt{AI^2-IH^2}＝\sqrt{4^2-3^2}＝\sqrt{7}$$

O は △AIJ の内心であるから　∠AIO＝∠HIO
よって　AO：OH＝IA：IH＝4：3

ゆえに　$OH＝\dfrac{3}{4+3}AH＝\dfrac{3\sqrt{7}}{7}$　　　　　　　　（答）$\dfrac{3\sqrt{7}}{7}$ cm

演習問題

54. 1辺の長さが6cm の正四面体 ABCD に内接する球 O の半径を求めよ。

55. 右の図のように，底面の半径が1cm，高さが $2\sqrt{2}$ cm である円すいに，球 O が内接している。球 O の半径を求めよ。

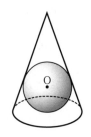

56. 右の図のように，半径 15cm の半球の中に，底面の半径が 12cm，母線の長さが 20cm である円すいを，円すいの底面の周が半球内部の面にすべて接するようにおく。円すいの頂点 O から円すいの底面に垂線 OH をひき，OH の延長と半球との交点を A とするとき，線分 OA の長さを求めよ。

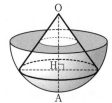

57. 右の図のように，1辺の長さが6cm の立方体 ABCD–EFGH と頂点 A を中心とする球 A がある。この球を，3点 B，D，E を通る平面で切る。

(1) 球 A の半径が 4cm であるとき，切り口の円の半径を求めよ。

(2) 切り口の円が △BDE の内接円となるとき，球 A の半径を求めよ。

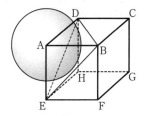

58. 右の図のように，底面の半径が 2cm，高さが $4\sqrt{2}$ cm の円すいがある。頂点を A とし母線 AB 上に AC＝2cm である点 C をとり，円すいの側面に長さが最短となるように，点 B から C まで糸を一巻きする。

(1) 糸の長さを求めよ。

(2) 頂点 A と糸上にある点との距離が最小となる点を D とするとき，線分 AD の長さを求めよ。

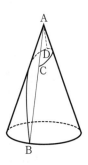

進んだ問題の解法 ||||||||||||||||||||||||||||||||||||||||||

|||||**問題4** 右の図のように，1辺の長さが8cm の
立方体 ABCD–EFGH がある。2点 P，Q は頂点
E を同時に出発し，それぞれ秒速2cm で動く。

点 P は辺 EF，FB 上を E→F→B の順に頂点 B
まで，点 Q は辺 EH，HD 上を E→H→D の順に
頂点 D まで動く。2点 P，Q が頂点 E を出発し
てからの時間を t 秒とする。

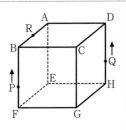

(1) この立方体を3点 A，P，Q を通る平面で切る。切り口が五角形にな
るとき，t の値の範囲を求めよ。

(2) 辺 AB の中点を R とする。$t=6$ のとき，この立方体を3点 P，Q，R
を通る平面で切る。切り口を底面とし，C を頂点とする角すいの体積を
求めよ。

解法 (1) 辺 FG と切り口が頂点 F，G 以外で交わるとき，切り口は五角形になる。

(2) 3点 P，Q，R を通る平面で立方体を切ると，切り口は正六角形になる。

解答 辺 BF，DH の中点をそれぞれ I，J とする。

(1) (i) $0<t≦4$ のとき

点 P，Q はそれぞれ頂点 E を除く辺 EF，EH 上にあるから，切り口は三角形
になる。

(ii) $4<t<6$ のとき

点 P は頂点 F と点 I の間に，点 Q は頂点 H と点 J
の間にある。

点 P を通り線分 AQ に平行な直線と辺 FG は頂点
F と G の間で交わり，点 Q を通り線分 AP に平行
な直線と辺 GH は頂点 G と H の間で交わる。

よって，切り口は五角形になる。

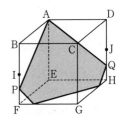

(iii) $6≦t<8$ のとき

点 P，Q はそれぞれ頂点 B を除く線分 BI，頂点 D を除く線分 DJ 上にある。
点 P を通り線分 AQ に平行な直線と，点 Q を通り線分 AP に平行な直線は，
辺 CG 上で交わる。

よって，切り口は四角形になる。

ゆえに，切り口が五角形になるのは，(ii) $4<t<6$ のときである。

（答） $4<t<6$

(2) 2点P, Qはそれぞれ点I, Jに一致するから, 3点P, Q, Rを通る平面で立方体を切ると, 切り口は正六角形になる。

△BPR で, ∠B=90°, BP=BR であるから PR=$\sqrt{2}$ BP=$4\sqrt{2}$

ゆえに, 正六角形の1辺の長さは $4\sqrt{2}$

対角線 AG と CE との交点をSとすると, △RPS は正三角形になる。

よって, 切り口の正六角形の面積は

$$\triangle RPS \times 6 = \left\{\frac{\sqrt{3}}{4} \times (4\sqrt{2})^2\right\} \times 6$$
$$= 48\sqrt{3}$$

CS はCを頂点とする角すいの高さであるから

$$CS = \frac{1}{2}CE = \frac{1}{2} \times (\sqrt{3} \times 8) = 4\sqrt{3}$$

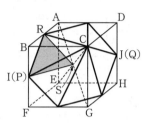

ゆえに, 求める体積は $\frac{1}{3} \times 48\sqrt{3} \times 4\sqrt{3} = 192$ （答） 192 cm³

|||||進んだ問題 |||||

59. 右の図のように, 1辺の長さが 2cm の立方体 ABCD–EFGH がある。点Pは頂点Eを出発し, 秒速1cm で辺 EA, AB 上を E→A→B の順に頂点B まで動く。この立方体を, 頂点Eを出発してから t 秒後の点Pを通り, 対角線 EC に垂直な平面で切ったときの切り口の面積を S cm² とする。ただし, $0 < t \leqq 4$ とする。

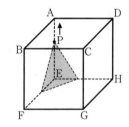

(1) 点Pが辺 EA 上にあるとき, S を t の式で表せ。

(2) $t=3$ のとき, S の値を求めよ。

(3) 点Pが辺 AB 上にあるとき, S を t の式で表せ。

(4) $t=x$ のときの S を S_1, $t=2x$ のときの S を S_2 とする。$S_2=2S_1$ となる x の値を求めよ。

60. 半径 $2\sqrt{3}$ cm の球に立方体が内接している。

(1) この立方体の1辺の長さを求めよ。

(2) この立体をある平面で切ると, 右の図のような断面図が現れた。このとき, AB=DC=$2\sqrt{5}$ cm, AD∥BC, AD:BC=1:3 である。この平面により切り分けられた, 立方体の小さいほうの部分の体積を求めよ。

8章の問題

1 次の図で，x，y の値を求めよ。

(1)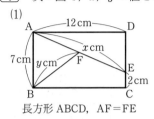

長方形 ABCD，AF＝FE

(2)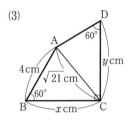

(3)

2 右の図のように，半径 2cm の円 O が ∠A＝90°
の直角二等辺三角形 ABC に内接し，辺 BC，CA，
AB との接点をそれぞれ D，E，F とする。

(1) 線分 AD，辺 AB の長さを求めよ。

(2) △DEF の面積を求めよ。

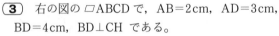

3 右の図の □ABCD で，AB＝2cm，AD＝3cm，
BD＝4cm，BD⊥CH である。

(1) 線分 BH の長さを求めよ。

(2) 線分 AH の長さを求めよ。

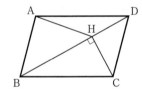

4 右の図で，①は関数 $y＝\dfrac{1}{8}x^2$ のグラフ，②
は点 $(0，-2)$ を通り x 軸に平行な直線である。
①上に x 座標がそれぞれ -2，8 である 2 点 P，
Q をとり，②上に点 R をとる。

(1) PR＝QR のとき，点 R の x 座標を求めよ。

(2) ∠PRQ＝90° のとき，点 R の x 座標を求めよ。

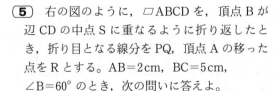

5 右の図のように，□ABCD を，頂点 B が
辺 CD の中点 S に重なるように折り返したと
き，折り目となる線分を PQ，頂点 A の移った
点を R とする。AB＝2cm，BC＝5cm，
∠B＝60° のとき，次の問いに答えよ。

(1) 線分 QS の長さを求めよ。　　(2) 線分 PR の長さを求めよ。

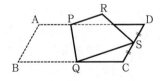

6 右の図のように，円 O は正方形 ABCD に内接し，辺 AB，AD との接点をそれぞれ E，F とする。また，円 O の $\overset{\frown}{EF}$ 上の点 P における円 O の接線と，辺 AB，AD との交点をそれぞれ M，N とする。AB＝40cm，MN＝17cm，AM＜AN のとき，次の問いに答えよ。

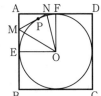

(1) 線分 AM の長さを求めよ。

(2) 線分 OM，ON の長さを求めよ。

7 右の図のように，円 O に内接する四角形 ABCD がある。頂点 A を通り線分 BD に平行な直線と，辺 CB の延長との交点を E とする。AD＝$5\sqrt{3}$ cm，AE＝4cm，BC＝3cm，BE＝5cm のとき，次の問いに答えよ。

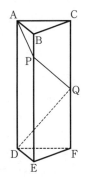

(1) 線分 AC の長さを求めよ。

(2) △ABD の面積を求めよ。

(3) 円 O の半径を求めよ。

8 右の図のように，AB＝5cm，BC＝12cm，CA＝13cm，AD＝30cm の三角柱 ABC-DEF がある。線分の長さの和 AP＋PQ＋QD が最小になるように辺 BE，CF 上にそれぞれ点 P，Q をとる。

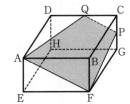

(1) AP＋PQ＋QD を求めよ。

(2) この三角柱を，3 点 A，P，Q を通る平面で切るとき，四角すい A-BPQC の体積を求めよ。

9 右の図のように，1 辺の長さが 4cm の正方形を底面とし，高さが 2cm の直方体 ABCD-EFGH があり，辺 CG の中点を P とする。この直方体を，3 点 A，F，P を通る平面で切って 2 つに分けたとき，切り口と辺 CD との交点を Q とする。

(1) 頂点 C をふくむほうの立体の体積を求めよ。

(2) 四角形 AFPQ の面積を求めよ。

(10) 右の図のように，四面体 ABCD の内部に球 O が
あり，4 つの面すべてに接している。各辺の長さは
AB＝AC＝AD＝BC＝BD＝$2\sqrt{7}$ cm，CD＝2cm であ
る。辺 AB，CD の中点をそれぞれ M，N とする。

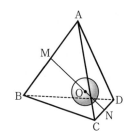

(1) 線分 MN の長さを求めよ。

(2) 球 O の半径を求めよ。

||||||**進んだ問題**||||||

(11) 右の図のように，AB＝5cm，BC＝7cm，
CA＝8cm の △ABC があり，辺 AC について，頂
点 B と反対側に点 D を，△ACD が正三角形になる
ようにとる。△ABC 内に点 P を，△ACD 内に点 Q
をとり，正三角形 APQ をつくる。

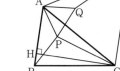

(1) △APC≡△AQD であることを証明せよ。

(2) 頂点 C から辺 AB に垂線 CH をひくとき，線
分 CH の長さを求めよ。

(3) 点 P が △ABC 内を動くとき，線分の長さの和 AP＋BP＋CP の最小値を
求めよ。

(12) 右の図のように，すべての辺の長さが
4cm の正四角すい O-ABCD がある。辺 OA，
OD の中点をそれぞれ E，H とする。線分
EH をふくむ平面と辺 OB，OC との交点を
それぞれ F，G とし，FG＝$x$cm とするとき，
次の問いに答えよ。

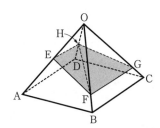

(1) △OFH の面積を x を使って表せ。

(2) 四角すい O-EFGH の体積を x を使って表せ。

(3) 正四角すい O-ABCD を平面 EFGH で切って 2 つの立体に分ける。四角
すい O-EFGH ともう 1 つの立体の体積の比が 3：13 であるとき，x の値を
求めよ。

円の応用

1…2つの円

1 2つの円の位置関係

2つの円 O, O′ の半径をそれぞれ r, r' $(r>r')$, 中心間の距離 OO′ を d とすると, 2つの円 O, O′ の位置関係は, 次のようになる。

(1) 離れている $\Longleftrightarrow d>r+r'$

共有点はない

(2) 外接する $\Longleftrightarrow d=r+r'$

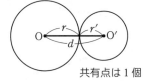

共有点は1個

(3) 交わる $\Longleftrightarrow r-r'<d<r+r'$

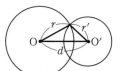

共有点は2個

(4) 内接する $\Longleftrightarrow d=r-r'$

共有点は1個

(5) 一方が他方の内部にある $\Longleftrightarrow d<r-r'$

共有点はない

2 交わる2つの円

2つの円 O, O′ が2点 A, B で交わっていると き, 中心線 OO′ は共通弦 AB を垂直に2等分する。

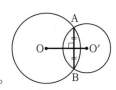

3 **接する2つの円**

　2つの円O，O′が接している（外接または内接する）とき，その共有点を2つの円の**接点**といい，その接点は中心線OO′上にある。

4 **共通接線**

　2つの円の両方に接する直線を**共通接線**という。とくに，接線について，2つの円が同じ側にあるときはその接線を**共通外接線**，反対側にあるときはその接線を**共通内接線**という。

　下の図のような2つの円O，O′で，実線は共通外接線，破線は共通内接線を表している。接点を結ぶ線分 AA′，BB′，CC′，DD′ の長さを**共通接線の長さ**という。

(1) 離れている

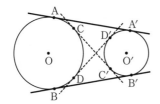

(2) 外接する

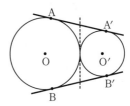

(3) 交わる

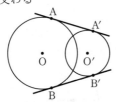

(4) 内接する

5 **共通接線の長さ**

　2つの円O，O′の半径をそれぞれ r，r'（$r \geq r'$），中心間の距離 OO′ を d とすると，共通接線の長さは次のようになる。

(1) 共通外接線の長さ

$$AB = \sqrt{d^2 - (r - r')^2}$$

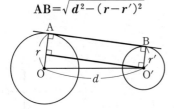

(2) 共通内接線の長さ

$$CD = \sqrt{d^2 - (r + r')^2}$$

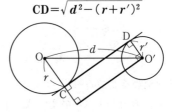

●**基本問題**●

1. 半径がそれぞれ 3, 6 である 2 つの円 O,
O′ があり, 中心間の距離を d とする。こ
のとき, d の値が右の表のような場合, 2
つの円 O, O′ の共通内接線, 共通外接線

d	2	3	5	9	10
共通内接線					
共通外接線					

の数はいくつあるか。表の空らんにあてはまる数を入れよ。

2. 右の図のように, 外接する 2 つの円 O, O′ の共通
内接線上の点 P から, 2 つの円にひいた接線と円 O,
O′ との接点をそれぞれ T, T′ とする。このとき,
PT＝PT′ であることを証明せよ。

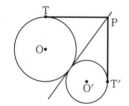

3. 次の図で, 円 O, O′ の共通接線の長さを x とするとき, x の値を求めよ。

(1)

(2)

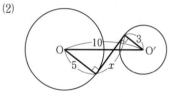

●**例題1**● 右の図のように, 3 つの円 P, Q, R
がたがいに外接している。

PQ＝6, QR＝7, RP＝5 のとき, 3 つの円 P,
Q, R の半径を求めよ。

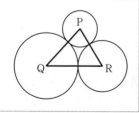

（**解説**） 2 つの円が外接しているときは, 2 つの円の半径の和が中心間の距離になる。

PQ＝6 であるから, 円 P と円 Q の半径の和が 6 である。

（**解答**） 円 P の半径を x とすると, 円 Q の半径は $6-x$, 円 R の半径は $5-x$

QR＝7 であるから

$$(6-x)+(5-x)=7$$

よって $x=2$

ゆえに （円 Q の半径）＝6－2＝4, （円 R の半径）＝5－2＝3

（答） 円 P の半径 2, 円 Q の半径 4, 円 R の半径 3

演習問題

4. 右の図のように，2つの円 Q, R は外接し，ともに円
P に内接している。
　PQ=5，QR=7，RP=6 のとき，3つの円 P, Q, R
の半径を求めよ。

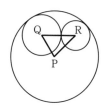

5. 右の図のように，2つの円 O, O′ の交点を A,
B とするとき，中心線 OO′ は共通弦 AB を垂直
に2等分することを証明せよ。

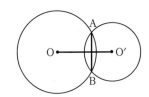

6. 右の図のように，2つの円 O, O′ の交点の1つ
を P とする。円 O は円 O′ の中心を通り，円 O′
は円 O の中心を通っている。円 O の弦 AP は円
O′ に接し，円 O′ の弦 BP は円 O に接していると
き，∠APB の大きさを求めよ。

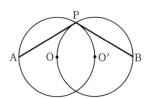

7. 右の図のように，点 A で外接する2つの円 O,
O′ の共通外接線と，2つの円との接点をそれぞ
れ B, C とするとき，∠BAC=90° であることを
証明せよ。

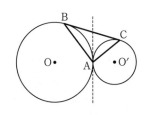

8. 右の図のように，2つの円 O, O′ が点 A で
外接している。点 A を通る直線と円 O, O′ と
の交点をそれぞれ B, C とする。円 O の点 B
における接線 ℓ と，円 O′ の点 C における接線
m は平行であることを証明せよ。

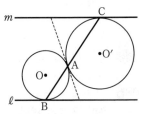

9. 右の図のように，円Oの直径を AB とする。半
径 OA 上に点Cをとり，Cを中心とし CO を半径と
する円と，円Oとの交点の１つをDとする。線分
DC の延長と円Oとの交点をEとするとき，
$\overparen{BE}=3\overparen{AD}$ であることを証明せよ。

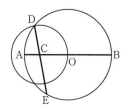

|||||**進んだ問題**|||||

10. ２つの円 O，O′ の半径がそれぞれ r，r'（$r>r'$）であるとき，次の図を参
考にして，２つの円の共通接線を作図する方法を述べよ。

(1) 共通外接線 　　　　　　　 (2) 共通内接線

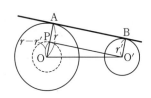

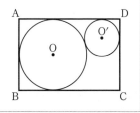

●**例題2**● 　右の図のように，AB=4，AD=6
の長方形 ABCD の辺 AB，AD，BC に接する
円Oがある。円Oに外接し，辺 AD，CD に
接する円 O′ の半径を求めよ。

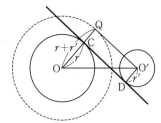

解説 ２つの円 O，O′ は外接しているから，中心間の距離 OO′ は半径の和である。

解答 円 O，O′ と辺 AD との接点をそれぞれ E，F とし，
点 O′ から線分 OE に垂線 O′G をひく。
円 O′ の半径を r とすると

$$OO'=2+r, \quad OG=2-r, \quad O'G=6-2-r=4-r$$

△OO′G で，∠OGO′=90° であるから

$$(2+r)^2=(2-r)^2+(4-r)^2$$
$$r^2-16r+16=0 \qquad r=8\pm4\sqrt{3}$$

$0<r<2$ より　$r=8-4\sqrt{3}$

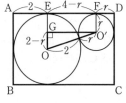

(答)　$8-4\sqrt{3}$

演習問題

11. 右の図のように，3つの円P，Q，Rは長方形
ABCDの辺に接し，円PとR，円QとRはそれ
ぞれ外接している。
　　AB=6，AD=8，円P，Qの半径を1とすると
き，円Rの半径を求めよ。

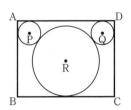

12. 右の図のように，半円Oに半径の等しい2つの
円P，Qが内接し，円P，Qはたがいに外接してい
る。円P，Qの半径をrとするとき，半円Oの半径
をrを使って表せ。

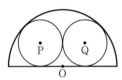

13. 半径が等しい2つの円A，Bは外接し，ともに円
Cに内接している。円A，Bの両方に外接し，円C
に内接する円をかき，その中心をPとする。円A，B
の半径をr，円Cの半径をRとするとき，次の問い
に答えよ。

(1) 図1で，円Pの半径が円Aの半径に等しいとき，
　Rをrの式で表せ。

(2) 図2で，$r=3$，$R=8$のとき，上の条件を満たす
　円Pは2つある。小さい円の中心をP_1，大きい円
　の中心をP_2として，円P_1，P_2の半径を求めよ。

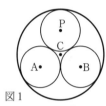

図1

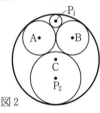

図2

14. 右の図のように，1辺の長さ
が6の立方体ABCD–EFGHの中
に半径の等しい2つの球O，O′
がはいっている。球O，O′はた
がいに接し，また，それぞれ立方
体の3つの面に接しているとき，
球Oの半径を求めよ。

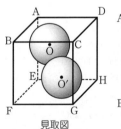

見取図

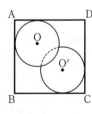

真上から見た図

●**例題3**● 右の図のように，x 座標，y 座標がともに正である 2 点 A，B があり，A を中心とする半径 6 の円と，B を中心とする半径 2 の円がたがいに外接し，ともに x 軸に接している。また，線分 BA の延長と円 A との交点 C は y 軸上にある。

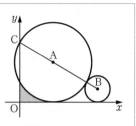

(1) 中心 A，B の座標を求めよ。　　(2) 影の部分の面積を求めよ。

解説 (1) 円 A，B は x 軸に接するから，その中心の y 座標はそれぞれ 6，2 である。

(2) 円 A と y 軸との交点のうち，C と異なる点を C′，x 軸との接点を D とする。求める面積は，台形 AC′OD の面積からおうぎ形 AC′D の面積をひいたものである。

解答 円 A，B と x 軸との接点をそれぞれ D，E とし，点 B から線分 AD に垂線 BF をひく。また，円 A と y 軸との交点のうち，C と異なる点を C′ とし，点 A から線分 CC′ に垂線 AG をひく。

(1) AD⊥x 軸，BE⊥x 軸 で，円 A，B の半径がそれぞれ 6，2 であるから，中心 A，B の y 座標はそれぞれ 6，2 である。

△AFB で　∠AFB＝90°

$$AB : AF = (6+2) : (6-2) = 8 : 4 = 2 : 1$$

よって　　∠BAF＝60°，FB＝$\sqrt{3}$ AF＝$4\sqrt{3}$

CC′∥AD より　∠ACC′＝∠BAF＝60°（同位角）

また　　AC＝AC′＝6（半径）

ゆえに，△ACC′ は正三角形であるから

$$GA = \frac{\sqrt{3}}{2}AC = 3\sqrt{3}$$

よって，中心 A の x 座標は　OD＝GA＝$3\sqrt{3}$

中心 B の x 座標は　OE＝GA＋FB＝$7\sqrt{3}$

ゆえに，中心 A，B の座標はそれぞれ $(3\sqrt{3}, 6)$，$(7\sqrt{3}, 2)$ である。

（答）　A$(3\sqrt{3}, 6)$，B$(7\sqrt{3}, 2)$

(2) GC′＝$\frac{1}{2}$AC′＝3 より　C′O＝6－3＝3　　また　∠C′AD＝60°

ゆえに，求める面積は

$$(台形\ AC′OD) - (おうぎ形\ AC′D) = \frac{1}{2} \times (3+6) \times 3\sqrt{3} - \pi \times 6^2 \times \frac{60}{360}$$

$$= \frac{27\sqrt{3}}{2} - 6\pi$$

（答）　$\dfrac{27\sqrt{3}}{2} - 6\pi$

演習問題

15. 右の図のように，半径 2 の円 C が x 軸と点 A
で接し，原点 O を通る直線 ℓ と点 B で接している。
$\angle AOB = 60°$ のとき，次の問いに答えよ。

(1) 中心 C の座標を求めよ。

(2) x 軸と直線 ℓ の両方に接し，円 C に外接する
円のうち，$\angle AOB$ の内部に中心がある円の半径
をすべて求めよ。

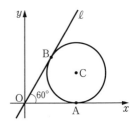

16. 右の図の直線 ℓ は，関数 $y = 2x - 1$ のグラフで
ある。直線 ℓ 上に点 A をとり，A を中心とする円
が x 軸，y 軸の正の部分に接している。

(1) 点 A の座標を求めよ。

(2) 直線 ℓ 上に点 B をとり，B を中心とする円が
円 A と y 軸に接するようにする。点 B の座標を
求めよ。ただし，点 B の x 座標は点 A の x 座標
より大きいとする。

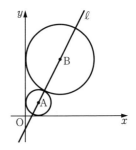

17. 右の図のように，中心がともに第 1 象限にある
半径 3 の円 A と半径 1 の円 B がある。円 A は x 軸
と y 軸に接し，円 B は x 軸と円 A に接している。
円 B は円 A に外接しながら矢印の向きに転がり，y
軸に接したところで止まる。

(1) 円 B と x 軸との接点の座標を求めよ。

(2) 円 B の中心がえがく曲線の長さを求めよ。

(3) 円 B が通った部分の面積を求めよ。

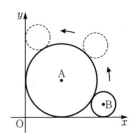

18. 右の図で，2 点 A，B の座標はそれぞれ
$(15, 0)$，$(0, 5)$ である。P を中心とする
半径 4 の円と，Q を中心とする半径 1 の円が
ある。点 P は点 A を，点 Q は点 B を同時に
出発し，P は x 軸上を毎秒 2 の速さで，Q は
y 軸上を毎秒 1 の速さで矢印の向きに動く。

(1) 出発してから 2 つの円が外接するのは何秒後か。

(2) 出発してから 2 つの円が内接するのは何秒後か。

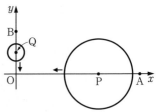

進んだ問題の解法

> ||||問題1　右の図のように，2つの円 A，B がた
> がいに外接し，同時に PQ を直径とする半円 O
> に内接している。2つの円 A，B の半径をそれ
> ぞれ a，b とし，半円 O の半径を r とするとき，
> $r>a+b$ であることを証明せよ。

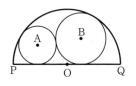

解法　線分 OA，OB，AB の長さを a，b，r を使って表す。
　　　三角形で，「2辺の長さの和は，他の1辺の長さより大きい」ことを利用する。

証明　円 A と円 B との接点を C，円 A，B と半円 O の
　　$\overparen{PQ}$ との接点をそれぞれ D，E とすると

$$OA=OD-AD=r-a$$
$$OB=OE-BE=r-b$$
$$AB=AC+BC=a+b$$

三角形の2辺の長さの和は，他の1辺の長さより大きいから，△OAB で
$$OA+OB>AB \qquad (r-a)+(r-b)>a+b \qquad 2r>2(a+b)$$
ゆえに　$r>a+b$

||||進んだ問題||||

19. 右の図のように，3つの円 A，B，C がたがいに外接
し，同時に円 O に内接している。3つの円 A，B，C の
半径をそれぞれ a，b，c とし，円 O の半径を r とする
とき，次のことを証明せよ。

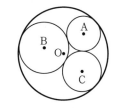

(1)　$r \geqq a+b$ 　　　　　(2)　$\dfrac{3}{2}r>a+b+c$

20. $\angle A=90°$，$AB=3$，$AC=4$ の △ABC がある。

(1)　右の図のように，斜辺 BC に接し，かつ2つ
ずつたがいに外接するように半径の等しい3つ
の円をかくとき，この円の半径を求めよ。ただ
し，両端の円は，それぞれ辺 AB，AC に接し
ている。

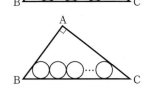

(2)　(1)で，「半径の等しい3つの円」のかわりに
「半径の等しい n 個の円」とするとき，この円
の半径を n を使って表せ。

2 … 接弦定理・方べきの定理

① 接弦定理

(1) 接弦定理

円の接線とその接点を通る弦とのつくる
角は，その角の中にある弧に対する円周角
に等しい。

右の図で，ST が点 A における円 O の接
線ならば，

$$\angle BAT = \angle BPA$$

である。

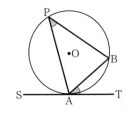

(2) 接弦定理の逆

円 O の弦 AB の一端 A を通る直線と弦 AB とのつくる角が，$\overparen{AB}$
に対する円周角に等しいならば，その直線は点 A における円 O の接
線である。

右上の図で，円 O の周上の点 A を通る直線 ST について，

$\angle BAT = \angle BPA$ ならば，ST は点 A における円 O の接線である。

② 方べきの定理

(1) 円外の点 P から，この円に点 T で接す
る接線，および円と 2 点 A，B で交わる
直線をひくとき，

$$PT^2 = PA \cdot PB$$

である。

(2) 円の 2 つの弦 AB，CD，
またはそれらの延長が点 P
で交わるとき，

$$PA \cdot PB = PC \cdot PD$$

である。

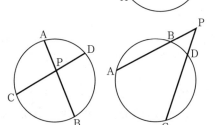

❖ 接弦定理 ❖

円の接線とその接点を通る弦とのつくる角は，その角の中にある弧に対する円周角に等しい。

右の図で，ST が点 A における円 O の接線ならば，

$$\angle BAT = \angle BPA$$

である。

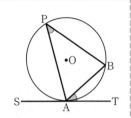

◆◆証明◆◆ (i) ∠BAT が鋭角のとき

点 A を通る直径 AC をひく。

$$\angle BPA = \angle BCA \quad (\overset{\frown}{AB} に対する円周角)$$

△ABC で，AC は円 O の直径であるから

$$\angle ABC = 90°$$

よって $\angle BCA = 90° - \angle CAB$

また，∠CAT = 90° であるから

$$\angle BAT = 90° - \angle CAB$$

ゆえに $\angle BAT = \angle BPA$

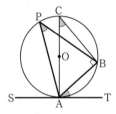

(ii) ∠BAT が直角のとき

AB は円 O の直径であるから

$$\angle BPA = 90°$$

ゆえに $\angle BAT = \angle BPA$

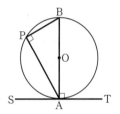

(iii) ∠BAT が鈍角のとき

$\overset{\frown}{BPA}$ に対する円周角を ∠BDA とする。

四角形 BPAD は円に内接するから

$$\angle BPA = 180° - \angle BDA$$

また $\angle BAT = 180° - \angle BAS$

∠BAS は鋭角であるから，(i)で証明したように

$$\angle BAS = \angle BDA$$

よって $\angle BAT = \angle BPA$

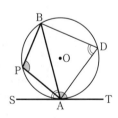

ゆえに，いずれの場合でも，∠BAT = ∠BPA が成り立つ。

❖ 接弦定理の逆 ❖

円 O の弦 AB の一端 A を通る直線と弦 AB と
のつくる角が，$\overset{\frown}{AB}$ に対する円周角に等しいなら
ば，その直線は点 A における円 O の接線である。
右の図で，円 O の周上の点 A を通る直線 ST
について，∠BAT＝∠BPA ならば，ST は点 A
における円 O の接線である。

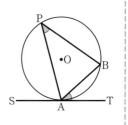

◆◆証明◆◆ (i) ∠BAT が鋭角のとき

点 A を通る直径 AC をひく。

$\quad$∠BPA＝∠BCA（$\overset{\frown}{AB}$ に対する円周角）

△ABC で，AC は円 O の直径であるから

$\quad$∠ABC＝90°

よって $\quad$∠BAC＋∠BCA＝90°

∠BAT＝∠BPA（仮定）より

$\quad\quad$∠CAT＝∠BAC＋∠BAT

$\quad\quad\quad\quad$＝∠BAC＋∠BPA＝∠BAC＋∠BCA＝90°

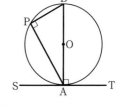

ゆえに，AC⊥ST より，ST は点 A における
円 O の接線である。

(ii) ∠BAT が直角のとき

∠BPA＝∠BAT＝90° であるから，AB は円 O
の直径である。

ゆえに，AB⊥ST より，ST は点 A における
円 O の接線である。

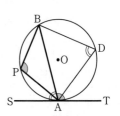

(iii) ∠BAT が鈍角のとき

$\overset{\frown}{BPA}$ に対する円周角を ∠BDA とする。

四角形 BPAD は円に内接するから

$\quad\quad\quad$∠BDA＝180°－∠BPA

また $\quad$∠BAS＝180°－∠BAT

∠BAT＝∠BPA（仮定）より

$\quad\quad\quad$∠BAS＝∠BDA

∠BAS は鋭角であるから，(i)で証明したよう

に，ST は点 A における円 O の接線である。

ゆえに，いずれの場合でも，ST は点 A における円 O の接線である。

❖ 方べきの定理 ❖

(1) 円外の点 P から，この円に点 T で接する
接線，および円と2点 A，B で交わる直線
をひくとき，
$$PT^2 = PA \cdot PB$$
である。

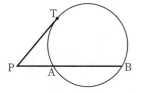

(2) 円の2つの弦 AB，CD，ま
たはそれらの延長が点 P で交
わるとき，
$$PA \cdot PB = PC \cdot PD$$
である。

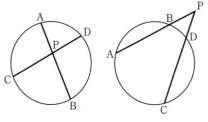

◆◆**証明**◆◆ (1) △PAT と △PTB において
$$\angle APT = \angle TPB \quad (共通)$$
PT は接線であるから，接弦定理より
$$\angle ATP = \angle TBP$$
ゆえに　△PAT∽△PTB（2角）
よって　　PT：PB＝PA：PT
ゆえに　　$PT^2 = PA \cdot PB$

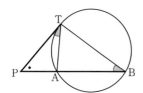

(2) △APC と △DPB において
図1では　∠APC＝∠DPB（対頂角）
∠CAP＝∠BDP（$\overparen{BC}$ に対する円周角）
図2では　∠APC＝∠DPB（共通）
四角形 ACDB は円に内接するから
∠CAP＝∠BDP
図1，図2のどちらの場合でも
△APC∽△DPB（2角）
よって　　PA：PD＝PC：PB
ゆえに　　$PA \cdot PB = PC \cdot PD$

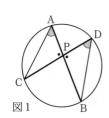

図1

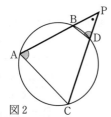

図2

●基本問題●

21. 次の図で，x の値を求めよ。

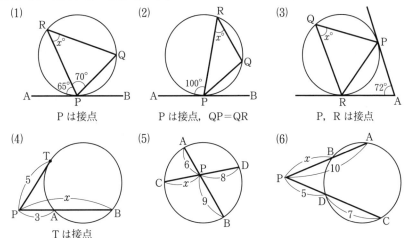

(1) P は接点

(2) P は接点，QP＝QR

(3) P, R は接点

(4) T は接点

(5)

(6)

●**例題4**● 右の図のように，半径が等しい
2つの円 O，O′ が，2点 A，B で交わって
いる。点 B における円 O の接線と円 O′
との交点を C，線分 CA の延長と円 O と
の交点を D，線分 DB の延長と円 O′ との
交点を E とするとき，次のことを証明せよ。

(1) AB＝AC　　　(2) $\overset{\frown}{CE}=2\overset{\frown}{AB}$

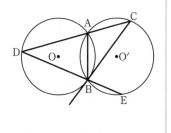

解説 (1) 接弦定理より，∠ABC＝∠ADB が成り立つ。また，∠ADB＝∠ACB である。
(2) $\overset{\frown}{CE}$ と $\overset{\frown}{AB}$ の円周角に着目する。

証明 (1) BC は円 O の接線であるから，接弦定理より　∠ABC＝∠ADB
円 O，O′ の半径が等しいから，円 O の $\overset{\frown}{AB}$ と円 O′ の $\overset{\frown}{AB}$ は等しい。
ゆえに　∠ADB＝∠ACB ………①　　よって　∠ABC＝∠ACB
ゆえに，△ABC は二等辺三角形であるから　AB＝AC
(2) △DBC で，①より　∠CBE＝∠ADB＋∠ACB＝2∠ACB
よって，円 O′ で　$\overset{\frown}{AB}:\overset{\frown}{CE}=∠ACB:∠CBE=1:2$
ゆえに　$\overset{\frown}{CE}=2\overset{\frown}{AB}$

演習問題

22. 次の図で，x の値を求めよ。ただし，O は円の中心である。

(1)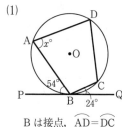

B は接点，$\overset{\frown}{AD}=\overset{\frown}{DC}$

(2)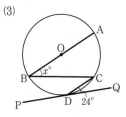

B は接点，AC は直径

(3)

D は接点，AB は直径
AB∥CD

23. 右の図のように，2 つの円 O，O′ が点 P で外接している。点 P を通る 2 本の直線をひき，円 O と O′ との交点をそれぞれ A，B，C，D とするとき，AC∥DB であることを証明せよ。

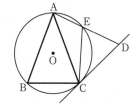

24. 右の図のように，AB＝AC の二等辺三角形 ABC が，円 O に内接している。頂点 C における円 O の接線上に点 D を，AD＝AC となるようにとり，線分 AD と円 O との交点を E とする。

(1) △CDE は二等辺三角形であることを証明せよ。

(2) ∠BAC＝44° とするとき，∠ACE の大きさを求めよ。

25. 右の図のように，△ABC とその外接円 O があり，頂点 C における円 O の接線と，線分 BA の延長との交点を D とする。

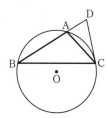

(1) △DAC∽△DCB であることを証明せよ。

(2) AB＝5，BC＝6，CA＝3 のとき，線分 CD，DA の長さを求めよ。

26. 右の図のように，△ABC の辺 BA の延長上に
点 D を，AD＝AC となるようにとる。∠BAC
の二等分線と辺 BC との交点を E とするとき，
線分 AE は △ACD の外接円に頂点 A で接する
ことを証明せよ。

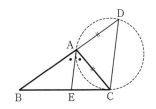

27. 右の図のように，AB＜AC の △ABC があり，頂
点 B を通り頂点 A における △ABC の外接円の接線
に平行な直線と，辺 AC との交点を D とする。この
とき，辺 AB は △BCD の外接円に頂点 B で接するこ
とを証明せよ。

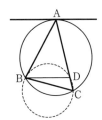

●**例題5**● 右の図のように，AB を直径とする円
O の外部に点 C を，∠AOC＝90° となるように
とる。点 C から円 O に接線をひき，その接点を
D とし，線分 BC と円 O との交点を E とする。
AB＝8，OC＝6 のとき，線分 CD，CE，EB の
長さを求めよ。

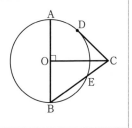

（**解説**）CD は円 O の接線であるから，方べきの定理より，$CD^2＝CE \cdot CB$ が成り立つ。

（**解答**）CD は円 O の接線であるから　∠ODC＝90°

　　　　△OCD で，OC＝6，OD＝4 より

　　　　　　$CD＝\sqrt{6^2－4^2}＝2\sqrt{5}$

　　　　△OBC で，∠BOC＝90° であるから

　　　　　　$BC＝\sqrt{4^2＋6^2}＝2\sqrt{13}$

　　　　CD は円 O の接線であるから，方べきの定理より

　　　　　　$CD^2＝CE \cdot CB$　　　$(2\sqrt{5})^2＝CE×2\sqrt{13}$

　　　　よって　$CE＝\dfrac{10\sqrt{13}}{13}$

　　　　ゆえに　$EB＝2\sqrt{13}－\dfrac{10\sqrt{13}}{13}＝\dfrac{16\sqrt{13}}{13}$

　　　　　　　　（答）　$CD＝2\sqrt{5}$，$CE＝\dfrac{10\sqrt{13}}{13}$，$EB＝\dfrac{16\sqrt{13}}{13}$

演習問題

28. 次の図で，x の値を求めよ。

(1)

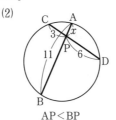

T は接点

(2)

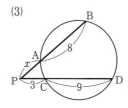

AP＜BP

(3)

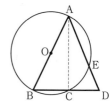

29. 右の図のように，長さが $6\sqrt{5}$ の線分 AB を直径と
する円 O がある。この円の周上に点 C を，BC＝6 とな
るようにとり，線分 BC の延長上に点 D を，CD＝5 と
なるようにとる。線分 AD と円 O との交点を E とする
とき，線分 AE，ED の長さを求めよ。

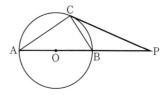

30. 右の図のように，AB を直径とする円 O
があり，その周上の点 C における円 O の接
線と線分 AB の延長との交点を P とする。
AB＝5，PC＝6 のとき，次の問いに答えよ。

(1) 線分 PB の長さを求めよ。

(2) 線分 AC，BC の長さを求めよ。

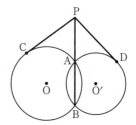

31. 右の図のように，交わる 2 つの円 O，O′ があっ
て，その交点を A，B とする。線分 BA の延長上
に点 P をとり，P から円 O，O′ にそれぞれ点 C，D
で接する接線 PC，PD をひく。このとき，PC＝PD
であることを証明せよ。

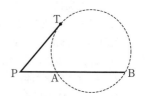

32. 右の図のように，線分 BA の延長上の点 P か
ら他の線分 PT をひくとき，

$$PT^2＝PA\cdot PB$$

であるならば，PT は 3 点 A，B，T を通る円の
接線であることを証明せよ。

進んだ問題の解法 ||||||||||||||||||||||||||||||||||||||||||||||||||||||||||||||||||||||

|||||**問題2**　右の図のように，2つの円 O，P が点 A で内接している。円 P 上の点 B における円 P の接線と，円 O との交点を C，D とし，線分 AB の延長と円 O との交点を E とする。
　このとき，$\overset{\frown}{CE} = \overset{\frown}{ED}$ であることを証明せよ。

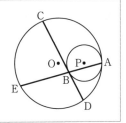

|解法|　2つの円が外接または内接しているときは，接点で共通接線をひいてみる。

|証明|　右の図のように，線分 AC と円 P との交点を F とし，点 A における 2 つの円の共通外接線を AT とすると，接弦定理より

$$\angle AFB = \angle TAB, \quad \angle ACE = \angle TAE$$

ゆえに　$\angle AFB = \angle ACE$

同位角が等しいから　FB // CE

よって　$\angle BCE = \angle FBC$（錯角）

BC は円 P の接線であるから，接弦定理より

$$\angle FBC = \angle FAB$$

ゆえに，$\angle CAE = \angle DCE$ であるから　$\overset{\frown}{CE} = \overset{\frown}{ED}$

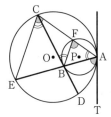

||||||**進んだ問題** ||||||

33. $\angle B = 45°$，$\angle C = 60°$ の $\triangle ABC$ で，$\angle A$ の二等分線と辺 BC との交点を D とする。右の図のように，$\triangle ABC$ の外接円 O と頂点 B で内接し，点 D を通る円 P をかき，円 P と辺 AB との交点を E とする。

(1)　AB : AC を求めよ。

(2)　$\overset{\frown}{BED} : \overset{\frown}{BAC}$ を求めよ。

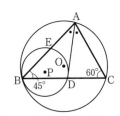

34. 右の図のように，円に内接する四角形 ABCD があり，辺 AB の延長と DC の延長との交点を E，辺 DA の延長と CB の延長との交点を F とし，AD = 6，AF = 2，CD = 5，CE = 4 とする。また，$\triangle FBA$ の外接円と線分 EF との交点を G とする。

(1)　線分の長さの積 EF・EG の値を求めよ。

(2)　線分の長さの積 FE・FG の値を求めよ。

(3)　線分 EF の長さを求めよ。

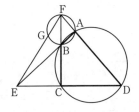

9章の問題

1 次の図で，x の値を求めよ。ただし，O は円の中心である。

(1)

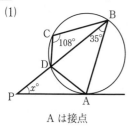

A は接点

(2)

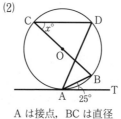

A は接点，BC は直径
CD∥AT

(3)

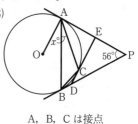

A, B, C は接点
OA∥DE

2 右の図で，半円 O の直径 AB に接し，点 C で内接する円を作図せよ。

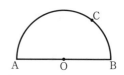

3 右の図のように，半径がそれぞれ 1，3 の 2 つの円が外接し，共通外接線との接点をそれぞれ A，B，C，D とする。線分 AB，AC，AD の長さを求めよ。

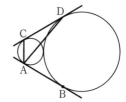

4 右の図のように，円周上の点 A における接線と点 B における接線が，点 C で垂直に交わっている。線分 AC の延長上に点 D をとり，線分 DB の延長と円との交点を E とする。円の半径が 2，AD＝8 のとき，線分 DE の長さを求めよ。

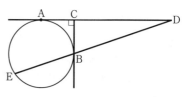

5 右の図のように，円 O の周上に 3 点 A，B，C がある。$\overset{\frown}{ACB}$ を 2 等分する点を D とし，点 B における円 O の接線と弦 DC の延長との交点を E，弦 AC と BD との交点を F とする。このとき，4 点 F，B，E，C は同一円周上にあることを証明せよ。

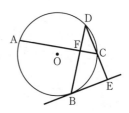

6 右の図のように，円 O の弦 AB の延長上に
点 P をとり，P から円 O に接線 PT をひき，そ
の接点を Q とする。弦 AQ の延長と △PQB の外
接円との交点を R とするとき，△PQR は二等辺
三角形であることを証明せよ。

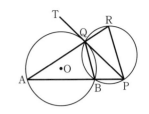

7 右の図のように，正三角形 ABC と 3 つの円 O，
P，Q がある。円 O は辺 CA，AB に接し，円 P は
辺 AB，BC に接し，円 Q は辺 BC，CA に接して
いる。また，円 O と P，円 O と Q はそれぞれ外接
している。

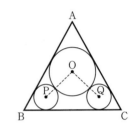

(1) 円 O の半径が 1 で，∠POQ＝60° のとき，
△ABC の 1 辺の長さを求めよ。

(2) ∠POQ＝120° で，△ABC の 1 辺の長さが $4\sqrt{3}$
のとき，円 O，P の半径を求めよ。

8 右の図のように，AD∥BC の台形 ABCD は円
に内接し，頂点 B における円の接線と，辺 DA の
延長との交点を E とする。

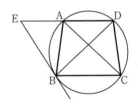

(1) △ABC∽△EBD であることを証明せよ。

(2) AB＝4，BC＝5，CA＝6 のとき，線分 EB，
AD の長さを求めよ。

9 底面の直径が 8 の円柱状の容器と半径が 2 の球 A
と半径が 3 の球 B がある。

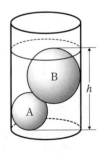

(1) 容器に球 A と球 B を 1 個ずつ入れる。右の図のよ
うに，球 A，B が容器の側面に接するとき，容器の底
面から上の球までの高さ h を求めよ。

(2) (1)と同じように，容器に球 A を 1 個と球 B を 2 個
入れたとき，容器の底面から一番上の球までの高さが
最も低くなるような高さ h を求めよ。

10 右の図のように，AB>AC の △ABC が
あり，∠A の二等分線と辺 BC との交点を D
とする。線分 AD の垂直二等分線と辺 BC の
延長との交点を P とする。

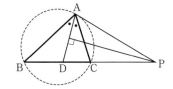

(1) 線分 PA は △ABC の外接円に頂点 A で
接することを証明せよ。

(2) PD²=PB·PC であることを証明せよ。

|||||| 進んだ問題 ||||||

11 右の図のように，原点 O を中心とする半径 2
の円に外接し，x 軸に接する円 A がある。円 A
の半径が 3 で，中心 A の x 座標，y 座標がとも
に正であるとき，次の問いに答えよ。

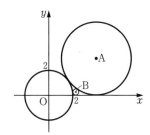

(1) 中心 A の座標を求めよ。

(2) x 軸に接し，円 O と円 A に外接する円の中
心を B とし，B の座標を (a, b) とする。ただ
し，$a>0$, $b>0$ とする。

  (i) 円 O と円 B が外接することから，b を a の式で表せ。

  (ii) 円 A と円 B が外接することから，b を a の式で表せ。

  (iii) 円 B の半径を求めよ。

12 右の図のように，円の外部の点 P からこの円
に 2 本の接線をひき，その接点をそれぞれ A，B
とし，線分 PA の中点を M とする。線分 MB と
円との交点を C とし，線分 PC の延長と円との交
点を D とする。線分 BM の延長上に点 E を，
ME=MB となるようにとるとき，次の問いに答
えよ。

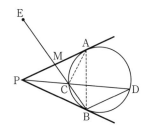

(1) 4 点 E, P, C, A は同一円周上にあることを証明せよ。

(2) PA∥BD であることを証明せよ。

10章

標本調査

1…母集団と標本

1 **母集団と標本**

調査の対象となる集団全体を**母集団**という。調査のために母集団から取り出した一部分を**標本**といい，取り出したデータの個数を**標本の大きさ**という。

2 **調査方法の種類**

(1) 国勢調査のように，母集団のもっている性質についての情報を得るために，母集団の全体を調べることを**全数調査**という。

(2) 視聴率調査のように，母集団のもっている特徴や傾向などを推定するために，母集団の一部を調べることを**標本調査**という。

3 **標本の抽出**

標本調査では，母集団から標本をかたよりなく抽出することが大切である。標本をかたよりなく抽出することを**無作為抽出**または**任意抽出**という。無作為抽出には，くじ，乱数さい，乱数表，コンピュータなどを使う。

基本問題

1. 次のような調査は，全数調査と標本調査のどちらが適しているか。

(1) 校舎の耐震調査
(2) 缶詰の品質調査
(3) 航空機の安全調査
(4) 政党支持率の調査
(5) 鉄橋の強度調査

●**例題1**● ある町で，中学3年生全員1546人に実施した数学のテストの平均点を推定するために，その中から100人の成績を無作為抽出して平均点を調べた。このときの母集団，標本はそれぞれ何か。また，母集団，標本の大きさをいえ。

（**解答**） 母集団は，この町の中学3年生全員の数学のテストの成績。

標本は，無作為抽出された100人の数学のテストの成績。

母集団の大きさは1546，標本の大きさは100。

演習問題

2. ある会場で行事に参加した2570人の平均年齢を推定するために，その中から150人を無作為抽出して年齢を調査した。このときの母集団，標本はそれぞれ何か。また，標本の大きさをいえ。

3. ある中学校で，生徒の家庭での時間の過ごし方を調べるために，生徒全員の中から標本を選ぶことにした。次の(ア)～(エ)のうち，標本の選び方として適切な方法はどれか。

(ア) くじびきで1つのクラスを選び，そのクラスの生徒全員を標本とする。

(イ) 運動部にはいっている生徒の中から，くじびきで標本を選ぶ。

(ウ) 中学3年生の中から，くじびきで標本を選ぶ。

(エ) 生徒全員から，くじびきで標本を選ぶ。

4. 標本が母集団の縮図になるように，母集団を男女別，職業別，年齢別などのいくつかの組に分け，各組ごとに無作為抽出する方法を**層化抽出法（層別抽出法）**という。

	1年	2年	3年	計
男子	297	303	295	895
女子	206	199	203	608

右の表は，いくつかの中学校における，学年別，男女別の生徒数を示したものである。この表を使って，層化抽出法により大きさ120の標本を抽出する。次の問いに答えよ。ただし，答えは四捨五入して一の位まで求めよ。

(1) 男子，女子の2つの層を考えるとき，それぞれの層から何人抽出するのがよいか。

(2) 1年生，2年生，3年生の3つの層を考えるとき，それぞれの層から何人抽出するのがよいか。

(3) 学年別であり，男女別でもある6つの層を考えるとき，それぞれの層から何人抽出するのがよいか。

2···母集団の平均値・比率の推定

---

1. **母集団の平均値の推定**

   標本調査において抽出した標本の平均値を，**標本平均**という。

   標本の大きさが十分大きいとき，標本平均は**母集団の平均値**に近い値になる。

2. **母集団の比率の推定**

   標本調査において抽出した標本のうち，ある性質をもっている標本の比率を**標本比率**という。

   標本の大きさが十分大きいとき，標本比率は母集団においてその性質をもっているものの比率に近い値になる。

基本問題

5. ある中学校で，3 年生 256 人に実施した英語のテストの平均点を推定するために，無作為に 20 人の生徒を抽出して得点を調べたところ，次のような結果になった。この結果から，3 年生全員の平均点を推定せよ。四捨五入して小数第 1 位まで求めよ。

72	63	84	48	55	64	73	85	52	70
65	92	60	72	80	70	60	72	65	50

6. ある政策に賛成か反対かについて世論調査を行ったところ，標本 600 人の中で 373 人が賛成意見であった。このことから，全体の何 % が賛成していると推定できるか。四捨五入して小数第 1 位まで求めよ。

7. ある工場で生産された製品の品質検査を行ったところ，200 個の製品の中に不合格品が 3 個あった。この工場の製品 2600 個の中に不合格品が何個はいっていると推定できるか。

●**例題2**● ある地区で, 1世帯あたりの家族の人数を調査するために, この地区から標本600世帯を無作為抽出して, A, B, C, D, Eの5人の調査員が聞き取り調査を行った。右の表は, その結果をまとめたものである。

	1人	2人	3人	4人	5人	6人	7人	計
A	43	31	21	17	5	2	1	120
B	45	29	22	15	6	3	0	120
C	46	28	18	16	7	3	2	120
D	44	27	20	19	6	3	1	120
E	46	29	19	17	7	1	1	120
計	224	144	100	84	31	12	5	600

(1) この地区の1世帯あたりの家族の人数を推定せよ。四捨五入して小数第1位まで求めよ。

(2) 総世帯数が4000世帯であるとき, この地区の住民数を推定せよ。

（**解説**） (1) 標本平均より, 1世帯あたりの家族の人数を推定する。

(2) （1世帯あたりの家族の人数)×(総世帯数）より, 住民数を推定する。

（**解答**） (1) 600世帯の家族の人数の表より

$$(1×224+2×144+3×100+4×84+5×31+6×12+7×5)÷600$$
$$=1410÷600=2.35$$

（答）　2.4人

(2) 1世帯あたりの家族の人数は2.4人であり, 総世帯数は4000世帯であるから

$$2.4×4000=9600$$

（答）　9600人

演習問題

8. ある町で, 1世帯あたりのテレビの保有台数を調査するために, この町から標本400世帯を無作為抽出して, A, B, C, Dの4人の調査員が聞き取り調査を行った。右の表は, その結果をまとめたものである。

	1台	2台	3台	4台	5台	6台	7台	計
A	22	32	21	18	4	2	1	100
B	20	33	22	16	6	3	0	100
C	21	35	22	15	3	2	2	100
D	22	34	20	17	3	3	1	100
計	85	134	85	66	16	10	4	400

(1) この町の1世帯あたりのテレビの保有台数を推定せよ。四捨五入して小数第1位まで求めよ。

(2) 総世帯数が1500世帯であるとき, この町のテレビの総数を推定せよ。

9. Mサイズのみかんの重さを調べるために，標本100個を無作為抽出して重さをはかった。右の表は，その結果をまとめた度数分布表である。

階級(g)	度数(個)
以上　　未満	
110 〜 114	3
114 〜 118	20
118 〜 122	43
122 〜 126	32
126 〜 130	2
計	100

(1) Mサイズのみかんの重さの平均値を推定せよ。四捨五入して小数第1位まで求めよ。

(2) ある行事に450人の参加者が見込まれている。この行事の参加者全員にMサイズのみかんを1人2個ずつ配るためには，10kg入りの箱を何箱用意するとよいかを推定せよ。

10. ある中学校で，生徒が1か月に読んだ本の冊数を調べるために，全校生徒580人の中から50人を無作為抽出して聞き取り調査を行った。右の表は，その結果をまとめた度数分布表である。

冊数	人数
0	2
1	10
2	15
3	14
4	7
5	2
計	50

(1) この中学校の生徒が1か月に読んだ本の冊数の平均値を推定せよ。四捨五入して小数第1位まで求めよ。

(2) この中学校の全校生徒のうち，1か月に2冊以上読んだ生徒数を推定せよ。四捨五入して一の位まで求めよ。

(3) この中学校の全校生徒が1年間に読む本の総数を推定せよ。

●**例題3**● 袋の中に，白球，赤球，青球の3色の球がたくさんはいっている。この袋の中をよくかき混ぜてから無作為に20個の球を取り出し，色を調べてから袋にもどす実験をくり返す。この実験を10回くり返した結果は，次の表のようになった。

	1回	2回	3回	4回	5回	6回	7回	8回	9回	10回
白球	11	10	12	9	11	8	11	10	9	10
赤球	5	7	4	6	6	7	4	6	7	5
青球	4	3	4	5	3	5	5	4	4	5

袋の中の白球，赤球，青球の割合を推定せよ。四捨五入して小数第1位まで求めよ。

解説 10回の実験で取り出した合計200個の球における白球，赤球，青球の割合が，母集団の中のそれぞれの割合と等しいと考え，袋の中のそれぞれの球の割合を推定する。

(解答) 10回の実験で取り出した合計200個の球のうち，白球，赤球，青球の個数は，右の表のようになる。

白球	101
赤球	57
青球	42
計	200

白球の割合は　$\dfrac{101}{200} = 0.505$

赤球の割合は　$\dfrac{57}{200} = 0.285$

青球の割合は　$\dfrac{42}{200} = 0.21$

（答）　白球 0.5，赤球 0.3，青球 0.2

演習問題

11. 広い池で赤い金魚を飼育している。この池に黒い金魚を250匹放した。数日後，池から60匹の金魚を捕まえたところ，その中に8匹の黒い金魚がいた。この池にいる赤い金魚の数を推定せよ。四捨五入して一の位まで求めよ。

12. 袋の中に白球がたくさんはいっている。白球の個数を調べるために，まず，この袋から180個を取り出し，印をつけてから袋にもどした。この袋から無作為に30個の球を取り出し，印のある球の個数を数えてから袋にもどす。この実験を10回くり返した結果は，次の表のようになった。

	1回	2回	3回	4回	5回	6回	7回	8回	9回	10回
あり	5	3	4	2	5	4	3	3	4	2
なし	25	27	26	28	25	26	27	27	26	28

はじめに袋の中にはいっていた白球の個数を推定せよ。四捨五入して一の位まで求めよ。

13. 収穫したりんご4500個の中から無作為に150個を取り出し，そのサイズと重さを調べた。右の表は，その結果をまとめたものである。

サイズ	個数	1個の重さの平均
S	49	250 g
M	66	280 g
L	35	320 g
計	150	

(1) 収穫したりんごのS，M，Lサイズの個数の比を推定せよ。ただし，1けたの整数の比で答えよ。

(2) 収穫したりんごをS，M，Lサイズに分けて，それぞれ5kg入りの箱をつくる。このとき，S，M，Lサイズの箱はそれぞれ何箱できるかを，(1)の結果を利用して推定せよ。

10章の問題

❶ ある町で標本調査を行ったところ，1世帯あたりのパソコンの保有台数が 1.4台であった。総世帯数が6400であるとき，この町のパソコンの総数を推定せよ。

❷ ある山にシカが生息している。シカの生息数を調査するために，シカを50頭捕まえて印をつけて放した。その後，シカを30頭捕まえたところ，印がついているシカが6頭いた。この山のシカの生息数を推定せよ。

❸ ある行事の参加予定者から標本150人を無作為抽出して年齢を調査した。右の表は，その結果をまとめた度数分布表である。

(1) 参加予定者の平均年齢を推定せよ。四捨五入して小数第1位まで求めよ。

(2) この行事に840人の参加者が予定されている。

(i) 18歳未満の参加者には，記念品を配布する。用意する記念品の個数を推定せよ。

(ii) この行事の参加費は，次の表の通りである。参加費の総額を推定せよ。

階級（歳）	度数（人）
以上　　未満	
0 ～ 6	3
6 ～ 12	12
12 ～ 18	18
18 ～ 24	21
24 ～ 30	24
30 ～ 36	31
36 ～ 42	18
42 ～ 48	11
48 ～ 54	5
54 ～ 60	4
60 ～ 66	3
計	150

年齢	0歳以上 6歳未満	6歳以上 18歳未満	18歳以上 60歳未満	60歳以上
参加費	0円	50円	200円	100円

❹ ある工場でねじを生産している。品質管理のために，1度に標本50本を無作為抽出して，規格内かどうかの検査を10回行った。下の表は，その結果をまとめたものである。

(1) この工場で生産するねじが，規格内のものである比率を推定せよ。四捨五入して小数第2位まで求めよ。

(2) 3000本の規格内のねじを得るためには，この工場で生産するねじを少なくとも何本用意する必要があるかを推定せよ。

	1回	2回	3回	4回	5回	6回	7回	8回	9回	10回
規格外	2	3	1	2	1	4	3	1	3	3
規格内	48	47	49	48	49	46	47	49	47	47

著者

市川　博規	東邦大付属東邦中・高校講師
久保田顕二	桐朋中・高校教諭
中村　直樹	駒場東邦中・高校教諭
成川　康男	玉川大学教授
深瀬　幹雄	筑波大附属駒場中・高校元教諭
牧下　英世	芝浦工業大学教授
町田多加志	筑波大附属駒場中・高校副校長
矢島　弘	桐朋中・高校教諭
吉田　稔	駒場東邦中・高校元教諭

協力

木部　陽一	開成中・高校教諭

新Aクラス中学数学問題集３年（6訂版）

発行者　斎藤　亮
発行所　昇龍堂出版株式会社
〒101-0062　東京都千代田区神田駿河台2-9
TEL 03-3292-8211 / FAX 03-3292-8214 / https://shoryudo.co.jp

2021年 2月　初版発行
2023年 2月　再版発行

組版所　錦美堂整版　　印刷所　光陽メディア　　製本所　井上製本所
装丁　麒麟三隻館　　装画　アライ・マサト

落丁本・乱丁本は，送料小社負担にてお取り替えいたします。

ISBN978-4-399-01503-6 C6341 ¥1400E　　Printed in Japan

新Aクラス
中学数学問題集
3年

6訂版

解答編

昇龍堂出版

この解答編は薄くのりづけされています。軽く引けば簡単にとりはずすことができます。

(23-02)

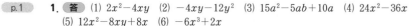

1章　式の計算

p.1　**1.** （答）(1) $2x^2-4xy$　(2) $-4xy-12y^2$　(3) $15a^2-5ab+10a$　(4) $24x^2-36x$
(5) $12x^2-8xy+8x$　(6) $-6x^3+2x$

2. （答）(1) $3a-2$　(2) $-3x^2+2x$　(3) $-2x+1$　(4) $2x-y$　(5) $6a-2b$
(6) $2x^2-3x$

p.2　**3.** （答）(1) $3x^5-2x^3$　(2) $-a^5+5a^4-2a^3$　(3) $-6a^3+12a^2-18a$
(4) $-15x^3+12x^2y+21x^2$

4. （答）(1) $-4a^4+5a^3$　(2) $12x^4-8x^3+4x^2$　(3) $-27x^8+27x^7-54x^6$
(4) $12a^3b^2-8a^2b^3$　(5) $-4x^5y^6+2x^3y^7$　(6) $a^6b^2-3a^5b^3-2a^4b^4$

5. （答）(1) $-4x^2+2x+1$　(2) $9x^3-3x+6$　(3) $2x^2-3x$　(4) $-14a^2-12a+5$

6. （答）(1) $-6x+15$　(2) $3x-y$　(3) $-a^2+2a$　(4) $-a^3b+2b$
(5) $4+xy$　(6) $3a^2b^2-7b^3$

p.3　**7.** （答）(1) $-2x^3+3x$　(2) $-14a^3-32a^2-6a$　(3) $15x^2-20xy+8y^2$
(4) $-2a^2+ab+b^2$　(5) $4x^2+3xy-5y^2$　(6) $\dfrac{62}{27}ax^3+\dfrac{62}{27}bx^3$

8. （答）(1) $\dfrac{-10x^2-7y^2}{6}$ または $-\dfrac{10x^2+7y^2}{6}$

(2) $\dfrac{18x^2-xy}{12}$ または $\dfrac{3}{2}x^2-\dfrac{1}{12}xy$

(3) $\dfrac{9a^2+5b^2-1}{8}$

(4) $\dfrac{-16x^2-17xy-6y^2}{12}$ または $-\dfrac{16x^2+17xy+6y^2}{12}$

（解説）(2)（与式）$=\dfrac{3x^2+2xy}{3}-\dfrac{-2x^2+3xy}{4}=\dfrac{4(3x^2+2xy)-3(-2x^2+3xy)}{12}$

（別解）(2)（与式）$=x^2+\dfrac{2}{3}xy+\dfrac{1}{2}x^2-\dfrac{3}{4}xy$

p.4　**9.** （答）(1) $ac+ad-bc-bd$　(2) $ac-ad+bc-bd$　(3) $ac-ad-bc+bd$
(4) $xy+3x-7y-21$　(5) $18xy-3x+30y-5$　(6) $12ax-9ay-4x+3y$

10. （答）(1) 降べきの順 $-2x^3+4x^2+3x-6$，昇べきの順 $-6+3x+4x^2-2x^3$
(2) 降べきの順 $a^3-2a^2b-4ab^2+3b^3$，昇べきの順 $3b^3-4ab^2-2a^2b+a^3$

p.5　**11.** （答）(1) a^2+4a+3　(2) x^2-5x+6　(3) $5a^2+39a+28$　(4) $3x^2+23xy-8y^2$
(5) $-x^2+8xy-12y^2$　(6) $6x^2-xy-12y^2$

12. （答）(1) a^3-3a^2+5a-6　(2) $6x^3-2x^2-37x+21$　(3) $6y^3+23y^2+18y-5$
(4) $-3x^3-2x^2+23x-20$　(5) $2x^3-19x^2+23x+8$　(6) $2a^3-a^2-13a-6$

（解説）(6)（与式）$=-(a-3)\{-(2a^2+5a+2)\}=(a-3)(2a^2+5a+2)$

13. （答）(1) a^3+b^3　(2) $3x^3-2x^2y-17xy^2+20y^3$　(3) $4x^3+13x^2y-18xy^2-35y^3$
(4) $2a^3+a^2b-20ab^2+21b^3$

（解説）(3) x について降べきの順に整理してから計算する。
(4) a について降べきの順に整理してから計算する。

14. （答）(1) $2x^2+7x-15$　(2) $-12a^2-5ab+3b^2$　(3) $2x^3-7x^2+13x-5$
(4) $-5x^4-5x^3+19x^2-x+4$　(5) $12x^2-7xy-12y^2+4x+3y$
(6) $20x^3-9x^2y+16xy^2-3y^3$

p.6 **15.** （答）(1) $-6x^4+10x^3+5x^2-15x+6$　(2) $7x^2-5x-4$　(3) $8x^3-6x^2-12x+9$
（解説）(1) $A\times B=(3x-2)(-x+1)=-3x^2+3x+2x-2=-3x^2+5x-2$
よって，$A\times B\times C=(-3x^2+5x-2)(2x^2-3)$
(2) (1)の $A\times B=-3x^2+5x-2$ を使うことができる。
(3) （与式）$=(6x^3-4x^2-9x+6)-(-2x^3+2x^2+3x-3)$
（別解）(3) $A\times C-B\times C=C\times(A-B)=(2x^2-3)\{(3x-2)-(-x+1)\}$

16. （答）(1) $6a^3+13a^2-4a-15$　(2) $-4x^4-x^3+49x^2+95x+50$　(3) $6x-6$
(4) $10x^2-12xy$　(5) $-2x^2-16$　(6) $4x^3-16x^2+20x$
（解説）(6) （与式）$=2x^3-11x^2+22x-15+2x^3-5x^2-2x+15$
（別解）(6) （与式）$=(x^2-4x+5)\{(2x-3)+(2x+3)\}$

p.7 **17.** （答）(1) $x^2+2xy+y^2$　(2) $x^2+10x+25$　(3) $a^2-8a+16$　(4) $y^2-2yz+z^2$
(5) $4-4x+x^2$　(6) $9+6a+a^2$　(7) x^2-y^2　(8) a^2-4　(9) $49-p^2$

18. （答）(1) x^2+6x+8　(2) $x^2+2x-15$　(3) x^2-6x-7　(4) y^2-3y+2
(5) $a^2+4a-32$　(6) $x^2-2x-15$　(7) $x^2+9x+20$　(8) $x^2-5x-24$　(9) $y^2-4y-60$

p.8 **19.** （答）(1) $4x^2+12xy+9y^2$　(2) $25x^2-20xy+4y^2$　(3) $9x^2-24xy+16y^2$
(4) $16x^2+4xy+\dfrac{1}{4}y^2$　(5) $\dfrac{1}{4}a^2-ab+b^2$　(6) $\dfrac{4}{9}a^2-2ab+\dfrac{9}{4}b^2$

20. （答）(1) $25x^2-16y^2$　(2) $-49x^2+9y^2$　(3) a^2-b^2　(4) $-x^2+4y^2$
(5) $9x^2y^2-a^2$　(6) $\dfrac{9}{16}x^2-\dfrac{25}{9}y^2$
（解説）(3) （与式）$=(-a)^2-b^2$
(5) （与式）$=(3xy)^2-a^2$
(6) （与式）$=\left(-\dfrac{3}{4}x\right)^2-\left(\dfrac{5}{3}y\right)^2$

21. （答）(1) $x^4-2a^2x^2+a^4$　(2) $1-x^8$　(3) x^4-13x^2+36　(4) x^4-10x^2+9
（解説）(1) （与式）$=\{(x-a)(x+a)\}^2=(x^2-a^2)^2=(x^2)^2-2a^2x^2+(a^2)^2$
(2) （与式）$=\{(1-x)(1+x)\}(1+x^2)(1+x^4)=(1^2-x^2)(1+x^2)(1+x^4)$
$=\{(1-x^2)(1+x^2)\}(1+x^4)=\{1^2-(x^2)^2\}(1+x^4)=(1-x^4)(1+x^4)$
$=1^2-(x^4)^2$
(3) （与式）$=\{(x-2)(x+2)\}\{(x-3)(x+3)\}=(x^2-4)(x^2-9)$
(4) （与式）$=\{(x+1)(x-1)\}\{(x+3)(x-3)\}=(x^2-1)(x^2-9)$

p.9 **22.** （答）(1) $x^2+5xy+6y^2$　(2) $a^2-12ab+32b^2$　(3) $x^2-3xy-40y^2$
(4) $x^2+4xy-5y^2$　(5) $x^2+6xy-7y^2$　(6) $a^2+6ab-16b^2$　(7) $a^2-2ab-15b^2$
(8) $x^2-13xy+22y^2$

23. （答）(1) $2x^2-11x+5$　(2) $4x^2-10x-6$　(3) $4y^2-8y-5$　(4) $9y^2+15y-14$
(5) $6x^2+17x+12$　(6) $15x^2-38x+7$　(7) $12y^2+25y-50$　(8) $12x^2y^2-5xy-3$

24. （答）(1) $3x^2-7xy-6y^2$　(2) $9a^2+18ab+8b^2$　(3) $6x^2-19xy+10y^2$
(4) $10x^2+21xy-10y^2$　(5) $7x^2+19xy-6y^2$　(6) $15x^2+13xy-6y^2$
(7) $24a^2-2ab-15b^2$　(8) $3x^2y^2-10xyz-8z^2$

p.10 **25.** 答 (1) $-4x+13$ (2) $2x^2-4x+9$ (3) $5a-6$ (4) $2x^2-7x-6$ (5) x^2+3y^2
(6) $9x^2$ (7) $2x^2+2y^2$ (8) $-8x^2+8y^2$

26. 答 (1) $\dfrac{3x^2-20x+26}{6}$ または $\dfrac{1}{2}x^2-\dfrac{10}{3}x+\dfrac{13}{3}$

(2) $\dfrac{y^2}{4}$

(3) $\dfrac{x^2-2y^2}{4}$ または $\dfrac{1}{4}x^2-\dfrac{1}{2}y^2$

(4) $\dfrac{-x^2-36xy-24y^2}{12}$ または $-\dfrac{1}{12}x^2-3xy-2y^2$

(5) $\dfrac{7a^2-b^2}{12}$ または $\dfrac{7}{12}a^2-\dfrac{1}{12}b^2$

p.11 **27.** 答 (1) $a^2+b^2+c^2+2ab-2bc-2ca$ (2) $a^2+2ab+b^2+6a+6b+9$
(3) $4a^2+b^2+9c^2-4ab+6bc-12ca$ (4) $4x^2+4xy+y^2-1$ (5) $4a^2-b^2-c^2+2bc$
(6) $x^2+4y^2+15z^2+4xy+16yz+8zx$ (7) $x^4-2x^3-x^2+2x-8$
(解説) (5) (与式)$=\{2a+(b-c)\}\{2a-(b-c)\}=(2a)^2-(b-c)^2$
(6) (与式)$=\{(x+2y)+3z\}\{(x+2y)+5z\}=(x+2y)^2+8z(x+2y)+15z^2$
(7) (与式)$=\{(x^2-x)+2\}\{(x^2-x)-4\}=(x^2-x)^2-2(x^2-x)-8$

p.12 **28.** 答 (1) 2×3^3 (2) $2\times5\times7$ (3) $2^3\times3^2\times5\times7$ (4) $3^2\times5\times7\times13$

29. 答 (1) 2, 14 の平方 (2) 15, 60 の平方 (3) 66, 198 の平方
(解説) (1) $98=2\times7^2$ (2) $240=2^4\times3\times5$ (3) $594=2\times3^3\times11$

p.13 **30.** 答 (1) $3a(1-2b)$ (2) $x(y+1)$ (3) $4a(2a-1)$ (4) $7m(x^2-x-7)$
(5) $xy(x+y)$ (6) $6xy(2x-3)$ (7) $-3x(x^2-5x+7)$ (8) $2x(x^2+2xy-4y^2)$
(9) $5x^2(x^2-3x+5)$

31. 答 (1) $(x+1)^2$ (2) $(x-2)^2$ (3) $(a-4)^2$ (4) $(a+11)^2$ (5) $(x+y)(x-y)$
(6) $(7m+1)(7m-1)$ (7) $(4+p)(4-p)$ (8) $(m+6n)(m-6n)$
(9) $(10x+y)(10x-y)$

p.14 **32.** 答 (1) $\dfrac{1}{6}x(2x+y)$ (2) $\dfrac{3}{8}b(2ax-5cy)$ (3) $\dfrac{1}{60}y(84x^2+16yz^2-9yz)$

p.15 **33.** 答 (1) $(x+6y)^2$ (2) $(x-12y)^2$ (3) $(2x-y)^2$ (4) $(2a+3b)^2$
(5) $(7a-6b)^2$ (6) $(3x+5y)(3x-5y)$ (7) $(9x+4y)(9x-4y)$
(8) $(2m+3n)(2m-3n)$ (9) $(xy+a)(xy-a)$
(解説) (9) (与式)$=(xy)^2-a^2$

p.16 **34.** 答 (1) 1, 6 (順不同) (2) 2, 4 (順不同) (3) 順に 56, 8 (4) 順に 7, 9
(5) 順に 20, 5 (6) 順に 6, 3

35. 答 (1) $(x+1)(x+2)$ (2) $(x-1)(x-4)$ (3) $(x-3)(x+4)$
(4) $(x+1)(x-6)$ (5) $(a+4)(a-6)$ (6) $(x+2)(x+14)$ (7) $(p+3)(p-9)$
(8) $(x+4)(x+9)$ (9) $(y-3)(y+8)$ (10) $(a+7)(a+9)$ (11) $3(x-6)(x-7)$
(12) $-2(x-4)(x+14)$

36. 答 (1) 3, 6 (順不同) (2) 順に 7, 3 (3) 順に 54, 9 (4) 順に 3, 5

p.17 **37.** 答 (1) $(x+y)(x+7y)$ (2) $(x-3y)(x-6y)$ (3) $(x+4y)(x+7y)$
(4) $(x-2y)(x+3y)$ (5) $(x+4y)(x-6y)$ (6) $(a+3b)(a-4b)$
(7) $(a-14b)(a+15b)$ (8) $(x+6a)(x-12a)$

38. 答 (1) $a(x+3)(x-4)$　(2) $x(x-4)(x-5)$　(3) $x(x+1)(x+5)$

(4) $\dfrac{1}{12}(x+6)(x-9)$　(5) $-\dfrac{2}{3}m(y-1)(y+6)$　(6) $2(x-2y)(x-9y)$

(7) $-2(x+7y)(x-8y)$　(8) $x(x-5y)(x+6y)$

解説 (1) (与式)$=a(x^2-x-12)$　　(2) (与式)$=x(x^2-9x+20)$

(3) (与式)$=x(x^2+6x+5)$　　(4) (与式)$=\dfrac{1}{12}(x^2-3x-54)$

(5) (与式)$=-\dfrac{2}{3}m(y^2+5y-6)$　(6) (与式)$=2(x^2-11xy+18y^2)$

(7) (与式)$=-2(x^2-xy-56y^2)$　　(8) (与式)$=x(x^2+xy-30y^2)$

39. 答 (1) $(x-3)(x-4)$　(2) $(x+2)(x-7)$　(3) $(x-1)(x+3)$　(4) $(x-3)^2$

(5) $(a-4b)^2$　(6) $(x-y)(x-9y)$　(7) $(x+y)(x-5y)$　(8) $(x-y)(x+2y)$

解説 (1) (与式)$=x^2-7x+12$　　(2) (与式)$=x^2-5x-14$

(3) (与式)$=x^2+2x-3$　　(4) (与式)$=x^2-6x+9$

(5) (与式)$=a^2-8ab+16b^2$　　(6) (与式)$=x^2-10xy+9y^2$

(7) (与式)$=x^2-4xy-5y^2$　　(8) (与式)$=x^2+xy-2y^2$

p.18 **40.** 答 (1) $(a-b)(x-2y)$　(2) $2(a+2b)(x-1)$　(3) $(x+1)(x+y)$

(4) $3(4a-5b)(12a-15b+1)$　(5) $(x+2)(x-4)$　(6) $(a+b+3)(a+b-4)$

(7) $(x-y+1)(x-y-2)$　(8) $(x+y+3)(x+y+7)$

解説 (2) (与式)$=2a(x-1)+4b(x-1)=(2a+4b)(x-1)$

(6) (与式)$=(a+b)^2-(a+b)-12$　(8) (与式)$=(x+y)^2+10(x+y)+21$

41. 答 (1) $(x+y-z)(x-y+z)$　(2) $(x-y+1)(x-y-1)$

(3) $(a-2c+6)(a-6)$　(4) $(9x+4y)(-3x+8y)$　(5) $(x^2+9)(x+3)(x-3)$

(6) $(4a^2+25b^2)(2a+5b)(2a-5b)$　(7) $(x^4+1)(x^2+1)(x+1)(x-1)$

(8) $\dfrac{1}{4}(4x^2+y^2)(2x+y)(2x-y)$

解説 (3) (与式)$=\{(a-c)+(6-c)\}\{(a-c)-(6-c)\}$

(4) (与式)$=\{3(x+2y)+2(3x-y)\}\{3(x+2y)-2(3x-y)\}$

(5) (与式)$=(x^2)^2-9^2$　(6) (与式)$=(4a^2)^2-(25b^2)^2$

(7) (与式)$=(x^4)^2-1^2$　(8) (与式)$=\dfrac{1}{4}(16x^4-y^4)=\dfrac{1}{4}\{(4x^2)^2-(y^2)^2\}$

p.20 **42.** 答 (1) $(x-1)(2x-1)$　(2) $(x-2)(2x-1)$　(3) $(x+2)(3x+1)$

(4) $(x+3)(3x+2)$　(5) $(x-1)(5x-3)$　(6) $(a-3)(2a-7)$

(7) $(2x+1)(2x+3)$　(8) $(2x+1)(3x+1)$　(9) $(2x-3)(3x-2)$

43. **答** (1) $(x+1)(2x-1)$ (2) $(x-2)(2x+1)$ (3) $(x+2)(3x-1)$
(4) $(x-3)(3x+5)$ (5) $(x-2)(5x+3)$ (6) $(a-4)(2a+1)$
(7) $(2x+3)(2x-5)$ (8) $(2x+5)(3x-1)$ (9) $(2x-3)(3x+2)$

(1)
$$\begin{array}{ccc} 1 & 1 \longrightarrow & 2 \\ 2 & -1 \longrightarrow & \underline{-1} \\ & & 1 \end{array}$$
(2)
$$\begin{array}{ccc} 1 & -2 \longrightarrow & -4 \\ 2 & 1 \longrightarrow & \underline{1} \\ & & -3 \end{array}$$
(3)
$$\begin{array}{ccc} 1 & 2 \longrightarrow & 6 \\ 3 & -1 \longrightarrow & \underline{-1} \\ & & 5 \end{array}$$

(4)
$$\begin{array}{ccc} 1 & -3 \longrightarrow & -9 \\ 3 & 5 \longrightarrow & \underline{5} \\ & & -4 \end{array}$$
(5)
$$\begin{array}{ccc} 1 & -2 \longrightarrow & -10 \\ 5 & 3 \longrightarrow & \underline{3} \\ & & -7 \end{array}$$
(6)
$$\begin{array}{ccc} 1 & -4 \longrightarrow & -8 \\ 2 & 1 \longrightarrow & \underline{1} \\ & & -7 \end{array}$$

(7)
$$\begin{array}{ccc} 2 & 3 \longrightarrow & 6 \\ 2 & -5 \longrightarrow & \underline{-10} \\ & & -4 \end{array}$$
(8)
$$\begin{array}{ccc} 2 & 5 \longrightarrow & 15 \\ 3 & -1 \longrightarrow & \underline{-2} \\ & & 13 \end{array}$$
(9)
$$\begin{array}{ccc} 2 & -3 \longrightarrow & -9 \\ 3 & 2 \longrightarrow & \underline{4} \\ & & -5 \end{array}$$

44. **答** (1) $(x+y)(2x+5y)$ (2) $(x+y)(3x-2y)$ (3) $(x-2y)(3x-y)$
(4) $(x+4y)(3x-y)$ (5) $(x-2y)(4x-y)$ (6) $(2a+3b)(5a-3b)$

(1)
$$\begin{array}{ccc} 1 & 1 \longrightarrow & 2 \\ 2 & 5 \longrightarrow & \underline{5} \\ & & 7 \end{array}$$
(2)
$$\begin{array}{ccc} 1 & 1 \longrightarrow & 3 \\ 3 & -2 \longrightarrow & \underline{-2} \\ & & 1 \end{array}$$
(3)
$$\begin{array}{ccc} 1 & -2 \longrightarrow & -6 \\ 3 & -1 \longrightarrow & \underline{-1} \\ & & -7 \end{array}$$

(4)
$$\begin{array}{ccc} 1 & 4 \longrightarrow & 12 \\ 3 & -1 \longrightarrow & \underline{-1} \\ & & 11 \end{array}$$
(5)
$$\begin{array}{ccc} 1 & -2 \longrightarrow & -8 \\ 4 & -1 \longrightarrow & \underline{-1} \\ & & -9 \end{array}$$
(6)
$$\begin{array}{ccc} 2 & 3 \longrightarrow & 15 \\ 5 & -3 \longrightarrow & \underline{-6} \\ & & 9 \end{array}$$

p.21 **45.** **答** (1) $(x-2y+3)(x-2y-3)$ (2) $(x+y-4)(x-y+4)$
(3) $(a+2b-3)(a-2b+3)$ (4) $(1+x+3y)(1-x-3y)$
(5) $(x+y-1)(x-y-1)$ (6) $(3x+2y-2)(3x-2y+2)$
(7) $(a-b+c-d)(a-b-c+d)$
解説 (1) (与式)$=(x-2y)^2-3^2$ (2) (与式)$=x^2-(y-4)^2$
(3) (与式)$=a^2-(2b-3)^2$ (4) (与式)$=1^2-(x+3y)^2$
(5) (与式)$=(x-1)^2-y^2$ (6) (与式)$=(3x)^2-(2y-2)^2$
(7) (与式)$=(a-b)^2-(c-d)^2$

46. **答** (1) $(x-3)(y+2)$ (2) $(a-1)(a-2b)$ (3) $(a+b)(a-c)$
(4) $(a-c)(b-c)$ (5) $(a-b)(a-b-c)$ (6) $(a+b)(a-b)(b-c)$
(7) $(a+b)(a-c-d)$
解説 (1) (与式)$=x(y+2)-3(y+2)$
(2) (与式)$=a(a-1)-2b(a-1)$
(3) (与式)$=a(a+b)-c(a+b)$
(4) (与式)$=b(a-c)-c(a-c)$
(5) (与式)$=(a-b)^2-c(a-b)$
(6) c について1次であるから，c について整理する。
(与式)$=b(a^2-b^2)-c(a^2-b^2)=(a^2-b^2)(b-c)$
(7) c, d について1次であるから，c, d について整理する。
(与式)$=a(a+b)-d(a+b)-c(a+b)$

p.22 **47.** (答) (1) $(x+y-1)(x+y+2)$　(2) $(a-b+1)(a-b-3)$
(3) $(x+y-3)(x+2y+1)$　(4) $(a-b-2)(a-3b+1)$
(5) $(x-y+1)(x+3y-1)$　(6) $(a+b+3)(a-2b-1)$

(解説) (1) (与式)$=(x+y)^2+(x+y)-2=(x+y-1)(x+y+2)$
(2) (与式)$=(a-b)^2-2(a-b)-3=(a-b+1)(a-b-3)$
(3) (与式)$=x^2+(3y-2)x+\underline{2y^2-5y-3}=x^2+(3y-2)x+(y-3)(2y+1)$
$=\{x+(y-3)\}\{x+(2y+1)\}=(x+y-3)(x+2y+1)$

$$
\begin{array}{ccc}
1 & \diagdown & -3 \longrightarrow -6 \\
2 & \diagup & 1 \longrightarrow \underline{1} \\
 & & -5
\end{array}
\qquad
\begin{array}{ccc}
1 & \diagdown & y-3 \longrightarrow y-3 \\
1 & \diagup & 2y+1 \longrightarrow \underline{2y+1} \\
 & & 3y-2
\end{array}
$$

(4) (与式)$=a^2+(-4b-1)a+\underline{3b^2+5b-2}=a^2+(-4b-1)a+(b+2)(3b-1)$
$=\{a-(b+2)\}\{a-(3b-1)\}=(a-b-2)(a-3b+1)$

$$
\begin{array}{ccc}
1 & \diagdown & 2 \longrightarrow 6 \\
3 & \diagup & -1 \longrightarrow \underline{-1} \\
 & & 5
\end{array}
\qquad
\begin{array}{ccc}
1 & \diagdown & -(b+2) \longrightarrow -b-2 \\
1 & \diagup & -(3b-1) \longrightarrow \underline{-3b+1} \\
 & & -4b-1
\end{array}
$$

(5) (与式)$=x^2+2y\cdot x-(\underline{3y^2-4y+1})=x^2+2y\cdot x-(y-1)(3y-1)$
$=\{x-(y-1)\}\{x+(3y-1)\}=(x-y+1)(x+3y-1)$

$$
\begin{array}{ccc}
1 & \diagdown & -1 \longrightarrow -3 \\
3 & \diagup & -1 \longrightarrow \underline{-1} \\
 & & -4
\end{array}
\qquad
\begin{array}{ccc}
1 & \diagdown & -(y-1) \longrightarrow -y+1 \\
1 & \diagup & 3y-1 \longrightarrow \underline{3y-1} \\
 & & 2y
\end{array}
$$

(6) (与式)$=a^2+(-b+2)a-(\underline{2b^2+7b+3})=a^2+(-b+2)a-(b+3)(2b+1)$
$=\{a+(b+3)\}\{a-(2b+1)\}=(a+b+3)(a-2b-1)$

$$
\begin{array}{ccc}
1 & \diagdown & 3 \longrightarrow 6 \\
2 & \diagup & 1 \longrightarrow \underline{1} \\
 & & 7
\end{array}
\qquad
\begin{array}{ccc}
1 & \diagdown & b+3 \longrightarrow b+3 \\
1 & \diagup & -(2b+1) \longrightarrow \underline{-2b-1} \\
 & & -b+2
\end{array}
$$

48. (答) (1) $(a^2+3ab+9b^2)(a^2-3ab+9b^2)$　(2) $(x^2+4x-1)(x^2-4x-1)$
(3) $(x+y)(x-y)(2x+3y)(2x-3y)$　(4) $(x-1)(x+5)(x^2+4x+7)$
(5) $(x^2+5x-2)(x^2+5x+12)$　(6) $(x+1)(x-4)(x^2+6x-4)$

(解説) (1) (与式)$=(a^4+18a^2b^2+81b^4)-9a^2b^2=(a^2+9b^2)^2-(3ab)^2$
$=\{(a^2+9b^2)+3ab\}\{(a^2+9b^2)-3ab\}=(a^2+3ab+9b^2)(a^2-3ab+9b^2)$
(2) (与式)$=(x^4-2x^2+1)-16x^2=(x^2-1)^2-(4x)^2$
$=\{(x^2-1)+4x\}\{(x^2-1)-4x\}=(x^2+4x-1)(x^2-4x-1)$
(3) (与式)$=(4x^4-12x^2y^2+9y^4)-x^2y^2=(2x^2-3y^2)^2-(xy)^2$
$=\{(2x^2-3y^2)+xy\}\{(2x^2-3y^2)-xy\}=(2x^2+xy-3y^2)(2x^2-xy-3y^2)$
$=(x-y)(2x+3y)(x+y)(2x-3y)=(x+y)(x-y)(2x+3y)(2x-3y)$
(4) $x^2+4x=X$ とおくと,
(与式)$=(X+5)(X-3)-20=X^2+2X-15-20=X^2+2X-35$
$=(X-5)(X+7)=(x^2+4x-5)(x^2+4x+7)=(x-1)(x+5)(x^2+4x+7)$

(5) （与式）＝$\{(x+1)(x+4)\}\{(x+2)(x+3)\}-48$

$=\{(x^2+5x)+4\}\{(x^2+5x)+6\}-48$

ここで，$x^2+5x=X$ とおくと，

（与式）$=(X+4)(X+6)-48=X^2+10X+24-48=X^2+10X-24$

$=(X-2)(X+12)=(x^2+5x-2)(x^2+5x+12)$

(6) （与式）$=\{(x-1)(x+4)\}\{(x-2)(x+2)\}-18x^2$

$=(x^2+3x-4)(x^2-4)-18x^2=\{(x^2-4)+3x\}(x^2-4)-18x^2$

ここで，$x^2-4=A$ とおくと，

（与式）$=(A+3x)A-18x^2=A^2+3xA-18x^2=(A-3x)(A+6x)$

$=(x^2-4-3x)(x^2-4+6x)=(x^2-3x-4)(x^2+6x-4)$

$=(x+1)(x-4)(x^2+6x-4)$

別解 (3) （与式）$=(x^2-y^2)(4x^2-9y^2)=(x+y)(x-y)(2x+3y)(2x-3y)$

p.23 **49.** **答** (1) 5041 (2) 9025 (3) 2491 (4) 9016

解説 (1) $71^2=(70+1)^2=70^2+2\times70\times1+1^2$

(2) $95^2=(100-5)^2=100^2-2\times100\times5+5^2$

(3) $53\times47=(50+3)\times(50-3)=50^2-3^2$

(4) $98\times92=(100-2)\times(100-8)=100^2+(-2-8)\times100+(-2)\times(-8)$

50. **答** (1) 1600 (2) 400 (3) 8900 (4) 11

解説 (1) $58^2-42^2=(58+42)\times(58-42)$

(2) $16^2+2\times16\times4+4^2=(16+4)^2$

(3) $97^2-5\times97-8\times3=97^2+(-8+3)\times97+(-8)\times3=(97-8)\times(97+3)$

(4) $\dfrac{207^2-134^2}{52^2-21^2}=\dfrac{(207+134)\times(207-134)}{(52+21)\times(52-21)}=\dfrac{341\times73}{73\times31}$

51. **答** (1) -4000 (2) -76 (3) 111

解説 (1) $1999^2-1999\times2001-2=1999\times(1999-2001)-2=1999\times(-2)-2$

$=(-2)\times(1999+1)$

(2) $54^2+56\times43+23^2-77^2$

$=(50+4)^2+(50+6)\times(50-7)+(23+77)\times(23-77)$

ここで，$50=a$ とおくと，

（与式）$=(a+4)^2+(a+6)(a-7)+2a(-a-4)=-a-26$

(3) $120=a$ とおくと，

$121\times121-119\times122-119\times120+116\times123$

$=(a+1)^2-(a-1)(a+2)-(a-1)\times a+(a-4)(a+3)=a-9$

p.24 **52.** **答** 連続する2つの奇数は，整数 n を使って $2n-1$，$2n+1$ と表すことがで
きる。

$(2n+1)^2-(2n-1)^2=(4n^2+4n+1)-(4n^2-4n+1)=8n$

ここで，n は整数であるから，$8n$ は 8 の倍数である。

ゆえに，連続する2つの奇数の平方の差は，8 の倍数になる。

53. **答** $(2m+1)(2n+1)=4mn+2m+2n+1=2(2mn+m+n)+1$

ここで，m，n は整数であるから，$2mn+m+n$ も整数であり，$2(2mn+m+n)$
は偶数である。

よって，$2(2mn+m+n)+1$ は奇数である。

ゆえに，2つの奇数の積は奇数になる。

54. **答** (1) 連続する2つの整数は一方が偶数，一方が奇数であるから，連続する2つの整数の積は偶数になる。

(2) 連続する3つの整数には3の倍数がただ1つふくまれるから，連続する3つの整数の積は3の倍数である。また，(1)より偶数でもあるから，連続する3つの整数の積は6の倍数になる。

(3) $n^3-n=n(n^2-1)=(n-1)n(n+1)$

これは連続する3つの整数 $n-1$, n, $n+1$ の積であるから，(2)より n^3-n は6の倍数になる。

55. **答** 正方形 ABCD の面積が $b^2\text{cm}^2$ だけ大きい。

(解説) （正方形 ABCD）$=a^2$
（長方形 PQRS）$=(a+b)(a-b)=a^2-b^2$

56. **答** $\dfrac{1}{2}(a^2+ab-x^2)\,\text{cm}^2$

(解説) PB$=a-x$, BQ$=a+b-x$ より，
△PQD$=$（長方形 ABCD）$-$△APD$-$△PBQ$-$△QCD
$=a(a+b)-\dfrac{1}{2}x(a+b)-\dfrac{1}{2}(a-x)(a+b-x)-\dfrac{1}{2}ax$

(参考) △PQD$=$（台形 ABQD）$-$△APD$-$△PBQ と求めてもよい。

p.25 **57.** **答** (1) $\begin{cases}x=1\\y=18,\end{cases}\begin{cases}x=2\\y=9,\end{cases}\begin{cases}x=3\\y=6,\end{cases}\begin{cases}x=6\\y=3,\end{cases}\begin{cases}x=9\\y=2,\end{cases}\begin{cases}x=18\\y=1\end{cases}$

(2) $\begin{cases}x=1\\y=8,\end{cases}\begin{cases}x=3\\y=3,\end{cases}\begin{cases}x=4\\y=2\end{cases}$　(3) $\begin{cases}x=3\\y=3\end{cases}$　(4) $\begin{cases}x=3\\y=18,\end{cases}\begin{cases}x=5\\y=8,\end{cases}\begin{cases}x=7\\y=6,\end{cases}\begin{cases}x=17\\y=4\end{cases}$

(解説) (2) x, y は正の整数であるから，$x+1$, $y+2$ はそれぞれ2以上，3以上の整数で，ともに20の約数である。

$\begin{cases}x+1=2\\y+2=10,\end{cases}\begin{cases}x+1=4\\y+2=5,\end{cases}\begin{cases}x+1=5\\y+2=4\end{cases}$　ゆえに，$\begin{cases}x=1\\y=8,\end{cases}\begin{cases}x=3\\y=3,\end{cases}\begin{cases}x=4\\y=2\end{cases}$

(3) x, y は正の整数であるから，$3x+1$, $2y-1$ はそれぞれ4以上の整数，正の奇数で，ともに50の約数である。

$\begin{cases}3x+1=10\\2y-1=5\end{cases}$……①, $\begin{cases}3x+1=50\\2y-1=1\end{cases}$……②

①より，$\begin{cases}x=3\\y=3\end{cases}$　これらの値は問題に適する。

②より，$\begin{cases}x=\dfrac{49}{3}\\y=1\end{cases}$　これらの値は問題に適さない。　ゆえに，$\begin{cases}x=3\\y=3\end{cases}$

(4) 両辺に6を加えて，$xy-3x-2y+6=15$　　$x(y-3)-2(y-3)=15$
$(x-2)(y-3)=15$

x, y は正の整数であるから，$x-2$, $y-3$ はそれぞれ -1 以上，-2 以上の整数で，ともに15の約数である。

$\begin{cases}x-2=1\\y-3=15,\end{cases}\begin{cases}x-2=3\\y-3=5,\end{cases}\begin{cases}x-2=5\\y-3=3,\end{cases}\begin{cases}x-2=15\\y-3=1\end{cases}$

ゆえに，$\begin{cases}x=3\\y=18,\end{cases}\begin{cases}x=5\\y=8,\end{cases}\begin{cases}x=7\\y=6,\end{cases}\begin{cases}x=17\\y=4\end{cases}$

p.26 **①** **答** (1) $3x^3-x+9$　(2) $-11a^2+9a$　(3) $-2a^5b^6+3a^4b^7+4a^3b^8$　(4) $11x-53$
(5) $a^2+26a+329$　(6) $2x^2+3x$　(7) $a^2+3a-3b$　(8) $5x^2+6xy+2y^2$
(9) $8x^4-5x^3-5x^2+9x-4$

② **答** (1) x^2-4y^2+2x+1　(2) $9x^2-y^2+12x+4$　(3) $a^2+2ab+b^2-a-b-2$
(4) $-7x+7y+4$　(5) $2a^2+2b^2+2c^2+4bc$　(6) $x^4-10x^3+25x^2-36$
(7) x^4+x^2+1　(8) x^8-2x^4+1
解説 (1) (与式)$=\{(x+1)+2y\}\{(x+1)-2y\}$
(2) (与式)$=\{(3x+2)-y\}\{(3x+2)+y\}$
(3) (与式)$=\{(a+b)+1\}\{(a+b)-2\}$
(4) (与式)$=(x-y)^2-4(x-y)+4-(x-y)^2-3(x-y)=-7(x-y)+4$
(5) (与式)$=a^2+b^2+c^2+2ab+2bc+2ca+a^2+b^2+c^2-2ab+2bc-2ca$
(6) (与式)$=\{(x+1)(x-6)\}\{(x-2)(x-3)\}=\{(x^2-5x)-6\}\{(x^2-5x)+6\}$
(7) (与式)$=\{(x^2+1)+x\}\{(x^2+1)-x\}$
(8) (与式)$=\{(x+1)(x-1)(x^2+1)\}^2=\{(x^2-1)(x^2+1)\}^2=(x^4-1)^2$

③ **答** (1) $(x-2)(x-6)$　(2) $(x-4)(x+7)$　(3) $(x+3)(x-10)$
(4) $-(x+5)(x-7)$　(5) $2(x-1)(x+6)$　(6) $2(2x-3y)^2$　(7) $x(y+2)(y-2)$
(8) $yz(x+4)(x-5)$　(9) $ab(a-2b)^2$
解説 (4) (与式)$=-(x^2-2x-35)$　　(5) (与式)$=2(x^2+5x-6)$
(6) (与式)$=2(4x^2-12xy+9y^2)$　　(7) (与式)$=x(y^2-4)$
(8) (与式)$=yz(x^2-x-20)$　　(9) (与式)$=ab(a^2-4ab+4b^2)$

④ **答** (1) $(x-2)(x-9)$　(2) $(x+3)(x+4)$　(3) $3(x+1)(x-7)$
(4) $(3x-1)(x+3)$　(5) $(x+2)(x+6)$　(6) $(a-b)(a-9b)$
解説 (1) (与式)$=\{(x-4)+2\}\{(x-4)-5\}$
(2) (与式)$=x^2+7x+12$　(3) (与式)$=3\{(x-3)^2-4^2\}$
(5) (与式)$=x^2+8x+12$　(6) (与式)$=a^2-10ab+9b^2$

⑤ **答** (1) $(x+y-2)(x-y-2)$　(2) $(x-y)(x+y-2)$　(3) $(x+2y)(x-2z)$
(4) $(x-2y+2)^2$　(5) $(a-b)^2(a+b)$　(6) $(x+1)(x+2)(x-3)(x-4)$
(7) $(x-1)(x-2)(x^2-3x-3)$　(8) $(a+b-c-1)(a-b+c-1)$
解説 (1) (与式)$=(x-2)^2-y^2$　　(2) (与式)$=(x+y)(x-y)-2(x-y)$
(3) (与式)$=x(x+2y)-2z(x+2y)$
(4) (与式)$=(x-2y)^2+4(x-2y)+4=\{(x-2y)+2\}^2$
(5) (与式)$=a^2(a-b)-b^2(a-b)=(a^2-b^2)(a-b)$
(6) (与式)$=(x^2-2x-3)(x^2-2x-8)$
(7) $x^2-3x=X$ とおくと,
(与式)$=(X-4)(X+3)+6=X^2-X-6=(X+2)(X-3)$
(8) (与式)$=(a^2-2a+1)-(b^2-2bc+c^2)=(a-1)^2-(b-c)^2$

p.27 **⑥** **答** (1) $a=1$, $b=2$, $c=16$　(2) $a=-5$, $b=7$, $c=1$
解説 (1) 展開して整理すると, $ax^2+(8-ab)xy-8by^2=x^2+6xy-cy^2$
よって, $a=1$, $8-ab=6$, $8b=c$
(2) 展開して整理すると, $7x^2-(2a+9)x+(-3a+1)=bx^2+cx+16$
よって, $b=7$, $c=-(2a+9)$, $-3a+1=16$

7 答 (1) 5000 (2) $\dfrac{99}{100}$ (3) 3000

解説 (1) $75^2-25^2=(75+25)\times(75-25)$

(2) $\dfrac{199^2-197^2}{201^2-199^2}=\dfrac{(199+197)\times(199-197)}{(201+199)\times(201-199)}=\dfrac{396\times2}{400\times2}$

(3) $501\times499+501^2-502\times498-498^2=501\times(499+501)-498\times(502+498)$
$=501\times1000-498\times1000=1000\times(501-498)$

別解 (3) $500=a$ とおくと，
$501\times499+501^2-502\times498-498^2$
$=(a+1)(a-1)+(a+1)^2-(a+2)(a-2)-(a-2)^2=6a$

8 答 (1) $m=-8$, $n=-3$ (2) $a=14$, $n=12$ (3) 8通り，$a=-25$

解説 (3) $mn=24$, $m+n=a$ より，まず，積が 24 になる整数 m, n $(m<n)$ の組を調べる。

m	-24	-12	-8	-6	1	2	3	4
n	-1	-2	-3	-4	24	12	8	6
a	-25	-14	-11	-10	25	14	11	10

9 答 (1) $S=\pi b(2a+b)$ (2) $\ell=2\pi\left(a+\dfrac{1}{2}b\right)$

(証明) ℓ と線分 AB の長さの積は，$\ell\times b=2\pi\left(a+\dfrac{1}{2}b\right)\times b=\pi b(2a+b)$

(1)の結果より，$S=\pi b(2a+b)$
ゆえに，$S=\ell b$

解説 (1) $S=\pi(a+b)^2-\pi a^2$ (2) $OA+\dfrac{1}{2}AB=a+\dfrac{1}{2}b$

10 答 (1) 9 (2) 19 (3) $-\dfrac{2}{3}$

解説 (1) (与式)$=(x-2y)^2+8$ と変形してから，x, y の値を代入する。
(2) (与式)$=(x-y)^2-4(x-y)-2$ と変形してから，$x-y=-3$ を代入する。
(3) $\dfrac{1}{a}+\dfrac{1}{b}+\dfrac{1}{c}=\dfrac{ab+bc+ca}{abc}$ より，$\dfrac{ab+bc+ca}{abc}=1$
よって，$ab+bc+ca=abc$
$(a-1)(b-1)(c-1)=(ab-a-b+1)(c-1)$
$=abc-ab-ac+a-bc+b+c-1=abc-(ab+bc+ca)+(a+b+c)-1$
$=(a+b+c)-1=\dfrac{1}{3}-1=-\dfrac{2}{3}$

2章　平方根

p.29　**1.** (答) (1) ± 2 (2) ± 7 (3) ± 12 (4) $\pm \dfrac{3}{5}$ (5) ± 0.9 (6) ± 0.03

2. (答) (1) 5 (2) -9 (3) 13 (4) 14 (5) -20 (6) $\dfrac{7}{10}$ (7) $-\dfrac{4}{11}$ (8) 1.4

(9) -0.004

3. (答) (ア), (ウ), (オ)

4. (答) (1) 3 (2) 7 (3) 8 (4) 16 (5) 7 (6) 100

5. (答) (1) 49 (2) 25 (3) 36 (4) 4

6. (答) (1) $\sqrt{9} > \sqrt{8}$ (2) $\sqrt{15} < 4$ (3) $\sqrt{11} > 3.2$ (4) $-\sqrt{8} < -\sqrt{7}$

p.30　**7.** (答) (1) 1, 2 (2) 5, 6 (3) 6, 7 (4) 7, 8

8. (答) (1) 1.73 (2) 2.64 (3) 3.16 (4) 8.36

9. (答) 14 個

(解説) $7 < \sqrt{a} < 8$ より $7^2 < a < 8^2$　すなわち，$49 < a < 64$

ゆえに，$(64-1)-49$

p.31　**10.** (答) (1) 30 (2) 5 (3) 10 (4) 6 (5) 27 (6) 6

11. (答) (1) 2 (2) 18 (3) 4 (4) 50 (5) 3 (6) 5

p.32　**12.** (答) (1) 10 (2) $4\sqrt{6}$ (3) -30 (4) $12\sqrt{3}$ (5) 3 (6) 2 (7) $-\sqrt{5}$ (8) 5 (9) 7

13. (答) (1) $\dfrac{\sqrt{5}}{5}$ (2) $2\sqrt{7}$ (3) $\dfrac{\sqrt{10}}{2}$ (4) $\dfrac{3\sqrt{3}}{2}$ (5) $\dfrac{\sqrt{39}}{13}$ (6) $\sqrt{6}$

(解説) (4) $\dfrac{9}{2\sqrt{3}} = \dfrac{9 \times \sqrt{3}}{2\sqrt{3} \times \sqrt{3}}$　(5) $\sqrt{\dfrac{3}{13}} = \dfrac{\sqrt{3}}{\sqrt{13}} = \dfrac{\sqrt{3} \times \sqrt{13}}{\sqrt{13} \times \sqrt{13}}$

(6) $\dfrac{2\sqrt{15}}{\sqrt{10}} = \dfrac{2\sqrt{3}}{\sqrt{2}} = \dfrac{2\sqrt{3} \times \sqrt{2}}{\sqrt{2} \times \sqrt{2}}$

14. (答) (1) $8\sqrt{7}$ (2) $5\sqrt{6}$ (3) $\sqrt{2}$ (4) $-13\sqrt{5}$ (5) $-5\sqrt{11}$

(6) $-\dfrac{\sqrt{3}}{3}$ または $-\dfrac{1}{3}\sqrt{3}$

p.33　**15.** (答) (1) $18\sqrt{5}$ (2) -378 (3) 40 (4) $22\sqrt{66}$ (5) 4 (6) 6

16. (答) (1) $7\sqrt{3}$ (2) $\sqrt{2}$ (3) $3\sqrt{2}$ (4) $-\sqrt{3}$ (5) $\sqrt{6}$ (6) $-2\sqrt{2}$ (7) $10\sqrt{3}$

(8) $55\sqrt{3}$

17. (答) (1) 35 (2) 5 (3) $\sqrt{2}$ (4) $\dfrac{11}{4}$

18. (答) (1) $-2\sqrt{2}$ (2) $5\sqrt{2}$ (3) 20 (4) 31 (5) $-\sqrt{3}$ (6) $-2\sqrt{2}$

19. (答) (1) $\sqrt{3}$ (2) $6\sqrt{2}$ (3) $7\sqrt{11}$ (4) $3\sqrt{5}$ (5) $-3\sqrt{7}$ (6) $12\sqrt{3}$ (7) $\dfrac{5\sqrt{5}}{2}$

(8) $\dfrac{17\sqrt{2}}{2}$

20. (答) (1) $2\sqrt{2}$ (2) $3\sqrt{3}$ (3) $4\sqrt{7}$ (4) $\sqrt{3}$ (5) $5\sqrt{2}$ (6) $10\sqrt{5}$

p.34　**21.** (答) $n=6$

(解説) $24n$ は平方数であるから，$24 = 2^3 \times 3 = 2^2 \times 2 \times 3$ より，$n = 2 \times 3$

22. （答）$n=15$

（解説）$540=2^2\times3^3\times5=2^2\times3^2\times3\times5$ より，$n=3\times5$

23. （答）$n=5,\ 10,\ 13,\ 14$

（解説）$\sqrt{14-n}$ が整数であるから，$14-n$ は 14 より小さい平方数である。

$14-n=0,\ 1,\ 4,\ 9$

24. （答）(1) $\sqrt{6}+4\sqrt{3}-6$　(2) $4\sqrt{3}-6\sqrt{2}-18$　(3) $5\sqrt{2}+6$　(4) $\sqrt{2}+3$

(5) $10-5\sqrt{5}$　(6) $7\sqrt{15}-7\sqrt{5}$　(7) $-3\sqrt{2}-2\sqrt{3}$　(8) $2\sqrt{6}+3\sqrt{2}$

p.35 **25.** （答）(1) $15-4\sqrt{11}$　(2) $30+12\sqrt{6}$　(3) $34-8\sqrt{15}$　(4) 1　(5) 2　(6) 6　(7) -13

(8) -4

（解説）(6) （与式）$=-(\sqrt{10}-4)(4+\sqrt{10})=-(\sqrt{10}-4)(\sqrt{10}+4)$

(7) （与式）$=(2\sqrt{3}-5)(2\sqrt{3}+5)$　(8) （与式）$=(2+2\sqrt{2})(2-2\sqrt{2})$

（参考）(7) （与式）$=(\sqrt{12}-5)(\sqrt{12}+5)$ と計算してもよい。

(8) （与式）$=(2+\sqrt{8})(2-\sqrt{8})$ と計算してもよい。

26. （答）(1) $22+9\sqrt{2}$　(2) $12-5\sqrt{6}$　(3) $-18+4\sqrt{3}$　(4) $-5-3\sqrt{5}$

(5) $-1+\sqrt{6}$　(6) $-7-3\sqrt{15}$　(7) $-38+6\sqrt{14}$　(8) $5-2\sqrt{3}$

27. （答）(1) $\dfrac{9}{4}+\sqrt{2}$　(2) $\dfrac{109}{9}-\dfrac{4\sqrt{3}}{3}$　(3) $2-\sqrt{3}$　(4) $\dfrac{7-3\sqrt{5}}{2}$　(5) $\dfrac{7}{5}$

(6) 11　(7) $-7+\dfrac{\sqrt{6}}{2}$　(8) $\dfrac{11}{30}\sqrt{15}$

28. （答）(1) $8+5\sqrt{2}$　(2) $-3\sqrt{2}$　(3) $36+7\sqrt{14}$　(4) $-10\sqrt{2}$　(5) $2\sqrt{3}$

(6) $8\sqrt{2}+2\sqrt{30}$　(7) $-3\sqrt{6}-\sqrt{2}$　(8) $13+11\sqrt{35}$

（解説）(4) （与式）$=\sqrt{2}(1-\sqrt{6})(2\sqrt{6}+2)=\sqrt{2}(1-\sqrt{6})\times2(\sqrt{6}+1)$

$=2\sqrt{2}(1-\sqrt{6})(1+\sqrt{6})$

(5) （与式）$=(\sqrt{5}+\sqrt{3})\times\sqrt{3}(\sqrt{5}-\sqrt{3})=\sqrt{3}\{(\sqrt{5})^2-(\sqrt{3})^2\}$

(6) （与式）$=\sqrt{2}(\sqrt{3}+\sqrt{5})(\sqrt{5}+\sqrt{3})=\sqrt{2}(\sqrt{3}+\sqrt{5})^2$

(7) （与式）$=\sqrt{2}(\sqrt{3}-4)(1+\sqrt{3})=\sqrt{2}(\sqrt{3}-4)(\sqrt{3}+1)$

29. （答）(1) $4\sqrt{2}$　(2) 4　(3) $18\sqrt{3}$　(4) 1　(5) 2　(6) 12　(7) $\dfrac{3\sqrt{6}+2}{2}$

(8) $-\dfrac{11\sqrt{2}+4\sqrt{3}}{2}$

（解説）(1) （与式）$=\sqrt{2}(\sqrt{7}+\sqrt{3})(\sqrt{7}-\sqrt{3})$

(2) （与式）$=(3+2\sqrt{3}+1)-(\sqrt{3}-1)\times\sqrt{3}(\sqrt{3}+1)$

$=4+2\sqrt{3}-\sqrt{3}\{(\sqrt{3})^2-1^2\}$

(3) （与式）$=(\sqrt{27})^2+(-3+9)\sqrt{27}+(-3)\times9$

(4) （与式）$=\{(\sqrt{3}-\sqrt{2})(\sqrt{3}+\sqrt{2})\}^2=\{(\sqrt{3})^2-(\sqrt{2})^2\}^2$

(5) （与式）$=2(3+2\sqrt{2})(2-2\sqrt{2}+1)=2(3+2\sqrt{2})(3-2\sqrt{2})$

(6) （与式）$=(6+2\sqrt{6}+1)+(3-2\sqrt{6}+2)$

(7) （与式）$=\dfrac{(2\sqrt{2}+\sqrt{3})(3\sqrt{2}-\sqrt{3})}{\sqrt{6}}=\dfrac{12+\sqrt{6}-3}{\sqrt{6}}=\dfrac{9+\sqrt{6}}{\sqrt{6}}$

$=\dfrac{(9+\sqrt{6})\times\sqrt{6}}{\sqrt{6}\times\sqrt{6}}$

(8) （与式）$=\dfrac{18+12\sqrt{6}+12}{\sqrt{3}}-\dfrac{8+12\sqrt{6}+27}{\sqrt{2}}=\dfrac{30+12\sqrt{6}}{\sqrt{3}}-\dfrac{35+12\sqrt{6}}{\sqrt{2}}$

$\qquad =\dfrac{(30+12\sqrt{6}\,)\times\sqrt{3}}{\sqrt{3}\times\sqrt{3}}-\dfrac{(35+12\sqrt{6}\,)\times\sqrt{2}}{\sqrt{2}\times\sqrt{2}}$

別解 (8) 通分して，（与式）$=\dfrac{\sqrt{2}\,(3\sqrt{2}+2\sqrt{3}\,)^2-\sqrt{3}\,(2\sqrt{2}+3\sqrt{3}\,)^2}{\sqrt{6}}$

参考 (3) （与式）$=3(\sqrt{3}-1)\times3\sqrt{3}\,(1+\sqrt{3}\,)=9\sqrt{3}\,(\sqrt{3}-1)(\sqrt{3}+1)$ と計算
してもよい。

(5) （与式）$=2(3+2\sqrt{2}\,)(\sqrt{2}-1)^2=2(\sqrt{2}+1)^2(\sqrt{2}-1)^2$
$=2\{(\sqrt{2}+1)(\sqrt{2}-1)\}^2$ と計算してもよい。

p.36 **30.** 答 (1) $6-2\sqrt{2}+2\sqrt{3}-2\sqrt{6}$　(2) $20-12\sqrt{2}-4\sqrt{3}+4\sqrt{6}$
(3) $99+12\sqrt{2}-48\sqrt{3}-12\sqrt{6}$　(4) $4\sqrt{3}$　(5) $4+2\sqrt{10}$　(6) $4\sqrt{3}$
解説 (6) （与式）$=(\sqrt{2}+\sqrt{3}+\sqrt{5}\,)\times\sqrt{2}\,(\sqrt{2}+\sqrt{3}-\sqrt{5}\,)$
$=\sqrt{2}\,\{(\sqrt{2}+\sqrt{3}\,)^2-(\sqrt{5}\,)^2\}$

31. 答 (1) $-6-2\sqrt{6}+2\sqrt{30}$　(2) $6+4\sqrt{6}-4\sqrt{10}-2\sqrt{15}$　(3) 22
(4) $14+2\sqrt{14}-2\sqrt{21}$
解説 (1) （与式）$=\{(\sqrt{2}-\sqrt{3}\,)-(\sqrt{5}-\sqrt{6}\,)\}\{(\sqrt{2}-\sqrt{3}\,)+(\sqrt{5}-\sqrt{6}\,)\}$
$=(\sqrt{2}-\sqrt{3}\,)^2-(\sqrt{5}-\sqrt{6}\,)^2$
(4) （与式）$=(\sqrt{2}-\sqrt{3}+\sqrt{7}\,)\{(\sqrt{2}-\sqrt{3}+\sqrt{7}\,)-(\sqrt{2}-\sqrt{3}-\sqrt{7}\,)\}$

p.37 **32.** 答 (1) 27.57　(2) 871.8　(3) 0.02757
解説 (1) $\sqrt{7\vdots60}=\sqrt{7.6\times100}=\sqrt{7.6}\times10$
(2) $\sqrt{76\vdots00\vdots00}=\sqrt{76\times10000}=\sqrt{76}\times100$
(3) $\sqrt{0.00\vdots07\vdots6}=\sqrt{\dfrac{7.6}{10000}}=\dfrac{\sqrt{7.6}}{100}$

33. 答 (1) 9.48　(2) 0.224　(3) 0.6
解説 (2) （与式）$=\dfrac{1\times\sqrt{5}}{2\sqrt{5}\times\sqrt{5}}=\dfrac{\sqrt{5}}{10}$　　　(3) （与式）$=30-12\sqrt{6}$

34. 答 (1) $\dfrac{3}{10}a$　(2) $\dfrac{q}{10}-\dfrac{p}{5}$
解説 (1) $\sqrt{2.7}=\sqrt{\dfrac{270}{100}}=\dfrac{3\sqrt{30}}{10}$
(2) $\sqrt{0.31}=\sqrt{\dfrac{31}{100}}=\dfrac{\sqrt{31}}{10}$　　$\sqrt{0.124}=\sqrt{\dfrac{124}{1000}}=\sqrt{\dfrac{31}{250}}=\sqrt{\dfrac{3.1}{25}}=\dfrac{\sqrt{3.1}}{5}$

p.38 **35.** 答 (1) 8　(2) 14　(3) $\dfrac{5}{4}$

36. 答 (1) $32-12\sqrt{3}$　(2) $-\dfrac{97}{4}$
解説 (2) $x=\dfrac{9-2\sqrt{5}}{2}$ より，$2x-9=-2\sqrt{5}$　　$(2x-9)^2=20$
$4x^2-36x+81=20$　　$4x^2-36x=-61$　　$4(x^2-9x)=-61$
$x^2-9x=-\dfrac{61}{4}$　　ゆえに，$x^2-9x-9=-\dfrac{61}{4}-9$

p.39 **37.** **答** (1) $\dfrac{\sqrt{3}-1}{2}$ (2) $-1-\sqrt{2}$ (3) $\sqrt{6}-\sqrt{2}$ (4) $2\sqrt{3}+3$

(5) $-\dfrac{6\sqrt{7}+9\sqrt{5}}{17}$ (6) $2+\sqrt{3}$

解説 (1) (与式)$=\dfrac{\sqrt{3}-1}{(\sqrt{3}+1)(\sqrt{3}-1)}=\dfrac{\sqrt{3}-1}{(\sqrt{3})^2-1^2}=\dfrac{\sqrt{3}-1}{3-1}=\dfrac{\sqrt{3}-1}{2}$

(2) (与式)$=\dfrac{1+\sqrt{2}}{(1-\sqrt{2})(1+\sqrt{2})}=\dfrac{1+\sqrt{2}}{1^2-(\sqrt{2})^2}=\dfrac{1+\sqrt{2}}{1-2}=-1-\sqrt{2}$

(3) (与式)$=\dfrac{4(\sqrt{6}-\sqrt{2})}{(\sqrt{6}+\sqrt{2})(\sqrt{6}-\sqrt{2})}=\dfrac{4(\sqrt{6}-\sqrt{2})}{(\sqrt{6})^2-(\sqrt{2})^2}=\dfrac{4(\sqrt{6}-\sqrt{2})}{6-2}$

$=\dfrac{4(\sqrt{6}-\sqrt{2})}{4}=\sqrt{6}-\sqrt{2}$

(4) (与式)$=\dfrac{3(2\sqrt{3}+3)}{(2\sqrt{3}-3)(2\sqrt{3}+3)}=\dfrac{3(2\sqrt{3}+3)}{(2\sqrt{3})^2-3^2}=\dfrac{3(2\sqrt{3}+3)}{12-9}$

$=\dfrac{3(2\sqrt{3}+3)}{3}=2\sqrt{3}+3$

(5) (与式)$=\dfrac{3(2\sqrt{7}+3\sqrt{5})}{(2\sqrt{7}-3\sqrt{5})(2\sqrt{7}+3\sqrt{5})}=\dfrac{3(2\sqrt{7}+3\sqrt{5})}{(2\sqrt{7})^2-(3\sqrt{5})^2}$

$=\dfrac{3(2\sqrt{7}+3\sqrt{5})}{28-45}=\dfrac{6\sqrt{7}+9\sqrt{5}}{-17}=-\dfrac{6\sqrt{7}+9\sqrt{5}}{17}$

(6) (与式)$=\dfrac{(3+\sqrt{3})^2}{(3-\sqrt{3})(3+\sqrt{3})}=\dfrac{9+6\sqrt{3}+3}{3^2-(\sqrt{3})^2}=\dfrac{12+6\sqrt{3}}{9-3}=\dfrac{6(2+\sqrt{3})}{6}$

$=2+\sqrt{3}$

38. **答** (1) $2\sqrt{3}$ (2) -3 (3) 3

解説 (1) (与式)$=\dfrac{2+\sqrt{3}}{(2-\sqrt{3})(2+\sqrt{3})}-\dfrac{2-\sqrt{3}}{(2+\sqrt{3})(2-\sqrt{3})}=\dfrac{2+\sqrt{3}}{4-3}-\dfrac{2-\sqrt{3}}{4-3}$

$=2+\sqrt{3}-(2-\sqrt{3})=2\sqrt{3}$

(2) (与式)$=\dfrac{\sqrt{3}(\sqrt{6}-\sqrt{3})}{(\sqrt{6}+\sqrt{3})(\sqrt{6}-\sqrt{3})}-\dfrac{\sqrt{6}(\sqrt{6}+\sqrt{3})}{(\sqrt{6}-\sqrt{3})(\sqrt{6}+\sqrt{3})}$

$=\dfrac{\sqrt{18}-3}{6-3}-\dfrac{6+\sqrt{18}}{6-3}=\dfrac{3\sqrt{2}-3-(6+3\sqrt{2})}{3}=\dfrac{-9}{3}=-3$

(3) (与式)$=\left\{\dfrac{2(\sqrt{7}+\sqrt{3})}{(\sqrt{7}-\sqrt{3})(\sqrt{7}+\sqrt{3})}-\dfrac{2(\sqrt{7}-\sqrt{3})}{(\sqrt{7}+\sqrt{3})(\sqrt{7}-\sqrt{3})}\right\}^2$

$=\left\{\dfrac{2(\sqrt{7}+\sqrt{3})}{7-3}-\dfrac{2(\sqrt{7}-\sqrt{3})}{7-3}\right\}^2=\left\{\dfrac{2\sqrt{7}+2\sqrt{3}-(2\sqrt{7}-2\sqrt{3})}{4}\right\}^2$

$=\left(\dfrac{4\sqrt{3}}{4}\right)^2=(\sqrt{3})^2=3$

参考 (1) 通分して，(与式)$=\dfrac{(2+\sqrt{3})-(2-\sqrt{3})}{(2-\sqrt{3})(2+\sqrt{3})}$ と計算してもよい。

(2) 通分して，(与式)$=\dfrac{\sqrt{3}(\sqrt{6}-\sqrt{3})-\sqrt{6}(\sqrt{6}+\sqrt{3})}{(\sqrt{6}+\sqrt{3})(\sqrt{6}-\sqrt{3})}$ と計算してもよい。

(3) 通分して，(与式)$=\left\{\dfrac{2(\sqrt{7}+\sqrt{3})-2(\sqrt{7}-\sqrt{3})}{(\sqrt{7}-\sqrt{3})(\sqrt{7}+\sqrt{3})}\right\}^2$ と計算してもよい。

注 分母を通分したほうが計算が簡単になる場合もある。

39. 答 $2\sqrt{5}$

解説 $a=\dfrac{3}{\sqrt{5}-\sqrt{2}}=\dfrac{3(\sqrt{5}+\sqrt{2})}{(\sqrt{5}-\sqrt{2})(\sqrt{5}+\sqrt{2})}=\dfrac{3(\sqrt{5}+\sqrt{2})}{5-2}=\sqrt{5}+\sqrt{2}$

$\dfrac{3}{a}=3\times\dfrac{1}{a}=3\times\dfrac{\sqrt{5}-\sqrt{2}}{3}=\sqrt{5}-\sqrt{2}$

ゆえに，$a+\dfrac{3}{a}=(\sqrt{5}+\sqrt{2})+(\sqrt{5}-\sqrt{2})=2\sqrt{5}$

40. 答 $\dfrac{15}{2}$

解説 $x=\dfrac{1}{3+\sqrt{7}}=\dfrac{3-\sqrt{7}}{(3+\sqrt{7})(3-\sqrt{7})}=\dfrac{3-\sqrt{7}}{9-7}=\dfrac{3-\sqrt{7}}{2}$

$y=\dfrac{1}{3-\sqrt{7}}=\dfrac{3+\sqrt{7}}{(3-\sqrt{7})(3+\sqrt{7})}=\dfrac{3+\sqrt{7}}{9-7}=\dfrac{3+\sqrt{7}}{2}$

$x+y=\dfrac{3-\sqrt{7}}{2}+\dfrac{3+\sqrt{7}}{2}=3$　　$xy=\dfrac{3-\sqrt{7}}{2}\times\dfrac{3+\sqrt{7}}{2}=\dfrac{9-7}{4}=\dfrac{1}{2}$

ゆえに，$x^2-xy+y^2=(x+y)^2-3xy=3^2-3\times\dfrac{1}{2}=9-\dfrac{3}{2}=\dfrac{15}{2}$

参考 $x+y=\dfrac{1}{3+\sqrt{7}}+\dfrac{1}{3-\sqrt{7}}=\dfrac{(3-\sqrt{7})+(3+\sqrt{7})}{(3+\sqrt{7})(3-\sqrt{7})}$,　$xy=\dfrac{1}{3+\sqrt{7}}\times\dfrac{1}{3-\sqrt{7}}$

と計算してもよい。

p.40 **41.** 答 (1) $\sqrt{2}+1$　(2) $\sqrt{7}-\sqrt{3}$　(3) $2+\sqrt{3}$　(4) $\sqrt{5}+2$　(5) $\sqrt{3}-1$

(6) $\dfrac{\sqrt{6}-\sqrt{2}}{2}$

解説 (1) $3+2\sqrt{2}=(2+1)+2\sqrt{2\times1}=(\sqrt{2}+1)^2$

ゆえに，$\sqrt{3+2\sqrt{2}}=\sqrt{(\sqrt{2}+1)^2}=\sqrt{2}+1$

(2) $10-2\sqrt{21}=(7+3)-2\sqrt{7\times3}=(\sqrt{7}-\sqrt{3})^2$

ゆえに，$\sqrt{10-2\sqrt{21}}=\sqrt{(\sqrt{7}-\sqrt{3})^2}=\sqrt{7}-\sqrt{3}$

(3) $7+4\sqrt{3}=7+2\sqrt{12}=(4+3)+2\sqrt{4\times3}=(\sqrt{4}+\sqrt{3})^2=(2+\sqrt{3})^2$

ゆえに，$\sqrt{7+4\sqrt{3}}=\sqrt{7+2\sqrt{12}}=\sqrt{(2+\sqrt{3})^2}=2+\sqrt{3}$

(4) $9+4\sqrt{5}=9+2\sqrt{20}=(5+4)+2\sqrt{5\times4}=(\sqrt{5}+\sqrt{4})^2=(\sqrt{5}+2)^2$

ゆえに，$\sqrt{9+4\sqrt{5}}=\sqrt{9+2\sqrt{20}}=\sqrt{(\sqrt{5}+2)^2}=\sqrt{5}+2$

(5) $4-2\sqrt{3}=(3+1)-2\sqrt{3\times1}=(\sqrt{3}-1)^2$

ゆえに，$\sqrt{4-2\sqrt{3}}=\sqrt{(\sqrt{3}-1)^2}=\sqrt{3}-1$

(6) $2-\sqrt{3}=\dfrac{4-2\sqrt{3}}{2}$ であるから，(5)より，

$\sqrt{2-\sqrt{3}}=\sqrt{\dfrac{4-2\sqrt{3}}{2}}=\dfrac{\sqrt{4-2\sqrt{3}}}{\sqrt{2}}=\dfrac{\sqrt{3}-1}{\sqrt{2}}=\dfrac{\sqrt{6}-\sqrt{2}}{2}$

p.42 **42.** **答** $(\sqrt{7}-1)^2$, $\sqrt{3}(\sqrt{3}-3)$

p.43 **43.** **答** $-13+5\sqrt{7}$

解説 $4<7<9$, すなわち, $2^2<7<3^2$ より, $2<\sqrt{7}<3$ ……①

よって, $a=\sqrt{7}-2$

ここで, ①の各辺に -1 をかけて, $-3<-\sqrt{7}<-2$

各辺に 5 を加えて, $-3+5<-\sqrt{7}+5<-2+5$　　$2<5-\sqrt{7}<3$

よって, $b=5-\sqrt{7}-2=3-\sqrt{7}$

44. **答** (1) 1 (2) $\sqrt{2}$

解説 $1<2<4$, すなわち, $1^2<2<2^2$ より, $1<\sqrt{2}<2$

よって, $x=\sqrt{2}-1$

(1) $x+1=\sqrt{2}$ より, $(x+1)^2=(\sqrt{2})^2$　　$x^2+2x+1=2$

(2) (与式)$=\{x(x+2)\}(x+1)=(x^2+2x)(x+1)=1\times\{(\sqrt{2}-1)+1\}$

45. **答** (1) $2+\sqrt{3}$ (2) $13-2\sqrt{3}$ (3) $-\dfrac{2}{3}\sqrt{3}$

解説 $1<3<4$, すなわち, $1^2<3<2^2$ より, $1<\sqrt{3}<2$

$1+2<\sqrt{3}+2<2+2$　　$3<2+\sqrt{3}<4$

よって, $a=3$, $b=2+\sqrt{3}-3=\sqrt{3}-1$

(3) $b+1=\sqrt{3}$ より, (与式)$=\dfrac{\sqrt{3}}{3}-\dfrac{3}{\sqrt{3}}$

46. **答** (1) $\dfrac{58}{99}$ (2) $\dfrac{11}{9}$ (3) $\dfrac{121}{90}$

解説 (1) $A=0.\overset{\bullet\bullet}{58}$ とおく。

$A=0.5858\cdots$

両辺を 100 倍して,

$100A=58.5858\cdots$

$100A-A$ より,

$99A=58$　　$A=\dfrac{58}{99}$

ゆえに, $0.\overset{\bullet\bullet}{58}=\dfrac{58}{99}$

(2) $A=1.\overset{\bullet}{2}$ とおく。

$A=1.2222\cdots$

両辺を 10 倍して,

$10A=12.2222\cdots$

$10A-A$ より,

$9A=11$　　$A=\dfrac{11}{9}$

ゆえに, $1.\overset{\bullet}{2}=\dfrac{11}{9}$

(3) $A=1.3\overset{\bullet}{4}$ とおく。

$A=1.3444\cdots$

両辺を 100 倍, 10 倍して,

$100A=134.4444\cdots$

$10A=\ \ 13.4444\cdots$

$100A-10A$ より,

$90A=121$　　$A=\dfrac{121}{90}$

ゆえに, $1.3\overset{\bullet}{4}=\dfrac{121}{90}$

47. (答) (1) $\dfrac{89}{66}$ (2) $\dfrac{1111}{16650}$

(解説) (1) $A=1.\dot{6}$ とおく。

$A=1.6666\cdots$

両辺を 10 倍して,

$10A=16.6666\cdots$

$10A-A$ より,

$9A=15$

$A=\dfrac{15}{9}=\dfrac{5}{3}$

$B=0.3\dot{1}\dot{8}$ とおく。

$B=0.31818\cdots$

両辺を 1000 倍, 10 倍して,

$1000B=318.1818\cdots$

$10B=\quad 3.1818\cdots$

$1000B-10B$ より,

$990B=315$

$B=\dfrac{315}{990}=\dfrac{7}{22}$

ゆえに,

$1.\dot{6}-0.3\dot{1}\dot{8}=\dfrac{5}{3}-\dfrac{7}{22}=\dfrac{89}{66}$

(2) $A=0.\dot{6}0\dot{6}$ とおく。

$A=0.606606\cdots$

両辺を 1000 倍して,

$1000A=606.606606\cdots$

$1000A-A$ より,

$999A=606$ $A=\dfrac{606}{999}=\dfrac{202}{333}$

$B=0.\dot{6}\dot{0}$ とおく。

$B=0.6060\cdots$

両辺を 100 倍して,

$100B=60.6060\cdots$

$100B-B$ より,

$99B=60$ $B=\dfrac{60}{99}=\dfrac{20}{33}$

$C=0.0\dot{6}$ とおく。

$C=0.0666\cdots$

両辺を 100 倍, 10 倍して,

$100C=6.6666\cdots$

$10C=0.6666\cdots$

$100C-10C$ より,

$90C=6$ $C=\dfrac{6}{90}=\dfrac{1}{15}$

ゆえに, $0.\dot{6}0\dot{6}\div0.\dot{6}\dot{0}\times0.0\dot{6}$

$=\dfrac{202}{333}\div\dfrac{20}{33}\times\dfrac{1}{15}=\dfrac{1111}{16650}$

p.45　**48.** (答) (1) 正しい (2) 正しい (3) 正しい (4) 正しくない, 反例 $\dfrac{1}{3}$

(解説) 正しくないことがらについては, 反例を 1 つあげる。

(4) $0.\dot{3}=\dfrac{1}{3}$ のように, 循環小数は有理数である。

49. (答) (1) ×, 反例 $a=\sqrt{2}$, $b=\sqrt{2}$

(2) ○

(3) ×, 反例 $a=\sqrt{2}$, $b=\sqrt{2}$

(4) ○

(5) ×, 反例 $a=\sqrt{2}$, $c=0$

(解説) (2) $a-c=d$ とおき, d は有理数であると仮定すると, $a=c+d$

c, d は有理数であるから, 右辺 $c+d$ は有理数となる。

これは, a が無理数であることに矛盾する。

ゆえに, $a-c$ は無理数である。

(4) $\dfrac{a}{c}=d$ とおき，d は有理数であると仮定すると，$a=cd$

c，d は有理数であるから，右辺 cd は有理数となる。

これは，a が無理数であることに矛盾する。

ゆえに，$\dfrac{a}{c}$ は無理数である。

p.47 **50.** **答** $a+b\sqrt{2}=c+d\sqrt{2}$ より，$(a-c)+(b-d)\sqrt{2}=0$

a，b，c，d は有理数であり，$\sqrt{2}$ は無理数であるから，研究3（→本文 p.46）

より，$a-c=0$，$b-d=0$

ゆえに，$a=c$，$b=d$

51. **答** (1) $\begin{cases} a=-2 \\ b=3 \end{cases}$ (2) $\begin{cases} a=2 \\ b=4 \end{cases}$ (3) $\begin{cases} a=-2 \\ b=3 \end{cases}$ (4) $\begin{cases} a=2 \\ b=-1 \end{cases}$

解説 (2) $\begin{cases} a=b-2 \\ b-1=3 \end{cases}$

(3) $(a+3)+(1-b)\sqrt{2}=1-2\sqrt{2}$ より，$\begin{cases} a+3=1 \\ 1-b=-2 \end{cases}$

(4) $(a+b)+(a-b)\sqrt{3}=1+3\sqrt{3}$ より，$\begin{cases} a+b=1 \\ a-b=3 \end{cases}$

p.48 **52.** **答** (1) 4.123 (2) 23.302 (3) 0.214

解説 (1)
```
        4. 1 2 3
  4  √ 17.00 00 00
  4     16
 81      1 00
  1        81
822      19 00
  2      16 44
8243      2 56 00
   3      2 47 29
            8 71
```

(2)
```
         2 3. 3 0 2
  2  √ 5 43.00 00 00
  2      4
 43      1 43
  3      1 29
463       14 00
  3       13 89
4660       11 00
   0          0
46602      11 00 00
    2       9 32 04
            1 67 96
```

(3)
```
        0. 2 1 4
  2  √ 0.04 60 00
  2      4
 41       60
  1       41
424       19 00
  4       16 96
           2 04
```

p.50 **53.** **答** (1) -4m (2) 0.1cm (3) 1.4kg (4) -0.3g

解説 (1) $781-785$ (2) $12.8-12.7$ (3) $54.7-53.3$ (4) $35.8-36.1$

54. **答** (1) 近似値 43000 人，誤差 363 人 (2) 近似値 179.7°，誤差 -0.3°

55. **答** (1) 3 (2) 4 (3) 2 (4) 3

p.51 **56.** **答** (1) 5.7×10^4 (2) 5.70×10^4 (3) $3.51\times\dfrac{1}{10}$ (4) $5.20\times\dfrac{1}{10^4}$

57. （答）(1) 5.2×10^3 (2) 8.30×10^3 (3) $8 \times \dfrac{1}{10}$ (4) $5.0 \times \dfrac{1}{10^2}$

58. （答）(1) $152.5 \leqq A < 153.5$，誤差の限界 $0.5\,\mathrm{cm}$
(2) $152.95 \leqq A < 153.05$，誤差の限界 $0.05\,\mathrm{cm}$
(3) $0.0645 \leqq A < 0.0655$，誤差の限界 $0.0005\,\mathrm{kg}$
(4) $0.06495 \leqq A < 0.06505$，誤差の限界 $0.00005\,\mathrm{kg}$
（解説）(1) 四捨五入して $153\,\mathrm{cm}$ であるから，$152.5\,\mathrm{cm}$ 以上 $153.5\,\mathrm{cm}$ 未満である。
近似値 $153\,\mathrm{cm}$ に対して，$-0.5 < 153 - A \leqq 0.5$
(2) 四捨五入して $153.0\,\mathrm{cm}$ であるから，$152.95\,\mathrm{cm}$ 以上 $153.05\,\mathrm{cm}$ 未満である。
近似値 $153.0\,\mathrm{cm}$ に対して，$-0.05 < 153.0 - A \leqq 0.05$

p.52　**59.** （答）(1) 80.9 (2) 4.99 (3) 15.2 (4) 9.42×10^3 (5) 7.437×10^4 (6) 1.05×10^3
（解説）(1) $27.6 + 53.3$　(2) $6.24 - 1.25$　(3) $43.7 - 21.0 + 6.3 - 13.8$
(4) $1.9 \times 10^2 + 92.3 \times 10^2$　(5) $752.9 \times 10^2 - 9.2 \times 10^2$
(6) $13.2 \times 10^2 + 8.6 \times 10^2 - 11.3 \times 10^2$

60. （答）(1) 3.146 (2) 4.87 (3) 2.368 (4) 33.1
（解説）(1) $1.732 + 1.414$　(2) $2 \times 3.14 - 1.41$　(3) $3\sqrt{3} - 2\sqrt{2}$
(4) $31.4 + 1.7$

p.53　**61.** （答）(1) 3.3 (2) 51.4 (3) 2.1 (4) 7.60 (5) 7.75×10^5 (6) 2.0×10
（解説）(1) $0.63 \times 5.3 = 3.339$　(2) $6.07 \times 8.46 = 51.3522$
(3) $2.9 \div 1.4 = 2.07\cdots$　(4) $53.6 \div 7.05 = 7.602\cdots$
(5) $(2.54 \times 3.05) \times (10^2 \times 10^3) = 7.747 \times 10^5$
(6) $(1.3 \times 10^3) \div (6.4 \times 10) = (1.3 \div 6.4) \times (10^3 \div 10) = 0.203\cdots \times 10^2$

62. （答）(1) 2.449 (2) 5.43 (3) 1.225 (4) 2.25
（解説）(1) $\sqrt{2} \times \sqrt{3}$　(2) 1.73×3.14　(3) $\dfrac{\sqrt{6}}{2}$
(4) $\dfrac{\sqrt{50}}{\pi} = \dfrac{5\sqrt{2}}{\pi}$ より，$\dfrac{5 \times 1.41}{3.14}$

63. （答）(1) 14.14 (2) 0.4472 (3) 0.01414 (4) 223.6
（解説）(1) $10\sqrt{2}$　(2) $\sqrt{\dfrac{20}{100}} = \dfrac{\sqrt{20}}{10}$　(3) $\sqrt{\dfrac{2}{10000}} = \dfrac{\sqrt{2}}{100}$
(4) $\sqrt{\dfrac{100000}{2}} = \dfrac{\sqrt{200000}}{2} = \dfrac{100\sqrt{20}}{2}$

64. （答）(1) 3.058×10 (2) 2.280×10^2 (3) 7.746×10^3 (4) $3.873 \times \dfrac{1}{10^2}$
（解説）(1) $4.472 \times 10 - 1.414 \times 10$　(2) $17.32 \times 10 + 5.48 \times 10$
(3) $(4.472 \times 10) \times (1.732 \times 10^2)$　(4) $\dfrac{1.732 \times 10}{4.472 \times 10^2} = 0.38729\cdots \times \dfrac{1}{10}$

65. （答）(1) $16\,\mathrm{cm}$ (2) $191\,\mathrm{cm}$ (3) $5\,\mathrm{cm}$
（解説）(1) $2 \times 3.1 \times 2.5 = 15.5$
(2) $2 \times 3.14 \times 30.4 = 190.912$
(3) $2 \times 3 \times 0.8 = 4.8$

66. （答）(1) $(4.01 \times 10^4)\,\mathrm{km}$ (2) 7.48 周
（解説）(1) $2 \times 3.14 \times (6.38 \times 10^3) = 40.0664 \times 10^3$
(2) $(3.00 \times 10^5) \div (4.01 \times 10^4) = (3.00 \div 4.01) \times 10 = 7.481\cdots$

2章の問題

p.54 **1** **答** (1) $\sqrt{6}$, $\dfrac{5}{2}$, $\dfrac{4}{\sqrt{2}}$ (2) $\dfrac{\sqrt{5}}{\sqrt{2}}$, $\sqrt{3}$, $\dfrac{4}{\sqrt{5}}$ (3) $\sqrt{11}$, $\dfrac{10}{3}$, $2\sqrt{3}$, $\dfrac{7}{2}$

(4) $\dfrac{\sqrt{2}}{3}$, $\dfrac{2}{3}$, $\sqrt{\dfrac{2}{3}}$, $\dfrac{2}{\sqrt{3}}$

2 **答** (1) 2 (2) 12 (3) $-4\sqrt{3}$ (4) $\sqrt{3}$ (5) $\sqrt{2}$ (6) $2\sqrt{3}$ (7) $-2\sqrt{3}+\sqrt{5}$
(8) $9\sqrt{6}$

3 **答** (1) $6+6\sqrt{6}$ (2) $7+2\sqrt{10}$ (3) $15-6\sqrt{6}$ (4) 3 (5) 1 (6) 5
(7) $5+3\sqrt{3}$ (8) $11-5\sqrt{5}$

4 **答** (1) $6\sqrt{2}$ (2) $-\sqrt{6}$ (3) $\dfrac{3\sqrt{3}}{7}$ (4) 0

5 **答** (1) $7-2\sqrt{3}$ (2) 6 (3) 8 (4) 2 (5) 1 (6) $5-\dfrac{11}{6}\sqrt{6}$ (7) $16+14\sqrt{2}$
(8) $6\sqrt{3}-6$

p.55 **6** **答** (1) 25 (2) $30-10\sqrt{5}$ (3) $5+2\sqrt{21}$ (4) $8+4\sqrt{5}$

7 **答** (1) $\dfrac{15\sqrt{2}+10\sqrt{3}}{6}$ (2) $1-\sqrt{2}$ (3) 1 (4) $68-36\sqrt{2}+12\sqrt{3}-4\sqrt{6}$

(5) $2\sqrt{6}$ (6) $4\sqrt{3}+8\sqrt{6}$ (7) $318+120\sqrt{7}$

解説 (6) (与式)
$=\{(2\sqrt{2}+\sqrt{3}+1)+(2\sqrt{2}-\sqrt{3}+1)\}\{(2\sqrt{2}+\sqrt{3}+1)-(2\sqrt{2}-\sqrt{3}+1)\}$
(7) (与式) $=\{(\sqrt{7}+1)(\sqrt{7}+4)\}\{(\sqrt{7}+2)(\sqrt{7}+3)\}$
$=(7+5\sqrt{7}+4)(7+5\sqrt{7}+6)=(11+5\sqrt{7})(13+5\sqrt{7})$
$=11\times13+(11+13)\times5\sqrt{7}+(5\sqrt{7})^2$

8 **答** (1) $10\sqrt{3}$ (2) $\dfrac{2}{5}$ (3) 10

解説 $\begin{cases}\sqrt{3}\,x-\sqrt{2}\,y=1 & \cdots\cdots① \\ \sqrt{2}\,x+\sqrt{3}\,y=1 & \cdots\cdots②\end{cases}$

①$\times\sqrt{2}$ より, $\sqrt{6}\,x-2y=\sqrt{2}$ $\cdots\cdots③$　②$\times\sqrt{3}$ より, $\sqrt{6}\,x+3y=\sqrt{3}$ $\cdots\cdots④$

(④$-$③)$\div5$ より, $y=\dfrac{\sqrt{3}-\sqrt{2}}{5}$

①$\times\sqrt{3}$ より, $3x-\sqrt{6}\,y=\sqrt{3}$ $\cdots\cdots⑤$　②$\times\sqrt{2}$ より, $2x+\sqrt{6}\,y=\sqrt{2}$ $\cdots\cdots⑥$

(⑤$+$⑥)$\div5$ より, $x=\dfrac{\sqrt{3}+\sqrt{2}}{5}$

よって, $x+y=\dfrac{2\sqrt{3}}{5}$, $xy=\dfrac{1}{25}$

(1) $\dfrac{1}{x}+\dfrac{1}{y}=\dfrac{x+y}{xy}=\dfrac{2\sqrt{3}}{5}\div\dfrac{1}{25}$

(2) $x^2+y^2=(x+y)^2-2xy=\left(\dfrac{2\sqrt{3}}{5}\right)^2-2\times\dfrac{1}{25}$

(3) $\dfrac{x}{y}+\dfrac{y}{x}=\dfrac{x^2+y^2}{xy}=\dfrac{2}{5}\div\dfrac{1}{25}$

(別解) (2) ①²+②² より, $5(x^2+y^2)=2$　　$x^2+y^2=\dfrac{2}{5}$

⑨ (答) (1) $11+2\sqrt{2}$　(2) 12　(3) $80-72\sqrt{5}$

(解説) (1) $a=14$, $b=\sqrt{2}-1$

(2) $a=2$, $b=4-2\sqrt{3}$　　$4a^2-4ab+b^2=(2a-b)^2$

(3) $a=\sqrt{5}-2$　　$a^2=9-4\sqrt{5}$　　$a^4=81-72\sqrt{5}+80$

⑩ (答) (1) 4　(2) $n=7$, 1

(解説) (1) A, a は整数であるから, $\sqrt{54a}$ も整数である。

よって, $54=2\times3^3=3^2\times6$ より, $a=6n^2$ (n は正の整数) と表すことができる。

$A=\sqrt{3^2\times6\times6n^2}-40=18n-40$

これより, A の正負が変わる $n=2$, $n=3$ を代入して調べると, A の絶対値が最小となるのは $n=2$ のときである。

(2) $\sqrt{n^2+15}=X$ (X は正の整数) とおく。

両辺を2乗して, $n^2+15=X^2$　　$X^2-n^2=15$　　よって, $(X-n)(X+n)=15$

ここで, $15=1\times15$ または $15=3\times5$ で, $X-n<X+n$ であるから,

$\begin{cases} X-n=1 \\ X+n=15, \end{cases}\begin{cases} X-n=3 \\ X+n=5 \end{cases}$

p.56 **⑪** (答) (1) 20個　(2) $2n$ 個　(3) 33, 35

(解説) (1) $100<a<121$　　ゆえに, $(121-1)-100$

(2) $n^2<a<(n+1)^2$　　ゆえに, $\{(n+1)^2-1\}-n^2$

(3) 連続する2つの正の奇数を $2n-1$, $2n+1$ (n は正の整数) とする。

$2n-1<\sqrt{a}<2n+1$　　各辺を2乗して, $(2n-1)^2<a<(2n+1)^2$

よって, 正の整数 a の個数は135個であるから,

$\{(2n+1)^2-1\}-(2n-1)^2=135$

⑫ (答) $n=14$, 56

(解説) $168=2^3\times3\times7$, $126=2\times3^2\times7$

$\sqrt{126n}$ が整数であるから, $n=14k^2$ (k は正の整数) と表すことができる。

$\dfrac{168}{n}=\dfrac{2^3\times3\times7}{14k^2}=\dfrac{2^2\times3}{k^2}$ が整数であるから, $k=1$, 2

⑬ (答) (1) $B=5$, 45, 125, 1125

(2) $\begin{cases} A=15 \\ B=5 \\ C=405, \end{cases}\begin{cases} A=5 \\ B=45 \\ C=5 \end{cases}$

(解説) (1) 根号の中の数が平方数になればよい。

$B=5$, $3^2\times5$, 5^3, $3^2\times5^3$

(2) ②の $B=\sqrt{\dfrac{3^4\times5^3}{C}}$ の両辺を2乗して C について解くと, $C=\dfrac{3^4\times5^3}{B^2}$

(1)の結果より, $B=5^3$, $3^2\times5^3$ のとき C は正の整数にならない。

C が正の整数になるのは, 次の2通りである。

$B=5$ のとき, $C=3^4\times5=405$　　$B=3^2\times5=45$ のとき, $C=5$

⑭ 答 $\dfrac{13}{7}$

解説 $1.3 \leqq \sqrt{\dfrac{y}{x}} < 1.4$ より，$1.69 \leqq \dfrac{y}{x} < 1.96$ ……①

$x+y=20$ より，$y=20-x$（$1 \leqq x \leqq 19$）……②

②を①に代入して，$1.69 \leqq \dfrac{20-x}{x} < 1.96$　$1.69 \leqq \dfrac{20}{x}-1 < 1.96$

$2.69 \leqq \dfrac{20}{x} < 2.96$

逆数をとって，$\dfrac{1}{2.96} < \dfrac{x}{20} \leqq \dfrac{1}{2.69}$　$\dfrac{20}{2.96} < x \leqq \dfrac{20}{2.69}$　$6.7\cdots < x \leqq 7.4\cdots$

ゆえに，$x=7$，$y=13$　　これらの値は互いに素であるから，問題に適する。

参考 $x+y=20$ より，$\dfrac{y}{x}=\dfrac{17}{3}$，$\dfrac{13}{7}$，$\dfrac{11}{9}$，$\dfrac{9}{11}$，$\dfrac{7}{13}$，$\dfrac{3}{17}$，$\dfrac{1}{19}$ であることから求めてもよい。

⑮ 答 $a+b\sqrt{2}$，$c+d\sqrt{2}$（a，b，c，d は有理数）の和，差，積，商を考えると，

$(a+b\sqrt{2})+(c+d\sqrt{2})=(a+c)+(b+d)\sqrt{2}$

$(a+b\sqrt{2})-(c+d\sqrt{2})=(a-c)+(b-d)\sqrt{2}$

$(a+b\sqrt{2})(c+d\sqrt{2})=(ac+2bd)+(ad+bc)\sqrt{2}$

$\dfrac{a+b\sqrt{2}}{c+d\sqrt{2}}=\dfrac{(a+b\sqrt{2})(c-d\sqrt{2})}{(c+d\sqrt{2})(c-d\sqrt{2})}=\dfrac{(ac-2bd)+(bc-ad)\sqrt{2}}{c^2-2d^2}$

$=\dfrac{ac-2bd}{c^2-2d^2}+\dfrac{bc-ad}{c^2-2d^2}\sqrt{2}$

a，b，c，d は有理数であるから，$a+c$，$b+d$，$a-c$，$b-d$，$ac+2bd$，$ad+bc$，$\dfrac{ac-2bd}{c^2-2d^2}$，$\dfrac{bc-ad}{c^2-2d^2}$ はすべて有理数である。

よって，$a+b\sqrt{2}$，$c+d\sqrt{2}$ の和，差，積，商はすべて集合 A にふくまれる。

ゆえに，集合 A は加法，減法，乗法，除法について閉じている。

⑯ 答 方程式 $\dfrac{x}{2}-\dfrac{y}{3}=\dfrac{1}{4}$ を満たす整数 x，y が存在すると仮定する。

この方程式の両辺に 12 をかけて，$6x-4y=3$　$2(3x-2y)=3$ ……①

ここで，x，y は整数であるから，$3x-2y$ も整数であり，①の左辺の $2(3x-2y)$ は偶数である。

また，①の右辺の 3 は奇数である。

よって，（左辺）$\neq$（右辺）となり，矛盾する。

ゆえに，方程式 $\dfrac{x}{2}-\dfrac{y}{3}=\dfrac{1}{4}$ を満たす整数 x，y は存在しない。

⑰ 答 (1) $\pi=3.1$，$28\,\mathrm{cm}^2$　(2) $\pi=3.14$，$19.6\,\mathrm{cm}^2$

解説 (1) $3.1 \times 3.0^2 = 27.9$　(2) $3.14 \times 2.50^2 = 19.625$

⑱ 答 8分20秒

解説 $(1.50 \times 10^8) \div (3.00 \times 10^5) = (1.50 \div 3.00) \times 10^3 = 500$（秒）

3章　2次方程式

p.58　**1.** **答** (1) $x=2,\ 7$　(2) $x=-8,\ 6$　(3) $x=-6,\ -3$　(4) $x=-5,\ 4$　(5) $x=0,\ 3$
(6) $x=-1,\ 3$

2. **答** (1) $x=\pm2$　(2) $x=\pm\sqrt{5}$　(3) $x=\pm5$　(4) $x=\pm\dfrac{5}{3}$　(5) $x=\pm\sqrt{3}$
(6) $x=\pm\dfrac{1}{2}$

3. **答** (1) $x=-9,\ -1$　(2) $x=3,\ 4$　(3) $x=1,\ 6$　(4) $x=-3,\ 4$　(5) $x=-5,\ 2$
(6) $x=\pm3$　(7) $x=0,\ 1$　(8) $x=0,\ -2$　(9) $x=-6$（重解）
解説 (7) $x^2=x$ の両辺を x で割ってはいけない。この場合，$x^2-x=0$，
$x(x-1)=0$ より，$x=0,\ 1$ となり，$x=0$ も解である。

4. **答** (1) $x=-4,\ 8$　(2) $x=-3,\ 2$　(3) $y=0,\ -\dfrac{8}{5}$　(4) $x=0,\ \dfrac{11}{3}$
(5) $x=7$（重解）　(6) $x=\dfrac{5}{2}$（重解）

p.59　**5.** **答** (1) $x=-4,\ 2$　(2) $x=-4\pm\sqrt{7}$　(3) $x=2\pm2\sqrt{2}$　(4) $x=3,\ 7$
(5) $x=10\pm\dfrac{2\sqrt{3}}{3}$　(6) $x=\dfrac{3\pm\sqrt{2}}{2}$
解説 (6) $(2x-3)^2=2$　　$2x-3=\pm\sqrt{2}$　　$2x=3\pm\sqrt{2}$

6. **答** 順に (1) 1, 1　(2) 4, 2　(3) 9, 3　(4) −16, 4　(5) $\dfrac{1}{4}$, $\dfrac{1}{2}$　(6) 3, 3, 1
解説 (5) $x^2-2\times x\times\dfrac{1}{2}+\left(\dfrac{1}{2}\right)^2=\left(x-\dfrac{1}{2}\right)^2$

7. **答** (1) $x=3\pm\sqrt{10}$　(2) $x=-2\pm\sqrt{6}$　(3) $x=-7,\ -1$　(4) $x=-1,\ 3$
(5) $x=-\dfrac{1}{2}\pm\dfrac{\sqrt{13}}{2}$　(6) $x=-\dfrac{5}{2}\pm\dfrac{3\sqrt{5}}{2}$
解説 (4) 両辺に -1 をかけて，$x^2-2x+1=4$　　$(x-1)^2=4$　　$x-1=\pm2$
(5) $x^2+x=3$　　$x^2+x+\left(\dfrac{1}{2}\right)^2=3+\left(\dfrac{1}{2}\right)^2$　　$\left(x+\dfrac{1}{2}\right)^2=\dfrac{13}{4}$
$x+\dfrac{1}{2}=\pm\dfrac{\sqrt{13}}{2}$
(6) $3x^2+15x=15$　　両辺を 3 で割って，$x^2+5x=5$
$x^2+5x+\left(\dfrac{5}{2}\right)^2=5+\left(\dfrac{5}{2}\right)^2$　　$\left(x+\dfrac{5}{2}\right)^2=\dfrac{45}{4}$　　$x+\dfrac{5}{2}=\pm\dfrac{3\sqrt{5}}{2}$

p.61　**8.** **答** (1) $x=\dfrac{1\pm\sqrt{41}}{4}$　(2) $x=-6\pm\sqrt{29}$　(3) $x=4\pm3\sqrt{2}$　(4) $x=\dfrac{2}{3},\ 1$
(5) $x=\dfrac{-3\pm\sqrt{21}}{4}$　(6) $x=\dfrac{2}{5},\ 1$　(7) $t=\dfrac{-5\pm\sqrt{73}}{12}$　(8) $y=\dfrac{1\pm\sqrt{13}}{3}$
(9) $x=\dfrac{-2\pm\sqrt{11}}{7}$

(解説) (2) $x=\dfrac{-6\pm\sqrt{6^2-1\cdot 7}}{1}$ 　　または，$x=-6\pm\sqrt{6^2-1\cdot 7}$ としてもよい。

(3) $x=\dfrac{-(-4)\pm\sqrt{(-4)^2-1\cdot(-2)}}{1}$

または，$x=-(-4)\pm\sqrt{(-4)^2-1\cdot(-2)}$ としてもよい。

(5) $x=\dfrac{-3\pm\sqrt{3^2-4\cdot(-3)}}{4}$ 　　(7) 両辺に -1 をかけて，$6t^2+5t-2=0$

(8) $y=\dfrac{-(-1)\pm\sqrt{(-1)^2-3\cdot(-4)}}{3}$ 　　(9) $x=\dfrac{-2\pm\sqrt{2^2-7\cdot(-1)}}{7}$

p.62　**9.** **答** (1) $x=-5,\ -1$ 　(2) $x=0,\ 2$ 　(3) $x=3,\ 5$ 　(4) $y=\dfrac{-1\pm\sqrt{3}}{2}$

(5) $x=4\pm\sqrt{13}$ 　(6) $x=-1,\ 3$ 　(7) $x=\dfrac{8\pm2\sqrt{3}}{13}$

(解説) $ax^2+bx+c=0$ の形に整理する。 (1) $x^2+6x+5=0$ 　(2) $x^2-2x=0$

(3) $x^2-8x+15=0$ 　(4) $2y^2+2y-1=0$ 　(5) $x^2-8x+3=0$

(6) $x^2-2x-3=0$ 　(7) $13x^2-16x+4=0$

10. **答** (1) $x=-\dfrac{1}{2},\ \dfrac{3}{2}$ 　(2) $x=\dfrac{-2\pm\sqrt{254}}{10}$ 　(3) $x=\dfrac{1\pm\sqrt{13}}{2}$ 　(4) $x=3,\ 7$

(5) $x=-6,\ 1$ 　(6) $x=-\dfrac{1}{2},\ 8$ 　(7) $x=2\pm\sqrt{2}$

(解説) (1) $4x^2-4x-3=0$ 　(2) $10x^2+4x-25=0$ 　(3) $x^2-x-3=0$

(4) $x^2-10x+21=0$ 　(5) 両辺に 100 をかけて，$4x^2+20x-24=0$

両辺を 4 で割って，$x^2+5x-6=0$ 　(6) $2x^2-15x-8=0$ 　(7) $x^2-4x+2=0$

p.63　**11.** **答** (1) $x=-1,\ -\dfrac{1}{3}$ 　(2) $x=-4,\ \dfrac{3}{2}$ 　(3) $x=-\dfrac{3}{2},\ \dfrac{5}{2}$ 　(4) $x=\dfrac{11}{2},\ 6$

(5) $x=\dfrac{3\pm\sqrt{6}}{2}$ 　(6) $x=6$（重解） 　(7) $x=-6,\ 2$ 　(8) $x=-\dfrac{1}{200},\ \dfrac{3}{100}$

(9) $x=100,\ \dfrac{400}{3}$

(解説) (1) $3x^2+4x+1=0$ より，$(x+1)(3x+1)=0$ 　ゆえに，$x=-1,\ -\dfrac{1}{3}$

(2) $2x^2+5x-12=0$ より，$(x+4)(2x-3)=0$ 　ゆえに，$x=-4,\ \dfrac{3}{2}$

(3) $4x^2-4x-15=0$ より，$(2x+3)(2x-5)=0$ 　ゆえに，$x=-\dfrac{3}{2},\ \dfrac{5}{2}$

(4) $x-5=X$ とおくと，$2X^2-3X+1=0$ 　$(X-1)(2X-1)=0$ 　$X=\dfrac{1}{2},\ 1$

よって，$x-5=\dfrac{1}{2},\ 1$ 　ゆえに，$x=\dfrac{11}{2},\ 6$

(5) $2x-1=X$ とおくと，$1-2x=-(2x-1)$ であるから，$X^2-4X-2=0$

$X=-(-2)\pm\sqrt{(-2)^2-1\cdot(-2)}=2\pm\sqrt{6}$ 　よって，$2x-1=2\pm\sqrt{6}$

$2x=3\pm\sqrt{6}$ 　ゆえに，$x=\dfrac{3\pm\sqrt{6}}{2}$

(6) $x-3=X$ とおくと，$X^2=3(2X-3)$　　$X^2-6X+9=0$　　$(X-3)^2=0$
$X=3$（重解）　　よって，$x-3=3$　　ゆえに，$x=6$（重解）
(7) $x^2-4=(x+2)(x-2)$ であるから，$2(x+2)(x-2)=(x-2)^2$
$(x-2)\{2(x+2)-(x-2)\}=0$　　$(x-2)(x+6)=0$　　ゆえに，$x=-6,\ 2$
(8) $100x=X$ とおくと，$2X^2-5X-3=0$　　$(X-3)(2X+1)=0$
$X=-\dfrac{1}{2},\ 3$　　よって，$100x=-\dfrac{1}{2},\ 3$　　ゆえに，$x=-\dfrac{1}{200},\ \dfrac{3}{100}$

(9) $\dfrac{1}{100}x=X$ とおくと，$3X^2-7X+4=0$　　$(X-1)(3X-4)=0$　　$X=1,\ \dfrac{4}{3}$

よって，$\dfrac{1}{100}x=1,\ \dfrac{4}{3}$　　ゆえに，$x=100,\ \dfrac{400}{3}$

p.64　**12.** (答) (1) $a=1,\ x=-2$　(2) $a=-5,\ x=-3$　(3) $a=3,\ x=-5$
(4) $a=-1,\ x=-1-\sqrt{2}$

13. (答) $a=10$
(解説) $(x+9)(x-2)=0$　　$x=-9,\ 2$
よって，$x=-9$ を $x^2+ax+9=0$ に代入して，$81-9a+9=0$

14. (答) (1) $a=2,\ x=3$

(2) $a=0$ のとき $x=\dfrac{1}{2}$，$a=-1$ のとき $x=\dfrac{3}{2}$

(3) $a=-1,\ x=3$
(解説) (1) $x=a$ を代入して整理すると，$a^2-4a+4=0$　　$(a-2)^2=0$
ゆえに，$a=2$
$a=2$ のとき，最初に与えられた解は $x=2$，2次方程式は $x^2-5x+6=0$
(2) $x=a+1$ を代入して，$2(a+1)^2-3(a+1)-a^2+1=0$　　$a^2+a=0$
$a(a+1)=0$　　ゆえに，$a=0,\ -1$
$a=0$ のとき，最初に与えられた解は $x=1$，2次方程式は $2x^2-3x+1=0$
$a=-1$ のとき，最初に与えられた解は $x=0$，2次方程式は $2x^2-3x=0$
(3) $x=a-2$ を代入して，$(a-2)^2-(a+1)(a-2)+a^2+a-9=0$
$a^2-2a-3=0$　　$(a+1)(a-3)=0$　　$a=-1,\ 3$　　$a<2$ であるから，$a=-1$
最初に与えられた解は $x=-3$，2次方程式は $x^2-9=0$

p.65　**15.** (答) $a=5,\ b=6,\ x=-5,\ -1$

(解説) $x=-3,\ -2$ を代入してできる連立方程式 $\begin{cases}9-3a+b=0\\4-2a+b=0\end{cases}$ を解く。

16. (答) (1) $a=3,\ b=1$　(2) $c=9,\ d=20$
(解説) (2) (1)の結果より，①は $x^2+3x-10=0$　　$(x+5)(x-2)=0$
$x=-5,\ 2$
②は $x^2+2x-8=0$　　$(x+4)(x-2)=0$　　$x=-4,\ 2$
よって，①，②の $x=2$ 以外の解が③の解であるから，③の解は $x=-5,\ -4$

p.67　**17.** (答) (1) 35　(2) -6　(3) 32

(解説) 解と係数の関係より，$\begin{cases}\alpha+\beta=-6\\\alpha\beta=1\end{cases}$

(1) $\alpha^2+\alpha\beta+\beta^2=(\alpha+\beta)^2-\alpha\beta=(-6)^2-1$　　(2) $\dfrac{1}{\alpha}+\dfrac{1}{\beta}=\dfrac{\alpha+\beta}{\alpha\beta}=\dfrac{-6}{1}$

(3) $(\alpha-\beta)^2=\alpha^2-2\alpha\beta+\beta^2=(\alpha+\beta)^2-4\alpha\beta=(-6)^2-4\times1$

18. **答** $a=\dfrac{1}{2}$, 2

解説 1つの解を α とすると，他の解は 2α である。

解と係数の関係より， $\begin{cases} \alpha+2\alpha=3(1-a) & \cdots\cdots① \\ \alpha\times2\alpha=a & \cdots\cdots② \end{cases}$

①より，$\alpha=1-a$ $\cdots\cdots③$　　③を②に代入して，$2(1-a)^2=a$

$2a^2-5a+2=0$　　$a=\dfrac{-(-5)\pm\sqrt{(-5)^2-4\cdot2\cdot2}}{2\cdot2}=\dfrac{5\pm3}{4}$　　$a=\dfrac{1}{2}$, 2

$a=\dfrac{1}{2}$ のとき，2次方程式は $2x^2-3x+1=0$　　$x=\dfrac{-(-3)\pm\sqrt{(-3)^2-4\cdot2\cdot1}}{2\cdot2}$

$=\dfrac{3\pm1}{4}$　　$x=\dfrac{1}{2}$, 1　　この値は問題に適する。

$a=2$ のとき，2次方程式は $x^2+3x+2=0$　　$(x+2)(x+1)=0$

$x=-2$, -1　　この値は問題に適する。

p.68 **19.** **答** $x=\pm2$

解説 $(x+2)^2=4x+8$

20. **答** $x=-12$, 4

解説 $x(x+8)=48$

21. **答** 11, 12, 13

解説 連続する3つの正の整数を $x-1$, x, $x+1$ とすると，

$(x-1)^2+x^2+(x+1)^2=434$　　ただし，$x>1$ である整数

22. **答** 縦 8cm，横 6cm

解説 長方形の縦の長さを $x$cm とすると，横の長さは $\dfrac{28-2x}{2}=14-x$ (cm)

よって，$x(14-x)=48$　　ただし，$x>0$, $14-x>0$, $x>14-x$ より，$7<x<14$

23. **答** $(6+3\sqrt{6})$cm

解説 もとの円の半径を $x$cm とすると，$\pi(x+3)^2=\pi x^2\times\left(1+\dfrac{50}{100}\right)$

$x^2-12x-18=0$　　ただし，$x>0$

p.69 **24.** **答** $x=-3$

解説 $x^2-2x=15$　　ただし，$x<0$

25. **答** 5, 6, 7

解説 連続する3つの正の整数を $x-1$, x, $x+1$ とすると，

$2x+27=(x+1)^2-2(x-1)$　　$x^2-2x-24=0$　　ただし，$x>1$ である整数

26. **答** 7cm

解説 正方形の1辺の長さを $x$cm とすると，$(x+3)(x+2)=2x^2-8$

$x^2-5x-14=0$　　ただし，$x>0$

27. **答** $a=9$

解説 1つの小さい箱に品物を a 個ずつつめるから，1つの大きい箱につめた品物の個数は a^2 個となる。　　よって，$2a^2+4a+2=200$　　$a^2+2a-99=0$

ただし，$a>0$ である整数

28. **答** 120 円

解説 $(100+x)(800-5x)-100\times800=4000$　　$x^2-60x+800=0$

ただし，$0<x<30$ である整数

29. (答) (1) 8割増えた (2) 4割減った

(解説) 2年前のお年玉を，2人とも a 円とする。

(1) 僚さんの今年のお年玉は，$\left(a\times\dfrac{12}{10}\right)\times\dfrac{15}{10}=\dfrac{18}{10}a$ （円）

(2) 愛さんのお年玉の減った割合を r 割とすると，愛さんの今年のお年玉は，

$a\left(1-\dfrac{r}{10}\right)^2$ 円である。 よって，$a\left(1-\dfrac{r}{10}\right)^2=\dfrac{1}{5}\times\dfrac{18}{10}a$ $\left(1-\dfrac{r}{10}\right)^2=\dfrac{9}{25}$

ただし，$0<r<10$

p.71 **30.** (答) 6m

(解説) 道の幅を x m とする。右の図のように，縦
と横の道を長方形の土地の左と上によせると，
$(40-x)(78-3x)=255\times8$ $x^2-66x+360=0$
ただし，$x>0$，$40-x>0$，$78-3x>0$ より，
$0<x<26$

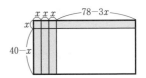

31. (答) 3cm

(解説) OA$=x$cm とすると，⑦の面積は $\{\pi(x+2)^2-\pi(x+1)^2\}$ cm^2 である。
よって，$\pi x^2=\pi(x+2)^2-\pi(x+1)^2$ $x^2-2x-3=0$ ただし，$x>0$

32. (答) 24cm

(解説) もとの紙の横の長さを x cm とすると，縦の長さは $(x-8)$ cm である。
よって，$(x-5\times2)(x-8-5\times2)\times5=420$ $x^2-28x+96=0$
ただし，$x>0$，$x-8>0$，$x-5\times2>0$，$x-8-5\times2>0$ より，$x>18$

33. (答) (1) $y=\dfrac{51-3x}{8}$ (2) $\begin{cases} x=8 \\ y=\dfrac{27}{8} \end{cases}$，$\begin{cases} x=9 \\ y=3 \end{cases}$

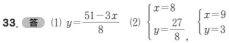

(解説) (1) 右の図のように，点 G，H を定めると，3
つの長方形 ABFE，EGHD，GFCH の面積が等し
いから，DH$=$HC$=\dfrac{x}{2}$
よって，ED$=$GH$=$FC$=2y$
ゆえに，$3x+8y=51$

(2) （長方形 ABCD）$=3xy=3x\times\dfrac{51-3x}{8}$ よって，$3x\times\dfrac{51-3x}{8}=81$

$x^2-17x+72=0$ ただし，$x>0$，$51-3x>0$ より，$0<x<17$

34. (答) 4cm

(解説) AE$=x$cm とすると，AH$=6-x$ (cm)
（正方形 ABCD）$=$（正方形 EFGH）$+\triangle$AEH$\times4$

よって，$6^2-20+\dfrac{1}{2}\times x\times(6-x)\times4$ $x^2-6x+8=0$

ただし，$x>0$，$6-x>0$，AE$>$AH より $x>6-x$ であるから，$3<x<6$

p.73 **35.** (答) (1) $S=x^2$ (2) $S=-\dfrac{1}{2}x^2+6x-6$ (3) P$(6-2\sqrt{3},\ 2\sqrt{3})$

(解説) (1) 直線 OA の式 $y=2x$ より，P$(x,\ 2x)$

$S=\dfrac{1}{2}\times x\times2x=x^2$ ただし，$0<x\leqq2$

(2) 直線 AB の式 $y=-x+6$ より，$P(x, -x+6)$

$$S=\frac{1}{2}\times2\times4+\frac{1}{2}\times\{4+(-x+6)\}\times(x-2)=-\frac{1}{2}x^2+6x-6$$

ただし，$2\leqq x<6$

(3) $\triangle OAB=\frac{1}{2}\times6\times4=12$ であるから，$S=\frac{1}{2}\triangle OAB=\frac{1}{2}\times12=6$ となるのは，点 P が辺 AB 上にあるときである。

よって，$-\frac{1}{2}x^2+6x-6=6$　　$x^2-12x+24=0$　　ただし，$2\leqq x<6$

36. 〔答〕 (1) $a=-2$, $B(5, 6)$

(2) $0<p\leqq5$ のとき $S=6p$，$5\leqq p<8$ のとき $S=-p^2+11p$　(3) $p=\dfrac{14}{3}$, 7

〔解説〕 (2) $0<p\leqq5$ のとき，$S=OA\cdot OP=6p$

$5\leqq p<8$ のとき，点 Q は直線 $y=-2x+16$ 上にあるから，

$$S=\frac{1}{2}(OA+PQ)\cdot OP=\frac{1}{2}\times\{6+(-2p+16)\}\times p=-p^2+11p$$

(3) $0<p\leqq5$ のとき，$6p=28$

$5\leqq p<8$ のとき，$-p^2+11p=28$　　$p^2-11p+28=0$

37. 〔答〕 (1) 6 cm　(2) $\dfrac{312}{5}$ cm²

〔解説〕 (1) $AD=x$ cm とする。　条件1より，$BC=2\times9=18$

条件2より，台形 ABCD の高さを h cm とすると，$h+x=14$ ……①

条件3より，台形 ABCD の面積は，$\dfrac{1}{2}\times(x+18)\times h=96$ ……②

①より，$h=14-x$　　これを②に代入して，$\dfrac{1}{2}(x+18)(14-x)=96$

$x^2+4x-60=0$　　$(x+10)(x-6)=0$　　$x=-10, 6$

ここで，$0<x<14$ であるから，$x=6$

(2) 右の図のように，頂点 D，点 P から辺 BC にそれぞれ垂線 DE，PF をひき，辺 AD の延長と線分 FP の延長との交点を G とする。

①より $DE=8$，$AD=6$ より $EC=\dfrac{18-6}{2}=6$

三平方の定理より，$CD=\sqrt{6^2+8^2}=10$

$\triangle CDE\backsim\triangle CPF$（2角）　　$CP=2$ より，$PF=\dfrac{8}{5}$　　よって，$GP=\dfrac{32}{5}$

ゆえに，$\triangle ABP=96-\triangle PBC-\triangle APD$

$$=96-\frac{1}{2}\times18\times\frac{8}{5}-\frac{1}{2}\times6\times\frac{32}{5}=\frac{312}{5}$$

注 (2) 直角三角形の直角をはさむ2辺の長さを a, b，斜辺の長さを c とするとき，$a^2+b^2=c^2$ が成り立つ。これを三平方の定理という。

なお，三平方の定理については，8章（→本文 p.182）でくわしく学習する。

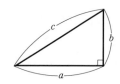

p.75 **38.** (答) $r=200$

(解説) 1回目に食塩水 r g を取り出した後，容器の中の食塩水にふくまれる食塩の重さは，$\left\{\left(600\times\dfrac{9}{100}\right)\times\left(1-\dfrac{r}{600}\right)\right\}$ g

2回目に食塩水 r g を取り出した後，容器の中の食塩水にふくまれる食塩の重さは，$\left\{\left(600\times\dfrac{9}{100}\right)\times\left(1-\dfrac{r}{600}\right)\times\left(1-\dfrac{r}{600}\right)\right\}$ g

これが，4 % の食塩水 600 g にふくまれる食塩の重さに等しいから，

$$\left(600\times\dfrac{9}{100}\right)\times\left(1-\dfrac{r}{600}\right)^2=600\times\dfrac{4}{100} \qquad \left(1-\dfrac{r}{600}\right)^2=\dfrac{4}{9}$$

ただし，$0<r<600$

39. (答) (1) $\dfrac{200-x}{10}$ g　(2) $x=60$

(解説) (1) $\left(200\times\dfrac{10}{100}\right)\times\left(1-\dfrac{x}{200}\right)=\dfrac{200-x}{10}$

(2) $\dfrac{200-x}{10}\times\left(1-\dfrac{2x}{200}\right)=200\times\dfrac{2.8}{100}$　$x^2-300x+14400=0$

ただし，$x>0$，$200-x>0$，$200-2x>0$ より，$0<x<100$

40. (答) $x=6$

(解説) 食塩水 10 g を取り出した後，残りの食塩水にふくまれる食塩の重さは，

$$\left(100\times\dfrac{x}{100}\right)\times\left(1-\dfrac{10}{100}\right)=\dfrac{9}{10}x\,(\text{g})$$

$3x$ g の水を入れた後，食塩水の重さは，

$100-10+3x=3x+90\,(\text{g})$

よって，$\dfrac{\frac{9}{10}x}{3x+90}\times100=x-1$　$x^2-x-30=0$

ただし，$0<x<100$

(別解) 食塩水 10 g を取り出した後，残りの食塩水にふくまれる食塩の重さは，

$$\left\{(100-10)\times\dfrac{x}{100}\right\}=\dfrac{9}{10}x\,(\text{g})$$

$3x$ g の水を入れた後，濃度が 1 % うすくなったから，食塩水にふくまれる食塩の重さは，

$$\left\{(100-10+3x)\times\dfrac{x-1}{100}\right\}=\dfrac{(3x+90)(x-1)}{100}\,(\text{g})$$

よって，$\dfrac{9}{10}x=\dfrac{(3x+90)(x-1)}{100}$　$x^2-x-30=0$

ただし，$0<x<100$

41. (答) (1) 10.5 %　(2) 40 %，60 %

(解説) 定価 a 円のとき b 個売れるとする。

(1) 売り上げ金額は $\left\{a\left(1+\dfrac{30}{100}\right)\times b\left(1-\dfrac{\frac{30}{2}}{100}\right)-ab\right\}$ 円増加する。

(2) $a\left(1+\dfrac{x}{100}\right)\times b\left(1-\dfrac{\dfrac{x}{2}}{100}\right)=ab\left(1+\dfrac{12}{100}\right)$

両辺を ab で割って，$\left(1+\dfrac{x}{100}\right)\left(1-\dfrac{x}{200}\right)=1+\dfrac{12}{100}$ $x^2-100x+2400=0$

ただし，$x>0$，$1-\dfrac{x}{200}>0$ より，$0<x<200$

p.77 **42.** （**答**）(1) $x=20$ (2) 8 km

（**解説**）(1) 車とオートバイの速さの比は，同じ時間
に進む道のりの比に等しいから，

$x:(2x-24)=(2x-15):x$

$(2x-24)(2x-15)=x^2$ $x^2-26x+120=0$

$(x-6)(x-20)=0$ $x=6,\ 20$

ここで，$x>0$，$2x-24>0$，$2x-15>0$ より，

$x>12$ であるから，$x=20$

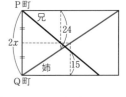

(2) (1)より $x=20$ であるから，P 町と Q 町の間の道のりは 40 km である。

兄が Q 町に着いたとき，姉は $40\times\dfrac{16}{20}=32$（km）進むから，$40-32=8$

43. （**答**）(1) $x=100$ (2) $y=80$

（**解説**）(1) 明さんと僚さんが出発してからすれちがうまでの時間は等しい。僚さ
んの進んだ距離は $27x$ m であるから，$\dfrac{3600}{x}=\dfrac{27x}{75}$ $x^2=10000$ $x=\pm100$

ここで，$x>0$ であるから，$x=100$

(2) 2 人が出会うまでに，明さんの進んだ距離は $100\times40=4000$（m），愛さんの
進んだ距離は $40y$ m である。その後，2 人が目的地に到着するまでの時間は，明
さんが $\dfrac{40y}{100}=\dfrac{2}{5}y$（分），愛さんが $\dfrac{4000}{y}$ 分である。

この時間の差が 18 分であるから，$\dfrac{4000}{y}-18=\dfrac{2}{5}y$ $y^2+45y-10000=0$

$(y+125)(y-80)=0$ $y=-125,\ 80$ ここで，$y>0$ であるから，$y=80$

44. （**答**）(1) $t=2$ (2) $x=20$，$y=40$，PR 間は 10 km

（**解説**）(1) $\text{PR}=y\times\dfrac{15}{60}=\dfrac{1}{4}y$（km），$\text{QR}=x\times\dfrac{30}{60}=\dfrac{1}{2}x$（km）である。

よって，$\dfrac{1}{4}y\div x-\dfrac{15}{60}=\dfrac{1}{2}x\div y$ $\dfrac{1}{4}\times\dfrac{y}{x}-\dfrac{1}{4}=\dfrac{1}{2}\times\dfrac{x}{y}$

$\dfrac{y}{x}=t$ より，$\dfrac{1}{4}t-\dfrac{1}{4}=\dfrac{1}{2}\times\dfrac{1}{t}$ $t^2-t-2=0$ $(t+1)(t-2)=0$ $t=-1,\ 2$

ここで，$t>0$ であるから，$t=2$

(2) $\text{PQ}=20$ km より，$\dfrac{1}{2}x+\dfrac{1}{4}y=20$ ……①   (1)より，$y=2x$ ……②

①，②を連立させて解くと，$\begin{cases}x=20\\y=40\end{cases}$

ゆえに，$\text{PR}=\dfrac{1}{4}\times40=10$

3章の問題

p.78 **[1]** **答** (1) $x=4$（重解） (2) $x=1,\ 4$ (3) $x=-12,\ -4$ (4) $x=\dfrac{5\pm\sqrt{17}}{2}$

(5) $y=-\dfrac{1}{5},\ 1$ (6) $a=-3,\ \dfrac{1}{4}$ (7) $x=-\dfrac{4}{3},\ -\dfrac{2}{3}$ (8) $x=\dfrac{3\pm\sqrt{7}}{2}$

[2] **答** (1) $x=-7,\ 1$ (2) $t=-\dfrac{14}{3},\ \dfrac{26}{3}$ (3) $x=-6,\ 3$ (4) $y=-7,\ 2$

(5) $x=-\dfrac{1}{2},\ \dfrac{3}{2}$

[3] **答** (1) $x=-1,\ 2$ (2) $y=-7,\ -6$ (3) $x=-1,\ 5$ (4) $x=3,\ 4$

(5) $x=-\dfrac{9}{2},\ -1$ (6) $x=-2\pm\sqrt{5}$

解説 (2) $(y+7)^2-(y+7)=0$ (3) $x(x+1)=5(x+1)$
(4) $\{(x-1)-2\}\{(x-1)-3\}=0$ (5) $2(x+3)^2-(x+3)-6=0$
(6) $(x+1)^2+2(x+1)-4=0$

[4] **答** (1) $p=-1,\ q=-6$ (2) $x=-\dfrac{1}{2},\ \dfrac{1}{3}$

解説 (1) $\begin{cases} 4-2p+q=0 \\ 9+3p+q=0 \end{cases}$

(2) $-6x^2-x+1=0$ $6x^2+x-1=0$ $(2x+1)(3x-1)=0$

別解 (1) 解と係数の関係より，$\begin{cases} -2+3=-p \\ -2\times3=q \end{cases}$

[5] **答** (1) $a=\dfrac{50}{9}$ (2) $a=2,\ \dfrac{1}{2}$

解説 (1) 2つの解を $\alpha,\ 2\alpha$ とすると，

解と係数の関係より，$\begin{cases} \alpha+2\alpha=-5 \\ \alpha\times2\alpha=a \end{cases}$

よって，$\alpha=-\dfrac{5}{3}$ $a=2\times\left(-\dfrac{5}{3}\right)^2$

(2) $(x-1)(x-a)=0$ より，$x=1,\ a$
よって，$a=1\times2$ または $1=a\times2$

[6] **答** $a=1,\ b=-\dfrac{1}{3}$

解説 $x=a$ を①に代入して，$a^2+2a^2-3a=0$ これを解いて，$a=0,\ 1$
②より $a\neq0$ であるから，$a=1$ このとき，①の解は $x=1,\ -3$

$a=1,\ x=1$ を②に代入して，$1+2b-3b^2=0$ これを解いて，$b=-\dfrac{1}{3},\ 1$

$b=-\dfrac{1}{3}$ のとき，②の解は $x=1,\ -\dfrac{1}{3}$，③の解は $x=1,\ 2$ となって，この値
は問題に適する。
$b=1$ のとき，①と②は一致して，この値は問題に適さない。

[7] **答** 9個

解説 $x=\dfrac{1\pm\sqrt{4n+1}}{2}$ よって，$4n+1$ が奇数の平方となるときである。

$4n+1=(2k+1)^2$（k は整数）とおくと，$4n+1=4k^2+4k+1$

よって，$n=k^2+k=k(k+1)$

$k>0$ のとき，$n=1\times2,\ 2\times3,\ \cdots,\ 9\times10$ の 9 個である。

$k=0,\ -1$ のとき，$n=0$ となり，この値は問題に適さない。

$k<-1$ のとき，$n=-2\times(-1),\ -3\times(-2),\ \cdots,\ -10\times(-9)$ となる。

これは，$k>0$ のときと同じ結果である。

参考 $x^2-x-n=0$ を $n=x(x-1)$ と変形して，同様に考えてもよい。

p.79 **[8]** **答** (ア) n^2+an+b (イ) $-n^2-an$ (ウ) $-n-a$ (エ) 約数

[9] **答** (1) $\dfrac{10(2x+y+25)}{x+y+250}$ % (2) $y=x-100$ (3) $x=125,\ y=25$

解説 (1) 操作 1 の後，容器 C の食塩水の重さは $(x+y+250)$ g，また，ふくまれる食塩の重さは $x\times\dfrac{20}{100}+y\times\dfrac{10}{100}+250\times\dfrac{1}{100}=\dfrac{20x+10y+250}{100}$ （g）

(2) $\dfrac{\left(200\times\dfrac{20}{100}\right)\times\left(1-\dfrac{x}{200}\right)}{200}\times100=\dfrac{\left(100\times\dfrac{10}{100}\right)\times\left(1-\dfrac{y}{100}\right)}{100}\times100$

(3) (1)，(2)より，$\dfrac{10(2x+y+25)}{x+y+250}=20\left(1-\dfrac{x}{200}\right)$ ……①

$y=x-100$ を①に代入して整理すると，$x^2+25x-18750=0$

ただし，$x>0,\ 200-x>0,\ x-100>0$ より，$100<x<200$

[10] **答** $\dfrac{-1+\sqrt5}{2}$

解説 AB=1，AD=x とおくと，BE=$1-x$

長方形 ABCD∽長方形 BCFE であるから，AD：BE=AB：BC

よって，$x:(1-x)=1:x$ $x^2=1-x$ $x^2+x-1=0$

ただし，$x>0,\ 1-x>0$ より $0<x<1$

p.80 **[11]** **答** (1) $72°$ (2) $\dfrac{1+\sqrt5}{2}$ cm

解説 (1) △ABC≡△BCD（2辺夾角）より，

∠BAC=∠CBD

△ABC は二等辺三角形であるから，∠BAC=∠BCA

ゆえに，∠APB=∠CBP+∠BCP=∠BAC+∠BCA

$=180°-∠ABC=180°-108°$

(2) AC=x cm とする。

△ABP は二等辺三角形であるから，AP=AB=1

CP=$x-1$

△ABC∽△CPB（2角）より，AB：CP=AC：CB

よって，$1:(x-1)=x:1$ $x(x-1)=1$ $x^2-x-1=0$

ただし，$x>0,\ x-1>0$ より，$x>1$

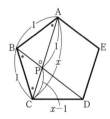

12 **答** (1) $1 \leq x \leq 3$ のとき $S = 2x^2$, $3 \leq x \leq 7$ のとき $S = -x^2 + 9x$

(2) $(4, 5)$, $(5, 4)$

解説 (1) $1 \leq x \leq 3$ のとき，点 P は線分 AB 上にあり，直線 AB の式は $y = 2x$
$3 \leq x \leq 7$ のとき，点 P は線分 BC 上にあり，直線 BC の式は $y = -x + 9$

13 **答** (1) $\left(50 - \dfrac{1}{2}x^2\right)\text{cm}^2$ (2) 8 cm

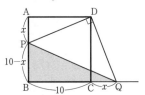

解説 (1) 右の図で，
$\triangle \text{DAP} \equiv \triangle \text{DCQ}$（2角夾辺）より，$\text{CQ} = \text{AP} = x$

(2) $50 - \dfrac{1}{2}x^2 = 18$ ただし，$0 < x < 10$

14 **答** 4台，32分

解説 バスの台数を x 台，バスが1循環するのにかかる時間を t 分とする。

$2\dfrac{40}{60} = \dfrac{8}{3}$（分），$1\dfrac{36}{60} = \dfrac{8}{5}$（分）より，

$$\dfrac{t}{x-1} = \dfrac{t}{x} + \dfrac{8}{3} \cdots\cdots\text{①}, \quad \dfrac{t}{x+1} = \dfrac{t}{x} - \dfrac{8}{5} \cdots\cdots\text{②}$$

①$\times x(x-1)$ より，$tx = t(x-1) + \dfrac{8}{3}x(x-1)$ $\quad t = \dfrac{8}{3}x(x-1) \cdots\cdots\text{③}$

②$\times x(x+1)$ より，$tx = t(x+1) - \dfrac{8}{5}x(x+1)$ $\quad t = \dfrac{8}{5}x(x+1) \cdots\cdots\text{④}$

③，④より t を消去して，$\dfrac{8}{3}x(x-1) = \dfrac{8}{5}x(x+1)$ $\quad x^2 - 4x = 0$ $\quad x = 0, \ 4$

$x > 0$ であるから，$x = 4$ これを③に代入して，$t = \dfrac{8}{3} \times 4 \times (4-1) = 32$

別解 バスの台数を x 台，バスが運行される間隔を k 分とすると，

$$xk = (x-1)\left(k + \dfrac{8}{3}\right) = (x+1)\left(k - \dfrac{8}{5}\right)$$

よって，$xk = (x-1)\left(k + \dfrac{8}{3}\right)$, $xk = (x+1)\left(k - \dfrac{8}{5}\right)$ より，$\begin{cases} \dfrac{8}{3}x - k = \dfrac{8}{3} \\ \dfrac{8}{5}x - k = -\dfrac{8}{5} \end{cases}$

これを解いて，$\begin{cases} x = 4 \\ k = 8 \end{cases}$ バスが1循環するのにかかる時間は，$4 \times 8 = 32$

15 **答** (1) $\dfrac{7}{18}$ (2) $\dfrac{11}{12}$ (3) $\dfrac{1}{6}$

解説 目の出方は全部で $6 \times 6 = 36$（通り）ある。

(1) $ax = b$ より，$x = \dfrac{b}{a}$

$\dfrac{b}{a}$ が整数になる (a, b) は，$(1, 1)$, $(1, 2)$, $(1, 3)$, $(1, 4)$, $(1, 5)$,
$(1, 6)$ の6通り，$(2, 2)$, $(2, 4)$, $(2, 6)$ の3通り，$(3, 3)$, $(3, 6)$ の2
通り，$(4, 4)$ の1通り，$(5, 5)$ の1通り，$(6, 6)$ の1通り。

ゆえに，求める確率は，$\dfrac{6 + 3 + 2 + 1 + 1 + 1}{36} = \dfrac{7}{18}$

(2) 直線 $y=\dfrac{b}{a}x$ が直線 $y=2x-1$ と交わらないのは，$\dfrac{b}{a}=2$ のときである。

$b=2a$ となる $(a,\ b)$ は，$(1,\ 2)$，$(2,\ 4)$，$(3,\ 6)$ の3通りある。

ゆえに，求める確率は，$\dfrac{36-3}{36}=\dfrac{11}{12}$

(3) 解が整数で，定数項 $-b$ が負の整数であるから，2次方程式の解の1つは正の整数である。その正の整数の解を $x=p$ とすると，$p^2+ap=b$ ……①

$1\leqq b\leqq 6$ より $1\leqq p^2+ap\leqq 6$ であるから，$p=1,\ 2$

$p=1$ のとき，①より $1+a=b$　　よって，$(a,\ b)$ は $(1,\ 2)$，$(2,\ 3)$，$(3,\ 4)$，$(4,\ 5)$，$(5,\ 6)$ の5通り。

$p=2$ のとき，①より $4+2a=b$　　よって，$(a,\ b)$ は $(1,\ 6)$ の1通り。

ゆえに，求める確率は，$\dfrac{5+1}{36}=\dfrac{1}{6}$

(別解) (3) $x^2+ax-b=0$ の解を $\alpha,\ \beta\ (\alpha\leqq\beta)$ とすると，解と係数の関係より，

$\alpha+\beta=-a,\ \alpha\beta=-b$ となる。

$\alpha\beta=-b$ より，$\alpha,\ \beta$ は異符号である。

よって，$\alpha<0,\ \beta>0$ となる。

$b=2$ のとき，$\alpha=-2,\ \beta=1$ となり，$a=1$

$b=3$ のとき，$\alpha=-3,\ \beta=1$ となり，$a=2$

$b=4$ のとき，$\alpha=-4,\ \beta=1$ となり，$a=3$

$b=5$ のとき，$\alpha=-5,\ \beta=1$ となり，$a=4$

$b=6$ のとき，$\alpha=-3,\ \beta=2$ または，$\alpha=-6,\ \beta=1$ となり，$a=1,\ 5$

以上，6通りある。ゆえに，求める確率は，$\dfrac{6}{36}=\dfrac{1}{6}$

4章　関数 $y=ax^2$

p.81

1. 答

x	…	-3	-2	-1	0	1	2	3	…
y	…	27	12	3	0	3	12	27	…

2. 答

y が x の 2 乗に比例するもの	(ア)	(エ)	(オ)
比例定数	5	$\dfrac{1}{2}$	-2

3. 答 (1) $y=6x^2$　(2) $y=3x^2$　(3) $y=2\pi x$　(4) $y=\dfrac{1}{6}\pi x^2$　(5) $y=4\pi x^2$

(6) $y=\dfrac{100}{\pi x^2}$

y が x の 2 乗に比例するもの	(1)	(2)	(4)	(5)
比例定数	6	3	$\dfrac{1}{6}\pi$	4π

p.82

4. 答 (1) $y=-2x^2$　(2) $y=3x^2$　(3) $y=-4x^2$　(4) $y=-\dfrac{1}{27}x^2$

5. 答

x	…	-2	-1	0	1	2	3	…
y	…	-2	$-\dfrac{1}{2}$	0	$-\dfrac{1}{2}$	-2	$-\dfrac{9}{2}$	…

(解説) $y=-\dfrac{1}{2}x^2$

6. 答 $y=-27$

(解説) $y=a(x+1)^2$ とする。

$x=2$ のとき $y=-27$ であるから，$-27=a(2+1)^2$　　$a=-3$

よって，$y=-3(x+1)^2$

$x=-4$ のとき，$y=-3\times(-4+1)^2$

7. 答 4000 円

(解説) 宝石 x カラットの値段を y 万円とすると，$y=ax^2$ と表すことができる。

$x=1$ のとき $y=10$ であるから，$10=a\times 1^2$

よって，$y=10x^2$

(注) カラットは宝石の重さの単位で，1 カラット＝200 ミリグラム である。

8. 答 (1) $y=4.9x^2$　(2) 5 秒

(解説) (1) $y=ax^2$ とする。

$x=2$ のとき $y=19.6$ であるから，$19.6=a\times 2^2$

(2) $y=4.9x^2$ に $y=122.5$ を代入して，$122.5=4.9x^2$　　ただし，$x>0$

p.84

9. 答 (ア) 原点　(イ) y　(ウ) 上　(エ) 下　(オ) 下　(カ) 上　(キ) 小さい　(ク) x

10. 答 (1)

x	⋯	-4	-3	-2	-1	0	1	2	3	4	⋯
y ($y=x^2$)	⋯	16	9	4	1	0	1	4	9	16	⋯
y ($y=\frac{1}{2}x^2$)	⋯	8	$\frac{9}{2}$	2	$\frac{1}{2}$	0	$\frac{1}{2}$	2	$\frac{9}{2}$	8	⋯

(2)

x	⋯	-4	-3	-2	-1	0	1	2	3	4	⋯
y ($y=-x^2$)	⋯	-16	-9	-4	-1	0	-1	-4	-9	-16	⋯
y ($y=-3x^2$)	⋯	-48	-27	-12	-3	0	-3	-12	-27	-48	⋯

11. 答 (1) $a=2$　(2) $a=-2$　(3) $a=-\dfrac{1}{2}$　(4) $a=\dfrac{3}{4}$

p.85 **12.** 答 右の図

13. 答 グラフの開き方が小さい順に
(1), (2), (4), (3)
下に開いているグラフ（上に凸）は (2), (4)

p.86 **14.** 答 (1) $y=2x^2$　(2) $y=\dfrac{4}{5}x^2$　(3) $y=-4x^2$

(4) $y=-1.5x^2$

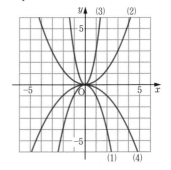

15. 答

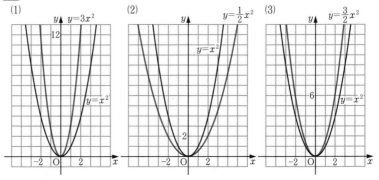

16. （答）$a=\dfrac{1}{2}$

（解説）$y=ax^2$ のグラフは，$y=x^2$ のグラフを y 軸方向に $\dfrac{1}{2}$ 倍したものである。

（参考）$C\left(3, \dfrac{9}{2}\right)$ より，$\dfrac{9}{2}=a\times 3^2$ と求めてもよい。

17. （答）(1) $a=4$　(2) 点 A，点 D　(3) $t=0, \dfrac{1}{4}$

（解説）(1) $16=a\times 2^2$
(3) $y=4x^2$ に $x=t$，$y=t$ を代入して，$t=4t^2$

18. （答）$7:3$

（解説）点 C の x 座標を c（$c>0$）とすると，$C(c, 0)$ より，$A(c, ac^2)$，
$B(c, bc^2)$　　$AC:BC=ac^2:bc^2$　　$AC:BC=7:3$

p.88　**19.** （答）(1) (ア)，(エ)　(2) (イ)，(エ)　(3) (ウ)，(エ)，(オ)　(4) (ウ)，(オ)　(5) (ウ)，(オ)　(6) (イ)

20. （答）(1) 63　(2) -21　(3) 9　(4) 7　(5) $\dfrac{21}{2}$　(6) $-\dfrac{21}{2}$

21. （答）(1) 8　(2) 3　(3) -6

p.89　**22.** （答）(1) $y\geqq 0$　(2) $-27\leqq y\leqq 0$

23. （答）(1) $x=-4$ のとき最大値 16，
$x=0$ のとき最小値 0
(2) $x=1$ のとき最大値 -1，
$x=4$ のとき最小値 -16

(1)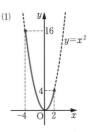
(2)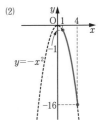

24. （答）$a=\dfrac{1}{2}$，$b=0$

（解説）x の変域 $-4\leqq x\leqq 2$ は $x=0$
をふくみ，$b\leqq y\leqq 8$ であるから，
$x=0$ のとき y の値は最小となり，
最小値 0 をとる。
$x=-4$ のとき y の値は最大となり，最大値 8 をとる。

25. （答）(1) $-12\leqq y\leqq 0$
(2) $a=4$，$b=-8$

（解説）(1) $y=-3x^2$ は，$-1\leqq x\leqq 2$ のとき $-12\leqq y\leqq 0$
(2) $y=ax+b$ は $a>0$ であるから，グラフより，
$x=-1$ のとき y の値は最小となり，最小値 -12 をとる。
$x=2$ のとき y の値は最大となり，最大値 0 をとる。
よって，$\begin{cases} -12=-a+b \\ 0=2a+b \end{cases}$

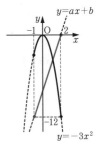

p.90　**26.** （答）$a=\dfrac{1}{2}$

（解説）$a(3+2)^2-a\times 3^2=8$

27. （答）$a=\dfrac{7}{3}$

（解説）$3a^2-3\times(-2)^2=a+2$　　ただし，$a\neq -2$

28. (答) (1) -4 (2) -1 (3) 6 (4) $-2a$

(解説) (1) $2 \times \{(-3)+1\}$

(2) $\dfrac{1}{2} \times \{(-3)+1\}$

(3) $-3 \times \{(-3)+1\}$

(4) $a\{(-3)+1\}$

p.91 **29.** (答) $a=-3$

(解説) $a(1+5)=-18$

30. (答) $a=-5$

(解説) $-\dfrac{1}{2}\{a+(a+2)\}=4$

31. (答) $a=-\dfrac{1}{2}$, 2

(解説) $a\{a+(a+3)\}=6a+2$

32. (答) $a=-1$

(解説) $a\{(-1)+3\}=-2$

33. (答) (1) 秒速 1.9m (2) 5.2 秒間

(解説) (1) この運動は $y=\dfrac{1}{4}x^2$ と表すことができる。

3 秒後から 4.6 秒後までの平均の速さは, $\dfrac{1}{4} \times (3+4.6)$

(2) 求める時間を t 秒間とすると, $\dfrac{1}{4} \times \{2.4+(2.4+t)\}=2.5$

p.93 **34.** (答) (1) B$(2a,\ 4a^2)$ (2) P$\left(\dfrac{1}{3},\ \dfrac{1}{9}\right)$

(解説) (2) (1)より, A$(a,\ 4a^2)$, B$(2a,\ 4a^2)$
右の図より, P$(a,\ a^2)$
△ABP が AP=AB の直角二等辺三角形であるか
ら, AP=AB より,
$4a^2-a^2=2a-a$ ただし, $a>0$

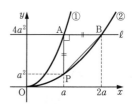

35. (答) A$\left(\dfrac{4}{5},\ \dfrac{32}{25}\right)$

(解説) 点 A の座標を $(a,\ 2a^2)$ とすると, B$(-a,\ 2a^2)$, D$\left(a,\ -\dfrac{1}{2}a^2\right)$

四角形 ABCD は正方形であるから, AB=AD より,

$a-(-a)=2a^2-\left(-\dfrac{1}{2}a^2\right)$ ただし, $a>0$

36. (答) $\dfrac{1}{18} \leqq a \leqq \dfrac{3}{2}$

(解説) 放物線 $y=ax^2$ が A$(2,\ 6)$ を通るとき a の値は最大, C$(6,\ 2)$ を通るとき a の値は最小となる。

37. **答** (1) C$\left(2a, \dfrac{1}{2}a^2\right)$ (2) $a=\dfrac{2}{3}$ (3) $a=\dfrac{2}{5}$

解説 (1) 長方形 ABCD の各辺は座標軸に平行であるから,

A$(a, 2a^2)$, B$\left(a, \dfrac{1}{2}a^2\right)$, D$(2a, 2a^2)$

(2) 長方形 ABCD が正方形となるとき, AB＝BC より,

$2a^2-\dfrac{1}{2}a^2=2a-a$ ただし, $a>0$

(3) 直線 $y=\dfrac{1}{3}x$ は長方形 ABCD の面積を 2 等分する

から, 対角線 AC の中点を通る。

A$(a, 2a^2)$, C$\left(2a, \dfrac{1}{2}a^2\right)$ より, $\dfrac{a+2a}{2}=\dfrac{3}{2}a,$

$\dfrac{2a^2+\dfrac{1}{2}a^2}{2}=\dfrac{5}{4}a^2$ であるから, 対角線 AC の中点の座

標は $\left(\dfrac{3}{2}a, \dfrac{5}{4}a^2\right)$ である。

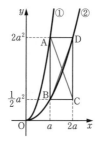

この点は直線 $y=\dfrac{1}{3}x$ 上にあるから, $\dfrac{5}{4}a^2=\dfrac{1}{3}\times\dfrac{3}{2}a$ ただし, $a>0$

p.94 **38.** **答** (1) $(1, -1)$, $(-4, -16)$ (2) $(2, 4)$

解説 (1) $-x^2=3x-4$ (2) $x^2=4x-4$

注 (2)の 2 次方程式 $x^2=4x-4$ の解 $x=2$ は重解であ
る。これは, 放物線 $y=x^2$ と直線 $y=4x-4$ との共有
点が 1 つであることを表している。
このとき, 放物線 $y=x^2$ と直線 $y=4x-4$ は点 $(2, 4)$
で**接している**という。また, 点 $(2, 4)$ を**接点**といい,
直線 $y=4x-4$ を放物線 $y=x^2$ 上の点 $(2, 4)$ におけ
る**接線**という。

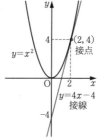

39. **答** $a=-4$

解説 共有点の 1 つは $(3, -2\times3^2)$ であるから, $-2\times3^2=3a-6$

40. **答** (1) $a=\dfrac{2}{3}$, $b=2$

(2)(i) BC$=\dfrac{2}{3}t^2-\dfrac{4}{3}t-2$, CD$=3t-9$ (ii) 14

解説 (1) ③より, $x=3$ のとき $y=6$ よって, A$(3, 6)$

(2)(i) B$\left(t, \dfrac{2}{3}t^2\right)$, C$\left(t, \dfrac{4}{3}t+2\right)$, D$\left(t, -\dfrac{5}{3}t+11\right)$

(ii) BC：CD＝4：3 より,

$\left(\dfrac{2}{3}t^2-\dfrac{4}{3}t-2\right)$：$(3t-9)=4$：3   ただし, $t>3$

BD$=\dfrac{2}{3}t^2-\left(-\dfrac{5}{3}t+11\right)$

p.96 **41.** 答 (1) Q($3p$, $6p^2$) (2) $a=\dfrac{2}{3}$

解説 (1) P(p, $2p^2$) であり, OQ=3OP より, 点 Q の x 座標, y 座標はともに点 P の x 座標, y 座標の 3 倍になる。

(2) 放物線 $y=ax^2$ は点 Q を通るから, $6p^2=a\times(3p)^2$

42. 答 (1) $a=\dfrac{2}{3}$, $b=2$ (2) D(1, 6)

解説 (1) A は③上の点であるから, A(-1, -2)

また, A は②上の点でもあるから, $-2=b\times(-1)$ ゆえに, $b=2$

AO：OB=1：3 であるから, 点 B の x 座標は 3, y 座標は 6

B(3, 6) は①上の点でもあるから, $6=a\times3^2$

(2) A(-1, -2), C(1, -2), B(3, 6) より D(p, q) とすると, 対角線 AB と CD の中点が一致するから, $\dfrac{-1+3}{2}=\dfrac{1+p}{2}$, $\dfrac{-2+6}{2}=\dfrac{-2+q}{2}$

参考 (2) ▱ACBD より, DB＝AC, DB∥AC であることから求めてもよい。

43. 答 (1) B(-2, 4) (2) $y=x+6$ (3) 15

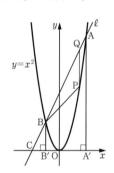

解説 (1) A(4, 16) は放物線 $y=ax^2$ 上の点であるから, $16=a\times4^2$ $a=1$

点 A, B から x 軸にそれぞれ垂線 AA′, BB′ をひくと, AB：BC＝3：1 であるから,

AA′：BB′＝AC：BC＝4：1

AA′＝16 より, BB′＝4

B は $y=x^2$ 上の点であるから, $4=x^2$

点 B の x 座標は負であるから, $x=-2$

(2) 辺 OA の中点を M とすると, 求める直線は BM である。

(3) 直線 ℓ の式は, $y=2x+8$

点 P を通り y 軸に平行な直線をひき, 直線 ℓ との交点を Q とすると, P(3, 9), Q(3, 14) である。

$\triangle PAB=\triangle PAQ+\triangle PBQ=\dfrac{1}{2}PQ\cdot A'B'=\dfrac{1}{2}\times(14-9)\times\{4-(-2)\}$

44. 答 (1) P($3+3\sqrt{2}$, 0) (2) B$\left(\dfrac{3}{2}, \dfrac{9}{4}\right)$

解説 (1) 点 P の x 座標を p （$p>0$）とすると, 線分 AP の中点は $\left(\dfrac{p-3}{2}, \dfrac{9}{2}\right)$

この点が点 B と一致する。

B は放物線 $y=x^2$ 上の点であるから, $\dfrac{9}{2}=\left(\dfrac{p-3}{2}\right)^2$ ただし, $p>0$

(2) 点 B の x 座標を b （$b>0$）とすると, B(b, b^2)

直線 BP の傾きは, $y=x^2$ について x の値が -3 から b まで増加するときの変化の割合と等しいから, $1\times(-3+b)=b-3$

また, 直線 OB の傾きは b であるから, ∠BOP＝∠BPO より, 直線 BP の傾きは $-b$ と表すこともできる。

よって, $b-3=-b$

(別解) (2) ∠BOP＝∠BPO より，△BOP は BO＝BP の二等辺三角形であるから，点 B の x 座標を b とすると，点 P の x 座標は $2b$ となる。
直線 AB の式は $y=(b-3)(x+3)+9$ で，この直線が x 軸と P(2b，0) で交わるから，
$0=(b-3)(2b+3)+9$ より，$2b^2-3b=0$
ただし，$b\neq0$

p.98 **45.** (答) (1) $y=\dfrac{4}{5}x^2$（$0\leqq x\leqq10$） (2) 5 秒後

(解説) (1) △APQ∽△ABC（2辺の比と間の角）で，相似比は $x:10$ であるから，その面積の比は，$y:80=x^2:10^2$
ただし，$0\leqq x\leqq10$

(2) $\dfrac{4}{5}x^2=20$

(注) (1) 相似な図形の面積の比は，相似比の 2 乗に等しい。（→6章，本文 p.135）

p.99 **46.** (答) $0\leqq x\leqq2.5$ のとき $y=4x^2$，
$2.5\leqq x\leqq5$ のとき $y=10x$，
グラフは右の図

(解説) (i) $0\leqq x\leqq2.5$ のとき，点 Q は辺 BC 上にある。

$y=\dfrac{1}{2}AP\cdot BQ=\dfrac{1}{2}\times2x\times4x=4x^2$

(ii) $2.5\leqq x\leqq5$ のとき，点 Q は辺 CD 上にある。

$y=\dfrac{1}{2}AP\cdot BC=\dfrac{1}{2}\times2x\times10=10x$

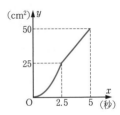

47. (答) (1) AB＝$10(\sqrt{3}+1)$m，AC＝20 m

(2) $0\leqq t\leqq20$ のとき $S=\dfrac{1}{4}t^2$，

$20\leqq t\leqq10(\sqrt{3}+1)$ のとき $S=5t$，
グラフは右の図

(解説) (1) 点 C から辺 AB に垂線 CH をひく。
△CBH は ∠CHB＝90° の直角二等辺三角形であるから，
BH＝CH＝10
△CAH は ∠CHA＝90°，∠CAH＝30°，
∠ACH＝60° の直角三角形であるから，
AC＝20，AH＝$10\sqrt{3}$

(2)(i) $0\leqq t\leqq20$ のとき，AP＝t，高さは
$\dfrac{1}{2}AQ=\dfrac{1}{2}t$ であるから，

$S=\dfrac{1}{2}\times t\times\dfrac{1}{2}t=\dfrac{1}{4}t^2$

(ii) $20\leqq t\leqq10(\sqrt{3}+1)$ のとき，AP＝t，高さは 10 であるから，

$S=\dfrac{1}{2}\times t\times10=5t$

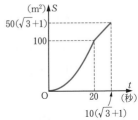

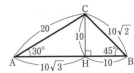

48. （答）(1) $\dfrac{8}{3}$ cm³　(2) 右の図

(3) $\dfrac{\sqrt{15}}{2}$ 秒後，$\dfrac{33}{8}$ 秒後

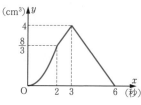

（解説）(1) $\dfrac{1}{3}\left(\dfrac{1}{2}\text{AP}\cdot\text{AD}\right)\cdot\text{AQ}$

$=\dfrac{1}{3}\times\left(\dfrac{1}{2}\times2\times4\right)\times2$

(2)(i) $0\leqq x\leqq2$ のとき，$y=\dfrac{1}{3}\left(\dfrac{1}{2}\text{AP}\cdot\text{AD}\right)\cdot\text{AQ}=\dfrac{1}{3}\times\left(\dfrac{1}{2}\times x\times4\right)\times x=\dfrac{2}{3}x^2$

(ii) $2\leqq x\leqq3$ のとき，$y=\dfrac{1}{3}\left(\dfrac{1}{2}\text{AP}\cdot\text{AD}\right)\cdot\text{AC}=\dfrac{1}{3}\times\left(\dfrac{1}{2}\times x\times4\right)\times2=\dfrac{4}{3}x$

(iii) $3\leqq x\leqq6$ のとき，$\text{AP}=6-x$ であるから，

$y=\dfrac{1}{3}\left(\dfrac{1}{2}\text{AP}\cdot\text{AD}\right)\cdot\text{AC}$

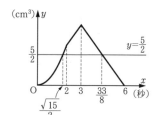

$=\dfrac{1}{3}\times\left\{\dfrac{1}{2}\times(6-x)\times4\right\}\times2=-\dfrac{4}{3}x+8$

(3) 右のグラフより，$y=\dfrac{5}{2}$ となるのは，

$0\leqq x\leqq2$ のとき，$\dfrac{2}{3}x^2=\dfrac{5}{2}$

$3\leqq x\leqq6$ のとき，$-\dfrac{4}{3}x+8=\dfrac{5}{2}$

p.100 **49.** （答）点 A の x 座標 $\dfrac{\sqrt{3}+\sqrt{6}}{3}$，

1辺の長さ $\dfrac{6+4\sqrt{2}}{3}$

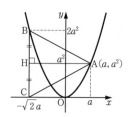

（解説）A$(a,\ a^2)$ とすると $(a>0)$，△ABC は
正三角形であるから，B$(-\sqrt{2}\,a,\ 2a^2)$，
C$(-\sqrt{2}\,a,\ 0)$
点 A から辺 BC に垂線 AH をひくと，
AH：HC$=\sqrt{3}$：1
よって，$\{a-(-\sqrt{2}\,a)\}$：$a^2=\sqrt{3}$：1
ただし，$a>0$

50. （答）(1) $3a$　(2) $a=\dfrac{5}{6}$　(3) $a=\dfrac{1}{2}$，$\dfrac{\sqrt{2}}{4}$

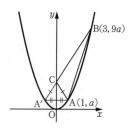

（解説）(1) y 軸について A$(1,\ a)$ と対称な点を A′
とすると，A′$(-1,\ a)$
直線 A′B と y 軸との交点が求める点 C である。
B$(3,\ 9a)$ より，直線 A′B の式は，$y=2ax+3a$
ゆえに，点 C の y 座標は $3a$

(2) $\triangle \mathrm{ABC} = \triangle \mathrm{A'AB} - \triangle \mathrm{A'AC}$

$= \dfrac{1}{2} \times \{1-(-1)\} \times (9a-a) - \dfrac{1}{2} \times \{1-(-1)\} \times (3a-a) = 6a$

よって，$6a = 5$

ゆえに，$a = \dfrac{5}{6}$

(3) $\triangle \mathrm{ABC}$ で，$\angle \mathrm{ABC}$ が $90°$ となることはない。

$\angle \mathrm{ACB} = 90°$ のとき，三平方の定理より，$\mathrm{AC}^2 + \mathrm{BC}^2 = \mathrm{AB}^2$

$\mathrm{A}(1,\ a)$，$\mathrm{B}(3,\ 9a)$，$\mathrm{C}(0,\ 3a)$ より，$\mathrm{AC}^2 = (0-1)^2 + (3a-a)^2 = 1 + 4a^2$，

$\mathrm{BC}^2 = (0-3)^2 + (3a-9a)^2 = 9 + 36a^2$，$\mathrm{AB}^2 = (3-1)^2 + (9a-a)^2 = 4 + 64a^2$

よって，$(1+4a^2) + (9+36a^2) = 4 + 64a^2$　　$a > 0$ であるから，$a = \dfrac{1}{2}$

$\angle \mathrm{BAC} = 90°$ のとき，三平方の定理より，$\mathrm{AC}^2 + \mathrm{AB}^2 = \mathrm{BC}^2$

よって，$(1+4a^2) + (4+64a^2) = 9 + 36a^2$　　$a > 0$ であるから，$a = \dfrac{\sqrt{2}}{4}$

p.101　**51.** 答 (1)

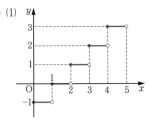

(2)

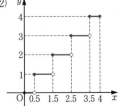

解説 (2) $0 \leqq x < 0.5$ のとき，$y=0$　　$0.5 \leqq x < 1.5$ のとき，$y=1$

$1.5 \leqq y < 2.5$ のとき，$y=2$　　$2.5 \leqq y < 3.5$ のとき，$y=3$

$3.5 \leqq y \leqq 4$ のとき，$y=4$

52. 答

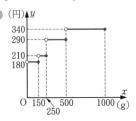

━━━━━━━━━━━━━━━━　**4章の問題**　━━━━━━━━━━━━━━━━

p.102　**1** 答 $a = -\dfrac{7}{8}$

解説 $2\{a + (a+2)\} = \dfrac{1}{2}$

2 (答) $a=-\dfrac{5}{4}$

(解説) y の変域は正の値をふくまないから，$a<0$ である。
したがって，$x=2$ のとき y の値は最小となり，最小値 -5 をとる。
よって，$-5=a\times 2^2$

3 (答) $a=-1$，$b=\dfrac{3}{8}$

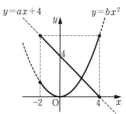

(解説) x の変域（定義域）$-2\leqq x\leqq 4$ は $x=0$ を
ふくみ，$y=ax+4$ は定点 $(0，4)$ を通るから，
$y=bx^2$ の y の変域（値域）は $y\geqq 0$ の範囲にあ
る。したがって，$b>0$ である。
$y=ax+4$ で，y の変域は $4a+4\leqq y\leqq -2a+4$
$y=bx^2$ で，y の変域は $0\leqq y\leqq 16b$
y の変域が等しくなるから，$4a+4=0$，$-2a+4=16b$
よって，$a=-1$，$6=16b$

4 (答) $20\,\mathrm{m}$

(解説) 石を落としてから水面に達するまでの時間を t 秒とすると，石が水面に達
してから音が返ってくるまでの時間は $\left(\dfrac{35}{17}-t\right)$ 秒である。

よって，$5t^2=340\left(\dfrac{35}{17}-t\right)$　　ただし，$t>0$

5 (答) (1) $a=\dfrac{3}{2}$，$b=\dfrac{2}{3}$　(2) $\mathrm{C}\left(\dfrac{9}{2}，\dfrac{27}{2}\right)$　(3) $81:25$

(解説) (1) $\mathrm{A}(2，4a)$，$\mathrm{OA}=2\sqrt{10}$ であるから，三平方の定理より，

$2^2+(4a)^2=(2\sqrt{10})^2$　　$a>0$ より，$a=\dfrac{3}{2}$

$\mathrm{A}(2，6)$ より $\mathrm{B}(3，6)$ であるから，$6=b\times 3^2$　　$b=\dfrac{2}{3}$

(2) 直線 OA の式は $y=3x$ であるから，$3x=\dfrac{2}{3}x^2$　　点 C の x 座標は $\dfrac{9}{2}$

ゆえに，$\mathrm{C}\left(\dfrac{9}{2}，\dfrac{27}{2}\right)$

(3) 直線 BC の式は $y=5x-9$ であるから，点 D の x 座標は $\dfrac{9}{5}$

$\triangle\mathrm{COD}:\triangle\mathrm{CAB}=\dfrac{1}{2}\times\dfrac{9}{5}\times\dfrac{27}{2}:\dfrac{1}{2}\times(3-2)\times\left(\dfrac{27}{2}-6\right)$

(参考) (3) $\triangle\mathrm{COD}\backsim\triangle\mathrm{CAB}$（2角）で，相似比は $\mathrm{OD}:\mathrm{AB}$ であるから，その面
積の比 $\triangle\mathrm{COD}:\triangle\mathrm{CAB}=\mathrm{OD}^2:\mathrm{AB}^2$ から求めてもよい。

6 (答) (1) $\mathrm{A}(-3，9)$，$\mathrm{B}(2，4)$，$\mathrm{C}(-4，16)$，$\mathrm{D}(3，9)$　(2) 36　(3) $a=10$

(解説) (2) 点 A，D の y 座標が等しいから，
（四角形 ABDC）$=\triangle\mathrm{ABD}+\triangle\mathrm{ACD}$

$=\dfrac{1}{2}\times$（点 D と A の x 座標の差）$\times$（点 C と B の y 座標の差）

$=\dfrac{1}{2}\times\{3-(-3)\}\times(16-4)$

(3) 辺 AB, CD の中点をそれぞれ E, F とする。
四角形 ABDC の面積を 2 等分する直線 $y=x+a$ は辺 AB, CD と共有点をもつ
から，線分 EF の中点を通る。
$E\left(-\dfrac{1}{2}, \dfrac{13}{2}\right)$, $F\left(-\dfrac{1}{2}, \dfrac{25}{2}\right)$ より，線分 EF の中点は $\left(-\dfrac{1}{2}, \dfrac{19}{2}\right)$
よって，$\dfrac{19}{2}=-\dfrac{1}{2}+a$

p.103 **7** **答** (1) $a=\dfrac{4}{9}$　(2) $y=-\dfrac{8}{3}x+4$　(3) $(9, 8)$, $\left(-\dfrac{69}{11}, -\dfrac{80}{11}\right)$

解説 (1) $a\times 6^2=2\times 6+4$

(2) A(6, 16), B(0, 4) より，$\triangle OAB=\dfrac{1}{2}\times 4\times 6=12$

$C(c, 0)$ とすると，$\triangle OAC=\dfrac{1}{2}\times c\times 16=8c$

よって，$8c=12$

(3)(i) $\triangle ABC$ と $\triangle DBC$ は，辺 BC を共有する
から，点 A を通り直線 BC に平行な直線と，
直線 $y=x-1$ との交点が求める点 D である。
点 A を通り直線 BC に平行な直線の式は，

$y=-\dfrac{8}{3}x+32$ であるから，D(9, 8)

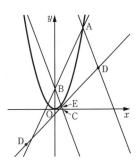

(ii) 直線 BC と直線 $y=x-1$ との交点を E と
すると，点 (9, 8) の E について対称な点が点
D である。

点 E の座標は $\left(\dfrac{15}{11}, \dfrac{4}{11}\right)$ である。

点 D の座標を (s, t) とすると，

$\dfrac{9+s}{2}=\dfrac{15}{11}$, $\dfrac{8+t}{2}=\dfrac{4}{11}$

8 **答** (1) $a=-\dfrac{1}{2}$, $b=2$　(2) C$(-4, -8)$

(3) $\dfrac{27}{2}$　(4) $y=\dfrac{11}{5}x-1$

解説 (3) 直線 AC の式は，$y=x-4$
点 B を通り y 軸に平行な直線と，直線 AC との
交点 E は $(-1, -5)$

$\triangle ABC=\dfrac{1}{2}\times BE\times (点 A と C の x 座標の差)

$=\dfrac{1}{2}\times\left\{-\dfrac{1}{2}-(-5)\right\}\times\{2-(-4)\}$

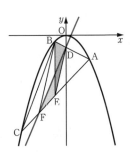

(4) E は辺 AC の中点であるから，$\triangle ABE = \dfrac{1}{2}\triangle ABC$

D$(0,\ -1)$ より，直線 DE の式は，$y=4x-1$

点 B を通り直線 DE に平行な直線の式は，$y=4x+\dfrac{7}{2}$

直線 $y=4x+\dfrac{7}{2}$ と直線 AC との交点 F は $\left(-\dfrac{5}{2},\ -\dfrac{13}{2}\right)$

DE // BF より，$\triangle DFE = \triangle DBE$　　$\triangle DFA = \triangle BEA$

ゆえに，$\triangle ABC$ を 2 等分する直線は DF である。

(別解) (4) 直線 AC の式は，$y=x-4$

直線 AC と y 軸との交点を G とすると，G$(0,\ -4)$

点 D を通り $\triangle ABC$ の面積を 2 等分する直線と，直線 AC との交点を H とする。

点 H の x 座標を k とすると，$\triangle DAH = \dfrac{1}{2}\times 3 \times (2-k) = \dfrac{27}{4}$ より，$k = -\dfrac{5}{2}$

よって，H$\left(-\dfrac{5}{2},\ -\dfrac{13}{2}\right)$

9 **(答)** (1) $a=\dfrac{1}{4}$　(2) 30

(3) $(-12,\ 36)$，$(-8,\ 16)$，$(0,\ 0)$，$(6,\ 9)$，$(8,\ 16)$

(解説) (1) $a(-6+4) = -\dfrac{1}{2}$

(2) 直線 AB は，傾きが $-\dfrac{1}{2}$ で A$(4,\ 4)$ を通るから，$y=-\dfrac{1}{2}x+6$

直線 AC は，2 点 A$(4,\ 4)$，$(-4,\ 0)$ を通るから，$y=\dfrac{1}{2}x+2$

連立方程式 $\begin{cases} y=\dfrac{1}{4}x^2 \\ y=\dfrac{1}{2}x+2 \end{cases}$ より，C$(-2,\ 1)$

点 C を通り y 軸に平行な直線と，直線 AB との交点を D とすると，D$(-2,\ 7)$

$\triangle ABC = \dfrac{1}{2}\times CD \times$（点 A と B の x 座標の差）$=\dfrac{1}{2}\times(7-1)\times\{4-(-6)\}$

(3)(i) 直線 AB に平行で C$(-2,\ 1)$ を通る直線の式は，$y=-\dfrac{1}{2}x$ ……①

直線 BC に平行で A$(4,\ 4)$ を通る直線の式は，$y=-2x+12$ ……②

直線 AC に平行で B$(-6,\ 9)$ を通る直線の式は，$y=\dfrac{1}{2}x+12$ ……③

放物線 $y=\dfrac{1}{4}x^2$ と 3 直線①，②，③との交点のうち，

それぞれ C，A，B と異なる点が求める点 P である。

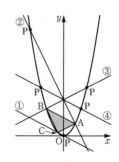

(ii) (i)において，直線 AB について直線①と対称な直線の式は，

$$y=-\frac{1}{2}x+12 \cdots\cdots④$$

放物線 $y=\frac{1}{4}x^2$ と直線④との交点が求める点 P である。

別解 (2) 点 C を通り x 軸に平行な直線 $y=1$ をひき，直線 $x=4$, $x=-6$ との交点をそれぞれ E，F とする。

△ABC＝(台形 ABFE)－△ACE－△BFC

$$=\frac{1}{2}\times\{(4-1)+(9-1)\}\times\{4-(-6)\}-\frac{1}{2}\times\{4-(-2)\}\times(4-1)$$

$$-\frac{1}{2}\times\{-2-(-6)\}\times(9-1)$$

参考 (2) △ABC＝△DEF を利用してもよい。

p.104 **10** **答** (1) $a=-3$, $y=2x-3$ (2) $y=-\frac{2}{9}x-3$

解説 (1) $\frac{1}{2}\times\{a^2+(a+4)^2\}\times\{(a+4)-a\}=20$ ただし，AB＞DC

A$(-3, 0)$, B$(-3, -9)$, C$(1, -1)$, D$(1, 0)$

(2) E$(0, -3)$ とすると，(1)の結果より E は直線 BC と y 軸との交点でもある。

△EAB$=\frac{1}{2}\times9\times3=\frac{27}{2}$ より，直線 ℓ が台形 ABCD の面積を 2 等分するとき，

ℓ は辺 AB 上で交わる。直線 ℓ と辺 AB との交点を F とすると，

△EFB$=\frac{1}{2}\times$FB$\times3$ $\frac{1}{2}\times$(台形 ABCD)$=\frac{1}{2}\times20$ よって，FB$=\frac{20}{3}$

したがって，AF$=9-\frac{20}{3}=\frac{7}{3}$ であるから，F$\left(-3, -\frac{7}{3}\right)$

11 **答** (1) C$(4, 0)$ (2) $m=-\frac{4}{3}$, B$\left(\frac{8}{3}, \frac{16}{9}\right)$

(3) △OCB：△OBD：△ODA＝1：2：6

解説 (1) $y=0$ より，$mx-4m=0$ ただし，$m<0$

(2) 点 A から y 軸に垂線 AH をひく。 △AHD∽△COD（2角）

よって，AH：CO＝AD：CD＝2：1 C$(4, 0)$ より，A$(-8, 16)$

$m\times(-8)-4m=16$ ゆえに，$m=-\frac{4}{3}$ よって，$y=-\frac{4}{3}x+\frac{16}{3}$

$\frac{1}{4}x^2=-\frac{4}{3}x+\frac{16}{3}$ 点 B の x 座標は正であるから，B$\left(\frac{8}{3}, \frac{16}{9}\right)$

(3) D$\left(0, \frac{16}{3}\right)$ より，

△OCB：△OBD：△ODA$=\frac{1}{2}\times4\times\frac{16}{9}:\frac{1}{2}\times\frac{16}{3}\times\frac{8}{3}:\frac{1}{2}\times\frac{16}{3}\times8$

参考 (3) 点 A，B から x 軸にそれぞれ垂線 AA′，BB′ をひいて，

△OCB：△OBD：△ODA＝CB：BD：DA＝B′C：OB′：A′O$=\left(4-\frac{8}{3}\right):\frac{8}{3}:8$

と求めてもよい。

12 答 (1) 18　(2) $a=1$　(3) $a=\dfrac{1}{3}$　(4) 11 個

解説 (1) A(6, 0)，B(0, 6)　(2) P(2, 4)

(3) △OAB は，OA＝OB の直角二等辺三角形である。
OP⊥AB より，P は辺 AB の中点である。

(4) P(4, 2) より，$y=\dfrac{1}{8}x^2$

右の図より，求める点は，(0, 0)，(1, 0)，(2, 0)，
(3, 0)，(3, 1)，(4, 0)，(4, 1)，(4, 2)，(5, 0)，
(5, 1)，(6, 0) の 11 個である。

注 (4) 座標平面上の点で，x 座標，y 座標がともに整数である点を**格子点**（こうしてん）という。

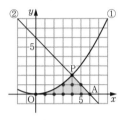

p.105 **13** 答 (1)(i) $y=\dfrac{3}{5}x^2$　(ii) $y=\dfrac{6}{5}x$　(iii) $y=6$

(2) 右の図

解説 (1) 点 P から辺 AB に垂線 PH をひく。

AP＝$x$cm のとき PH＝$\dfrac{3}{5}x$cm である。

(i) $0\leqq x\leqq 2$ のとき，点 P は辺 AC 上，点 Q は辺 AB 上にある。

$$y=\dfrac{1}{2}\times 2x\times\dfrac{3}{5}x=\dfrac{3}{5}x^2$$

(ii) $2\leqq x\leqq 5$ のとき，点 P は辺 AC 上，点 Q は頂点 B にある。

$$y=\dfrac{1}{2}\times 4\times\dfrac{3}{5}x=\dfrac{6}{5}x$$

(iii) $5\leqq x$ のとき，点 P は頂点 C，点 Q は頂点 B にある。

$$y=\dfrac{1}{2}\times 4\times 3=6$$

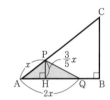

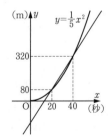

14 答 (1) 秒速 12 m，A 駅の手前 160 m　(2) 秒速 15 m より速い

(3) A 駅から 180 m

解説 3 台の自動車 P，Q，R は一定の速さで走っているから，1 次関数と考えることができる。すなわち，座標平面上では直線で表すことができる。

(1) 電車と P との関係は，右の図のようになる。
すなわち，P の直線は 2 点 (20, 80)，(40, 320) を通る。

ゆえに，P の速さは，$\dfrac{320-80}{40-20}$

(2) AB 間の距離は 500 m であるから $\dfrac{1}{5}x^2=500$ より，

A 駅を出発した電車が B 地点に到着するのは 50 秒後。
Q が，B 地点に電車と同時に到着したとすると，(1)と同様に考えて，Q の直線は 2 点 (25, 125)，(50, 500) を通る。

ゆえに，Q の速さは，$\dfrac{500-125}{50-25}$ より速い。

(3) R は 2 点 $(0, -300)$, $(50, 500)$ を通るから, R の直線は $y=16x-300$ と表すことができる。

よって, $\dfrac{1}{5}x^2=16x-300$　　ただし, $0<x<50$

15 **答** (1) 2, $1\pm\sqrt{7}$　(2) 40π　(3) $\dfrac{241}{25}\pi$

解説 (1)(i) 原点を通り直線 AB に平行な直線の式は, $y=2x$ ……①

よって, $\begin{cases} y=x^2 \\ y=2x \end{cases}$

(ii) 直線 AB の y 切片が 3 であるから, 直線 AB について直線 $y=2x$ と対称な直線の式は, $y=2x+6$ ……②

よって, $\begin{cases} y=x^2 \\ y=2x+6 \end{cases}$

(2) $A(-1, 1)$, $B(3, 9)$ から x 軸にそれぞれ垂線 AC, BD をひき, 直線 AB と x 軸との交点を E とすると, $C(-1, 0)$, $D(3, 0)$, $E\left(-\dfrac{3}{2}, 0\right)$

求める立体の体積は, △EBD を 1 回転させた円すいの体積から, △EAO, △OBD を 1 回転させた立体の体積をひいたものであるから,

$\dfrac{1}{3}\pi\times\left\{9^2\times\left(3+\dfrac{3}{2}\right)-1^2\times\dfrac{3}{2}-9^2\times3\right\}$

(3) 直線 $y=2x+3$ と y 軸について対称な直線の式は, $y=-2x+3$

この式と直線 OB との交点を F とすると, $F\left(\dfrac{3}{5}, \dfrac{9}{5}\right)$

直線 $y=-2x+3$ と放物線との交点 A' の座標は $(1, 1)$

点 F, B から y 軸にそれぞれ垂線 FG, BH をひくと, $G\left(0, \dfrac{9}{5}\right)$, $H(0, 9)$

直線 AB と y 軸との交点 I の座標は $(0, 3)$

求める体積は, △OA'I, △OBH を 1 回転させた立体の体積の和から, △OFI, △IBH を 1 回転させた立体の体積をひいたものであるから,

$\dfrac{1}{3}\pi\times\left\{1^2\times3+3^2\times9-\left(\dfrac{3}{5}\right)^2\times3-3^2\times(9-3)\right\}$

(1)
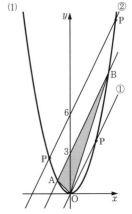

(2)
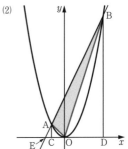

(3)
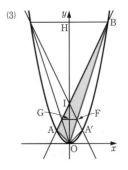

5章 相似な図形

p.107 **1.** 答 (1) 60° (2) DE＝8cm，BC＝$\frac{3}{2}$cm (3) 1：4

2. 答 (イ)，(エ)，(オ)

解説 (ア) 正三角形と直角二等辺三角形はどちらも二等辺三角形であるが，相似ではない。

(ウ) 正方形と長方形はどちらも平行四辺形であるが，相似ではない。

3. 答 (1) 40° (2) 3：1 (3) AB＝4.5cm，DF＝3cm

解説 (2) 相似比は OA：OD＝6：2

p.108 **4.** 答 (1)

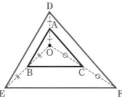 または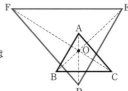

(2)

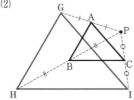 または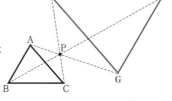

5. 答 右の図

解説 ① 対応する点Bと E，点CとFを結ぶ直線をひき，その交点をOとする。

② 線分OAの中点をDとする。

③ 点Dと E，点DとFを結ぶ。

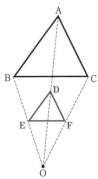

p.109 **6.** 答 (1) ∠C＝60°，∠H＝130° (2) 5：2 (3) 3cm

解説 (2) BC：FG＝10：4 (3) DC：HG＝5：2

7. 答 DE＝6cm，HI＝$\frac{8}{3}$cm

解説 △ABC と △DEF の相似比は 1：2

△ABC と △GHI の相似比は 3：2

ゆえに，△DEF と △GHI の相似比は 3：1

8. 答 (1) 相似である (2) 相似であるとはいえない

(3) 相似であるとはいえない

解説 (2) 正方形と長方形は対応する角が順にそれぞれ等しいが，相似ではない。

(3) 正方形とひし形は対応する辺の比がすべて等しいが，相似ではない。

p.110 **9.** 答 △ABC∽△LJK（2角），△DEF∽△TSU（3辺の比），

△GHI∽△QPR（2辺の比と間の角）

p.111 **10.** (答) (1) $2:1$, $x=4$, $y=\dfrac{5}{2}$　(2) $4:3$, $x=70$, $y=\dfrac{9}{2}$

(3) $3:2$, $x=30$, $y=4\sqrt{3}$

(解説) (3) $\triangle ABC \backsim \triangle A'B'C'$ より，$\angle C=\angle C'=30°$

よって，$x=180-120-30=30$　　ゆえに，$BC=BA=6$

11. (答) (1) $x=\dfrac{24}{5}$, $y=\dfrac{15}{4}$　(2) $x=6$, $y=\dfrac{15}{2}$　(3) $x=6$, $y=\dfrac{7}{2}$

(解説) (1) $\triangle ABE \backsim \triangle CDE$（2角）より，$AB:CD=AE:CE$

$\triangle ABC \backsim \triangle EFC$（2角）より，$AB:EF=AC:EC$

(2) $\triangle ABC \backsim \triangle ACD$（2角）より，$AB:AC=AC:AD=BC:CD$

(3) $\triangle ABC \backsim \triangle DAC$（2角）より，$AC:DC=BC:AC=AB:DA$

p.112 **12.** (答) (1) $\triangle DCE$　(2) $12\,\mathrm{cm}$

(解説) (1) $AE:DE=4:6=2:3$　　$BE:CE=6:9=2:3$

$\angle AEB=\angle DEC$（対頂角）

ゆえに，2組の辺の比とその間の角がそれぞれ等しい。

(2) $\triangle ABE$ と $\triangle DCE$ の相似比は $2:3$

13. (答) (1) $\triangle BHD$，$\triangle ACD$，$\triangle BCE$

(2) $BD=\dfrac{32}{3}\,\mathrm{cm}$，$DC=\dfrac{69}{4}\,\mathrm{cm}$

(解説) (2) $\triangle AHE \backsim \triangle BHD$ より，$HE:HD=AE:BD$

$\triangle AHE \backsim \triangle ACD$ より，$AE:AD=HE:CD$

p.113 **14.** (答) (1) $\triangle ABC$ と $\triangle DAC$ において，

$\angle ACB=\angle DCA$（共通）　$\angle BAC=\angle ADC$（$=90°$）

ゆえに，$\triangle ABC \backsim \triangle DAC$（2角）

(2) $AD=\dfrac{60}{13}\,\mathrm{cm}$，$CD=\dfrac{25}{13}\,\mathrm{cm}$

(解説) (2) (1)より，$AB:DA=BC:AC=CA:CD$

ゆえに，$12:DA=13:5=5:CD$

(参考) (2) $\triangle ABC=\dfrac{1}{2}AB\cdot AC=\dfrac{1}{2}BC\cdot AD$ から，線分 AD の長さを求めてもよい。

15. (答) $\triangle OAB$ は正三角形であるから，

$OA=OB=AB$，$\angle AOB=\angle OAB=\angle OBA=60°$

$BC=OB$（仮定）より，$\triangle BAC$ で，$BA=BC$　　ゆえに，$\angle BAC=\angle BCA$

$\angle BAC+\angle BCA=\angle OBA$ であるから，$\angle BAC=\angle BCA=30°$ ……①

また，$AB=AP$（正方形の辺）より，$\triangle AOP$ で，$AO=AP$

$\angle BAP=90°$ より，$\angle OAP=60°+90°=150°$

よって，$\angle AOP=\angle APO=\dfrac{1}{2}(180°-150°)=15°$

ゆえに，$\angle COS=60°-15°=45°$ ……②

また，四角形 APQB は正方形であるから，$\angle ABP=\angle APB=45°$ ……③

よって，$\angle BPR=45°-15°=30°$ ……④

$\triangle OSC$ と $\triangle BRP$ において，

②，③より，$\angle COS=\angle PBR$（$=45°$）　　①，④より，$\angle OCS=\angle BPR$（$=30°$）

ゆえに，$\triangle OSC \backsim \triangle BRP$（2角）

16. **答** (1) △ADF と △BED において，
∠DAB＝∠EBA（＝60°）より，AD∥EB であるから，∠ADF＝∠BED（錯角）
∠FAB＝∠DBA（＝60°）より，AF∥DB であるから，∠AFD＝∠BDE（錯角）
ゆえに，△ADF∽△BED（2角）
(2) △ABE と △FAB において，
∠ABE＝∠FAB（＝60°）　(1)より，AD：BE＝AF：BD
また，AD＝AB，BD＝AB（ともに仮定）であるから，AB：BE＝AF：AB
すなわち，BA：AF＝BE：AB
ゆえに，△ABE∽△FAB（2辺の比と間の角）

p.114 **17.** **答** (1) AE∥BC（仮定）より，
∠EAC＝∠ACB（錯角）……①，∠AEB＝∠EBC（錯角）……②
AB＝AC（仮定）より，∠ABC＝∠ACB ……③
DB＝DF（仮定）より，∠DBF＝∠DFB ……④
△ADE と △BGF において，
①，③より，∠EAD＝∠FBG　　②，④より，∠AED＝∠BFG
ゆえに，△ADE∽△BGF（2角）

(2)(i) AD：DC＝2：1　(ii) CF＝2cm，BG＝$\dfrac{10}{3}$cm

解説 (2)(i) ∠AEB＝∠EBC＝∠ABE より，△ABE は AB＝AE の二等辺三角形である。
△ADE と △CDB において，
∠AED＝∠CBD（錯角）　　∠ADE＝∠CDB（対頂角）
よって，△ADE∽△CDB（2角）
ゆえに，AD：CD＝AE：CB

(ii) ③，④より，△CDF で，∠CDF＝∠BCD−∠CFD＝∠ABC−$\dfrac{1}{2}$∠ABC

＝$\dfrac{1}{2}$∠ABC＝∠CFD　　ゆえに，CD＝CF

AC＝AB＝6 と(i)より，CD＝$\dfrac{1}{3}$AC＝2

また，(1)より，AD：BG＝AE：BF

AD＝$\dfrac{2}{3}$AC＝4，AE＝6，BF＝BC＋CF＝5 であるから，4：BG＝6：5

18. **答** △AMD と △BMC において，
∠ADM＝∠BCM（＝90°）　　AD＝BC（正方形の辺）　　DM＝CM（仮定）
よって，△AMD≡△BMC（2辺夾角）
ゆえに，∠MAD＝∠MBC ……①
△DEC と △BEC において，
EC は共通　　DC＝BC（正方形の辺）　　∠DCE＝∠BCE（＝45°）
よって，△DEC≡△BEC（2辺夾角）
ゆえに，∠EDC＝∠EBC ……②
△AMD と △DMF において，
∠AMD＝∠DMF（共通）　　①，②より，∠MAD＝∠MDF
ゆえに，△AMD∽△DMF（2角）

19. (答) (1) △BEG と △FDG において,
∠BGE＝∠FGD（対頂角）　AE∥DC より，∠BEG＝∠FDG（錯角）
よって，△BEG∽△FDG（2角）　ゆえに，BG：FG＝BE：FD
また，BE＝AB（仮定）より，BE：FD＝AB：FD＝CD：FD＝2：1
ゆえに，BG：GF＝2：1
(2) 点 A と G，点 C と G を結ぶ。△ABG と △CFG において，
(1)より，BG：FG＝2：1　　AB：CF＝2：1　　ゆえに，BG：FG＝AB：CF
AB∥DC より，∠ABG＝∠CFG（錯角）
よって，△ABG∽△CFG（2辺の比と間の角）
ゆえに，∠AGB＝∠CGF ……①
3点 B，G，F は一直線上にあるから，∠AGB＋∠AGF＝180° ……②
①，②より，∠CGF＋∠AGF＝180°
ゆえに，3点 A，G，C は一直線上にある。

p.115 **20.** (答) (1) △EBD と △DCF において,
△ABC は正三角形であるから，∠EBD＝∠DCF（＝60°）……①
△EBD で，∠EBD＋∠DEB＝∠EDC＝∠EDF＋∠FDC
∠EDF＝∠A（＝60°）より，∠DEB＝∠FDC ……②
①，②より，△EBD∽△DCF（2角）

(2) $EB=\dfrac{51}{13}$cm，$FC=\dfrac{91}{17}$cm

(解説) (2) EB＝$x$cm，FC＝$y$cm とすると，AB＝AC＝BC＝7＋3＝10 であるから，ED＝AE＝10－x，FD＝AF＝10－y
(1)より，EB：DC＝BD：CF＝DE：FD　$x:3=7:y=(10-x):(10-y)$
$x:3=7:y$ より，$xy=21$ ……③
$7:y=(10-x):(10-y)$ より，$17y=70+xy$ ……④
③，④より，$y=\dfrac{91}{17}$　③より，$x=\dfrac{51}{13}$

21. (答) (1) 仮定より，3組の辺がそれぞれ等しいから，△ABC≡△ADE
よって，∠ABC＝∠ADE，∠ACB＝∠AED
AB∥ED より，∠ABC＝∠DGB（錯角）……①
△AHE と △GHC において，
△ABC≡△ADE より，∠AEH＝∠GCH，∠AHE＝∠GHC（対頂角）
よって，△AHE∽△GHC（2角）より，∠HAE＝∠HGC ……②
∠DGB＝∠HGC（対頂角）……③
ゆえに，①，②，③より，∠ABC＝∠HAE

(2) $GC=3$cm，$BF=\dfrac{490}{113}$cm

(解説) (2) (1)より，△ABC と △HAE において，
∠ABC＝∠HAE，∠ACB＝∠HEA　　よって，△ABC∽△HAE（2角）
AB：HA＝BC：AE より，7：HA＝10：6　　HA＝$\dfrac{21}{5}$　　HC＝$6-\dfrac{21}{5}=\dfrac{9}{5}$
また，△HAE∽△HGC であるから，△ABC∽△HGC
BC：GC＝AC：HC　　10：GC＝6：$\dfrac{9}{5}$　　GC＝3

△ABC∽△HAE より，BC：AE＝AC：HE　　10：6＝6：HE　　HE＝$\dfrac{18}{5}$

また，AB：HG＝BC：GC より，7：GH＝10：3　　GH＝$\dfrac{21}{10}$

よって，DG＝10－（GH＋HE）＝10－$\left(\dfrac{21}{10}+\dfrac{18}{5}\right)$＝$\dfrac{43}{10}$

△FAB と △FDG において，
∠AFB＝∠DFG（対頂角）　　AB∥GD より，∠FAB＝∠FDG（錯角）
よって，△FAB∽△FDG（2角）

ゆえに，AF：DF＝AB：DG＝7：$\dfrac{43}{10}$＝70：43

また，∠FBA＝∠FDG であるから，∠FAB＝∠FBA となり，
△FAB は FA＝FB である。

したがって，BF＝AF＝$\dfrac{70}{70+43}$×AD＝$\dfrac{70}{113}$×7＝$\dfrac{490}{113}$

5章の問題

p.116　**1**　**答**　(1) $x=1$，$y=\dfrac{21}{2}$　(2) $x=\dfrac{45}{2}$　(3) $x=\dfrac{12}{5}$

（解説）(1) △ABC∽△AED（2角）より，AC：AD＝AB：AE＝BC：ED
(2) △ABC∽△DAC（2辺の比と間の角）より，BC：AC＝AB：DA
(3) △BDE∽△CAD（2角）より，BD：CA＝BE：CD

2　**答**　(1) △C′PQ∽△BPC′ より，∠QC′P＝∠C′BP
△C′PQ≡△CPQ より，∠QC′P＝∠QCP
よって，∠C′BP＝∠QCP
ゆえに，△ABC は AB＝AC の二等辺三角形である。

(2) 50°

（解説）(2) ∠C′PQ＝$x°$ とすると，∠BPC′＝$x°$　　また，∠CPQ＝$x°$
よって，∠BPC＝$3x°$＝180°

(1)より，∠C＝$\dfrac{1}{2}(180°-70°)=55°$ であるから，

∠C′QA＝180°－2∠PQC＝180°－2(180°－55°－$x°$)

3　**答**　(1) △ABC と △ADB において，
∠BAC＝∠DAB（共通）
∠ABC＝2∠ACB＝2∠ABD（仮定）より，∠ACB＝∠ABD
ゆえに，△ABC∽△ADB（2角）

(2) CD＝$\dfrac{7}{2}$cm，BC＝$\dfrac{14}{3}$cm

（解説）(2) (1)より，AB：AD＝AC：AB　　6：AD＝8：6　　よって，AD＝$\dfrac{9}{2}$

また，∠DBC＝∠DCB より，DB＝DC
(1)より，AC：AB＝BC：DB であるから，8：6＝BC：DC

④ （**答**） 30 cm²

（**解説**） 線分 DF と GH との交点を I とすると，
求める面積は，四角形 GEFI の面積である。

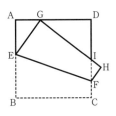

△AEG と △DGI において，

∠EAG＝∠GDI＝90°

∠AEG＝90°－∠AGE

＝180°－（90°＋∠AGE）＝∠DGI

よって，△AEG∽△DGI（2角）……①

ゆえに，AE：DG＝EG：GI

EG＝9－AE＝5，DG＝9－AG＝6 より，4：6＝5：GI

$GI＝\dfrac{15}{2}$　　$IH＝9－\dfrac{15}{2}＝\dfrac{3}{2}$

△DGI と △HFI において，

∠GDI＝∠FHI＝90°，∠GID＝∠FIH（対頂角）

よって，△DGI∽△HFI（2角）……②

①，②より，△AEG∽△HFI

$AE：HF＝AG：HI$　　$4：HF＝3：\dfrac{3}{2}$　　$HF＝2$

ゆえに，$（四角形 GEFI）＝（台形 GEFH）－△FHI＝\dfrac{5＋2}{2}×9－\dfrac{1}{2}×\dfrac{3}{2}×2＝30$

p.117 **⑤** （**答**） (1) △ADC と △BDE において，

∠ADC＝∠BDE（共通）　　BE∥AC（仮定）より，∠CAD＝∠EBD（同位角）

よって，△ADC∽△BDE（2角）　　ゆえに，AC：BE＝AD：BD

AB：BD＝2：1（仮定）より，AD：BD＝3：1 であるから，AC：BE＝3：1

AB＝AC（仮定）より，BE：BA＝1：3 ……①

また，EB：BF＝2：9（仮定）より，$BF＝\dfrac{9}{2}EB$

①より，$BE＝\dfrac{1}{3}AB$　　よって，$BF＝\dfrac{9}{2}×\dfrac{1}{3}AB＝\dfrac{3}{2}AB$

ゆえに，$BD：BF＝\dfrac{1}{2}AB：\dfrac{3}{2}AB＝1：3$ ……②

△BDE と △BFA において，∠EBD＝∠ABF（対頂角）と①，②より，

△BDE∽△BFA（2辺の比と間の角）

(2) 6 cm

（**解説**） (2) △ADC∽△BDE，AD：BD＝3：1 より，CD：ED＝3：1

よって，$ED＝\dfrac{1}{2}CE＝2$

(1)より，ED：AF＝BE：BA　　①より，2：AF＝1：3

⑥ （**答**） (1) △EFI と △BFH において，

∠EFI＝∠BFH（＝90°）……①

△EFI で，∠IEF＋∠FIE＝90°　　△IGB で，∠GBI＋∠BIG＝90°

∠FIE＝∠BIG（対頂角）であるから，∠IEF＝∠HBF ……②

①，②より，△EFI∽△BFH（2角）

(2) $90°－2a°$　　(3) $EF＝\dfrac{35}{13}$ cm，$FI＝\dfrac{600}{221}$ cm

(解説) (2) (1)より，∠GHF＝∠EIF

△AIE で，∠EAI＋∠EIA＝∠CED であるから，∠EIA＝∠CED－a°

△ABC≡△DEC より，∠CED＝∠CBA＝90°－a°

ゆえに，∠GHF＝90°－2a°

(3) △AEF∽△ABC（2角）より，

AE：AB＝EF：BC

AE＝12－5＝7 より，7：13＝EF：5

ゆえに，EF＝$\dfrac{35}{13}$

また，点 I から辺 AC に垂線 IJ をひくと，△ICJ は直角二等辺三角形になるから，IJ＝JC＝$x$cm とすると，

AJ＝12－x

△AIJ∽△ABC（2角）より，IJ：BC＝AJ：AC

x：5＝（12－x）：12　　よって，$x=\dfrac{60}{17}$

FI＝AI－AF＝$\dfrac{13}{5}$IJ－$\dfrac{12}{5}$EF＝$\dfrac{13}{5}\times\dfrac{60}{17}-\dfrac{12}{5}\times\dfrac{35}{13}=\dfrac{600}{221}$

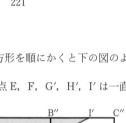

[7] **答** (1) 3cm　(2) $\dfrac{7}{6}$cm　(3) $\dfrac{6}{5}$cm

(解説) 点 E から辺 CD に垂線 EJ をひく。

長方形 ABCD と，はねかえる辺について対称な長方形を順にかくと下の図のようになる。

ぶつかっていく角とはねかえる角が等しいから，5点 E，F，G′，H′，I′ は一直線上にある。

(1) △EJF と △I′C′F において，

∠EJF＝∠I′C′F（＝90°）

∠EFJ＝∠I′FC′（対頂角）

ゆえに，

△EJF∽△I′C′F（2角）

よって，EJ：I′C′＝JF：C′F

2：I′C′＝1：4　　I′C′＝8

ゆえに，BI＝B′I′＝8－5＝3

(2) 点 I が頂点 C と一致するのは，右の図のように，点 I′ と C″ が一致するときである。

JF＝$x$cm とする。

△EJF∽△C″C′F（2角）より，

EJ：C″C′＝JF：C′F

2：10＝x：（5－x）　　$x=\dfrac{5}{6}$

ゆえに，DF＝2－$\dfrac{5}{6}=\dfrac{7}{6}$

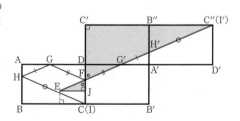

(3) 右の図のように，点 E′ か
ら線分 C′D に垂線 E′J′ をひく。
JF＝x cm とする。

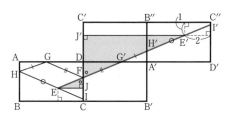

△EJF∽△E′J′F（2角）より，
EJ：E′J′＝JF：J′F

$2:8=x:(4-x)$ $x=\dfrac{4}{5}$

ゆえに，DF＝$2-\dfrac{4}{5}=\dfrac{6}{5}$

別解 点 E から辺 CD に垂線 EJ をひく。

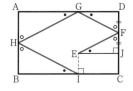

(1) △EJF≡△GDF より，GD＝EJ＝2
よって，AG＝3
△GDF∽△GAH より，GD：GA＝DF：AH

$2:3=1:AH$ $AH=\dfrac{3}{2}$

よって，BH＝$\dfrac{3}{2}$

△GAH≡△IBH より，BI＝AG＝3

(2) △EJF∽△CBH より，FJ：HB＝EJ：CB

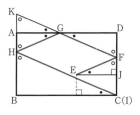

DF＝x cm とすると，$(2-x):HB=2:5$

よって，HB＝$\dfrac{5}{2}(2-x)$ ……①

線分 FG の延長と辺 BA の延長との交点を K
とする。
KH∥FC，KF∥HC より，四角形 KHCF は
平行四辺形であるから，KH＝FC＝$3-x$

△GAH≡△GAK より，AH＝AK＝$\dfrac{1}{2}(3-x)$ ……②

①，②より，$\dfrac{5}{2}(2-x)+\dfrac{1}{2}(3-x)=3$

ゆえに，$x=\dfrac{7}{6}$

(3) 点 E から辺 AB に垂線 EL をひく。
GF∥HE，GH∥FE より，四角形 GHEF は
平行四辺形であるから，GF＝HE

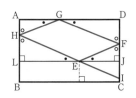

△DGF≡△LEH より，DF＝LH
△EJF∽△ELH より，EJ：EL＝FJ：HL

$2:3=(2-DF):DF$

ゆえに，DF＝$\dfrac{6}{5}$

6章　相似の応用

p.119 **1.** (答) (ア) 3 (イ) 1 (ウ) 内 (エ) 7 (オ) 3 (カ) 外 (キ) 3 (ク) 7 (ケ) 外 (コ) 3 (サ) 2
(シ) 内 (ス) P (セ) S (ソ) L

2. (答) (1) $x=4$ (2) $x=\dfrac{18}{5}$ (3) $x=\dfrac{15}{2}$

3. (答) (1) $\dfrac{8}{3}$ cm (2) $\dfrac{16}{9}$ cm

(解説) (1) DE∥CA より, BC:BD=AC:ED　　ゆえに, 6:4=4:ED
(2) EF∥BD より, GE:GD=EF:DB

EF=DC=2 であるから, GE:GD=1:2　　ゆえに, GD=$\dfrac{2}{1+2}$ED

p.120 **4.** (答) △ABD で, EP∥BD より, EP:BD=AP:AD
△ADC で, PF∥DC より, PF:DC=AP:AD
よって, EP:BD=PF:DC　　BD=DC (仮定) であるから, EP=PF

p.121 **5.** (答) $x=6, y=\dfrac{18}{5}$

(解説) AB∥CD より, BE:CE=AB:DC=6:9
EF∥CD より, BF:FD=BE:EC, EF:CD=BF:BD

6. (答) (1) $\dfrac{15}{8}$ cm (2) $\dfrac{10}{3}$ cm

(解説) (1) AD∥BE より, DP:BP=AD:EB=5:3　　ゆえに, BP=$\dfrac{3}{5+3}$BD

(2) AB∥DQ より, AB:QD=BP:DP=3:5　　ゆえに, QD=$\dfrac{5}{3}$AB

7. (答) (1) 1:5 (2) 4:1
(解説) (1) FG∥DC より, FG:DC=EF:ED=1:(1+2)
FG∥BC より, AF:AB=FG:BC　　BC=2DC
ゆえに, AF:AB=FG:2DC=1:6

(2) FG∥DC, EF:FD=1:2 より, EG:GC=1:2　　ゆえに, EC=$\dfrac{1+2}{2}$GC

FG∥BC と(1)より, AG:GC=1:5　　よって, AC=$\dfrac{1+5}{5}$GC

AE=EC−AC=$\dfrac{3}{2}$GC−$\dfrac{6}{5}$GC=$\dfrac{3}{10}$GC　　ゆえに, AC:AE=$\dfrac{6}{5}$GC:$\dfrac{3}{10}$GC

8. (答) (1) 3:4 (2) 6:35
(解説) 辺 DA の延長と線分 CE の延
長との交点を C′, 辺 CB の延長と
線分 DE の延長との交点を D′ とす
ると, △EBC≡△EAC′ (2角夾辺)
より, BC=AC′
△AED≡△BED′ (2角夾辺) より,
AD=BD′

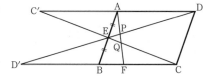

(1) AD∥D′F より, AP：FP＝AD：FD′
(2) C′A∥FC より, AQ：FQ＝C′A：CF＝3：2

$$PQ＝AQ－AP＝\frac{3}{5}AF－\frac{3}{7}AF$$

9. 〔答〕 (1) $90°＋\frac{1}{2}a°$ (2) $\frac{12}{5}$ cm

〔解説〕 (1) ∠DAC＝$b°$, ∠ACD＝$c°$ とする。
A′D∥BC より, ∠BCA′＝∠DA′C＝∠DAC＝$b°$ ∠A′CD＝∠ACD＝$c°$
よって, ∠BCD＝∠BCA′＋∠A′CD＝$b°$＋$c°$
△ADC で, ∠BDC＝∠DAC＋∠ACD＝$b°$＋$c°$
ゆえに, △BCD は BC＝BD の二等辺三角形であるから,

$$∠BDC＝\frac{1}{2}(180°－a°)$$ A′D∥BC より, ∠A′DE＝∠EBC＝$a°$

ゆえに, ∠A′DC＝∠A′DE＋∠BDC
(2) A′D∥BC より, A′D：CB＝DE：BE
DE＝$x$cm とすると, A′D＝AD＝AB－DB＝AB－BC＝6 より,
6：4＝x：(4－x)

〔参考〕 (1) A′D∥BC より, ∠A′DB＝∠EBC＝$a°$ であるから,
∠ADC＋∠A′DC＝180°＋$a°$ △ADC≡△A′DC より, ∠ADC＝∠A′DC
から求めてもよい。

p.123 **10.** 〔答〕 (1) $\frac{5}{6}$ (2) $\frac{4}{11}$

〔解説〕 点 D を通り線分 BF に平行な直線と, 辺 AC との交点を G とする。
(1) △BCF で, BF∥DG より,
FG：GC＝BD：DC＝3：2

よって, GC＝$\frac{2}{3}$FG ……①

△ADG で, EF∥DG より,
AF：FG＝AE：ED＝2：1
よって, AF＝2FG ……②

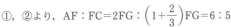

①, ②より, AF：FC＝2FG：$\left(1+\frac{2}{3}\right)$FG＝6：5

ゆえに, $\frac{FC}{AF}＝\frac{5}{6}$

(2) △BCF で, BF∥DG より, DG：BF＝CD：CB＝2：5

よって, BF＝$\frac{5}{2}$DG ……③

△ADG で, EF∥DG より, EF：DG＝AE：AD＝2：3

よって, EF＝$\frac{2}{3}$DG ……④

③, ④より, BE：EF＝$\left(\frac{5}{2}－\frac{2}{3}\right)$DG：$\frac{2}{3}$DG＝11：4

ゆえに, $\frac{EF}{BE}＝\frac{4}{11}$

（別解）頂点 A を通り辺 BC に平行な直線と，
線分 BF の延長との交点を H とする。

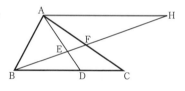

(1) AH∥BD より，

AH：DB＝AE：DE＝2：1

よって，AH＝2BD

BD：DC＝3：2 より，$BD=\dfrac{3}{5}BC$

よって，$AF:CF=AH:CB=2\times\dfrac{3}{5}BC:BC=6:5$　　ゆえに，$\dfrac{FC}{AF}=\dfrac{5}{6}$

(2) AH∥BD より，BE：HE＝DE：AE＝1：2　　よって，$BE=\dfrac{1}{2}HE=\dfrac{1}{3}BH$

AH∥BC より，BF：HF＝CF：AF＝5：6　　ゆえに，$BF=\dfrac{5}{6}HF=\dfrac{5}{11}BH$

よって，$BE:EF=\dfrac{1}{3}BH:\left(\dfrac{5}{11}-\dfrac{1}{3}\right)BH=11:4$　　ゆえに，$\dfrac{EF}{BE}=\dfrac{4}{11}$

11. （答）2cm

（解説）点 D を通り線分 BE，CF に平行な直線と，辺 AC，AB との交点をそれぞ
れ G，H とする。

△CEB で，GD∥EB より，CG：GE＝CD：DB＝1：1

よって，$EG=GC=\dfrac{1}{2}EC$

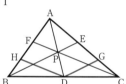

AE：EC＝2：3 より，$AE=\dfrac{2}{3}EC$

ゆえに，$AE:EG=\dfrac{2}{3}EC:\dfrac{1}{2}EC=4:3$

△ADG で，PE∥DG より，AP：PD＝AE：EG＝4：3

△AHD で，FP∥HD より，AF：FH＝AP：PD

よって，AF：FH＝4：3 より，$AF=\dfrac{4}{3}FH$

△BCF で，DH∥CF より，FH：HB＝CD：DB＝1：1　　よって，HB＝FH

ゆえに，$AF:FB=\dfrac{4}{3}FH:(1+1)FH=2:3$ であるから，

$AF=\dfrac{2}{2+3}AB=\dfrac{2}{5}\times5=2$

（別解）頂点 A を通り辺 BC に平行な直線と，線分 BE の延長，CF の延長との交
点をそれぞれ I，J とする。

AI∥BD より，AI：DB＝AP：DP

AJ∥CD より，AJ：DC＝AP：DP

よって，AI：DB＝AJ：DC

DB＝DC より，AI＝AJ ……①

AI∥BC，AE：EC＝2：3 より，

AI：CB＝2：3 ……②

①，②より，AJ：BC＝2：3　　AJ∥CB より，AF：BF＝AJ：BC＝2：3

ゆえに，$AF=\dfrac{2}{2+3}AB=\dfrac{2}{5}\times5=2$

p.124 **12.** (答) (1) 2:1 (2) 1:6 (3) 35:9

(解説) メネラウスの定理 $\dfrac{BP}{PC}\cdot\dfrac{CQ}{QA}\cdot\dfrac{AR}{RB}=1$ を利用する。

(1) △ABC と直線 RPQ において，$\dfrac{3}{2}\times\dfrac{1}{3}\times\dfrac{AR}{RB}=1$ より，$\dfrac{AR}{RB}=2$

(2) △ABC と直線 PRQ において，$\dfrac{3}{1}\times\dfrac{2}{1}\times\dfrac{AR}{RB}=1$ より，$\dfrac{AR}{RB}=\dfrac{1}{6}$

(3) △ABC と直線 PRQ において，$\dfrac{3}{7}\times\dfrac{3}{5}\times\dfrac{AR}{RB}=1$ より，$\dfrac{AR}{RB}=\dfrac{35}{9}$

p.125 **13.** (答) $BF=\dfrac{10}{3}$ cm，$\dfrac{FE}{DF}=1$

(解説) △ABC と直線 DFE において，メネラウスの定理より，$\dfrac{BF}{FC}\cdot\dfrac{CE}{EA}\cdot\dfrac{AD}{DB}=1$

$\dfrac{BF}{FC}\times\dfrac{3}{6}\times\dfrac{8}{2}=1$ $\dfrac{BF}{FC}=\dfrac{1}{2}$

ゆえに，$BF=\dfrac{1}{3}BC=\dfrac{10}{3}$

△ADE と直線 BFC において，メネラウスの定理より，$\dfrac{DF}{FE}\cdot\dfrac{EC}{CA}\cdot\dfrac{AB}{BD}=1$

$\dfrac{DF}{FE}\times\dfrac{3}{9}\times\dfrac{6}{2}=1$ $\dfrac{DF}{FE}=1$

ゆえに，$\dfrac{FE}{DF}=1$

14. (答) (1) 6:1 (2) 1:1

(解説) (1) △ABC と直線 FED において，メネラウスの定理より，

$\dfrac{BF}{FC}\cdot\dfrac{CE}{EA}\cdot\dfrac{AD}{DB}=1$ すなわち，$\dfrac{BF}{FC}\cdot\dfrac{AD}{AE}\cdot\dfrac{CE}{BD}=1$

$\dfrac{AD}{AE}=\dfrac{1}{3}$，$\dfrac{CE}{BD}=\dfrac{1}{2}$ より，$\dfrac{BF}{FC}\times\dfrac{1}{3}\times\dfrac{1}{2}=1$ $\dfrac{BF}{FC}=6$

(2) $AD=x$，$CE=y$ とする。

$AD:AE=1:3$ より，$AE=3AD=3x$ ……①

$BD:CE=2:1$ より，$BD=2CE=2y$ ……②

$AB=AC$ と①，②より，$x+2y=3x+y$ $y=2x$

よって，$AD:DB=x:2y=x:4x=1:4$

ゆえに，$\dfrac{DA}{AB}=\dfrac{1}{5}$ ……③

(1)より，$\dfrac{BC}{CF}=5$ ……④

△DBF と直線 CEA において，メネラウスの定理より，

$\dfrac{BC}{CF}\cdot\dfrac{FE}{ED}\cdot\dfrac{DA}{AB}=1$ ……⑤

③，④，⑤より，$5\times\dfrac{FE}{ED}\times\dfrac{1}{5}=1$ $\dfrac{FE}{ED}=1$

p.126 **15.** （答） (1) $3:4$　(2) $15:14$　(3) $10:3$

（解説）△ABC で，チェバの定理 $\dfrac{\mathrm{BP}}{\mathrm{PC}}\cdot\dfrac{\mathrm{CQ}}{\mathrm{QA}}\cdot\dfrac{\mathrm{AR}}{\mathrm{RB}}=1$ を利用する。

(1) $\dfrac{\mathrm{CQ}}{\mathrm{QA}}=\dfrac{2}{3}$, $\dfrac{\mathrm{AR}}{\mathrm{RB}}=\dfrac{2}{1}$ より，$\dfrac{\mathrm{BP}}{\mathrm{PC}}\times\dfrac{2}{3}\times\dfrac{2}{1}=1$　$\dfrac{\mathrm{BP}}{\mathrm{PC}}=\dfrac{3}{4}$

(2) $\dfrac{\mathrm{CQ}}{\mathrm{QA}}=\dfrac{2}{5}$, $\dfrac{\mathrm{AR}}{\mathrm{RB}}=\dfrac{7}{3}$ より，$\dfrac{\mathrm{BP}}{\mathrm{PC}}\times\dfrac{2}{5}\times\dfrac{7}{3}=1$　$\dfrac{\mathrm{BP}}{\mathrm{PC}}=\dfrac{15}{14}$

(3) $\dfrac{\mathrm{CQ}}{\mathrm{QA}}=\dfrac{1}{2}$, $\dfrac{\mathrm{AR}}{\mathrm{RB}}=\dfrac{3}{5}$ より，$\dfrac{\mathrm{BP}}{\mathrm{PC}}\times\dfrac{1}{2}\times\dfrac{3}{5}=1$　$\dfrac{\mathrm{BP}}{\mathrm{PC}}=\dfrac{10}{3}$

16. （答） (1) △ABC で，チェバの定理より，$\dfrac{\mathrm{BD}}{\mathrm{DC}}\cdot\dfrac{\mathrm{CE}}{\mathrm{EA}}\cdot\dfrac{\mathrm{AF}}{\mathrm{FB}}=1$

$\dfrac{\mathrm{BD}}{\mathrm{DC}}=\dfrac{1}{1}$ より，$\dfrac{1}{1}\times\dfrac{\mathrm{CE}}{\mathrm{EA}}\times\dfrac{\mathrm{AF}}{\mathrm{FB}}=1$　$\dfrac{\mathrm{AF}}{\mathrm{FB}}=\dfrac{\mathrm{EA}}{\mathrm{CE}}$

よって，AF：FB＝AE：EC　　ゆえに，FE∥BC

(2) $5:4$

（解説）(2) △ABD と直線 FPC において，メネラウスの定理より，

$\dfrac{\mathrm{BC}}{\mathrm{CD}}\cdot\dfrac{\mathrm{DP}}{\mathrm{PA}}\cdot\dfrac{\mathrm{AF}}{\mathrm{FB}}=1$　$\dfrac{\mathrm{BC}}{\mathrm{CD}}=\dfrac{2}{1}$, $\dfrac{\mathrm{DP}}{\mathrm{PA}}=\dfrac{2}{5}$ より，$\dfrac{2}{1}\times\dfrac{2}{5}\times\dfrac{\mathrm{AF}}{\mathrm{FB}}=1$　$\dfrac{\mathrm{AF}}{\mathrm{FB}}=\dfrac{5}{4}$

(1)より，AQ：QD＝AF：FB＝5：4

p.127 **17.** （答） (1) $x=3$, $y=3.2$　(2) $x=\dfrac{9}{2}$, $y=\dfrac{12}{5}$

18. （答） ① 点 A を通り線分 AB と重ならない半直線をひく。
この半直線上に $\mathrm{AQ}_1=\mathrm{Q}_1\mathrm{Q}_2=\mathrm{Q}_2\mathrm{Q}_3=\mathrm{Q}_3\mathrm{Q}_4=\mathrm{Q}_4\mathrm{Q}_5$ となる点 Q_1, Q_2, Q_3, Q_4, Q_5 を順にとる。
② 点 Q_5 と B を結ぶ。
③ 点 Q_1, Q_2, Q_3, Q_4 を通り線分 Q_5B に平行な直線をひき，線分 AB との交点をそれぞれ P_1, P_2, P_3, P_4 とする。
P_1, P_2, P_3, P_4 が線分 AB を 5 等分する点である。

p.128 **19.** （答） (1) $x=6$, $y=\dfrac{11}{3}$　(2) $x=\dfrac{9}{2}$, $y=\dfrac{14}{3}$　(3) $x=\dfrac{10}{3}$, $y=\dfrac{15}{2}$

（解説）(1) AD∥EF∥BC より，AE：DF＝EB：FC　　$4:3=8:x$
対角線 AC と線分 EF との交点を G とする。

△ABC で，EG∥BC より，EG：BC＝AE：AB　　EG：7＝1：3　　$\mathrm{EG}=\dfrac{7}{3}$

△CDA で，GF∥AD より，GF：AD＝CF：CD　　GF：2＝2：3　　$\mathrm{GF}=\dfrac{4}{3}$

(2) △BDA で，EQ∥AD より，EQ：AD＝BE：BA　　$2:x=4:9$
△ABC で，ER∥BC より，ER：BC＝AE：AB　　$(2+y):12=5:9$

(3) AD∥BC より，AG：CG＝AD：CB＝3：5
△ABC で，EG∥BC より，AE：EB＝AG：GC　　$2:x=3:5$

また，EG：BC＝AG：AC　　EG：10＝3：8　　$\mathrm{EG}=\dfrac{15}{4}$

△CDA で，GF∥AD より，GF：AD＝CG：CA　　GF：6＝5：8　　$\mathrm{GF}=\dfrac{15}{4}$

p.129 **20.** （答） (1) △BDA で，AD∥EO より，EO：AD＝BE：BA ……①
△CDA で，AD∥OF より，OF：AD＝CO：CA ……②
△ABC で，EO∥BC より，BE：BA＝CO：CA ……③

①，②，③より，OE＝OF　　また，①より，$\dfrac{x}{a}=\dfrac{\text{EB}}{\text{AB}}$ ……④

△ABC で，EO∥BC より，EO：BC＝AE：AB　$\dfrac{x}{b}=\dfrac{\text{AE}}{\text{AB}}$ ……⑤

④，⑤より，$\dfrac{x}{a}+\dfrac{x}{b}=\dfrac{\text{EB}}{\text{AB}}+\dfrac{\text{AE}}{\text{AB}}=\dfrac{\text{AB}}{\text{AB}}=1$

両辺を x で割ると，$\dfrac{1}{x}=\dfrac{1}{a}+\dfrac{1}{b}$

(2) $\dfrac{na+mb}{m+n}$

（解説）(2) 対角線 AC と線分 EF との交点を G とする。

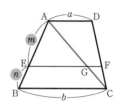

△ABC で，EG∥BC より，EG：BC＝AE：AB

EG：$b=m$：$(m+n)$　　ゆえに，EG$=\dfrac{mb}{m+n}$

同様に，△CDA で，GF∥AD より，

CG：GA＝n：m であるから，GF$=\dfrac{na}{m+n}$

（別解）(2) 頂点 D を通り線分 AB に平行な直線と，線分 EF，辺 BC との交点をそれぞれ H，I とする。
EH＝BI＝AD＝a
△DIC で，HF∥IC より，HF：IC＝DF：DC
よって，HF：IC＝m：$(m+n)$

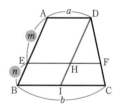

ゆえに，HF$=\dfrac{m}{m+n}\text{IC}=\dfrac{m(b-a)}{m+n}$

EF＝EH＋HF$=a+\dfrac{m(b-a)}{m+n}=\dfrac{a(m+n)+m(b-a)}{m+n}$

21. （答） (1) 5：3　(2) 5cm

（解説）(1) 頂点 A を通り辺 DC に平行な直線と，線分 PQ，辺 BC との交点をそれぞれ G，H とする。
GQ＝HC＝AD＝10

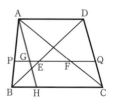

△ABH で，PG∥BH より，AP：AB＝PG：BH
よって，AP：AB＝$(12.5-10)$：$(14-10)$＝5：8
(2) △BDA で，PE∥AD より，PE：AD＝3：8

PE$=\dfrac{3}{8}$AD$=\dfrac{15}{4}$

△CDA で，FQ∥AD より，FQ：AD＝3：8　　FQ$=\dfrac{3}{8}$AD$=\dfrac{15}{4}$

ゆえに，EF＝PQ－PE－FQ

（参考）(1) 演習問題 20 (2)を利用して，

$12.5=\dfrac{10\text{PB}+14\text{AP}}{\text{AP}+\text{PB}}$ より，1.5AP＝2.5PB から求めてもよい。

22. （答）(1)① 点 A を通り線分 AB と重ならない
半直線をひく。
この半直線上に AP$_1$＝P$_1$P$_2$＝P$_2$P$_3$＝P$_3$P$_4$＝P$_4$P$_5$
となる点 P$_1$，P$_2$，P$_3$，P$_4$，P$_5$ を順にとる。
② 点 P$_5$ と B を結ぶ。
③ 点 P$_3$ を通り線分 P$_5$B に平行な直線と，線
分 AB との交点が P である。
(2)① 点 A を通り線分 AB と重ならない半直
線をひく。
この半直線上に AQ$_1$＝Q$_1$Q$_2$＝Q$_2$Q$_3$ となる点
Q$_1$，Q$_2$，Q$_3$ を順にとる。
② 点 Q$_2$ と B を結ぶ。
③ 点 Q$_3$ を通り線分 Q$_2$B に平行な直線と，線
分 AB の延長との交点が Q である。

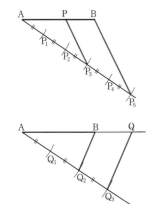

23. （答）(1) 4cm (2) 3$\sqrt{2}$ cm

（解説）(1) 対角線 AC と BD との交点を E とする。
△BDA で，AD∥PE より，AP：PB＝DE：EB
AD∥BC より，ED：EB＝AD：CB＝1：2
よって，AP：PB＝1：2
△ABC で，PE∥BC より，PE：BC＝AP：AB＝1：3
よって，PE＝$\dfrac{1}{3}$BC＝2
△DBC で，EQ∥BC より，EQ：BC＝DE：DB＝1：3
よって，EQ＝$\dfrac{1}{3}$BC＝2　ゆえに，PQ＝PE＋EQ＝4

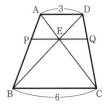

(2) AD∥PQ∥BC より，AP：DQ＝PB：QC
すなわち，AP：PB＝DQ：QC
AP：PB＝1：x とすると，
台形 APQD∽台形 PBCQ（仮定）であるから，
AP：PB＝AD：PQ　　1：x＝3：PQ　　PQ＝3x
また，AD：PQ＝PQ：BC　　よって，3：3x＝3x：6
9x^2＝18　　x^2＝2　　$x>0$ より，x＝$\sqrt{2}$
ゆえに，PQ＝3$\sqrt{2}$

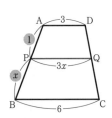

（参考）(1) 演習問題 20 (2)を利用して，AP：PB＝1：2 より，PQ＝$\dfrac{2AD+BC}{1+2}$
から求めてもよい。

（注）(2) 台形 APQD∽台形 PBCQ より，対応する 2 組の辺の比だけを使って，
AD：PQ＝PQ：BC　　3：PQ＝PQ：6　　PQ^2＝18　　ゆえに，PQ＝3$\sqrt{2}$
と求めることもできるが，四角形の相似とは，「4 組の対応する角の大きさがそ
れぞれ等しく，4 組の対応する辺の長さの比がすべて等しい」であるから，残り
の 2 組の対応する辺の長さの比も等しいかどうか調べる必要がある。
したがって，この場合には，AP：PB＝DQ：QC＝AD：PQ を示す必要がある。

p.130 **24.** （答）(1) x＝4 (2) x＝9

p.131 **25.** (**答**) 15cm²

(**解説**) △ABD で，AP＝PB，AS＝SD であるから，中点連結定理より，

PS∥BD，$PS=\dfrac{1}{2}BD=5$

△BCA，△CDB，△DAC についても同様に，

PQ∥AC，$PQ=\dfrac{1}{2}AC=3$　　　QR∥BD，$QR=\dfrac{1}{2}BD=5$

SR∥AC，$SR=\dfrac{1}{2}AC=3$

AC⊥BD より，四角形 PQRS は長方形である。

26. (**答**) 6cm

(**解説**) AD∥BC より，∠DAE＝∠AEB（錯角）　　また，∠BAE＝∠DAE
よって，∠BAE＝∠AEB
ゆえに，△BAE は BA＝BE の二等辺三角形である。
EC＝BC－BE＝9－6＝3
台形 AECD で，AD∥EC，AF＝FE，DG＝GC より，

$FG=\dfrac{1}{2}(AD+EC)$

27. (**答**) つねに成り立つとは限らない。

（反例）右の図で，辺 AC の中点を E′ とする。
D を中心とし，半径 DE′ の円をかき，辺 AC との交点を
E とする。

$DE=\dfrac{1}{2}BC$ であるが，E は辺 AC の中点ではない。

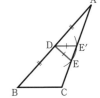

p.132 **28.** (**答**) (1) $x＝2$　(2) $x＝23$　(3) $x＝17$

(**解説**) (1) △AEC で，AD＝DE，AF＝FC であるから，

中点連結定理より，DF∥EC，$DF=\dfrac{1}{2}EC$　　ゆえに，EC＝2x

△BFD で，BE＝ED，EG∥DF であるから，中点連結定理の逆より，BG＝GF

よって，$EG=\dfrac{1}{2}DF=\dfrac{1}{2}x$　　EC＝EG＋GC　　ゆえに，$2x=\dfrac{1}{2}x+3$

(2) △ABC で，AE＝EC，BD＝DC であるから，中点連結定理より，AB∥FD
よって，∠ABF＝$x°$　　ゆえに，△ABC で，85＋x＋40＋32＝180

(3) ▱ABCD の対角線 AC，BD の交点を O と
し，O から直線 ℓ に垂線 OO′ をひく。
台形 AA′C′C で，AO＝OC，AA′∥CC′ であ
るから，AA′＋CC′＝2OO′
同様に，台形 BB′D′D で，BB′＋DD′＝2OO′
よって，x＋4＝9＋12

(**参考**) (1) △AEC と直線 BGF において，メネラ
ウスの定理を使って，EG：GC を求めてもよい。

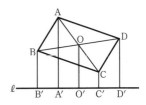

29. **答** (1) $\dfrac{3}{2}$ cm (2) $108°$

解説 (1) $\triangle ABD$ で，$AL=LB$，$AM=MD$ であるから，中点連結定理より，

$LM /\!/ BD$ ……①，$LM=\dfrac{1}{2}BD$ ……②

(2) $\triangle DAC$ で，$DM=MA$，$DN=NC$ であるから，中点連結定理より，

$MN /\!/ AC$ ……③，$MN=\dfrac{1}{2}AC$ ……④　　②，④と $AC=BD$ より，$MN=LM$

よって，$\angle MNL=\angle MLN=\angle BQL=36°$

また，①，③より，$\angle LMN=\angle APD$　　ゆえに，$\angle APD=180°-36°×2$

30. **答** (1) $2:1$ (2) $3:1$

解説 線分 BF の中点を G とする。

$\triangle BFA$ で，$BG=GF$，$BD=DA$ であるから，中点連

結定理より，$DG /\!/ AF$ ……①，$DG=\dfrac{1}{2}AF$ ……②

$\triangle CDG$ で，$CE=ED$，①より $EF /\!/ DG$ であるから，

中点連結定理の逆より，$CF=FG$ ……③

よって，$EF=\dfrac{1}{2}DG$ ……④

(1) $BG=GF$ と③より，$BF:FC=2GF:GF$

(2) ②より，$AF=2DG$ ……⑤　　④，⑤より，$AE:EF=\left(2-\dfrac{1}{2}\right)DG:\dfrac{1}{2}DG$

参考 (1) $\triangle DBC$ と直線 AEF において，メネラウスの定理を使って，$BF:FC$
を求めてもよい。
(2) $\triangle ABF$ と直線 CED において，メネラウスの定理を使って，$AE:EF$ を求め
てもよい。

p.133 **31.** **答** (1) 右の図のひし形 ABCD で，4辺 AB，BC，
CD，DA の中点をそれぞれ E，F，G，H とする。
$\triangle ABD$ で，$AE=EB$，$AH=HD$ であるから，

中点連結定理より，$EH /\!/ BD$，$EH=\dfrac{1}{2}BD$

$\triangle BCA$，$\triangle CDB$，$\triangle DAC$ についても同様に，

$EF /\!/ AC$，$EF=\dfrac{1}{2}AC$　　$FG /\!/ BD$，$FG=\dfrac{1}{2}BD$

$HG /\!/ AC$，$HG=\dfrac{1}{2}AC$

さらに，四角形 ABCD はひし形であるから，$AC \perp BD$
ゆえに，4つの内角が直角になるから，
四角形 EFGH は長方形である。
また，$EH+EF+FG+HG=2EH+2EF=BD+AC$

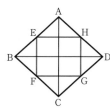

(2) 右の図の $AD /\!/ BC$ の等脚台形 ABCD で，4辺 AB，
BC，CD，DA の中点をそれぞれ E，F，G，H とする。
$\triangle ABD$ で，$AE=EB$，$AH=HD$ であるから，

中点連結定理より，$EH=\dfrac{1}{2}BD$

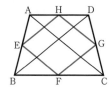

△BCA, △CDB, △DAC についても同様に,

$EF=\dfrac{1}{2}AC$, $FG=\dfrac{1}{2}BD$, $HG=\dfrac{1}{2}AC$

さらに, 四角形 ABCD は等脚台形であるから, AC=BD

よって, EF=FG=GH=HE

ゆえに, 四角形 EFGH はひし形である。

32. (答) 線分 AE と辺 BC, 線分 BF と辺 AD との交点をそれぞれ G, H とする。

△EDA で, EC=CD, GC∥AD であるから,

中点連結定理の逆より, EG=GA

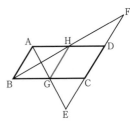

よって, $GC=\dfrac{1}{2}AD=\dfrac{1}{2}BC$

同様に, △FBC で, $HD=\dfrac{1}{2}BC=\dfrac{1}{2}AD$

よって, G, H はそれぞれ辺 BC, AD の中点
であり, AD=2AB (仮定) より,

AB=BG=AH

ゆえに, 四角形 ABGH はひし形で, 対角線

AG, BH は直交するから, AE⊥BF

p.134 **33.** (答) (1) △ABC で, AP=PB, AQ=QC であるから,

中点連結定理より, PQ∥BC

同様に, △CDA で, QR∥AD

AD∥BC より, 線分 PQ, QR はどちらも点 Q を通り, 辺 AD に平行である。

ゆえに, 3点 P, Q, R は一直線上にある。

(2) 辺 AB, DC の中点をそれぞれ E, F とする。

(1)より, 3点 E, M, F と 3点 E, N, F はそれぞれ一直線上にあるから, 2点
M, N は線分 EF 上にある。

また, EF∥BC

よって, MN∥BC

$EN=\dfrac{1}{2}BC$, $EM=\dfrac{1}{2}AD$ であるから, $MN=EN-EM=\dfrac{1}{2}(BC-AD)$

34. (答) 対角線 AC の中点を G とする。

△ABC で, AE=EB, AG=GC であるから, 中点連

結定理より, EG∥BC ……①, $EG=\dfrac{1}{2}BC$ ……②

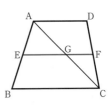

同様に, △CDA で,

GF∥AD ……③, $GF=\dfrac{1}{2}AD$ ……④

②, ④より, $EG+GF=\dfrac{1}{2}(BC+AD)$

$EF=\dfrac{1}{2}(AD+BC)$ (仮定) より, EG+GF=EF

よって, 点 G は線分 EF 上にある。

このとき, ①, ③より, EF∥BC, EF∥AD

ゆえに, AD∥BC

35. 答 $\dfrac{1}{2}(b+c-a)$

(解説) 線分 AP，AQ の延長と辺 BC との交点
をそれぞれ D，E とする。
△ABP と △DBP において，
BP は共通　∠ABP＝∠DBP（仮定）
∠APB＝∠DPB（＝90°）
よって，△ABP≡△DBP（2角夾辺）より，
AP＝DP ……①，AB＝DB ……②
同様に，△ACQ≡△ECQ（2角夾辺）より，
AQ＝EQ ……③，AC＝EC ……④

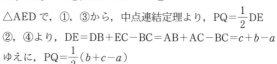

△AED で，①，③から，中点連結定理より，PQ＝$\dfrac{1}{2}$DE

②，④より，DE＝DB＋EC－BC＝AB＋AC－BC＝c＋b－a

ゆえに，PQ＝$\dfrac{1}{2}(b+c-a)$

36. 答 (1) 8π cm　(2) 16π cm²

(解説) 線分 AB の中点を O とすると，O は定点である。
(1) △BAP で，BO＝OA，BM＝MP である

から，中点連結定理より，OM＝$\dfrac{1}{2}$AP

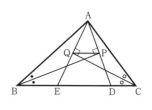

AP＝8 より，OM＝4（一定）
よって，点 P が円 A の周上を1周すると，
点 M は O を中心とする半径 4cm の円周上を
動く。
ゆえに，求める長さは，$2\pi\times4=8\pi$
(2) △PBQ で，PM＝MB，PN＝NQ である

から，中点連結定理より，MN＝$\dfrac{1}{2}$BQ

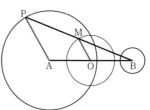

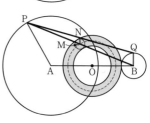

BQ＝2 より，MN＝1（一定）
よって，点 Q が円 B の周上を1周すると，
点 N は M を中心とする半径 1cm の円周上
を動く。
(1)より，点 M は O を中心とする半径 4cm の
円周上を動くから，点 N が通過してできる
図形は，O を中心とする半径 5cm，3cm の 2 つの円周にはさまれた部分である。
ゆえに，求める面積は，$\pi\times5^2-\pi\times3^2=16\pi$

p.136 **37.** 答 (1) 3:2　(2) 1:3　(3) 1:5

(解説) (1) △ABE:△AED＝BE:ED　　(2) △AED:△AEC＝AD:AC

(3) △ABE＝$\dfrac{3}{5}$△ABD，△ABD＝$\dfrac{1}{3}$△ABC　　ゆえに，△ABE＝$\dfrac{3}{5}\times\dfrac{1}{3}$△ABC

38. 答 (1) 周の比 2:3，面積の比 4:9　(2) 150 cm²

39. 答 (1) 表面積 4倍，体積 8倍　(2) 675 cm³

p.137 **40.** 答 (1) 8:3　(2) 3:1　(3) 5:9

(解説) △ABC:△ADE＝AB・AC:AD・AE

41. (答) (1) $3:10$ (2) $11:40$

(解説) (1) $\triangle APR$ と $\triangle ABC$ において，$\angle A$ は共通であるから，

$\triangle APR:\triangle ABC=AP\cdot AR:AB\cdot AC$

(2) (1)より，$\triangle APR=\dfrac{3}{10}\triangle ABC$

$\triangle BQP$ と $\triangle BCA$ において，$\angle B$ は共通であるから，

$\triangle BQP:\triangle BCA=BP\cdot BQ:BA\cdot BC=1:8$ より，$\triangle BQP=\dfrac{1}{8}\triangle ABC$

同様に，$\triangle CRQ=\dfrac{3}{10}\triangle ABC$

ゆえに，$\triangle PQR=\left(1-\dfrac{3}{10}\times2-\dfrac{1}{8}\right)\triangle ABC$

42. (答) (1) $1:3$ (2) $1:7$

(解説) (1) $AF:FB=1:x$ とする。

$\triangle ABC$ と $\triangle FBE$ において，$\angle B$ は共通であり，

$BC:BE=3:2$，$BA:BF=(x+1):x$ であるから，

$\triangle ABC:\triangle FBE=BC\cdot BA:BE\cdot BF=3(x+1):2x=2:1$

よって，$4x=3(x+1)$

(2) $\triangle GDC=\dfrac{1}{2}\triangle ABC$ より，

(1)と同様に，$AG:GC=1:3$

$AF:FB=AG:GC$ より，$FG\,/\!/\,BC$　　$FG:BC=AF:AB=1:4$

$FH:EH=FG:ED=\dfrac{1}{4}BC:\dfrac{1}{3}BC=3:4$

よって，$\triangle HDE:\triangle FBE=ED\cdot EH:EB\cdot EF=1\times4:2\times7=2:7$

$\triangle FBE=\dfrac{1}{2}\triangle ABC$ より，$\triangle HDE:\dfrac{1}{2}\triangle ABC=2:7$

p.138 **43.** (答) (1) $4:5$ (2) $7:3:5$ (3) $2:5$

(解説) (1) $\triangle AFD:\triangle CFD=AE:CE$

(2) $\triangle DAC:\triangle FAC:\triangle BCA=DE:FE:BE$

(3) $\triangle AFD:\triangle ABF=DF:FB=1:2$ より，$\triangle AFD=\dfrac{1}{2}\triangle ABF$

$\triangle ABF:\triangle CBF=AE:CE=4:5$ より，$\triangle CBF=\dfrac{5}{4}\triangle ABF$

44. (答) $\dfrac{\triangle OAB}{\triangle OCA}=\dfrac{BP}{PC}$　　$\dfrac{\triangle OBC}{\triangle OAB}=\dfrac{CQ}{QA}$　　$\dfrac{\triangle OCA}{\triangle OBC}=\dfrac{AR}{RB}$

ゆえに，$\dfrac{BP}{PC}\cdot\dfrac{CQ}{QA}\cdot\dfrac{AR}{RB}=\dfrac{\triangle OAB}{\triangle OCA}\cdot\dfrac{\triangle OBC}{\triangle OAB}\cdot\dfrac{\triangle OCA}{\triangle OBC}=1$

p.139 **45.** (答) (1) $\dfrac{8}{5}h\,\mathrm{cm}$ (2) $\dfrac{125}{512}V\,\mathrm{cm}^3$

(解説) (1) 底面積の比は $50\pi:128\pi=25:64=5^2:8^2$ であるから，

相似比は $5:8$

(2) 体積の比は $5^3:8^3$

46. （答） (1) 側面積の比 9:16，体積の比 27:98 (2) 18:175

（解説）(1) 三角すい O-DEF と三角すい O-ABC は相似で，相似比は 3:5 であるから，側面積の比は $3^2:5^2$，体積の比は $3^3:5^3$

(2) 三角すい O-DEG と三角すい O-DEF で，底面をそれぞれ △OEG，△OEF とすると，頂点 D からの高さが等しいから，

体積の比は，$△OEG:△OEF=OG:OF=\dfrac{2}{7}OC:\dfrac{3}{5}OC=10:21$

（参考）(2) 一般に，右の図で，

$\dfrac{（三角すい\ O-PQR\ の体積）}{（三角すい\ O-ABC\ の体積）}=\dfrac{OP\cdot OQ\cdot OR}{OA\cdot OB\cdot OC}$ が成り立つ。

これを使うと，次のように求められる。

$\dfrac{（三角すい\ O-DEG\ の体積）}{（三角すい\ O-ABC\ の体積）}=\dfrac{OD\cdot OE\cdot OG}{OA\cdot OB\cdot OC}$

$=\dfrac{3\times3\times2}{5\times5\times7}=\dfrac{18}{175}$

p.141 **47.** （答） (1) 6:7 (2) 3:13

（解説）(1) 線分 AF の延長と辺 BC の延長との交点を P とする。

$BE:EC=1:2$ より，$EC=\dfrac{2}{3}BC$

AB∥FC より，$PB:PC=AB:FC=3:1$

よって，$CP=\dfrac{1}{2}BC$

AD∥EP より，$DG:EG=AD:PE=BC:EP=BC:\left(\dfrac{2}{3}+\dfrac{1}{2}\right)BC$

(2) (1)より，$△AGD:△AEG=6:7$　ゆえに，$△AGD:△AED=6:13$

$△AED:□ABCD=1:2$ より，$△AGD:□ABCD=\dfrac{6}{13}△AED:2△AED$

（参考）(1) 点 E を通り辺 AB に平行な直線と，辺 AD，線分 AF との交点をそれぞれ H，I とすると，$HI=\dfrac{1}{3}DF$ より，$HI:IE=\dfrac{1}{3}DF:\left(\dfrac{3}{2}-\dfrac{1}{3}\right)DF=2:7$

よって，$DG:EG=DF:EI$ から求めてもよい。

48. （答） (1) 21:11:24 (2) 127:560

（解説）(1) AD∥BE より，$DP:BP=AD:EB=5:3$ ……①

AB∥DF より，$BQ:DQ=AB:FD=4:3$ ……②

①，②より，$BP=\dfrac{3}{8}BD$，$BQ=\dfrac{4}{7}BD$，$QD=\dfrac{3}{7}BD$

よって，$BP:PQ:QD=\dfrac{3}{8}BD:\left(\dfrac{4}{7}-\dfrac{3}{8}\right)BD:\dfrac{3}{7}BD$

(2) △BEP と △BCD において，∠B は共通であるから，

$BP:BD=3:8$，$BE:BC=3:5$ より，

$△BEP:△BCD=BE\cdot BP:BC\cdot BD=9:40$　よって，$△BEP=\dfrac{9}{40}△BCD$

同様に，$DQ:DB=3:7$，$DF:DC=3:4$ より，

$\triangle$DQF：$\triangle$DBC＝DQ・DF：DB・DC＝9：28　　よって，$\triangle$DQF＝$\dfrac{9}{28}\triangle$DBC

$\triangle$BCD＝$\dfrac{1}{2}$□ABCD より，（五角形 PECFQ）＝$\dfrac{1}{2}\left(1-\dfrac{9}{40}-\dfrac{9}{28}\right)$□ABCD

別解 (2) $\triangle$AEC＝$\dfrac{2}{5}\triangle$ABC＝$\dfrac{2}{5}\times\dfrac{1}{2}$□ABCD＝$\dfrac{1}{5}$□ABCD

$\triangle$ACF＝$\dfrac{1}{4}\triangle$ACD＝$\dfrac{1}{4}\times\dfrac{1}{2}$□ABCD＝$\dfrac{1}{8}$□ABCD であるから，

（四角形 AECF）＝$\triangle$AEC＋$\triangle$ACF＝$\left(\dfrac{1}{5}+\dfrac{1}{8}\right)$□ABCD＝$\dfrac{13}{40}$□ABCD

また，(1)より，$\triangle$APQ＝$\dfrac{11}{21+11+24}\triangle$ABD＝$\dfrac{11}{56}\times\dfrac{1}{2}$□ABCD＝$\dfrac{11}{112}$□ABCD

よって，（五角形 PECFQ）＝$\left(\dfrac{13}{40}-\dfrac{11}{112}\right)$□ABCD

49. **答** (1) 36cm² (2) 3：7 (3) $\dfrac{112}{15}$cm²

解説 (1)（台形 ABCD）＝$\triangle$ABD＋$\triangle$DBC

＝（$\triangle$ABF＋$\triangle$AFD）＋（$\triangle$FBC＋$\triangle$DFC）

BF＝FD より，$\triangle$ABF＝$\triangle$AFD，$\triangle$FBC＝$\triangle$DFC であるから，

（四角形 AFCD）＝$\dfrac{1}{2}\times$（台形 ABCD）＝$\dfrac{1}{2}\times120＝60$

よって，$\triangle$ACD＝（四角形 AFCD）－$\triangle$AFC

(2) DE：EF＝$\triangle$ACD：$\triangle$ACF＝36：24＝3：2 ……①

AD∥BC より，AD：CB＝DE：BE＝DE：（BF＋FE）

(3) (2)より，AE：EC＝3：7　　AG＝GC であるから，AE：EG＝3：2 ……②

①，②より，FG∥AD であるから，FG∥BC

EF：FB＝2：5 より，FH：CH＝FG：CB＝EF：EB＝2：7

よって，（四角形 EFHG）＝$\triangle$EFG＋$\triangle$GFH＝$\dfrac{2}{5}\triangle$AFG＋$\dfrac{2}{9}\triangle$GFC

＝$\dfrac{2}{5}\times\dfrac{1}{2}\triangle$AFC＋$\dfrac{2}{9}\times\dfrac{1}{2}\triangle$AFC＝$\dfrac{14}{45}\triangle$AFC

50. **答** (1) 1：6 (2) 1：7 (3) 3：$\sqrt{2}$

解説 (1) 点 E を通り辺 AB に平行な直線と，線分 CD との交点を L とする。

$\triangle$CDB で，BD∥EL より，CL：LD＝2：1　　CL＝2DL ……①

EL：BD＝CE：CB＝2：3　　EL＝$\dfrac{2}{3}$BD ……②

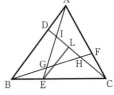

また，AD：DB＝1：2　　AD＝$\dfrac{1}{2}$BD ……③

②，③より，

AD：EL＝$\dfrac{1}{2}$BD：$\dfrac{2}{3}$BD＝3：4 ……④

よって，DA∥EL より，DI：LI＝3：4　　DI＝$\dfrac{3}{7}$DL ……⑤

①，⑤より，DI：IC＝DI：（IL＋CL）＝$\dfrac{3}{7}$DL：$\left(\dfrac{4}{7}+2\right)$DL＝1：6

(2) (1)より，$\triangle AIC=\dfrac{6}{7}\triangle ADC=\dfrac{6}{7}\times\dfrac{1}{3}\triangle ABC=\dfrac{2}{7}\triangle ABC$

同様に，$\triangle BGA=\triangle CHB=\dfrac{2}{7}\triangle ABC$

よって，$\triangle GHI=\triangle ABC-(\triangle AIC+\triangle BGA+\triangle CHB)=\left(1-\dfrac{2}{7}\times3\right)\triangle ABC$

$=\dfrac{1}{7}\triangle ABC$　　ゆえに，$\triangle GHI:\triangle ABC=1:7$

(3) (2)より，$\triangle HKJ=\dfrac{1}{3}\triangle GHI=\dfrac{1}{3}\times\dfrac{1}{7}\triangle ABC$

$=\dfrac{1}{21}\triangle ABC$

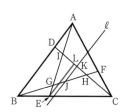

④より，$AI:EI=AD:EL=3:4$
同様に，$CH:DH=3:4$ であるから，

$\triangle HDB=\dfrac{4}{7}\triangle CDB=\dfrac{4}{7}\times\dfrac{2}{3}\triangle ABC=\dfrac{8}{21}\triangle ABC$

よって，$\triangle HKJ:\triangle HDB=\dfrac{1}{21}\triangle ABC:\dfrac{8}{21}\triangle ABC=1:8$

$\triangle HKJ\backsim\triangle HDB$（2角）より，相似比は，$HK:HD=1:2\sqrt{2}$

ゆえに，$HK=\dfrac{1}{2\sqrt{2}}HD=\dfrac{\sqrt{2}}{4}HD$

また，(1)より，$CH:HI:ID=\dfrac{3}{7}CD:\left(\dfrac{6}{7}-\dfrac{3}{7}\right)CD:\dfrac{1}{7}CD=3:3:1$ である

から，$IH:KH=\dfrac{3}{4}HD:\dfrac{\sqrt{2}}{4}HD=3:\sqrt{2}$

参考 (1) $\triangle DBC$ と直線 EIA において，メネラウスの定理を使って，$DI:IC$ を
求めてもよい。

p.143 **51.** **答** (1) $x=3$　(2) $x=6$　(3) $x=3$
52. **答** (1) 9cm　(2) 3:2
解説 (1) $AB:AC=BD:DC=3:4$ より，$AB:12=3:4$
(2) $BD:DC=3:4$ より，$BD=6$
53. **答** 12cm
解説 $BP:PC=AB:AC=3:2$ より，$PC=2$
$BQ:QC=AB:AC=3:2$ より，$QC=10$
p.144 **54.** **答** (1) BD は ∠B の二等分線であるから，$AD:DC=BA:BC$
CE は ∠C の二等分線であるから，$AE:EB=CA:CB$
ED // BC (仮定) より，$AD:DC=AE:EB$
ゆえに，$BA:BC=CA:CB$　　よって，$AB=AC$
ゆえに，$\triangle ABC$ は二等辺三角形である。
(2) 線分 BD と CE との交点を F とする。
BF は ∠B の二等分線であるから，$EF:FC=BE:BC$
CF は ∠C の二等分線であるから，$DF:FB=CD:BC$
$EB=DC$ (仮定) より，$EF:FC=DF:FB$　　よって，$ED // BC$
ゆえに，(1)より，$\triangle ABC$ は二等辺三角形である。

(別解) (2) BD は ∠B の二等分線であるから，AD：DC＝BA：BC
すなわち，AD：BA＝DC：BC ……①
CE は ∠C の二等分線であるから，AE：EB＝CA：CB
すなわち，AE：CA＝EB：CB ……②
EB＝DC（仮定）と①，②より，AD：AB＝AE：AC ……③
△ABD と △ACE において，
∠BAD＝∠CAE（共通） ③より，AD：AE＝AB：AC
ゆえに，△ABD∽△ACE（2辺の比と間の角）
よって，∠ABD＝∠ACE
ゆえに，∠ABC＝∠ACB であるから，△ABC は二等辺三角形である。

55. (答) $\dfrac{18}{5}$ cm

(解説) △ABC∽△BDC（2角）より，AC：BC＝BC：DC＝AB：BD

$15：9＝9：DC＝AB：BD$ よって，$DC＝\dfrac{27}{5}$

AB：BD＝5：3 ……① $AD＝15－DC＝\dfrac{48}{5}$ ⎫
また，BE は ∠ABD の二等分線であるから， ⎪
AE：ED＝BA：BD ……② ⎬ (＊)
①，②より，AE：ED＝5：3 ⎪
ゆえに，$DE＝\dfrac{3}{8}AD$ ⎭

(別解) (＊)部分は次のように求めてもよい。
△BCE で，∠BAC＝∠CBD，∠ABE＝∠EBD より，∠CBE＝∠CEB
よって，△BCE は二等辺三角形であるから，EC＝BC＝9
ゆえに，DE＝EC－DC

56. (答) 10：7

(解説) AD は ∠A の外角の二等分線であるから，BD：DC＝AB：AC＝5：3
よって，BD：BC＝5：2
CE は ∠C の外角の二等分線であるから，BE：EA＝CB：CA＝7：3
ゆえに，BE：BA＝7：4
△BDA と △BCE において，∠B は共通であるから，
△BDA：△BCE＝BA・BD：BE・BC＝4×5：7×2

57. (答) 25：8：22

(解説) AD は ∠BAC の二等分線であるから，
BD：DC＝AB：AC＝10：8＝5：4 より，

$BC＝\dfrac{9}{5}BD$ ……①

頂点 A を通り辺 BC に平行な直線と，線分
BF の延長との交点を H とする。
AH∥BD より，AH：DB＝AE：DE＝3：2
よって，$AH＝\dfrac{3}{2}BD$ ……②

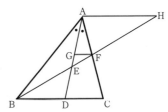

①，②より，$\text{AH}:\text{BC}=\dfrac{3}{2}\text{BD}=\dfrac{9}{5}\text{BD}=5:6$

$\text{GF}\,/\!/\,\text{DC}$ より，$\text{AG}:\text{GD}=\text{AF}:\text{FC}=\text{AH}:\text{CB}=5:6$

ゆえに，$\text{AG}:\text{GE}:\text{ED}=\dfrac{5}{11}\text{AD}:\left(\dfrac{3}{5}-\dfrac{5}{11}\right)\text{AD}:\dfrac{2}{5}\text{AD}=25:8:22$

参考 △ADC と直線 BEF において，メネラウスの定理を使って，AF：FC を求めてもよい。

参考 点 E を通り辺 BC に平行な直線と，辺 AC との交点を I とすると，

$\text{EI}=\dfrac{3}{5}\text{DC}$ より，$\text{GE}:\text{GD}=\text{FI}:\text{FC}=\text{EI}:\text{BC}=\dfrac{3}{5}\text{DC}:\dfrac{9}{4}\text{DC}=4:15$

よって，GE：ED＝4：11 から求めてもよい。

p.146 **58.** 答 (1) 1：1 (2) 1：6

解説 (1) △ABG：△ACG＝BD：CD

(2) △AFG：△ABG＝AF：AB＝1：2，△ABG：△ABC＝GF：CF＝1：3

p.148 **59.** 答 (1) $x=44$ (2) $x=20$ (3) $x=62$

p.149 **60.** 答 (1) △AIE と △AIF，△BID と △BIF，△CID と △CIE（順不同）

(2) △AOF と △BOF，△BOD と △COD，△AOE と △COE（順不同）

(3) △ADB，△CDH，△CFB（順不同）

61. 答 △ABC の重心であり，内心でもある点を P と
し，線分 AP の延長と辺 BC との交点を M とする。
P は △ABC の重心であるから，M は辺 BC の中点で
ある。
ゆえに，BM＝CM ……①
また，P は △ABC の内心でもあるから，AM は ∠A
の二等分線である。
よって，AB：AC＝BM：MC ……②
①，②より，AB＝AC
同様に，BA＝BC
ゆえに，△ABC は正三角形である。

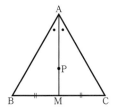

p.150 **62.** 答 ∠A の二等分線と ∠C の外角の二等分線との
交点を I_A とする。
点 I_A から辺 BC と辺 AC，AB の延長にそれぞれ垂線
$\text{I}_\text{A}\text{D}$，$\text{I}_\text{A}\text{E}$，$\text{I}_\text{A}\text{F}$ をひく。
点 I_A は ∠A の二等分線上にあるから，2 辺 AC，AB
の延長から等距離にある。
すなわち，$\text{I}_\text{A}\text{E}=\text{I}_\text{A}\text{F}$
また，点 I_A は ∠C の外角の二等分線上にもあるから，
$\text{I}_\text{A}\text{E}=\text{I}_\text{A}\text{D}$
よって，$\text{I}_\text{A}\text{F}=\text{I}_\text{A}\text{D}$
ゆえに，点 I_A は ∠B の外角の二等分線上にもあることになるから，∠A の二等
分線と ∠B，∠C の外角の二等分線は 1 点で交わる。

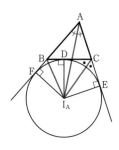

63. 答 (ア)～(エ) 重心，内心，外心，垂心（順不同） (オ) 外心 (カ) 傍心
(キ)，(ク) 外心，垂心（順不同） (ケ) 垂心 (コ) 重心

64. (答) (1) $90°+\dfrac{1}{2}a°$ (2) $2a°$ (3) $180°-a°$

(解説) (1) $\angle BPC=180°-\dfrac{1}{2}(\angle B+\angle C)=180°-\dfrac{1}{2}(180°-a°)$

(2) 線分 AP の延長と辺 BC との交点を D とする。
△ABP で，$\angle PAB+\angle PBA=\angle BPD$　　$\angle PAB=\angle PBA$
よって，$2\angle PAB=\angle BPD$
同様に，$2\angle PAC=\angle CPD$
(3) 線分 CP の延長と辺 AB との交点を E，線分 BP の延長と辺 AC との交点を F
とする。
四角形 AEPF で，$\angle PEA=\angle PFA=90°$ より，$\angle A+\angle EPF=180°$

(1)
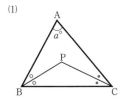
(2)
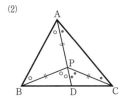
(3)
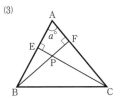

65. (答) $\dfrac{1}{2}a°$

(解説) 辺 BC の延長上に点 D をとる。

$\dfrac{1}{2}\angle B+\angle BPC=\angle PCD=\dfrac{1}{2}\angle ACD=\dfrac{1}{2}(\angle A+\angle B)$

よって，$\angle BPC=\dfrac{1}{2}\angle A$

66. (答) 線分 AD と EF との交点を H とする。
△ABC で，$AF=FB$ ……①，$AE=EC$ であるから，
中点連結定理より，

$FE /\!/ BC$ ……②，$FE=\dfrac{1}{2}BC$ ……③

△ABD で，①，②から，中点連結定理の逆より，
$AH=HD$ ……④
③と $BD=DC$，$EG=FE$ より，$EG=DC$
辺 AC と線分 DG との交点を I とする。
$EG /\!/ DC$ より，$GI:DI=EG:CD=1:1$
よって，$DI=IG$ ……⑤
④，⑤より，E は △ADG の重心である。

p.151 **67.** (答) $4:15$

(解説) $\angle BAD=\angle CAD$ より，$BD:DC=AB:AC=30:20=3:2$ であるから，

$BD=\dfrac{3}{5}BC=24$

$\angle ABI=\angle DBI$ より，$AI:ID=BA:BD=30:24=5:4$

よって，$\triangle IBD=\dfrac{4}{9}\triangle ABD=\dfrac{4}{9}\times\dfrac{3}{5}\triangle ABC$

68. **答** 線分 AG の延長と辺 BC との交点を D とし，点 A，B，C，D から直線 ℓ にひいた垂線と ℓ との交点をそれぞれ A′，B′，C′，D′ とする。

G は △ABC の重心であるから，BD＝DC ……①，AG：GD＝2：1 ……②

台形 BB′C′C で，①と BB′∥DD′∥CC′ より，

$$DD' = \frac{1}{2}(BB' + CC') = \frac{1}{2}(b+c) \quad \cdots\cdots ③$$

(1) ②と AA′∥DD′ より，

$$DD' = \frac{1}{2}AA' = \frac{1}{2}a \quad \cdots\cdots ④$$

③，④より，$a = b + c$

(2) 点 G から直線 ℓ にひいた垂線と ℓ との交点を G′ とする。

台形 AA′D′D で，②と AA′∥GG′∥DD′ より，

$$GG' = \frac{AA' + 2DD'}{2+1} \quad (\to 演習問題 20\,(2))$$

よって，$g = \dfrac{a + 2DD'}{3}$

ゆえに，$a + 2DD' = 3g$ ……⑤

③，⑤より，$a + b + c = 3g$

69. **答** △AHE と △BHD において，

∠AHE＝∠BHD（対頂角）　　∠AEH＝∠BDH（＝90°）

ゆえに，△AHE∽△BHD（2角）　　よって，AH：BH＝HE：HD

ゆえに，AH·HD＝BH·HE ……①

同様に，△AFH∽△CDH（2角）より，AH：CH＝HF：HD

ゆえに，AH·HD＝CH·HF ……②

①，②より，AH·HD＝BH·HE＝CH·HF

70. **答** (1) 線分 OC′ と辺 AB，線分 OB′ と辺 CA との交点をそれぞれ M，N とすると，点 C′，B′ は点 O と辺 AB，CA についてそれぞれ対称であるから，

OM＝MC′，OC′⊥AB，ON＝NB′，OB′⊥CA

また，O は外心であるから，AM＝MB，AN＝NC

△OB′C′，△ABC において，中点連結定理より，

B′C′＝2MN，BC＝2MN　　よって，B′C′＝BC …①

同様に，C′A′＝CA，A′B′＝AB ……②

ゆえに，△A′B′C′ と △ABC において，①，②より，△A′B′C′≡△ABC（3辺）

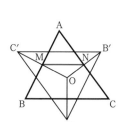

(2) B′C′∥MN，BC∥MN より，B′C′∥BC

点 A′ は点 O と辺 BC について対称であるから，OA′⊥BC

よって，OA′⊥B′C′　　同様に，OB′⊥C′A′，OC′⊥A′B′

ゆえに，O は △A′B′C′ の垂心である。

参考 (1) 右の図で，OA＝OB で，AO＝AC′，BO＝BC′ であるから，四角形 AC′BO はひし形になり，C′B＝AO，C′B∥AO　　同様に，四角形 AOCB′ もひし形になり，B′C＝AO，B′C∥AO

よって，C′B＝B′C，C′B∥B′C より，四角形 C′BCB′ は平行四辺形であることから，B′C′＝BC を示してもよい。

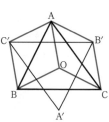

p.153 **71.** **答** (1) △ABC と △A′B′C′ において，

∠ABC＝∠A′B′C′，∠ACB＝∠A′C′B′（ともに仮定）

よって，△ABC∽△A′B′C′（2角）　ゆえに，AB：A′B′＝BC：B′C′ ……①

同様に，△DBC∽△D′B′C′（2角）より，DB：D′B′＝BC：B′C′ ……②

①，②より，AB：A′B′＝DB：D′B′ ……③

△ABD と △A′B′D′ において，

∠ABC＝∠A′B′C′，∠DBC＝∠D′B′C′（ともに仮定）より，∠ABD＝∠A′B′D′ ……④

③，④より，△ABD∽△A′B′D′（2辺の比と間の角）　よって，AD：A′D′＝AB：A′B′

これと①より，AD：A′D′＝BC：B′C′

(2) およそ 47m，右の図

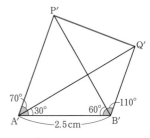

(解説) (2) 右の図は，縮尺 $\dfrac{1}{2000}$ の縮図である。

(注) 縮図をかいておよその値を求めるとき，図のかき方によって，値に少しちがいがある。

p.154 **72.** **答** 4.5m

(解説) 下の図で，1：2＝1.2：x より，

$x=2.4$

1：h＝1.2：(3＋2.4)

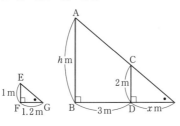

73. **答** およそ 147m，下の図

(解説) 縮尺 $\dfrac{1}{4000}$ の縮図である。

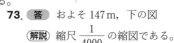

74. **答** 36m

(解説) 鉄塔の高さを x m とする。

右の図で，5：x＝50：AP より，

AP＝10x　　同様に，BP＝$\dfrac{25}{3}x$

よって，10x＝$\dfrac{25}{3}x$＋60

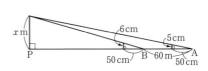

■■■■■■■■■ **6章の問題** ■■■■■■■■■

p.155 **1** **答** (1) 2：1 (2) 4倍 (3) 24倍

(解説) (1) DP∥QC より，QC：DP＝BC：BP＝2：1

また，AQ＝QC　よって，AQ：DP＝2：1

AQ∥DP より，AG：PG＝AQ：PD＝2：1

(2) AQ∥DP より，△AGQ∽△PGD（2角）

(1)より，相似比は AG：PG＝2：1

ゆえに，△AGQ：△PGD＝2²：1²

(3) (2)より，$\triangle DPG = \dfrac{1}{4}\triangle AGQ$ ……①

BQ：DQ＝2：1，DQ：GQ＝3：2 より，BQ：GQ＝3：1

ゆえに，$\triangle AGQ = \dfrac{1}{3}\triangle ABQ$ ……②

AQ＝QC より，$\triangle ABQ = \dfrac{1}{2}\triangle ABC$ ……③

①，②，③より，$\triangle DPG = \dfrac{1}{4} \times \dfrac{1}{3} \times \dfrac{1}{2}\triangle ABC$

参考 (1) △ABC で，BP＝PC，AQ＝QC より，G は △ABC の重心であることを利用してもよい。

2 **答** (1) $\dfrac{10}{3}$cm (2) $\dfrac{9}{2}$ 倍 (3) 5：2

解説 (1) AD∥EF，AE：EC＝1：2 より，AD：EF＝AC：EC＝(1＋2)：2

よって，$EF = \dfrac{2}{3}AD$

(2) AD∥EF より，△ACD∽△ECF（2角）であり，相似比は AC：EC＝3：2

よって，△ACD：△ECF＝3²：2² ……①

DF：FC＝AE：EC＝1：2 より，△DEF：△ECF＝1：2 ……②

①，②より，△ACD：△DEF＝9：2

(3) 線分 DG の延長と辺 CB の延長との交点を H とする。

AD∥HC より，AD：CH＝AE：CE＝1：2

よって，AD＝5 より，CH＝10

BH＝HC－BC＝2

AD∥HB より，AG：BG＝AD：BH

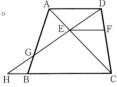

3 **答** (1) 2：1 (2) 4：1 (3) $\dfrac{1}{30}$ 倍

解説 (1) AB∥MC より，BP：MP＝AB：CM

(2) 辺 AB の延長と線分 DP の延長との交点を E とする。

AE∥DM より，BE：MD＝BP：MP＝2：1

よって，BE＝2DM＝AB

ゆえに，AQ：MQ＝AE：MD＝2AB：$\dfrac{1}{2}$AB

(3) (1)より，MP：MB＝1：3

(2)より，MQ：MA＝1：5

△MQP と △MAB において，∠M は共通であるから，

△MQP：△MAB＝MQ・MP：MA・MB＝1×1：5×3

＝1：15

△MAB：（正方形 ABCD）＝1：2

参考 (1) 正方形 ABCD の対角線の交点は，線分 BD の中点となるから，P は △BCD の重心であることを利用してもよい。

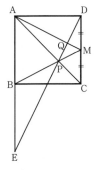

4 **答** (1) $\dfrac{11}{4}a$ (2) $9:16$

(解説) (1) 右の図のように，三角すい A-BCD の
側面部分の展開図をかくと，△BEF の周囲が最
も短くなる長さは BB′ である。

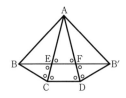

BB′ // CD より，印（○）をつけた角はすべて等
しいから，△BCE∽△ACD（2角）
相似比は，BC：AC＝1：2
よって，$CE=\dfrac{1}{2}CD=\dfrac{1}{2}a$

△AEF∽△ACD（2角）で，相似比は $AE:AC=\left(2a-\dfrac{1}{2}a\right):2a=3:4$

よって，$EF=\dfrac{3}{4}CD=\dfrac{3}{4}a$

ゆえに，BB′＝BE＋EF＋FB′＝2BC＋EF
(2) 三角すい A-BEF と三角すい A-BCD の底面をそれぞれ △AEF，△ACD と
すると，頂点 B からの高さが等しいから，
（三角すい A-BEF の体積）：（三角すい A-BCD の体積）＝△AEF：△ACD
△AEF∽△ACD で，相似比は AE：AC＝3：4 であるから，
△AEF：△ACD＝$3^2:4^2$

p.156 **5** **答** (1) $\dfrac{3}{40}$ 倍 (2) $\dfrac{1}{18}$ 倍

(解説) (1) 右の図で，AD // BC より，

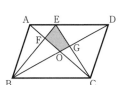

EF：BF＝AE：CB＝1：3，
EG：CG＝DG：BG＝ED：CB＝2：3，DO＝OB
であるから，
$DG:GO:OB=\dfrac{2}{5}DB:\left(\dfrac{1}{2}-\dfrac{2}{5}\right)DB:\dfrac{1}{2}DB=4:1:5$
△BOF と △BGE において，∠B は共通であるから，
△BOF：△BGE＝BO・BF：BG・BE＝5×3：6×4＝5：8
よって，（四角形 EFOG）＝△BGE－△BOF＝$\left(1-\dfrac{5}{8}\right)$△BGE＝$\dfrac{3}{8}\times\dfrac{2}{5}$△BCE

$=\dfrac{3}{8}\times\dfrac{2}{5}\times\dfrac{1}{2}$□ABCD

(2) 右の図で，AX：BC＝AG：BG＝1：2
より，AX＝2
同様に，CY＝2
FP：BP＝AF：YB＝3：6＝1：2，
FQ：BQ＝XF：CB＝5：4 であるから，
$FP:PQ:QB=\dfrac{1}{3}FB:\left(\dfrac{5}{9}-\dfrac{1}{3}\right)FB:\dfrac{4}{9}FB$

$=3:2:4$　よって，□PQRS＝$\dfrac{2}{3+2+4}$□FBHD＝$\dfrac{2}{9}$□FBHD

AF：FD＝3：1 より，□FBHD＝$\dfrac{1}{4}$□ABCD

6 (答) (1) $5:7$　(2) $5:1$　(3) $6:1$　(4) $15:1$

(解説) (1) $\angle BAE = \angle CAE$ より，$BE:EC = AB:AC$

(2) (1)より，$BE = \dfrac{5}{12}BC$　　$BN = \dfrac{1}{2}BC$

よって，$BE:EN = \dfrac{5}{12}BC : \left(\dfrac{1}{2} - \dfrac{5}{12}\right)BC$

(3) $\triangle BCA$ で，$BM = MA$，$BN = NC$ であるから，中点連結定理より，$MN /\!/ AC$
よって，$\triangle ECA$ で，$DN /\!/ AC$ より，$AD:DE = CN:NE = BN:EN$

(4) (3)より，$ED:EA = 1:7$
$\triangle ECA$ で，$DN /\!/ AC$ より，$DN:AC = ED:EA = 1:7$

よって，$DN = 1$　　また，$MN = \dfrac{1}{2}AC = \dfrac{7}{2}$

ゆえに，$MD = MN - DN = \dfrac{7}{2} - 1 = \dfrac{5}{2}$

$\triangle DAM$ と $\triangle DEN$ において，
$\angle ADM = \angle EDN$（対頂角）であるから，
$\triangle DAM : \triangle DEN = DA\cdot DM : DE\cdot DN$

(参考) (3) $\triangle ABE$ と直線 NDM において，メネラウスの定理を使って，$AD:DE$
を求めてもよい。
(4) $\triangle MBN$ と直線 EDA において，メネラウスの定理を使って，$MD:DN$ を求
めてもよい。

7 (答) (1) $4:3$　(2) $\dfrac{8}{5}$ cm²　(3) $\dfrac{48}{5}$ cm²　(4) $15:6:14$

(解説) (1) 辺 AC 上に点 I を，$DI /\!/ BE$ となるようにとる。
$\triangle ABE$ で，$AI:IE = AD:DB = 1:2$
$AE:EC = 1:1$
よって，

$AI:IE:EC = \dfrac{1}{3}AE : \dfrac{2}{3}AE : AE = 1:2:3$

$\triangle CID$ で，$DI /\!/ FE$ より，
$DI:FE = IC:EC = 5:3$
また，$DI:BE = AD:AB = 1:3$

よって，$BF:FE = \left(3 - \dfrac{3}{5}\right)DI : \dfrac{3}{5}DI = 4:1$

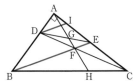

ゆえに，$\triangle ADF = \dfrac{1}{3}\triangle ABF = \dfrac{1}{3} \times \dfrac{4}{5}\triangle ABE = \dfrac{4}{15}\triangle ABE$　$\Bigg\}$ (∗)

$\triangle AEF = \dfrac{1}{5}\triangle ABE$

(2) $\triangle DBE = \dfrac{1}{2}DB\cdot AE = \dfrac{1}{2} \times 4 \times 4 = 8$　　$\triangle DEF = \dfrac{1}{5}\triangle DBE$

(3) $\triangle BCE = \dfrac{1}{2}EC\cdot AB = \dfrac{1}{2} \times 4 \times 6 = 12$　　$\triangle BCF = \dfrac{4}{5}\triangle BCE$

(4) AG : FG＝△ADE : △FDE であるから，

(2)より， AG : FG＝$\frac{1}{2}×2×4 : \frac{8}{5}＝5 : 2$ ……①

AH : FH＝△ABC : △FBC であるから，

(3)より， AH : FH＝$\frac{1}{2}×6×8 : \frac{48}{5}＝5 : 2$

よって， AF : FH＝3 : 2 ……②

①，②より， AG : GF : FH＝$\frac{5}{7}×\frac{3}{5}$AH : $\frac{2}{7}×\frac{3}{5}$AH : $\frac{2}{5}$AH

別解1 (1) (*)部分は次のように求めてもよい。
線分 DI と AH との交点を J とする。
△AFE で， JI∥FE より，
JI : FE＝AI : AE＝1 : 3
ゆえに， △ADF : △AEF＝DG : EG＝DJ : EF

$＝\left(\frac{5}{3}-\frac{1}{3}\right)$EF : EF

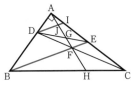

(4) △ABF で， DJ∥BF より， AJ : JF＝AD : DB＝1 : 2
DJ∥FE より， JG : FG＝DG : EG＝4 : 3

よって， AJ : JG : GF＝$\frac{1}{3}$AF : $\frac{4}{7}×\frac{2}{3}$AF : $\frac{3}{7}×\frac{2}{3}$AF＝7 : 8 : 6 ……①

AH : FH＝△ABC : △FBC であるから，

(3)より， AH : FH＝$\frac{1}{2}×6×8 : \frac{48}{5}＝5 : 2$　　　よって， AF : FH＝3 : 2 ……②

①，②より， AG : GF : FH＝$\frac{7+8}{7+8+6}×\frac{3}{5}$AH : $\frac{6}{7+8+6}×\frac{3}{5}$AH : $\frac{2}{5}$AH

別解2 (1) 線分 FE の延長上に点 E′を，
EE′＝FE となるようにとると， AE＝EC より，
四角形 AFCE′は平行四辺形であるから，
DF∥AE′
よって， E′F : FB＝AD : DB＝1 : 2
E′F＝2EF より， EF : FB＝1 : 4

ゆえに， △ADF＝$\frac{1}{3}$△ABF＝$\frac{1}{3}×\frac{4}{5}$△ABE＝$\frac{4}{15}$△ABE　　　△AEF＝$\frac{1}{5}$△ABE

(4) 線分 DE 上に点 F′を， F′F∥AB となるようにとると， EF : FB＝1 : 4 より，

FF′ : BD＝1 : 5 であるから， FF′ : AD＝1 : $\frac{5}{2}＝2 : 5$

よって， AD∥F′F より， AG : FG＝AD : FF′＝5 : 2
△BCE′で， FH∥E′C， BF : FE′＝2 : 1 より， FH : E′C＝BF : BE′＝2 : 3
また， AF＝E′C であるから， AF : FH＝3 : 2

ゆえに， AG : GF : FH＝$\frac{5}{7}$AF : $\frac{2}{7}$AF : $\frac{2}{3}$AF

参考 (1) △ABE と直線 DFC において， メネラウスの定理を使って， BF : FE
を求めてもよい。

8　**答**　(1) $\dfrac{25}{27}V$　(2) $\dfrac{7}{27}V$　(3) $\dfrac{5}{9}V$

解説　(1) 図1で，正四面体 KBRS と正四面体 ABCD は相似で，相似比は KB：AB＝1：3 であるから，体積の比は，$1^3：3^3$

正四面体 KBRS と四面体 PBRS で，頂点を S，底面をそれぞれ △KBR，△PBR とみると，その体積の比は，KB：PB＝1：2

ゆえに，求める体積は，$\left(1-2\times\dfrac{1}{27}\right)V=\dfrac{25}{27}V$

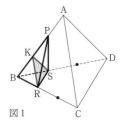
図1

(2) 切り口は，図2の長方形 PLMN になる。

頂点 A をふくむ立体を平面 NLC で切ると，

三角すい N–LCM と四角すい N–APLC になる。

△LCM＝$\dfrac{1}{9}$△BCD で，ND：AD＝2：3 であるから，

三角すい N–LCM の体積は，$\left(\dfrac{1}{9}\times\dfrac{2}{3}\right)V=\dfrac{2}{27}V$

△PBL＝$\dfrac{4}{9}$△ABC より，

(四角形 APLC)＝$\left(1-\dfrac{4}{9}\right)$△ABC＝$\dfrac{5}{9}$△ABC で，

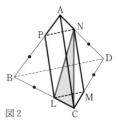
図2

NA：DA＝1：3 であるから，四角すい N–APLC の体積は，$\left(\dfrac{5}{9}\times\dfrac{1}{3}\right)V=\dfrac{5}{27}V$

ゆえに，求める体積は，$\dfrac{2}{27}V+\dfrac{5}{27}V=\dfrac{7}{27}V$

(3) 切り口は，図3の等脚台形 PSMQ になる。

頂点 A をふくむ立体を平面 ASQ で切ると，

三角すい S–APQ と四角すい S–AQMD になる。

△APQ＝$\dfrac{1}{9}$△ABC で，SB：DB＝1：3 であるから，

三角すい S–APQ の体積は，$\left(\dfrac{1}{9}\times\dfrac{1}{3}\right)V=\dfrac{1}{27}V$

△CMQ＝$\dfrac{2}{9}$△CDA より，

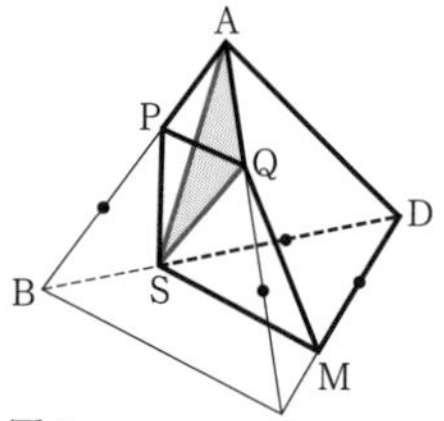

図3

(四角形 AQMD)＝$\left(1-\dfrac{2}{9}\right)$△CDA＝$\dfrac{7}{9}$△CDA で，SD：BD＝2：3 であるから，四角すい S–AQMD の体積は，$\left(\dfrac{7}{9}\times\dfrac{2}{3}\right)V=\dfrac{14}{27}V$

ゆえに，求める体積は，$\dfrac{1}{27}V+\dfrac{14}{27}V=\dfrac{5}{9}V$

参考　(1) 演習問題46の参考（→解答 p.70）を使って，

$\dfrac{（四面体 PBRS の体積）}{（正四面体 ABCD の体積）}=\dfrac{BP\cdot BR\cdot BS}{BA\cdot BC\cdot BD}=\dfrac{2\times1\times1}{3\times3\times3}=\dfrac{2}{27}$ から求めてもよい。

7章 円

p.158

1. （答） (1) $x=71$ (2) $x=72$ (3) $x=125$

（解説） (1) $\angle OAB=41°$　　$\angle OAC=30°$

(2) $\angle ODC=\angle OCD=45°$ より，$\angle COD=90°$　また，$\angle AOB=90°$

(3) $\angle OAC=\angle OCA=70°$　また，$AC\,/\!/\,BO$ より，$\angle AOB=\angle OAC=70°$

よって，$\angle OAB=\dfrac{1}{2}(180°-70°)=55°$

2. （答） 順に　$\pi\,\mathrm{cm}$，$\dfrac{7}{2}\pi\,\mathrm{cm}$

3. （答） 与えられた弧上に3点 A，B，C をとる。
弦 AB，BC の垂直二等分線の交点が求める円の
中心である。

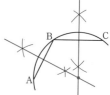

p.159

4. （答） △OAM と △OBM において，
$\angle OMA=\angle OMB=90°$　　OM は共通　　OA＝OB（半径）
ゆえに，△OAM≡△OBM（斜辺と1辺）　　よって，AM＝BM
ゆえに，M は弦 AB の中点である。

5. （答） 中心 O から弦 AB に垂線 OH をひくと，
AH＝BH，CH＝DH　　AC＝AH－CH，BD＝BH－DH
ゆえに，AC＝BD

p.160

6. （答） (1) $x=68$ (2) $x=88$ (3) $x=33$

（解説） (1) $\angle COB=60°+\angle DOB=60°+(180°-52°\times2)$
$=136°$　　(2) $\angle OAD=\angle ODA=61°-34°=27°$

(3) $\angle AOC=\angle COD=\angle DOE=180°-71°\times2=38°$ より，

$\angle ODB=\dfrac{1}{2}\angle AOD=\dfrac{1}{2}\times(38°\times2)=38°$

7. （答） (1) $\angle AOB=36°$，$\angle BOC=72°$ (2) $72°$

（解説） (1) $\angle BOC=180°\times\dfrac{2}{2+3}$　　$\angle AOB=\dfrac{1}{2}\angle BOC$

(2) △OAC は OA＝OC の二等辺三角形であるから，
$\angle OAC=\{180°-(\angle AOB+\angle BOC)\}\div2=36°$
ゆえに，$\angle APB=\angle AOB+\angle OAC$

8. （答） (1) $32°$ (2) $9\,\mathrm{cm}$

（解説） (1) △DEO で，DE＝DO より，$\angle DOE=\angle DEO=16°$
ゆえに，$\angle ODC=16°\times2=32°$

(2) △OCE で，$\angle AOC=\angle OEC+\angle OCE=16°+32°=48°$
ゆえに，$\overset{\frown}{AC}:\overset{\frown}{BD}=\angle AOC:\angle BOD=3:1$

9. （答） (1) 右の図 (2) $120°$

（解説） (1) Q は $\overset{\frown}{AB}$ 上の PQ＝PO となる点で，AB
は線分 OQ の垂直二等分線である。
もう1組の点 Q′，弦 A′B′ も同様である。
(2) △OAQ，△OBQ はともに正三角形である。
△OA′Q′，△OB′Q′ も同様である。

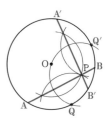

10. 答　△OAM と △OCN において，

∠OMA＝∠ONC＝90°　OA＝OC（半径）

OM＝ON（仮定）

ゆえに，△OAM≡△OCN（斜辺と1辺）　　よって，AM＝CN ……①

△OAB で，OA＝OB（半径），OM⊥AB であるから，AM＝MB ……②

同様に，△OCD で，CN＝ND ……③

①，②，③より，AB＝CD

ゆえに，OM＝ON ならば AB＝CD である。

注　この逆，「AB＝CD ならば OM＝ON である」ことも成り立つ。

p.161 **11.** 答　(1) 中心 O から弦 AC，AD にそれぞれ垂線 OM，ON をひく。

△OMA と △ONA において，

∠OMA＝∠ONA＝90°　OA は共通　　∠OAM＝∠OAN（仮定）

ゆえに，△OMA≡△ONA（斜辺と1鋭角）

よって，OM＝ON

ゆえに，中心からの距離が等しいから，AC＝AD

(2) 中心 O から弦 AC，AD にそれぞれ垂線 OM，ON をひくと，M，N はそれぞれ弦 AC，AD の中点になる。

△OMA と △ONA において，

∠OMA＝∠ONA＝90°　OA は共通　　AC＝AD（仮定）より，AM＝AN

ゆえに，△OMA≡△ONA（斜辺と1辺）　　よって，∠OAM＝∠OAN

ゆえに，直径 AB は ∠CAD を2等分する。

別解　(1) △OAC で，OA＝OC（半径）より，∠OAC＝∠OCA

よって，∠AOC＝180°−2∠OAC

同様に，∠AOD＝180°−2∠OAD

∠OAC＝∠OAD（仮定）より，∠AOC＝∠AOD

ゆえに，中心角の大きさが等しいから，AC＝AD

参考　(2) △OAC≡△OAD（3辺）を示してから，∠OAC＝∠OAD としてもよい。

12. 答　△ABP で，AB＝AP（半径）より，∠ABP＝∠APB

AD∥BC より，∠APB＝∠PAQ（錯角），∠ABP＝∠QAR（同位角）

よって，∠PAQ＝∠QAR

ゆえに，$\overparen{PQ}=\overparen{QR}$

13. 答　中心 O から弦 AB，CD にそれぞれ垂線 OM，ON をひく。

△OPM と △OPN において，

∠OMP＝∠ONP＝90°　OP は共通

AB＝CD（仮定）であるから，OM＝ON

ゆえに，△OPM≡△OPN（斜辺と1辺）

よって，PM＝PN ……①

M，N はそれぞれ弦 AB，CD の中点であるから，

$AM=\dfrac{1}{2}AB$，$DN=\dfrac{1}{2}CD$

AB＝CD（仮定）より，AM＝DN ……②

また，PA＝PM＋AM，PD＝PN＋DN ……③

①，②，③より，PA＝PD

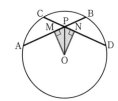

14. **答** (1) 40° (2) $\dfrac{4}{9}$ 倍

解説 (1) ∠AOC＝$2a°$，∠BOD＝$3a°$ とすると，OA＝OD（半径）より，

∠OAD＝$\dfrac{1}{2}$∠BOD＝$\dfrac{3}{2}a°$ であるから，$2a+\dfrac{3}{2}a=70$

(2) ∠COD＝$180°-2a°-3a°=80°$ より，$\overparen{CD}:\overparen{AB}=80:180$

15. **答** ∠DAE＝$a°$ とする。

△DAE で，DA＝DE（半径）より，∠DEA＝∠DAE＝$a°$ ……①

△DFA で，DF＝DA（半径）より，∠DFA＝∠DAF＝$60°-a°$

△CDF で，∠FCD＝120°，∠DFC＝$60°-a°$ より，

∠CDF＝$180°-120°-(60°-a°)=a°$ ……②

△BED と △CDF において，

ED＝DF（半径）　　∠DBE＝∠FCD（＝120°）

①，②より，∠BED＝∠CDF

ゆえに，△BED≡△CDF（2角1対辺）

よって，BD＝CF，BE＝CD

ゆえに，BC＝BD＋CD＝CF＋BE

すなわち，BC＝BE＋CF

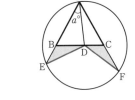

16. **答** △OPA と △OPB において，

∠OAP＝∠OBP＝90°

OP は共通　　OA＝OB（半径）

よって，△OPA≡△OPB（斜辺と1辺）

ゆえに，PA＝PB，∠OPA＝∠OPB

p.163

17. **答** 右の図

解説 点 A を通り直線 ℓ に垂直な直線と，円との交点のうち，A と異なる点を B とすると，AB は直径である。

ゆえに，線分 AB の中点が O である。

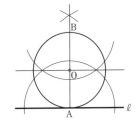

18. **答** 円 O と辺 AB，BC，CD，DA との接点をそれぞれ P，Q，R，S とすると，

AP＝AS，BP＝BQ，CR＝CQ，DR＝DS

ゆえに，AB＋CD＝AP＋BP＋CR＋DR

＝AS＋BQ＋CQ＋DS＝AD＋BC

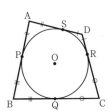

19. **答** (1) $x=56$ (2) $x=53$ (3) $x=7$

解説 (1) ∠OAP＝∠OBP＝90°

(2) ∠AOB＝$90°-25°=65°$ より，

∠BOC＝$\dfrac{6}{5}$∠AOB＝78°

(3) AF＝2 より，BD＝BF＝4

よって，CE＝CD＝$9-4$　　また，AE＝AF＝2

p.164

20. **答** 右の図

解説 点 B を通り直線 ℓ に垂直な直線 m と，線分 AB の垂直二等分線 n との交点 O を中心とし，OA を半径とする円である。

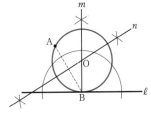

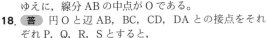

21. **答** 円 O と辺 AB，BC，CD，DA との接点
をそれぞれ P，Q，R，S とする。
△AOP と △AOS において，
∠APO=∠ASO=90°　　AO は共通
OP=OS（半径）
よって，△AOP≡△AOS（斜辺と 1 辺）
ゆえに，∠AOP=∠AOS であるから，

$$\angle AOP=\frac{1}{2}\angle SOP$$

同様に，△BOP≡△BOQ，△COR≡△COQ，△DOR≡△DOS
よって，∠BOP=∠BOQ，∠COR=∠COQ，∠DOR=∠DOS であるから，

$$\angle BOP=\frac{1}{2}\angle POQ,\quad \angle COR=\frac{1}{2}\angle QOR,\quad \angle DOR=\frac{1}{2}\angle ROS$$

よって，∠AOP+∠BOP+∠COR+∠DOR

$$=\frac{1}{2}(\angle SOP+\angle POQ+\angle QOR+\angle ROS)=\frac{1}{2}\times360°=180°$$

また，∠AOP+∠BOP=∠AOB，∠COR+∠DOR=∠COD
ゆえに，∠AOB+∠COD=180°

22. **答** $\dfrac{60}{17}$cm

(解説) $\triangle ABC=\dfrac{1}{2}\times5\times12=30$

また，半円 O の半径を $r$cm とすると，

$$\triangle ABC=\triangle OAB+\triangle OAC=\frac{1}{2}\times5r+\frac{1}{2}\times12r=\frac{17}{2}r\quad \text{ゆえに，}\frac{17}{2}r=30$$

(参考) 半円 O と辺 AB，AC の接点をそれぞれ D，E とすると，四角形 ADOE は
正方形であるから，AD=AE=OD=r
DO∥AC より，(5−r)：5=r：12 から求めてもよい。

23. **答** (1) D，E，F は接点であるから，AE=AF，BF=BD，CD=CE
よって，3 辺の長さの和は，a+b+c=2AE+2BF+2CD
また，2s=a+b+c であるから，s=AE+BF+CD
ゆえに，AE=AF=s−(BF+CD)=s−(BD+CD)=s−a
同様に，BF=BD=s−b，CD=CE=s−c
(2) 円の中心を O とすると，OD=OE=OF=r，OD⊥BC，OE⊥CA，OF⊥AB

$\triangle OBC$ で，底辺 BC，高さ OD であるから，$\triangle OBC=\dfrac{1}{2}ar$

同様に，$\triangle OCA=\dfrac{1}{2}br$，$\triangle OAB=\dfrac{1}{2}cr$

よって，$\triangle ABC=\triangle OBC+\triangle OCA+\triangle OAB=\dfrac{1}{2}(a+b+c)r=sr$

ゆえに，S=sr

p.166 **24.** **答** (1) $x=105$ (2) $x=52$ (3) $x=48$
(解説) (2) $\overset{\frown}{AC}=2\overset{\frown}{AB}$ より，$x=2\times26$
(3) ∠BAC=∠BDC=42°，∠ABC=90°

p.167 **25.** （答） AB∥CD（仮定）より，∠ADC＝∠BAD（錯角）
円周角が等しいから，$\overset{\frown}{AC}=\overset{\frown}{BD}$

26. （答） ∠APB＞30°，∠AQB＜30°

（解説） $\overset{\frown}{AB}$ に対する円周角は，$\dfrac{1}{2}\angle AOB=\dfrac{1}{2}\times 60°$

p.168 **27.** （答） (1) $x=20$ (2) $x=54$ (3) $x=46$

（解説） (1) $\angle ACB=\dfrac{1}{2}\angle AOB=30°$ 　 $\angle OCB=\angle OBC=50°$

(2) ∠DAE＝27° より，∠EAB＝63°－27° 　また，∠AEB＝90°

(3) ∠ADQ＝∠ACP＝x°－34° より，△AQD で，$x+(x-34)=58$

28. （答） $\dfrac{15}{2}$ cm

（解説） 例題 3（→本文 p.167）より，$\overset{\frown}{AB}+\overset{\frown}{CD}$ は円周の $\dfrac{72}{180}=\dfrac{2}{5}$ であるから，

円の半径を $r$cm とすると，$2\pi r\times\dfrac{2}{5}=6\pi$

29. （答） (1)　　　　　　　　　　　(2)

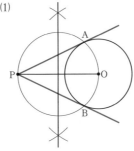
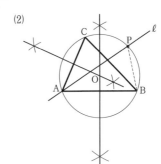

（解説） (1) OP を直径とする円と，円 O との交点を A，B とするとき，PA，PB
が求める接線である。
(2) △ABC の外接円 O と直線 ℓ との交点が求める点 P である。

30. （答） 38°

（解説） ∠ADB＝90° より，△EAD で，∠EAD＝90°－64°＝26°
よって，∠DAB＝∠CAD＝26° 　また，∠ACB＝90°

p.169 **31.** （答） (1) $\overset{\frown}{AED}:\overset{\frown}{BCD}=5:7$ (2) 75°

（解説） (1) $\overset{\frown}{AD}=\overset{\frown}{BC}$ より，∠ABD＝∠CDB であるから，AB∥DC
また，$\overset{\frown}{BCD}-\overset{\frown}{BC}+\overset{\frown}{CD}=\overset{\frown}{AD}+\overset{\frown}{CD}=\overset{\frown}{ADC}$ より，∠BAD＝∠ABC

∠BAD＝∠ABC＝$\dfrac{1}{2}(180°-40°)=70°$ 　∠CDA＝∠BCD＝180°－70°＝110°

∠ABD＝∠BDC＝a°，$\overset{\frown}{AB}=3\overset{\frown}{CD}$ より，∠ADB＝$3b$°，∠CBD＝b° とすると，
$a+b=70$，$a+3b=110$ 　$\overset{\frown}{AED}:\overset{\frown}{BCD}=a:70$

(2) ∠ABE＝$\dfrac{1}{2}\angle ABD=\dfrac{1}{2}a$° 　∠BAC＝∠BDC＝$a$°

p.170 **32.** 答 ∠ABD＝23°, ∠CFD＝23°

解説 ∠ACB＝∠ADB＝62°（$\overset{\frown}{AB}$ に対する円周角）
△ABC で, AB＝AC より, ∠ABC＝62° であるから,
∠BDC＝∠BAC＝180°－62°×2＝56°（$\overset{\frown}{BC}$ に対する円周角）
△BDE で, ∠ABD＝∠BDC－∠AED
また, ∠DBC＝∠ABC－∠ABD＝39°
△BFD で, ∠CFD＝∠ADB－DBC

33. 答 $\overset{\frown}{BD}$＝$\overset{\frown}{DC}$ と $\overset{\frown}{BD}$ に対する円周角より,
∠BCD＝∠DAC＝42°
また, ∠BCE＝∠ACE＝18°
△EDC において,
∠ECD＝∠BCE＋∠BCD＝60°
∠DEC＝∠DAC＋∠ACE＝60°
よって, ∠EDC＝180°－∠ECD－∠DEC＝60°
ゆえに, △EDC は正三角形である。

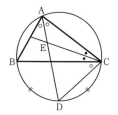

34. 答 ∠ABC＝∠ADC（□ABCD の対角）
また, ∠ABC＝∠AEC（$\overset{\frown}{AC}$ に対する円周角）　よって, ∠ADE＝∠AED
ゆえに, △AED は AD＝AE の二等辺三角形である。

35. 答 (1) △ABE と △ACB において,
∠EAB＝∠BAC（共通）
∠ABE＝∠ACD（$\overset{\frown}{AD}$ に対する円周角）, ∠ACB＝∠ACD（仮定）
よって, ∠ABE＝∠ACB
ゆえに, △ABE∽△ACB（2角）

(2) AE＝$\dfrac{25}{8}$cm, BE＝$\dfrac{35}{8}$cm, CD＝$\dfrac{39}{7}$cm

解説 (2) (1)より, AB：AC＝AE：AB＝BE：CB　　5：8＝AE：5＝BE：7
△ABE と △DCE において,
∠BEA＝∠CED（対頂角）　∠ABE＝∠DCE（$\overset{\frown}{AD}$ に対する円周角）
ゆえに, △ABE∽△DCE（2角）

よって, AB：DC＝BE：CE　　5：CD＝$\dfrac{35}{8}$：$\left(8-\dfrac{25}{8}\right)$

36. 答 (1) △ABG と △DBE において,
AB＝DB（仮定）……① 　　∠BAG＝∠BDE（$\overset{\frown}{BE}$ に対する円周角）……②
AE∥DC より, ∠BGA＝∠BCD（同位角）
∠BCD＝∠BED（$\overset{\frown}{BAD}$ に対する円周角）　　よって, ∠BGA＝∠BED ……③
①, ②, ③より, △ABG≡△DBE（2角1対辺）

(2) $\dfrac{15}{4}$cm

解説 (2) (1)より, BG＝BE＝3
△BCD で, GF∥CD より, BF：BD＝BG：BC　　BF：10＝3：(3＋5)

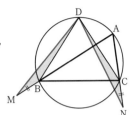

p.171 **37.** （答）　△BDM と △CDN において，

∠DBM＝180°－∠ABD，∠DCN＝180°－∠ACD

∠ABD＝∠ACD（$\overset{\frown}{AD}$ に対する円周角）であるから，

∠DBM＝∠DCN ……①

$\overset{\frown}{DB}＝\overset{\frown}{DC}$（仮定）より，DB＝DC ……②

BM＝CN（仮定）……③

①，②，③より，△BDM≡△CDN（2 辺夾角）

ゆえに，DM＝DN

38. （答）　(1) △PCD で，∠DPC＝∠ABC＝60°（$\overset{\frown}{AC}$ に対する円周角）

PD＝PC（仮定）

ゆえに，△PCD は 1 つの内角が 60° の二等辺三角形であるから，正三角形である。

(2) △ADC と △BPC において，

AC＝BC（正三角形 ABC の辺）　　(1)より，DC＝PC

∠ACD＝∠BCP（＝60°－∠BCD）

ゆえに，△ADC≡△BPC（2 辺夾角）

よって，DA＝PB ……①

また，PD＝PC（仮定）……②

①，②より，PA＝DA＋PD＝PB＋PC

39. （答）　△ABQ と △ADP において，

∠BAQ＝∠DAP（仮定）　　AC は直径であるから，∠ABQ＝∠ADP（＝90°）

ゆえに，△ABQ∽△ADP（2 角）

よって，∠AQB＝∠APD ……①

∠APD＝∠CPQ（対頂角）……②

①，②より，∠CQP＝∠CPQ

よって，CQ＝CP

また，AC は直径であるから，∠AEC＝90°

ゆえに，△CQP は二等辺三角形で，CE⊥PQ であるから，PE＝EQ

p.172 **40.** （答）　(1) △MHB で，∠MHB＝90° より，∠HMB＝90°－∠HBM ……①

また，AB は直径であるから，∠ECB＝90°

△CEB で，∠BEC＝90°－∠EBC ……②

また，∠DEM＝∠BEC（対頂角）……③

$\overset{\frown}{AM}＝\overset{\frown}{MC}$（仮定）より，∠HBM＝∠EBC ……④

①，②，③，④より，∠DEM＝∠DME ……⑤

ゆえに，△DEM は DE＝DM の二等辺三角形である。

(2) △AME で，AB は直径であるから，∠AME＝90°

∠DAM＝90°－∠DEM ……⑥

また，∠DMA＝90°－∠DME ……⑦

⑤，⑥，⑦より，∠DAM＝∠DMA

ゆえに，△DAM は二等辺三角形であるから，DA＝DM

また，(1)より，DE＝DM

よって，DE＝DA

ゆえに，D は線分 AE の中点である。

41. （答） (1) △APQ は正三角形で，AQ⊥PR より，つねに ∠APR＝30° である。
大きさの等しい円周角に対する弧の長さは等しいから，$\overset{\frown}{AR}$ は一定である。
(2) $2\pi\,$cm

（解説） (2) △AOR は AR＝AO＝4cm の正三角
形である。

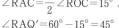

また，点 R は辺 AQ の垂直二等分線上にある
から，AR＝RQ より，RQ＝4
よって，点 Q は R を中心とする半径4cm の円
の周上を，右の図の Q から Q′ まで動く。

$\angle$RAC＝$\dfrac{1}{2}\angle$ROC＝15° より，

∠RAQ′＝60°－15°＝45°
AR＝RQ′ より，∠RQ′A＝45° であるから，∠ARQ′＝90°
ゆえに，∠QRQ′＝90° より，点 Q が動いたあとの長さは，$\overset{\frown}{QQ'}=8\pi\times\dfrac{90}{360}=2\pi$

p.173 **42.** （答） $\angle$A＝$\dfrac{1}{2}a°$，$\angle$C＝$\dfrac{1}{2}b°$

ゆえに，$\angle$A＋$\angle$C＝$\dfrac{1}{2}(a°+b°)=\dfrac{1}{2}\times360°=180°$

p.174 **43.** （答） (1) $x＝113$ (2) $x＝27$ (3) $x＝58$
（解説） (2) ∠DAB＝95°
(3) ∠BCD＝180°－70°＝110°　　∠BOD＝140°

44. （答） 四角形 ACQP は円に内接するから，∠ACQ＝∠QPB
また，四角形 PQDB は円に内接するから，∠QPB＋∠QDB＝180°
よって，∠ACQ＋∠QDB＝180°
ゆえに，同側内角の和が180°であるから，AC∥BD

45. （答） (1) ∠BEC＝∠BDC＝90° であるから，4点 B，C，D，E は BC を直径と
する円の周上にある。
(2) $x＝27$
（解説） (2) (1)より，∠DEB＋∠DCB＝180°　　よって，$(x+90)+63=180$

p.175 **46.** （答） (1) $x＝48$ (2) $x＝54$ (3) $x＝102$
（解説） (1) ∠OCD＝∠ODC＝180°－67°－47°＝66° より，$x=180-66\times2$

(2) $\angle$DAC＝$\dfrac{1}{2}\angle$CAB＝36°　　∠CDA＝90°　　$x°＝\angle$ACD

(3) 線分 BC の延長と線分 DE との交点を F とすると，∠CFD＝10°＋53°＝63°
∠BCD＝15°＋63°＝78°

47. （答） (1) 55° (2) $\dfrac{5}{36}$ 倍

（解説） (1) ∠ABC＝$x°$ とすると，△PBC で，∠DCQ＝$x°+40°$
四角形 ABCD は円に内接するから，∠CDQ＝∠ABC＝$x°$
ゆえに，△DCQ で，$(x+40)+x+30=180$
(2) ∠BAD＝∠DCQ＝95° より，∠CAD＝25°
（参考） (1) 例題 5 の注（→本文 p.175）より，2∠CDA－30°－40°＝180° が成り
立つから，∠CDA＝125°　　ゆえに，∠ABC＝180°－∠CDA としてもよい。

48. (答) 辺 AD の延長上に点 E をとる。

四角形 ABCD は円に内接するから，∠ABC＝∠EDC ……①

DP は ∠EDC の二等分線であるから，∠PDC＝$\frac{1}{2}$∠EDC

∠PBC＝∠PDC（$\overparen{PC}$ に対する円周角）であるから，∠PBC＝$\frac{1}{2}$∠EDC ……②

①，②より，∠ABP＝∠ABC－∠PBC＝$\frac{1}{2}$∠EDC

ゆえに，∠ABP＝∠PBC であるから，BP は ∠ABC の二等分線である。

(参考) 四角形 ABPD は円に内接するから，∠ABP＝∠EDP＝$\frac{1}{2}$∠EDC

∠PBC＝∠PDC＝$\frac{1}{2}$∠EDC　　ゆえに，∠ABP＝∠PBC と示してもよい。

p.176 **49.** (答) (1) △ACE と △AGF において，

AD＝AB，CG∥DB（ともに仮定）より，AC＝AG ……①

∠AEC＝∠AFG（$\overparen{AC}$ に対する円周角）……②

線分 EB の延長上に点 H をとると，四角形 ACEB は円 O に内接するから，

∠ACE＝∠ABH　　GF∥BH（仮定）より，∠AGF＝∠ABH（同位角）

よって，∠ACE＝∠AGF ……③

①，②，③より，△ACE≡△AGF（2角1対辺）

(2) 四角形 ACEB は円 O に内接するから，∠ECD＝∠ABE

△ADB で，AD＝AB（仮定）より，∠ADB＝∠ABD

よって，∠ECD＝∠ADB であるから，△ECD は EC＝ED の二等辺三角形である。

(1)より，CE＝GF

ゆえに，DE＝GF

p.177 **50.** (答) △ADB と △AEC において，

AD＝AE，AB＝AC（ともに直角二等辺三角形の等辺）

∠BAD＝∠CAE（＝∠BAE＋90°）

よって，△ADB≡△AEC（2辺夾角）

ゆえに，∠ADB＝∠AEC であるから，4点 A，D，E，F は同一円周上にある。

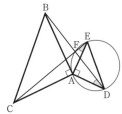

51. (答) △ABE と △CAD において，

AB＝CA（正三角形 ABC の辺）

∠EAB＝∠DCA＝60°

AE＝$\frac{1}{3}$AC，CD＝$\frac{1}{3}$CB で AC＝CB であるから，

AE＝CD

よって，△ABE≡△CAD（2辺夾角）

ゆえに，∠BEA＝∠ADC であるから，4点 C，E，F，D は同一円周上にある。

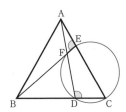

52. **答** (1) ∠BAC=2a°−180°, ∠BOC=360°−2a°
(2) (1)より, ∠BAC+∠BOC=180° であるから, 四角形
ABOC は円に内接する。

(解説) (1) I は △ABC の内心であるから,
∠ABC=2∠IBC, ∠ACB=2∠ICB
よって, ∠BAC=180°−(∠ABC+∠ACB)
=180°−2(∠IBC+∠ICB)=180°−2(180°−∠BIC)
また, 円 O は △IBC の外接円であるから,
∠BOC=360°−2∠BIC

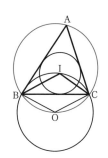

53. **答** (1) ∠AED=∠ACD（=60°）
ゆえに, 4 点 A, D, C, E は同一円周上にある。
(2) 右の図の赤色部分
(解説) (2) 点 D が頂点 C と一致しないとき,
(1)より, ∠DAE+∠DCE=180°
∠DAE=90° より, ∠DCE=90°
よって, EC⊥DC
点 D が頂点 C と一致するとき,
∠ADE=30° であるから, EC⊥BC
ゆえに, 点 E は EC⊥BC の関係を満たしながら,
右の図の E から E′まで動く。

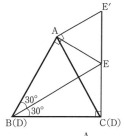

p.178 **54.** **答** (1) 2(90°−a°)
(2) △ABC の 3 つの垂線 AP, BQ, CR は 1 点で
交わるから, この点を H とする。
∠AQH+∠ARH=180° であるから, 4 点 A, R,
H, Q は同一円周上にある。
よって, ∠QRH=∠QAH=90°−a°（$\overparen{QH}$ に対す
る円周角）……①
同様に, 4 点 B, P, H, R も同一円周上にある
から,
∠PRH=∠PBH=90°−a°（$\overparen{PH}$ に対する円周角）……②
①, ②より, ∠QRH=∠PRH
ゆえに, CR は ∠PRQ の二等分線である。
(3) ①, ②より, ∠PRQ=2(90°−a°)
(1)より, ∠PNQ=∠PRQ
よって, 点 N は △PQR の外接円の周上にある。
△BCQ は ∠CQB=90° の直角三角形で,
BL=LC であるから, LQ=LC
ゆえに, △LCQ は二等辺三角形であるから,
∠QLC=180°−2a°=2(90°−a°)
よって, ∠PLQ=∠PRQ
ゆえに, 点 L も △PQR の外接円の周上にある。
同様に, △ACP で, MP=MC であるから, ∠PMC=2(90°−a°) となり,
∠PMQ=∠PRQ　　よって, 点 M も △PQR の外接円の周上にある。
ゆえに, 3 点 L, M, N は △PQR の外接円の周上にある。

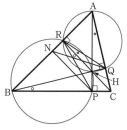

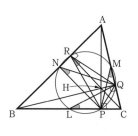

(解説) (1) ∠APB＝∠AQB＝90°より，4点A，B，P，Qは N を中心とする直径 AB の円の周上にあるから，∠PNQ＝2∠PAQ

△APC で，∠APC＝90°，∠C＝$a°$より，

∠CAP＝90°－$a°$

よって，∠PNQ＝2(90°－$a°$)

注 △PQR の外接円と線分 AH との交点を D とすると，∠NDP＝∠NRP（$\overset{\frown}{\text{NP}}$ に対する円周角）

また，(2)で，4点B，P，H，R は同一円周上にあるから，∠BRP＝∠BHP（$\overset{\frown}{\text{BP}}$ に対する円周角）

よって，∠NDP＝∠BHP

ゆえに，同位角が等しいから，ND∥BH

さらに，△ABH で，AN＝NB であるから，中点連結定理の逆より，AD＝DH

よって，D は線分 AH の中点である。

同様に，△PQR の外接円と線分 BH，CH との交点をそれぞれ E，F とすると，E，F はそれぞれ線分 BH，CH の中点である。

すなわち，線分 AH，BH，CH の中点は △PQR の外接円の周上にある。

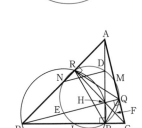

このように，△ABC の各辺の中点 L，M，N，および各頂点から対辺にひいた垂線とその対辺との交点 P，Q，R，および各頂点と垂心（H）を結ぶ線分の中点 D，E，F の 9 点を通る円が存在する。この円を九点円という。

================== **7章の問題** ==================

p.179 **1** **(答)** (1) $x＝64$ (2) $x＝63$ (3) $x＝17$ (4) $x＝48$ (5) $x＝98$，$y＝49$
(6) $x＝31$，$y＝47$

(解説) (1) ∠AOB＝180°－52°＝128°

(2) ∠OAC＝∠OCA＝∠ACD－∠OCD＝∠ACD－∠ODC＝61°－34°＝27°

(3) ∠AOP＝90°－34°＝56°　　また，∠ABO＝$\dfrac{1}{2}$∠AOP＝$\dfrac{1}{2}×56°＝28°$

(4) ∠ACB＝$a°$ とすると，OA∥CB より，∠OAC＝$a°$

∠AOB＝$2a°$ であるから，$a＋2a＋117＝180$ より，$a＝21$

$x°＝∠OAB－21°＝\dfrac{1}{2}(180°－42°)－21°$

(5) $\overset{\frown}{\text{AED}}:\overset{\frown}{\text{EDC}}＝2:1$ より，∠EAC＝$\dfrac{1}{2}x°$　　△FAC で，$33＋\dfrac{1}{2}x＋x＝180$

AD∥BC より，∠EBC＝$y°$ であるから，$y＝\dfrac{1}{2}x$

(6) ∠GDF－∠CDF＝∠ABC＝31°＋20°＝51° より，
△DBF で，∠GDF＝20°＋$x°$＝51°　　また，△BDE で，$y＋31＝180－51×2$

2 **答** $x=75$, $y=45$

解説 12等分した1つの弧に対する円周角の大

きさは，$180° \times \dfrac{1}{12} = 15°$

右の図で，$x° = \angle \mathrm{AFD} + \angle \mathrm{FAE}$

$y° = \angle \mathrm{BDF} - \angle \mathrm{CBD}$

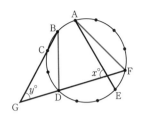

3 **答** (1) ∠CEA, ∠EAC （または ∠EAB,
∠EAD），∠EFB （または ∠DFB）

(2) ∠AEF, ∠ABF （または ∠CBF），∠BFC

(3) ∠CEF, ∠EFC （または ∠DFC）

(4) ∠ACF

解説 BC=DE, BC=CE より，

CE=DE であるから，$\angle \mathrm{ECD} = \angle \mathrm{EDC} = a°$

(1) CE=CA と $\overset{\frown}{\mathrm{BE}}$ に対する円周角より，

$\angle \mathrm{CEA} = \angle \mathrm{CAE} = \angle \mathrm{BFE} = \dfrac{1}{2} \angle \mathrm{ECD}$

(2) CF=CB と $\overset{\frown}{\mathrm{AF}}$ に対する円周角より，

$\angle \mathrm{CFB} = \angle \mathrm{CBF} = \angle \mathrm{AEF} = \angle \mathrm{EDA} + \angle \mathrm{EAD}$

(3) CF=CE より，$\angle \mathrm{CFE} = \angle \mathrm{CEF} = \angle \mathrm{EDC} + \angle \mathrm{ECD}$

(4) $\angle \mathrm{ACF} = \angle \mathrm{CFB} + \angle \mathrm{CBF}$

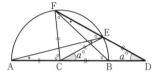

p.180 **4** **答** $\angle \mathrm{AOC} = 2\angle \mathrm{ABC} = 2 \times 45° = 90°$

$\angle \mathrm{AOB} = 2\angle \mathrm{ACB} = 2 \times 30° = 60°$

よって，△OAB は正三角形である。

△BOD で，BO=BD (=AB) より，

$\angle \mathrm{BOD} = \angle \mathrm{BDO}$

ゆえに，$\angle \mathrm{BOD} = \angle \mathrm{BDO} = \dfrac{1}{2} \angle \mathrm{OBA}$

$= \dfrac{1}{2} \times 60° = 30°$

よって，$\angle \mathrm{AOC} + \angle \mathrm{AOB} + \angle \mathrm{BOD} = 90° + 60° + 30° = 180°$

ゆえに，3点 D, O, C は一直線上にある。

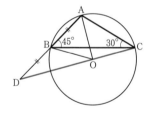

5 **答** I は △ABC の内心であるから，AI は ∠A の二等分線でもある。

よって，$\angle \mathrm{BAI} = \angle \mathrm{CAI}$

$\angle \mathrm{BAI} = \angle \mathrm{CAI} = a°$，$\angle \mathrm{ABI} = \angle \mathrm{CBI} = b°$ とすると，

$\angle \mathrm{DBC} = \angle \mathrm{DAC} = a°$（$\overset{\frown}{\mathrm{CD}}$ に対する円周角）

ゆえに，$\angle \mathrm{DBI} = \angle \mathrm{DBC} + \angle \mathrm{CBI} = a° + b°$

また，△ABI で，$\angle \mathrm{DIB} = \angle \mathrm{BAI} + \angle \mathrm{ABI} = a° + b°$

よって，$\angle \mathrm{DBI} = \angle \mathrm{DIB}$

ゆえに，△DBI は二等辺三角形であるから，DB=DI

また，$\angle \mathrm{BAD} = \angle \mathrm{CAD}$ より，$\overset{\frown}{\mathrm{DB}} = \overset{\frown}{\mathrm{DC}}$

よって，DB=DC

ゆえに，DB=DI=DC

6 （答） (1) 1cm　(2) 2cm

（解説）(1) △ABC の面積は，$\frac{1}{2}\times4\times3=6$

円 O の半径を r cm とすると，

△ABC＝△OAB＋△OBC＋△OCA より，

$6=\frac{1}{2}\times4\times r+\frac{1}{2}\times5\times r+\frac{1}{2}\times3\times r$

(2) 円 P の半径を s cm とすると，

△ABC＝△PAB＋△PBC－△PAC より，

$6=\frac{1}{2}\times4\times s+\frac{1}{2}\times5\times s-\frac{1}{2}\times3\times s$

（別解）(1) 円 O と辺 BC，CA，AB との接点
をそれぞれ D，E，F とする。

AE＝AF，∠OEA＝∠EAF＝∠OFA＝90°
より，四角形 OEAF は正方形である。

円 O の半径を r cm とすると，

AE＝AF＝r

ゆえに，BD＝BF＝4－r，CD＝CE＝3－r

BC＝BD＋DC より，

$5=(4-r)+(3-r)$

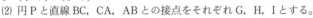

(2) 円 P と直線 BC，CA，AB との接点をそれぞれ G，H，I とする。

BG＝BI，AH＝AI，CG＝CH より，

BI＋BG＝BA＋AI＋BC＋CG＝BA＋AH＋BC＋CH＝AB＋BC＋CA＝12

よって，BG＝BI＝6

AH＝AI，∠PIA＝∠IAH＝∠AHP＝90° より，四角形 AHPI は正方形である。

ゆえに，IP＝AI＝BI－BA

7 （答） (1) △ABE と △ACD において，

AB＝AC（仮定）　　BC＝CD（仮定）より，

∠BAE＝∠CAD

∠ABE＝∠ACD（$\overset{\frown}{\text{AD}}$ に対する円周角）

ゆえに，△ABE≡△ACD（2角夾辺）

(2) CD＝$2\sqrt{5}$ cm，BD＝$\dfrac{18\sqrt{5}}{5}$ cm

（解説）(2) (1)より，AE＝AD＝8，BE＝CD

△ABE と △DCE において，

∠AEB＝∠DEC（対頂角）　　∠ABE＝∠DCE

ゆえに，△ABE∽△DCE（2角）

よって，AB：DC＝BE：CE＝AE：DE

CD＝x cm，DE＝y cm とすると，

$10:x=x:(10-8)=8:y$　　$x^2=20$　　ただし，$x>0$

8 **答** (1) △CDG と △CGH において,
∠GCD＝∠HCG（共通）
CG＝CF（円 C の半径）であるから,
$\overparen{\text{CG}} = \overparen{\text{CF}}$
よって, ∠CDG＝∠CGH
ゆえに, △CDG∽△CGH（2角）
(2) 円 C の半径をrとすると,
CG＝CE＝r（円 C の半径）……①
OC＝OD（円 O の半径）, OE⊥CD（仮定）である
から,
CE＝ED
よって, CD＝2r ……②
(1)より, CG：CH＝CD：CG
①, ②を代入して, r：CH＝2r：r
よって, CH＝$\dfrac{1}{2}r$＝$\dfrac{1}{2}$CE
ゆえに, CH＝HE

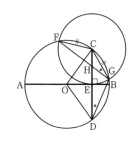

p.181 **9** **答** (1) 10° (2) $\dfrac{\pi}{6}$ cm

解説 (1) $\overparen{\text{AP}} = \overparen{\text{PQ}}$ より,
∠AOP＝∠POQ ……①
∠PAQ＝$\dfrac{1}{2}$∠POQ＝$\dfrac{1}{2}$∠AOP
(2) △OAQ は OA＝OQ の二等辺三角形で,
①より, ∠OTA＝90°
よって, 点 T は AO を直径とする円の周上にある。
点 P の$\dfrac{\pi}{6}$秒後, $\dfrac{\pi}{3}$秒後の位置をそれぞれ P_1, P_2 とする。
$\overparen{\text{AP}_1} = \dfrac{\pi}{6} \times 1 = \dfrac{\pi}{6}$ より,
$\angle\text{AOP}_1 = 360° \times \dfrac{\frac{\pi}{6}}{2\pi} = 30°$
同様に, $\angle\text{AOP}_2 = 60°$
よって, 点 T は $\angle\text{AOT}_1 = 30°$ から $\angle\text{AOT}_2 = 60°$
まで, 右の図の赤色部分を動く。
ゆえに, $\angle\text{T}_1\text{OT}_2 = 30°$ であるから,
$\overparen{\text{T}_1\text{T}_2} = \pi \times \dfrac{60}{360}$

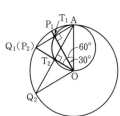

10 **答** 直線 EG と辺 AD，BC との交点をそれぞ
れ H，I とすると，△FHI は ∠HFG＝∠IFG，
FG⊥HI（ともに仮定）であるから，二等辺三角
形である。

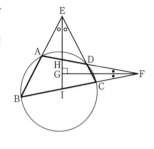

よって，∠FHG＝∠FIG ……①
△EAH と △ECI において，
∠AEH＝∠CEI（仮定）
∠AHE＝∠FHG（対頂角）と①より，
∠AHE＝∠CIE
ゆえに，△EAH∽△ECI（2角）
よって，∠EAH＝∠ECI
すなわち，∠EAD＝∠BCD であるから，四角形 ABCD は円に内接する。
参考 ∠AEH＝∠DEH＝$a°$，∠DFG＝∠CFG＝$b°$ とすると，
∠EGF＝$a°$＋∠B＋$b°$ より，∠B＝∠EGF－$a°$－$b°$
また，∠EDF＝$a°$＋∠EGF＋$b°$
∠EGF＝90°，∠ADC＝∠EDF（対頂角）より，
∠B＋∠ADC＝（∠EGF－$a°$－$b°$）＋（$a°$＋∠EGF＋$b°$）＝2∠EGF＝180° から示
してもよい。

11 **答** (1) △ABE と △DBC において，
∠BAE＝∠BDC（$\overset{\frown}{BC}$ に対する円周角）……①
∠ABE＝∠DAC（仮定），∠DAC＝∠DBC（$\overset{\frown}{CD}$ に対する円周角）
よって，∠ABE＝∠DBC ……②
①，②より，△ABE∽△DBC（2角）
ゆえに，AE：CD＝AB：BD
(2) △CDF と △BDA において，
∠FCD＝∠ABD（$\overset{\frown}{AD}$ に対する円周角）……③
①と ∠BAE＝∠ADF（仮定）より，∠BDC＝∠ADF
∠CDF＝∠BDC＋∠BDF，∠BDA＝∠ADF＋∠BDF であるから，
∠CDF＝∠BDA ……④
③，④より，△CDF∽△BDA（2角）
(3) △OAE と △OCF において，

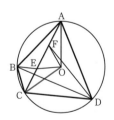

(1)より，AE：CD＝AB：BD
(2)より，FC：AB＝CD：BD であるから，
AB：BD＝FC：CD
ゆえに，AE：CD＝FC：CD であるから，
AE＝CF ……⑤
△OAC で，OA＝OC（半径）……⑥ より，
∠OAE＝∠OCF ……⑦
⑤，⑥，⑦より，△OAE≡△OCF（2辺夾角）
ゆえに，OE＝OF

12 **答** (1) ∠AEP＝∠APB＝90° より，

∠EAP＝∠BPE（＝90°−∠EPA）

∠BAC＝∠BDC（$\overset{\frown}{BC}$ に対する円周角）

∠BPE＝∠DPK（対頂角）

よって，∠KDP＝∠KPD

ゆえに，△KDP は二等辺三角形であるから，

KD＝KP

同様に，△KPC も二等辺三角形であるから，

KP＝KC

よって，KD＝KC

ゆえに，K は辺 CD の中点である。

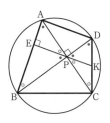

(2) 直線 PF と辺 DA，直線 PG と辺 AB，直線 PH と辺 BC との交点をそれぞれ L，M，N とすると，(1)と同様に，L，M，N はそれぞれ辺 DA，AB，BC の中点である。

よって，△DAC で，中点連結定理より，

$$KL /\!/ CA, \quad KL＝\frac{1}{2}CA \quad \cdots\cdots①$$

同様に，△BCA で，NM /\!/ CA，$NM＝\frac{1}{2}CA$ ……②

①，②より，KL /\!/ NM，KL＝NM ……③

また，△ABD で，ML /\!/ BD，AC⊥BD（仮定）であるから，KL⊥ML ……④

③，④より，四角形 KLMN は長方形であるから，対角線 KM（＝LN）を直径とする円に内接する。

∠KEM＝∠KGM＝90° より，2 点 E，G は KM を直径とする円の周上にあり，

∠LFN＝∠LHN＝90° より，2 点 F，H は LN を直径とする円の周上にある。

ゆえに，4 点 E，F，G，H は同一円周上にある。

参考 (2) ∠AEP＋∠AHP＝180° より，4 点 A，E，P，H は同一円周上にあるから，

∠AHE＝∠APE（$\overset{\frown}{AE}$ に対する円周角）

∠BEP＋∠BFP＝180° より，4 点 B，F，P，E も同一円周上にあるから，

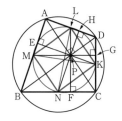

∠EFP＝∠EBP（$\overset{\frown}{EP}$ に対する円周角）

∠AEP＝∠APB＝90° より，

∠APE＝∠ABP（＝90°−∠PAE）

ゆえに，∠AHE＝∠EFP

同様に，∠DHG＝∠GFP

よって，∠EFG＋∠GHE＝（∠EFP＋∠GFP）＋∠GHE

＝（∠AHE＋∠DHG）＋∠GHE＝180°

ゆえに，4 点 E，F，G，H は同一円周上にある。

8章 三平方の定理

p.182 **1. 答**

a	3	5	12	$5\sqrt{3}$	6
b	4	12	9	5	4
c	5	13	15	10	$2\sqrt{13}$

p.183 **2. 答** (1) △ABC と △HBA において，
∠ABC＝∠HBA（共通） ∠BAC＝∠BHA（＝90°）
ゆえに，△ABC∽△HBA（2角）
△ABC と △HAC において，
∠BCA＝∠ACH（共通） ∠BAC＝∠AHC（＝90°）
ゆえに，△ABC∽△HAC（2角）
(2) △ABC∽△HBA より，AB：HB＝BC：BA よって，AB²＝HB・BC
△ABC∽△HAC より，AC：HC＝BC：AC よって，AC²＝HC・BC
ゆえに，AB²＋AC²＝HB・BC＋HC・BC＝(BH＋HC)BC＝BC²

p.184 **3. 答** (1) 全体の正方形の面積は，中にある正方形の面積と，まわりにある4つ
の合同な直角三角形の面積との和に等しいから，$(a+b)^2=c^2+4\times\dfrac{1}{2}ab$

ゆえに，$a^2+b^2=c^2$

(2) (1)と同様に，$c^2=(a-b)^2+4\times\dfrac{1}{2}ab$ ゆえに，$a^2+b^2=c^2$

4. 答 △ABE で，∠A＝90° であるから，BE²＝AB²＋AE²
△ADC で，∠A＝90° であるから，CD²＝AD²＋AC²
よって，
BE²＋CD²＝(AB²＋AE²)＋(AD²＋AC²)＝(AB²＋AC²)＋(AD²＋AE²) …①
△ABC で，∠A＝90° であるから，AB²＋AC²＝BC²
△ADE で，∠A＝90° であるから，AD²＋AE²＝DE²
よって，(AB²＋AC²)＋(AD²＋AE²)
＝BC²＋DE² ……②
①，②より，BE²＋CD²＝BC²＋DE²

5. 答 右の図
(解説) B を中心とする半径 BC の円と，点 A を通
り線分 AB に垂直な直線との交点の1つをDと
するとき，△ABD で，∠DAB＝90° であるから，
AD＝$\sqrt{2^2-1^2}$

6. 答 (1)(i) A′B′＝x とすると，
△A′B′C′ で，∠C′＝90° であるから，
$a^2+b^2=x^2$
また，$a^2+b^2=c^2$（仮定）
よって，$x^2=c^2$
$x>0$，$c>0$ より，$x=c$ ……①

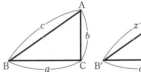

△ABC と △A′B′C′ において，

BC＝B′C′（＝a）　　CA＝C′A′（＝b）　　①より，AB＝A′B′（＝c）

ゆえに，△ABC≡△A′B′C′（3辺）

(ii) (i)より，∠C＝∠C′　　ゆえに，∠C＝90°

(2) (ア)，(ウ)，(エ)

7. (答) (1) $(m^2-n^2)^2+(2mn)^2=m^4-2m^2n^2+n^4+4m^2n^2=m^4+2m^2n^2+n^4$

$(m^2+n^2)^2=m^4+2m^2n^2+n^4$　　よって，$(m^2-n^2)^2+(2mn)^2=(m^2+n^2)^2$

ゆえに，m^2+n^2 を斜辺の長さとする直角三角形である。

(2) {5, 4, 3}，{13, 12, 5}，{17, 15, 8}，{25, 24, 7} など

(解説) (2) $m=2$，$n=1$ のとき

$m^2+n^2=2^2+1^2=5$，$2mn=2\times2\times1=4$，$m^2-n^2=2^2-1^2=3$

ほかに，$m=3$，$n=2$ や $m=4$，$n=1$ や $m=4$，$n=3$ をそれぞれ代入する。

(参考) $m=5$，$n=2$ や $m=6$，$n=1$ などから，{29, 21, 20} や {37, 35, 12} を

求めてもよい。

p.185 **8.** (答) (i) ∠B<90° のとき

頂点 A から辺 BC に垂線 AH をひき，

AH＝x，CH＝y とする。

△AHC で，∠AHC＝90° であるから，

$x^2+y^2=b^2$ ……①

△ABH で，∠AHB＝90° であるから，

$x^2+(a-y)^2=c^2$

$x^2+y^2-2ay+a^2=c^2$ ……②

①を②に代入して，$b^2-2ay+a^2=c^2$

$ay>0$ より，$a^2+b^2>c^2$

(ii) ∠B＝90° のとき

$a^2+c^2=b^2$ より，$b^2>c^2$

ゆえに，$a^2+b^2>c^2$

(iii) ∠B>90° のときも，(i)と同様に証明できる。

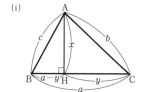

9. 答 ∠A は鈍角

(理由) $AB^2=3^2+5^2=34$，$BC^2=8^2+3^2=73$，$AC^2=5^2+2^2=29$

ゆえに，$AB^2+AC^2<BC^2$

∠D は鋭角

(理由) $DE^2=3^2+6^2=45$，$EF^2=10^2+2^2=104$，$DF^2=7^2+4^2=65$

ゆえに，$DE^2+DF^2>EF^2$

10. (答) 線分 QM の延長上に点 R を，RM＝MQ

となるようにとると，PM⊥RQ より，△PRQ は

PR＝PQ ……① の二等辺三角形である。

△BRM と △CQM において，

BM＝CM（仮定）　　RM＝QM

∠RMB＝∠QMC（対頂角）

よって，△BRM≡△CQM（2辺夾角）

ゆえに，BR＝CQ ……②，∠MBR＝∠MCQ ……③

③より，BR∥AC　　また，∠A＝90°　　よって，∠PBR＝90°

ゆえに，△BRP で，$PR^2=BP^2+BR^2$　　①，②より，$PQ^2=BP^2+CQ^2$

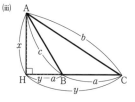

p.187 **11.** 答 (1) $x=2\sqrt{5}$　(2) $x=3\sqrt{5}$　(3) $x=2\sqrt{6}$　(4) $x=5$　(5) $x=\sqrt{34}$

(6) $x=4\sqrt{13}$

12. 答 (1) $x=4$, $y=4\sqrt{2}$　(2) $x=4$, $y=2\sqrt{3}$

13. 答 (1) $3\sqrt{3}$ cm　(2) $9\sqrt{3}$ cm²

14. 答 (1) $4\sqrt{2}$ cm　(2) $28\sqrt{2}$ cm²

15. 答 (1) 13　(2) $2\sqrt{10}$

16. 答 (1) $AB=\sqrt{10}$, $BC=2\sqrt{2}$, $CA=\sqrt{10}$, $AB=AC$ の二等辺三角形

(2) $DE=\sqrt{26}$, $EF=\sqrt{13}$, $FD=\sqrt{13}$, $\angle F=90°$, $DF=EF$ の直角二等辺三角形

p.188 **17.** 答 (1) $2\sqrt{19}$ cm　(2) $\dfrac{6\sqrt{57}}{19}$ cm

解説 (1) 頂点 A から辺 BC に垂線 AH をひくと, $BH=3$, $HC=7$

△ABH で, $\angle AHB=90°$ であるから, $AH=\sqrt{6^2-3^2}=3\sqrt{3}$

△ACH で, $\angle AHC=90°$ であるから, $AC=\sqrt{(3\sqrt{3})^2+7^2}$

(2) $AD=4$, $AH=3\sqrt{3}$ より, $\triangle ACD=\dfrac{1}{2}\times4\times3\sqrt{3}=6\sqrt{3}$

また, $\triangle ACD=\dfrac{1}{2}AC\cdot DE$　　よって, $6\sqrt{3}=\dfrac{1}{2}\times2\sqrt{19}\times DE$

18. 答 (1) $AB=2\sqrt{6}$ cm, $AC=(3\sqrt{2}-\sqrt{6})$ cm　(2) $(9-3\sqrt{3})$ cm²

解説 頂点 B から辺 CA の延長に垂線 BD をひく。

(1) △BCD で, $\angle BDC=90°$, $\angle BCD=45°$ であるから, $BD=\dfrac{1}{\sqrt{2}}BC=3\sqrt{2}$

また, △ADB で, $\angle ADB=90°$,

$\angle BAD=60°$ であるから,

$AB=\dfrac{2}{\sqrt{3}}BD$, $AD=\dfrac{1}{\sqrt{3}}BD$

$AC=CD-AD=BD-AD$

(2) $\triangle ABC=\dfrac{1}{2}AC\cdot BD$

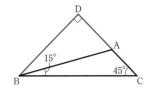

p.189 **19.** 答 (1) $(4+2\sqrt{3})$ cm　(2) $\dfrac{9+3\sqrt{3}}{2}$ cm²

解説 (1) △BDE で, $BD=4$, $BE=2$, $\angle EBD=60°$ より,

$\angle DEB=90°$ であるから, $DE=\sqrt{3}\,EB=2\sqrt{3}$　　$OB=OD+DB=DE+DB$

(2) △OAB は正三角形であるから, $AB=OA=OB$

$AE=AB-BE=2+2\sqrt{3}$

△AEC で, $\angle CAE=60°$, $\angle AEC=180°-\angle CED-\angle DEB=30°$ より,

$\angle ACE=90°$ であるから, $OC=EC=\dfrac{\sqrt{3}}{2}AE=3+\sqrt{3}$

点 D から辺 OA に垂線 DH をひく。

△DOH で, $\angle DHO=90°$, $\angle DOH=60°$ であるから, $DH=\dfrac{\sqrt{3}}{2}OD=3$

$\triangle CED=\triangle COD=\dfrac{1}{2}OC\cdot DH$

20. 答 (1) $\dfrac{9}{4}$ cm　(2) $3\sqrt{2}$ cm

解説 (1) BD$=x$cm とすると，DC$=6-x$

△ABD で，∠ADB$=90°$ であるから，AD$^2=4^2-x^2$

△ACD で，∠ADC$=90°$ であるから，AD$^2=5^2-(6-x)^2$

よって，$4^2-x^2=5^2-(6-x)^2$

(2) 点 E から辺 BC に垂線 EF をひくと，△ACD で，AD：EF$=$AC：EC，DF：DC$=$AE：AC より，EF$=\dfrac{3}{5}$AD，DF$=\dfrac{2}{5}$DC

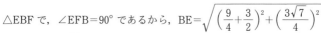

(1)より，AD$=\sqrt{4^2-\left(\dfrac{9}{4}\right)^2}=\dfrac{5\sqrt{7}}{4}$ であるから，

EF$=\dfrac{3\sqrt{7}}{4}$，DF$=\dfrac{2}{5}\left(6-\dfrac{9}{4}\right)=\dfrac{3}{2}$

△EBF で，∠EFB$=90°$ であるから，BE$=\sqrt{\left(\dfrac{9}{4}+\dfrac{3}{2}\right)^2+\left(\dfrac{3\sqrt{7}}{4}\right)^2}$

p.190 **21.** 答 $(10-5\sqrt{3}\,)$cm

解説 △ABE≡△ADF（斜辺と1辺）より，BE$=$DF ……①

BE$=x$cm とすると，CE$=5-x$

△ABE で，∠B$=90°$ であるから，AE$^2=5^2+x^2$　①より，CE$=$CF

よって，△CFE は直角二等辺三角形であるから，EF$^2=(\sqrt{2}\,$CE$)^2=2(5-x)^2$

AE$=$EF より，$5^2+x^2=2(5-x)^2$　　$x^2-20x+25=0$　　ただし，$0<x<5$

22. 答 (1) $\dfrac{10}{3}$ cm　(2) 3cm　(3) 4：1

解説 (1) AE$=x$cm とすると，EB$=6-x$，PE$=$AE$=x$

△EBP で，∠B$=90°$ であるから，$(6-x)^2+2^2=x^2$

(2) △EBP∽△PCR（2角）より，BP：CR$=$EB：PC

(3) △PCR で，∠C$=90°$ であるから，PR$=\sqrt{4^2+3^2}=5$

よって，QR$=6-5=1$

△EBP∽△PCR，△PCR∽△FQR（2角）より，△EBP∽△FQR

相似比は，BP：QR$=2$：1

p.191 **23.** 答 (1) $y=-x+6$　(2) $4\pm\sqrt{14}$

解説 (1) 直線 AB の傾きは，$\dfrac{2-5}{4-1}=-1$

(2) P$(p,\ 0)$ とする。

AB$^2=(4-1)^2+(2-5)^2=18$　　BP$^2=(p-4)^2+(0-2)^2$

AB$^2=$BP^2 より，$18=(p-4)^2+2^2$　　$(p-4)^2=14$

このとき，3点 A，B，P は一直線上にはない。

24. 答 $(1,\ 3)$，$(2,\ 4)$

解説 点 P の座標を$(p,\ p+2)$とする。

OA$=10$　　OP$^2=(p-0)^2+(p+2-0)^2$　　AP$^2=(p-10)^2+(p+2-0)^2$

△OAP で，∠OPA$=90°$ であるから，

$10^2=\{p^2+(p+2)^2\}+\{(p-10)^2+(p+2)^2\}$　　$p^2-3p+2=0$

25. **答** $A\left(\dfrac{2}{3},\ \dfrac{2\sqrt{3}}{9}\right)$, $B\left(\dfrac{4}{3},\ \dfrac{8\sqrt{3}}{9}\right)$

解説 点 A の座標を $\left(a,\ \dfrac{\sqrt{3}}{2}a^2\right)$ とする。

点 A から辺 BC に垂線 AH をひくと，H は辺 BC の中点であるから，点 B の x 座標は $2a$ となる。

よって，$B(2a,\ 2\sqrt{3}\,a^2)$

△ABH で，$\angle AHB=90°$，$\angle ABH=60°$ であるから，$AH=\sqrt{3}\,BH$

ゆえに，$2\sqrt{3}\,a^2-\dfrac{\sqrt{3}}{2}a^2=\sqrt{3}\,a$　　$\dfrac{3\sqrt{3}}{2}a^2=\sqrt{3}\,a$　　ただし，$a>0$

p.193　**26.** **答** (1) $a=\dfrac{8}{3}$, $b=5$

(2)(i) $y=\dfrac{3\sqrt{3}}{8}x^2$　(ii) $y=\dfrac{2\sqrt{3}}{3}(3x-4)$　(iii) $y=\dfrac{\sqrt{3}}{6}(-3x^2+42x-91)$

(3) $y=\dfrac{28\sqrt{3}}{3}$, $7\le x\le 10$

解説 (1) 図 1 で，頂点 G から直線 ℓ に
垂線 GH をひくと，△GFH は 30°，60°，
90°の直角三角形であるから，
GF＝4 より，

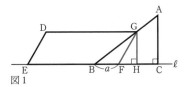
図1

$FH=\dfrac{1}{2}GF=2$,　$GH=\dfrac{\sqrt{3}}{2}GF=2\sqrt{3}$

GH∥AC より，

BH：BC＝GH：AC＝$2\sqrt{3}$：$3\sqrt{3}$＝2：3

よって，$BH=\dfrac{2}{3}BC=\dfrac{14}{3}$

ゆえに，$a=BF=BH-FH=\dfrac{14}{3}-2=\dfrac{8}{3}$

図 2 で，$b=BF=BC-FC=7-2=5$

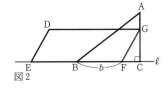
図2

(2)(i) $0<x\le\dfrac{8}{3}$ のとき

図 3 で，辺 FG と AB との交点を I
とし，I から直線 ℓ に垂線 IJ をひく。
$FJ=c\,cm$ とすると，
$IJ=\sqrt{3}\,FJ=\sqrt{3}\,c$
IJ∥AC より，BJ：BC＝IJ：AC
＝$\sqrt{3}\,c$：$3\sqrt{3}$＝c：3

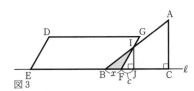
図3

ゆえに，$BJ=\dfrac{c}{3}BC=\dfrac{7}{3}c$

$BJ=BF+FJ=x+c$ であるから，$\dfrac{7}{3}c=x+c$　　よって，$c=\dfrac{3}{4}x$

ゆえに，$y=\dfrac{1}{2}BF\cdot IJ=\dfrac{1}{2}\times x\times\dfrac{3\sqrt{3}}{4}x=\dfrac{3\sqrt{3}}{8}x^2$

(ii) $\dfrac{8}{3}<x\leqq5$ のとき

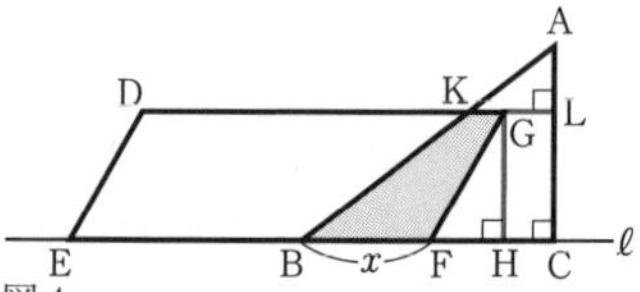

図4で，直線 DG と辺 AB，AC との交点をそれぞれ K，L とすると，
KL∥BC より，
KL : BC＝AL : AC
$=(3\sqrt{3}-2\sqrt{3}):3\sqrt{3}=1:3$
よって，$\text{KL}=\dfrac{1}{3}\text{BC}=\dfrac{7}{3}$
GL＝HC＝BC－BF－FH＝7－x－2＝5－x
ゆえに，$y=\dfrac{1}{2}(\text{KG}+\text{BF})\cdot\text{GH}=\dfrac{1}{2}\times\left[\left\{\dfrac{7}{3}-(5-x)\right\}+x\right]\times2\sqrt{3}$
$=\dfrac{2\sqrt{3}}{3}(3x-4)$

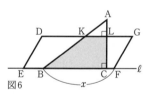
図4

(iii) $5<x\leqq7$ のとき

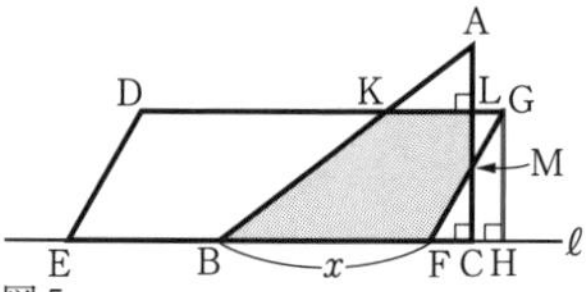

図5で，辺 FG と AC との交点を M とする。
△MFC は30°，60°，90° の直角三角形であるから，FC＝7－x より，
$\text{MC}=\sqrt{3}\text{FC}=\sqrt{3}(7-x)$
よって，$y=\dfrac{1}{2}(\text{KL}+\text{BC})\cdot\text{LC}-\dfrac{1}{2}\text{FC}\cdot\text{MC}$
$=\dfrac{1}{2}\times\left(\dfrac{7}{3}+7\right)\times2\sqrt{3}-\dfrac{1}{2}\times(7-x)\times\sqrt{3}(7-x)=\dfrac{28\sqrt{3}}{3}-\dfrac{\sqrt{3}}{2}(7-x)^2$
$=\dfrac{\sqrt{3}}{6}(-3x^2+42x-91)$

図5

(3) y が最大となるのは，図6の台形 KBCL で，頂点 F が C と重なるときから，頂点 E が B と重なるときまでである。

このとき，$7\leqq x\leqq10$ で，$y=\dfrac{1}{2}(\text{KL}+\text{BC})\cdot\text{LC}$
$=\dfrac{1}{2}\times\left(\dfrac{7}{3}+7\right)\times2\sqrt{3}=\dfrac{28\sqrt{3}}{3}$

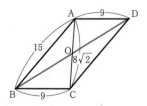
図6

p.194 **27.** （答）$\sqrt{21}$ cm
（解説）中線定理より，$5^2+7^2=2(\text{AM}^2+4^2)$
$\text{AM}^2=21$　　$\text{AM}=\sqrt{21}$

28. （答）22cm
（解説）対角線の交点を O とすると，AO＝CO
BO は △BCA の中線であるから，中線定理より，
$\text{BA}^2+\text{BC}^2=2(\text{BO}^2+\text{AO}^2)$
よって，$15^2+9^2=2\{\text{BO}^2+(4\sqrt{2})^2\}$
$\text{BO}^2=121$　　$\text{BO}=11$
ゆえに，BD＝22

29. （答） 長方形 ABCD の対角線の交点を O とする。

(i) 点 P が対角線上にないとき

PO は △PAC の中線であるから，中線定理より，

$PA^2+PC^2=2(PO^2+AO^2)$

PO は △PBD の中線であるから，中線定理より，

$PB^2+PD^2=2(PO^2+BO^2)$

AO＝BO より，$PA^2+PC^2=PB^2+PD^2$

(ii) 点 P と O が一致するとき

PA＝PB＝PC＝PD より，$PA^2+PC^2=PB^2+PD^2$

(iii) 点 P が対角線 AC 上にあるとき

右の図で，$PA^2+PC^2=(AO+OP)^2+(CO-OP)^2$

$=AO^2+2AO\cdot OP+OP^2+CO^2-2CO\cdot OP+OP^2$

AO＝CO より，$PA^2+PC^2=2(AO^2+OP^2)$

PO は △PBD の中線であるから，中線定理より，

$PB^2+PD^2=2(PO^2+BO^2)$

AO＝BO より，$PA^2+PC^2=PB^2+PD^2$

点 P が対角線 BD 上にあるときも同様である。

（注） 点 P が長方形 ABCD の外部にあっても同じ式が成り立つ。

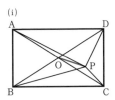
(i)

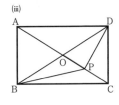
(iii)

p.195 **30.** （答） $4\sqrt{21}$ cm

31. （答） $3\sqrt{5}$ cm

32. （答） $(4\sqrt{3}+8\sqrt{2})$ cm

（解説） $AP=\sqrt{8^2-4^2}$　　$BP=\sqrt{12^2-4^2}$

33. （答） 40 cm

（解説） CP＝CA，DP＝DB より，CD＝41

点 C から線分 BD に垂線 CH をひくと，$AB=CH=\sqrt{41^2-(25-16)^2}$

p.197 **34.** （答） (1) $2\sqrt{2}$ cm　(2) $(\sqrt{2}-1)$ cm　(3) $\left(\sqrt{2}+1-\dfrac{3}{8}\pi\right)$ cm²

（解説） (1) △CDR で，∠D＝90°，∠DCR＝45°

であるから，$CR=\sqrt{2}$ CD

(2) 円 O と辺 AD との接点を S とする。

QR＝x cm とすると，(1)より，CQ＝$2\sqrt{2}-x$

また，RS＝RQ＝x より，CP＝DS＝$2+x$

CQ＝CP より，$2\sqrt{2}-x=2+x$

(3) ∠PCQ＝45°，∠OPC＝∠OQC＝90° より，

∠POQ＝135°

求める面積は，（四角形 OPCQ）－（おうぎ形 OPQ）

$=\left\{\dfrac{1}{2}\times(\sqrt{2}+1)\times1\right\}\times2-\pi\times1^2\times\dfrac{135}{360}$

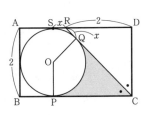

35. （答） (1) $\sqrt{2}$　(2) BF＝$2\sqrt{6}$ cm，CF＝$4\sqrt{3}$ cm

（解説） (1) AE＝EB＝a cm とすると，

EF＝EB＝a，DF＝DC＝$2a$

△AED で，∠DAE＝90° であるから，

$AD=\sqrt{(a+2a)^2-a^2}=2\sqrt{2}a$

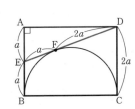

(2) (1)より，EF=3，DF=6，AD=$6\sqrt{2}$
点 F から線分 AE に垂線 FG をひくと，GF∥AD
であるから，DF：FE＝2：1 より，

$$GF=\frac{1}{3}AD=2\sqrt{2} \qquad GE=\frac{1}{3}AE=1$$

△BFG で，∠BGF＝90° であるから，
BF＝$\sqrt{(2\sqrt{2})^2+(1+3)^2}$

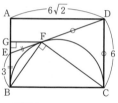

BC は直径であるから，∠BFC＝90°　△BCF で，CF＝$\sqrt{BC^2-BF^2}$

参考 (2) 半円の中心を O とし，線分 OE と BF との交点を H とすると，
BF＝2BH，BF⊥OE

よって，△OEB＝$\frac{1}{2}$OB・EB＝$\frac{1}{2}$OE・BH，OE＝$\sqrt{3^2+(3\sqrt{2})^2}=3\sqrt{3}$ から，線
分 BH の長さを求めてもよい。

36. **答** $\sqrt{5}$ cm

解説 頂点 A から辺 BC に垂線 AH をひき，BH＝$x$cm とすると，CH＝9－x
△ABH で，∠AHB＝90° であるから，AH^2＝8^2－x^2
△ACH で，∠AHC＝90° であるから，AH^2＝7^2－(9－x)^2

よって，8^2－x^2＝7^2－(9－x)^2　　$x=\frac{16}{3}$

ゆえに，AH＝$\sqrt{8^2-\left(\frac{16}{3}\right)^2}=\frac{8\sqrt{5}}{3}$ であるから，

$$\triangle ABC=\frac{1}{2}\times9\times\frac{8\sqrt{5}}{3}=12\sqrt{5}$$

内接する円の中心を O とする。
△ABC＝△OAB＋△OBC＋△OCA より，求める半径を $r$cm とすると，

$$\frac{1}{2}\times(8+9+7)\times r=12\sqrt{5}$$

37. **答** 5cm

解説 線分 FO の延長と辺 BC との交点を G とする。
求める半径を $r$cm とすると，OP＝r，PG＝BG－BP＝r－1，
OG＝FG－FO＝8－r
△OPG で，∠OGP＝90° であるから，OP^2＝PG^2＋OG^2
ゆえに，r^2＝(r－1)^2＋(8－r)^2　　r^2－18r＋65＝0　　ただし，0＜r＜8

38. **答** (1) A($2\sqrt{3}$，2)　(2) $\frac{4}{3}$

解説 (1) 辺 AB と y 軸との交点を F とする。

点 A の x 座標を t とすると，A$\left(t，\frac{1}{6}t^2\right)$，OF＝$\frac{1}{6}t^2$

O は △ABC の重心であるから，CF＝3OF＝$\frac{1}{2}t^2$

また，△ABC は正三角形であるから，CF＝$\sqrt{3}$ AF＝$\sqrt{3}\,t$

ゆえに，$\frac{1}{2}t^2=\sqrt{3}\,t$　　ただし，$t>0$

(2) (1)より，OC＝2OF＝4

△CDE は正三角形であるから，DE＝$\dfrac{2}{\sqrt{3}}$OC＝$\dfrac{8\sqrt{3}}{3}$

また，△CDE＝3△PDE

円 P の半径を r とすると，$\dfrac{1}{2} \times \dfrac{8\sqrt{3}}{3} \times 4 = 3 \times \left(\dfrac{1}{2} \times \dfrac{8\sqrt{3}}{3} \times r \right)$

参考 (2) △CDE は正三角形であるから，P は △CDE の重心である。

よって，OP＝$\dfrac{1}{3}$OC から求めてもよい。

p.199 **39.** **答** (1) 2cm (2) $2\sqrt{15}$ cm (3) $5\sqrt{15}$ cm²

解説 (1) △OPD で，OB＝BP，DC＝CP であるから，中点連結定理より，

BC＝$\dfrac{1}{2}$OD

(2) △ABC で，AB は直径であるから，∠ACB＝90°

よって，AC＝$\sqrt{AB^2 - BC^2}$

(3) DC＝CP より，△ACD＝△APC ……①

OB＝BP より，AB：AP＝2：3

よって，△APC＝$\dfrac{3}{2}$△ABC ……②

①，②より，△ACD＝$\dfrac{3}{2}$△ABC＝$\dfrac{3}{2} \times \left(\dfrac{1}{2} \times 2 \times 2\sqrt{15} \right) = 3\sqrt{15}$

ゆえに，（四角形 ABCD）＝△ABC＋△ACD

40. **答** BD＝1cm，AH＝$\dfrac{7\sqrt{2}}{2}$cm，BC＝$4\sqrt{2}$ cm

解説 △ABD で，AD は直径であるから，∠ABD＝90°

よって，BD＝$\sqrt{(5\sqrt{2})^2 - 7^2}$

△ABD と △AHC において，

∠ABD＝∠AHC（＝90°）　∠ADB＝∠ACH（$\overparen{AB}$ に対する円周角）

ゆえに，△ABD∽△AHC（2角）

よって，AD：AC＝AB：AH＝DB：CH

また，△ABH で，∠AHB＝90° であるから，BH＝$\sqrt{AB^2 - AH^2}$

41. **答** (1) DE＝$\dfrac{\sqrt{2}}{4}$cm，BE＝$\dfrac{3\sqrt{2}}{4}$cm (2) $\dfrac{7\sqrt{2}}{12}$cm (3) $\dfrac{16\sqrt{2}}{9}$cm²

解説 (1) △CED と △AEB において，

∠CED＝∠AEB（対頂角）　∠DCE＝∠BAE（$\overparen{BD}$ に対する円周角）

ゆえに，△CED∽△AEB（2角）……①

∠CAD＝∠DAB（仮定）より，CD＝DB＝1 であるから，

DE：BE＝CD：AB＝1：3

よって，DE＝$x$cm とすると，BE＝$3x$

△BDE で，AB は直径であるから，∠BDE＝90°

ゆえに，BE²＝BD²＋DE²　$(3x)^2 = 1^2 + x^2$　$x^2 = \dfrac{1}{8}$　ただし，$x > 0$

(2) △ABD で，∠BDA＝90° であるから，AD＝$\sqrt{3^2-1^2}$＝$2\sqrt{2}$

よって，AE＝AD－DE＝$2\sqrt{2}-\dfrac{\sqrt{2}}{4}=\dfrac{7\sqrt{2}}{4}$　①より，CE：AE＝1：3

ゆえに，CE：$\dfrac{7\sqrt{2}}{4}$＝1：3

(3) △ABD と △ADC は，辺 AD を共有するから，△ABD：△ADC＝BE：EC

よって，（四角形 ABDC）＝$\dfrac{BC}{BE}$△ABD＝$\dfrac{BE+EC}{BE}$△ABD

△ABD＝$\dfrac{1}{2}$AD・BD＝$\dfrac{1}{2}\times2\sqrt{2}\times1=\sqrt{2}$

参考 (1) △ABD∽△BED（2角）より，AD：BD＝DB：DE＝AB：BE
$2\sqrt{2}$：1＝1：DE＝3：BE から求めてもよい。

42. **答** (1) ∠BAC＝45°，∠BC′D＝67.5° (2) $(4\sqrt{2}+4)$cm² (3) $4\sqrt{2}$ cm²

解説 (1) ∠CBC′＝90°，BC＝BC′ であるから，△BCC′
は直角二等辺三角形で，CC′ は円の直径である。

∠BAC＝∠BC′C（$\overparen{BC}$ に対する円周角）

∠BC′D＝∠BCD＝$\dfrac{1}{2}$（180°－∠BAC）

(2) 円の中心を O とし，線分 AO の延長と辺 BC との交
点を H とする。△ABC は二等辺三角形であるから，
∠AHC＝90°，BH＝HC＝2
OB＝OC より，△OBC は直角二等辺三角形であるから，

OA＝OB＝$\dfrac{1}{\sqrt{2}}$BC＝$2\sqrt{2}$　OH＝BH＝2 より，AH＝$2\sqrt{2}+2$

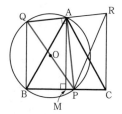

(3) △BDC′ と △ABC において，
∠DC′B＝∠BCA　∠C′BD＝∠CAB（＝45°）
よって，△BDC′∽△ABC（2角）　ゆえに，AB＝AC より，BD＝BC′ である
から，BD＝BC＝4　また，OC′＝OB＝$2\sqrt{2}$

p.201 **43.** **答** (1) AP＝$4\sqrt{7}$ cm，PQ＝$\dfrac{8\sqrt{21}}{3}$ cm

(2) BQ＝$\dfrac{16\sqrt{3}}{3}$ cm，CR＝$\dfrac{20\sqrt{3}}{3}$ cm (3) $\dfrac{160\sqrt{3}}{9}$ cm²

解説 (1) 辺 BC の中点を M とすると，
△ABC は正三角形であるから，

BM＝$\dfrac{1}{2}$BC＝6，AM＝$\dfrac{\sqrt{3}}{2}$AB＝$6\sqrt{3}$

△AMP で，∠AMP＝90° であるから，
AP＝$\sqrt{(6\sqrt{3})^2+(8-6)^2}$＝$4\sqrt{7}$
∠AQP＝∠ABP＝60°（$\overparen{AP}$ に対する円周角）
PQ は直径であるから，∠PAQ＝90°

ゆえに，PQ＝$\dfrac{2}{\sqrt{3}}$AP＝$\dfrac{2}{\sqrt{3}}\times4\sqrt{7}$＝$\dfrac{8\sqrt{21}}{3}$

(2) PQ は直径であるから，∠PBQ＝90°

△BPQ で，BQ＝$\sqrt{\left(\dfrac{8\sqrt{21}}{3}\right)^2-8^2}=\dfrac{16\sqrt{3}}{3}$

AP⊥QR，AQ＝AR より，PQ＝PR

よって，∠PRA＝∠PQA＝60°　また，∠PCA＝60°

ゆえに，∠PRA＝∠PCA より，4点 A，P，C，R は同一円周上にあり，

∠PAR＝90° であるから，∠PCR＝90°

また，PR＝PQ＝$\dfrac{8\sqrt{21}}{3}$

ゆえに，△RPC で，CR＝$\sqrt{\left(\dfrac{8\sqrt{21}}{3}\right)^2-(12-8)^2}=\dfrac{20\sqrt{3}}{3}$

(3) ∠QBC＝∠RCB＝90° より，BQ∥CR

よって，QS：CS＝BQ：RC＝$\dfrac{16\sqrt{3}}{3}:\dfrac{20\sqrt{3}}{3}=4:5$

ゆえに，△SBC＝$\dfrac{SC}{QC}$△QBC＝$\dfrac{5}{9}\left(\dfrac{1}{2}BC\cdot BQ\right)$

＝$\dfrac{5}{9}\times\left(\dfrac{1}{2}\times12\times\dfrac{16\sqrt{3}}{3}\right)=\dfrac{160\sqrt{3}}{9}$

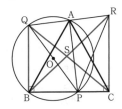

参考 (2) BQ∥CR の台形 BCRQ で，BM＝MC，

QA＝AR より，AM＝$\dfrac{1}{2}$(BQ＋CR) から，線分 CR の長さを求めてもよい。

44. 答 (1) A(9，$4\sqrt{5}$)　(2) $\dfrac{500}{9}\pi$　(3) 54π

解説 (1) 線分 CD の中点を M(9，0) とすると，

AC＝AD（半径）より，AM⊥CD であるから，

A(9，y) とおける。

△ACM で，∠AMC＝90°，AC＝AB＝9，

CM＝OM－OC＝1 であるから，

y＝AM＝$\sqrt{9^2-1^2}=4\sqrt{5}$

ゆえに，A(9，$4\sqrt{5}$)

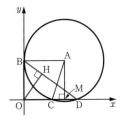

(2) 原点 O から線分 BD に垂線 OH をひく。

△ODB∽△HOB（2角）より，BD：BO＝DO：OH

△BOD で，∠BOD＝90° であるから，BD＝$\sqrt{10^2+(4\sqrt{5})^2}=6\sqrt{5}$

よって，6$\sqrt{5}$：4$\sqrt{5}$＝10：OH　　OH＝$\dfrac{20}{3}$

求める面積は，OD を半径とする円の面積から，OH を半径とする円の面積をひ

いたものであるから，

$\pi\times10^2-\pi\times\left(\dfrac{20}{3}\right)^2=\dfrac{500}{9}\pi$

(3) 線分 PB, PC, PD の長さのうち, 最も大きい辺が最小となる点 P の位置は, 線分 BD の垂直二等分線と $\overset{\frown}{\mathrm{BCD}}$ との交点である。その交点を P′ とし, 線分 AP′ と BD との交点を H′ とすると,

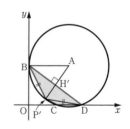

$\mathrm{BH'=H'D}$ より, $\mathrm{BH'}=\dfrac{1}{2}\mathrm{BD}=3\sqrt{5}$

△ABH′ で, $\angle\mathrm{AH'B}=90°$ であるから,
$\mathrm{AH'}=\sqrt{9^2-(3\sqrt{5}\,)^2}=6$
よって, $\mathrm{P'H'}=9-6=3$
△BP′H′ で, $\angle\mathrm{P'H'B}=90°$ であるから,
$\mathrm{P'B}=\sqrt{3^2+(3\sqrt{5}\,)^2}=3\sqrt{6}$
$\mathrm{P'B=P'D}$, $\mathrm{P'C<P'D}$ より, 求める面積は, P′B を半径とする円の面積であるから, $\pi\times(3\sqrt{6}\,)^2=54\pi$

参考 (2) $\triangle\mathrm{ODB}=\dfrac{1}{2}\mathrm{OD\cdot OB}=\dfrac{1}{2}\mathrm{BD\cdot OH}$ から, 線分 OH の長さを求めてもよい。

p.202 **45.** 答 (1) $5\sqrt{2}$ cm (2) $5\sqrt{3}$ cm

46. 答 半径 $3\sqrt{3}$ cm, 面積 27π cm^2

47. 答 10π cm^2

解説 円すいの底面の半径を$r$cm, 母線の長さを$a$cm とすると,

(表面積)$=\pi r^2+\pi a^2\times\dfrac{2\pi r}{2\pi a}=\pi r^2+\pi ra$

48. 答 (1) 1cm (2) $\dfrac{\sqrt{15}}{3}\pi$ cm^3

p.204 **49.** 答 (1) $\mathrm{AH}=2\sqrt{6}$ cm, 体積 $18\sqrt{2}$ cm^3

(2) $\triangle\mathrm{BMN}=\dfrac{9\sqrt{11}}{4}$ cm^2, 垂線の長さ $\dfrac{6\sqrt{22}}{11}$ cm

解説 (1) 辺 CD の中点を E とすると, $\mathrm{BE}=\dfrac{\sqrt{3}}{2}\mathrm{BC}=3\sqrt{3}$

H は △BCD の重心であるから, $\mathrm{BH}=\dfrac{2}{3}\mathrm{BE}=2\sqrt{3}$

△ABH で, $\angle\mathrm{AHB}=90°$ であるから, $\mathrm{AH}=\sqrt{6^2-(2\sqrt{3}\,)^2}$

正四面体 ABCD の体積は, $\dfrac{1}{3}\triangle\mathrm{BCD\cdot AH}=\dfrac{1}{3}\times\left(\dfrac{\sqrt{3}}{4}\times6^2\right)\times\mathrm{AH}$

(2) △BMN は $\mathrm{BM=BN}=3\sqrt{3}$, $\mathrm{MN}=3$ の二等辺三角形であるから, 底辺をMN とするときの高さは, $\sqrt{(3\sqrt{3}\,)^2-\left(\dfrac{3}{2}\right)^2}=\dfrac{3\sqrt{11}}{2}$

よって, $\triangle\mathrm{BMN}=\dfrac{1}{2}\times3\times\dfrac{3\sqrt{11}}{2}=\dfrac{9\sqrt{11}}{4}$

$\triangle \text{AMN} = \dfrac{1}{4} \triangle \text{ACD}$ であるから，

四面体 ABMN の体積は，$\dfrac{1}{4} \times (\text{正四面体 ABCD の体積}) = \dfrac{9\sqrt{2}}{2}$

よって，頂点 A から平面 BMN にひいた垂線の長さを $h\,\text{cm}$ とすると，

$\dfrac{1}{3} \triangle \text{BMN} \cdot h = \dfrac{9\sqrt{2}}{2}$

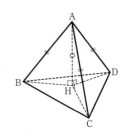

注 正四面体 ABCD では，頂点 A から底面 BCD に
垂線 AH をひくと，H は △BCD の重心となること
を次のように示すことができる。
右の正四面体 ABCD で，
$\triangle \text{ABH} \equiv \triangle \text{ACH} \equiv \triangle \text{ADH}$（斜辺と 1 辺）より，
BH＝CH＝DH であるから，H は △BCD の外心で
ある。正三角形では，重心と外心が一致することか
ら，H は △BCD の重心である。

50. 答 (1) $PQ = 2\sqrt{2}$ cm，$PR = \sqrt{13}$ cm
(2) $8\sqrt{22}$ cm² (3) 52 cm³

解説 (1) △DPQ は直角二等辺三角形であるから，$PQ = \sqrt{2}\,PD$

△REH で，PD∥EH，PD：EH＝1：3 より，$RD = \dfrac{1}{2}DH = 3$

△RPD で，∠RDP＝90° であるから，
$PR = \sqrt{PD^2 + RD^2}$

(2) △AEP で，∠PAE＝90° であるから，
$PE = \sqrt{4^2 + 6^2} = 2\sqrt{13}$
点 P から線分 EG に垂線 PI をひく。
四角形 PEGQ は等脚台形であるから，
$EG = 6\sqrt{2}$ より，
$EI = \dfrac{1}{2}(EG - PQ) = 2\sqrt{2}$
△PEI で，∠PIE＝90° であるから，
$PI = \sqrt{(2\sqrt{13})^2 - (2\sqrt{2})^2} = 2\sqrt{11}$
求める面積は，$\dfrac{1}{2} \times (2\sqrt{2} + 6\sqrt{2}) \times 2\sqrt{11}$

(3) 三角すい R–PQD と三角すい R–EGH は相似で，相似比は RD：RH＝1：3
であるから，求める体積は，
$\left\{1 - \left(\dfrac{1}{3}\right)^3\right\} \times (\text{三角すい R–EGH の体積}) = \dfrac{26}{27} \times \left\{\dfrac{1}{3} \times \left(\dfrac{1}{2} \times 6^2\right) \times 9\right\}$

参考 (2) △RPQ∽△REG で，相似比は PQ：EG＝1：3 より，
$\left\{1 - \left(\dfrac{1}{3}\right)^2\right\} \triangle \text{REG} = \dfrac{8}{9} \times \left\{\dfrac{1}{2} \times 6\sqrt{2} \times \sqrt{(3\sqrt{13})^2 - (3\sqrt{2})^2}\right\}$ から求めてもよ
い。

p.205 **51.** 答 (1) $\dfrac{3\sqrt{10}}{5}$ cm (2) $6\sqrt{5}$ cm² (3) $6\sqrt{2}$ cm³

解説 (1) △OAC で，OA＝OC，AC＝$\sqrt{2}$ AB＝$\sqrt{2}$ OA
よって，∠AOC＝90°

ゆえに，△OAG で，AG＝$\sqrt{6^2+\left(\dfrac{1}{3}\times6\right)^2}=2\sqrt{10}$

△OAG＝$\dfrac{1}{2}$OA・OG＝$\dfrac{1}{2}$AG・OH より，

$\dfrac{1}{2}\times6\times2=\dfrac{1}{2}\times2\sqrt{10}\times$OH

(2) △OEF で，∠EOF＝90°，OE＝OF＝3 であるから，EF＝$\sqrt{2}$ OE＝$3\sqrt{2}$
△AEG≡△AFG（3辺）より，∠EAG＝∠FAG
よって，AG は ∠EAF の二等分線であるから，AG⊥EF

ゆえに，（四角形 AEGF）＝$\dfrac{1}{2}$AG・EF

(3) OH⊥平面 AEGF であるから，

（四角すい O–AEGF の体積）＝$\dfrac{1}{3}\times$（四角形 AEGF）×OH

参考 (1) △OAG∽△HOG（2角）より，AG：OG＝AO：OH
$2\sqrt{10}$：2＝6：OH から求めてもよい。
(3)（四角すい O–AEGF の体積）
＝（三角すい A–OEF の体積）＋（三角すい G–OEF の体積）
頂点 O から底面 ABCD に垂線 OI をひくと，I は対角線 AC と BD との交点である。

（三角すい A–OEF の体積）＝$\dfrac{1}{3}$△OEF・AI＝$\dfrac{1}{3}\times\left(\dfrac{1}{2}\times3^2\right)\times3\sqrt{2}$

OG：OC＝1：3 より，（三角すい G–OEF の体積）＝$\dfrac{1}{3}$△OEF×$\dfrac{1}{3}$CI

＝$\dfrac{1}{3}$△OEF×$\dfrac{1}{3}$AI＝$\dfrac{1}{3}\times$（三角すい A–OEF の体積）から求めてもよい。

注 GC＝2OG は，次のように求めることができる。
正四角すい O–ABCD を 3 つの頂点 O，A，C を通
る平面で切ったときの切り口は，右の図のようにな
る。M は線分 AC の中点，N は線分 OM の中点で
ある。

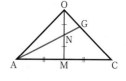

△OMC と直線 ANG で，メネラウスの定理より，

$\dfrac{\text{ON}}{\text{NM}}\cdot\dfrac{\text{MA}}{\text{AC}}\cdot\dfrac{\text{CG}}{\text{GO}}=1$　　$\dfrac{1}{1}\times\dfrac{1}{2}\times\dfrac{\text{CG}}{\text{GO}}=1$

ゆえに，GC＝2OG

52. 答 (1) 12 cm (2) $16\sqrt{26}$ cm² (3) $\dfrac{256}{3}$ cm³

解説 (1) PD∥FQ より，GQ＝AP＝2
PQ＝$\sqrt{8^2+8^2+(8-2-2)^2}$

(2) △PFE で，∠PEF＝90° であるから，PF＝$\sqrt{6^2+8^2}$＝10
△QGF で，∠QGF＝90° であるから，FQ＝$\sqrt{8^2+2^2}$＝$2\sqrt{17}$
点 Q から線分 PF に垂線 QI をひく。
PI＝x cm とすると，FI＝$10-x$
△QPI で，∠QIP＝90° であるから，QI²＝12^2-x^2
△QFI で，∠QIF＝90° であるから，
QI²＝$(2\sqrt{17})^2-(10-x)^2$

よって，$12^2-x^2=(2\sqrt{17})^2-(10-x)^2$　　$x=\dfrac{44}{5}$

ゆえに，QI＝$\sqrt{12^2-\left(\dfrac{44}{5}\right)^2}=\dfrac{8\sqrt{26}}{5}$

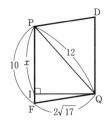

また，PF∥DQ，PD∥FQ より，四角形 PFQD は
平行四辺形である。　　ゆえに，(四角形 PFQD)＝PF・QI

(3) PE＝6，QG＝2，EG＝$8\sqrt{2}$ より，(台形 PEGQ)＝$\dfrac{1}{2}\times(6+2)\times8\sqrt{2}=32\sqrt{2}$

頂点 F から平面 PEGQ に垂線 FJ をひくと，FJ＝$\dfrac{1}{\sqrt{2}}$FG＝$4\sqrt{2}$

ゆえに，(四角すい F-PEGQ の体積)＝$\dfrac{1}{3}\times$(台形 PEGQ)$\times$FJ

53. （答）$2\sqrt{13}$ cm

（解説）右の図で，A′，B′，C′，D′ はそれぞれ頂点 A，B，
C，D に重なる点で，求める長さは線分 AD′ の長さで
ある。頂点 A から線分 D′C の延長に垂線 AH をひく。
△ACH で，∠AHC＝90°，∠ACH＝60° であるから，

AH＝$\dfrac{\sqrt{3}}{2}$AC＝$\sqrt{3}$，CH＝$\dfrac{1}{2}$AC＝1

△AD′H で，∠AHD′＝90° であるから，
AD′＝$\sqrt{(\sqrt{3})^2+(2\times3+1)^2}$

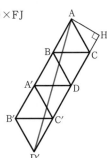

p.207 **54.** （答）$\dfrac{\sqrt{6}}{2}$ cm

（解説）頂点 A から平面 BCD に垂線 AH をひくと，
H は △BCD の重心であるから，

AH＝$\sqrt{6^2-\left(\dfrac{2}{3}\times3\sqrt{3}\right)^2}=2\sqrt{6}$ より，

(正四面体 ABCD の体積)＝$\dfrac{1}{3}$△BCD・AH

＝$\dfrac{2\sqrt{6}}{3}$△BCD

また，球 O の半径を r cm とすると，
(正四面体 ABCD の体積)－(三角すい O-BCD の体積)×4
ゆえに，$\dfrac{2\sqrt{6}}{3}$△BCD＝$\left(\dfrac{1}{3}$△BCD・$r\right)\times4$

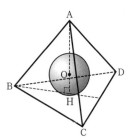

55. 答 $\dfrac{\sqrt{2}}{2}$ cm

（解説）円すいの頂点を A，底面の直径を BC とし，3 点
A，B，C を通る平面で円すいを切る。
球 O と底面との接点を P とすると，
$\triangle$ABP で，$\angle$APB$=90°$ であるから，
AB$=\sqrt{(2\sqrt{2})^2+1^2}=3$
また，AC$=$AB$=3$
求める半径を r cm とすると，
$\triangle$ABC$=\triangle$OBC$+\triangle$OCA$+\triangle$OAB より，
$\dfrac{1}{2}\times 2\times 2\sqrt{2}=\dfrac{1}{2}\times 2\times r+\left(\dfrac{1}{2}\times 3\times r\right)\times 2$

（参考）球 O と母線 AB との接点を Q とすると，
$\angle$AQO$=90°$，BQ$=$BP$=1$
$\triangle$AQO$\backsim\triangle$APB（2角）より，AQ：AP$=$OQ：BP
$2:2\sqrt{2}=r:1$ から求めてもよい。
または，O は $\triangle$ABC の内心であるから，$\angle$ABO$=\angle$PBO より，
AO：OP$=$BA：BP$=3:1$ から求めてもよい。

56. 答 22cm

（解説）半球の中心を O′，円すいの底面の直径を BC と
し，3 点 O′，B，C を通る平面でこの立体を切る。
$\triangle$OBH で，$\angle$OHB$=90°$ であるから，
OH$=\sqrt{20^2-12^2}=16$
$\triangle$O′BH で $\angle$O′HB$=90°$ であるから，
O′H$=\sqrt{15^2-12^2}=9$
よって，OO′$=16-9=7$

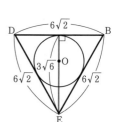

57. 答 (1) 2cm　(2) $3\sqrt{2}$ cm

（解説）切り口の円の中心を O とすると，AO⊥平面 BDE である。

(1)（三角すい A–BDE の体積）$=\dfrac{1}{3}\triangle$AEB$\cdot$DA$=\dfrac{1}{3}\triangle$BDE$\cdot$AO より，

$\dfrac{1}{3}\times\left(\dfrac{1}{2}\times 6^2\right)\times 6=\dfrac{1}{3}\times\left\{\dfrac{\sqrt{3}}{4}\times(6\sqrt{2})^2\right\}\times$AO

AO$=2\sqrt{3}$
求める半径は，$\sqrt{4^2-$AO^2

(2) 右の図で，O は $\triangle$BDE の重心であるから，

円 O の半径は，$\dfrac{1}{3}\times\dfrac{\sqrt{3}}{2}BD=\dfrac{1}{3}\times 3\sqrt{6}=\sqrt{6}$

求める半径は，$\sqrt{$AO$^2+(\sqrt{6})^2}$

58. **答** (1) $2\sqrt{13}$ cm (2) $\dfrac{3\sqrt{39}}{13}$ cm

(解説) (1) 円すいの母線の長さは，$\sqrt{2^2+(4\sqrt{2})^2}=6$
右の図のように，側面の展開図をかくと，糸の長さは線分 BC である。
点 B から線分 B′A の延長に垂線 BH をひく。

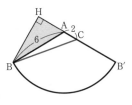

$\angle BAB'=360°\times\dfrac{2\pi\times2}{2\pi\times6}=120°$

△BAH で，$\angle AHB=90°$，$\angle BAH=60°$ であるから，

$BH=\dfrac{\sqrt{3}}{2}AB=3\sqrt{3}$，$AH=\dfrac{1}{2}AB=3$

△BCH で，$\angle BHC=90°$ であるから，$BC=\sqrt{(3\sqrt{3})^2+(3+2)^2}$

(2) $\triangle ABC=\dfrac{1}{2}AC\cdot BH=\dfrac{1}{2}\times2\times3\sqrt{3}=3\sqrt{3}$

頂点 A から線分 BC にひいた垂線と線分 BC との交点が D となるから，

$\triangle ABC=\dfrac{1}{2}BC\cdot AD$

ゆえに，$3\sqrt{3}=\dfrac{1}{2}\times2\sqrt{13}\times AD$

p.209 **59.** **答** (1) $S=\dfrac{\sqrt{3}}{2}t^2$ (2) $S=3\sqrt{3}$ (3) $S=\sqrt{3}(-t^2+6t-6)$ (4) $x=\dfrac{6+\sqrt{6}}{5}$

(解説) (1) $0<t<2$ のとき，切り口は △AFH に平行であるから，正三角形になる。

$EP=t$ より，1辺の長さは $\sqrt{2}\,t$ cm であるから，$S=\dfrac{\sqrt{3}}{4}\times(\sqrt{2}\,t)^2=\dfrac{\sqrt{3}}{2}t^2$

$t=2$ のとき，切り口は正三角形 AFH になり，上の式を満たす。

(2) $t=3$ のとき，P は辺 AB の中点になるから，切り口は1辺の長さが $\sqrt{2}$ cm の正六角形になる。

ゆえに，$S=\left\{\dfrac{\sqrt{3}}{4}\times(\sqrt{2})^2\right\}\times6=3\sqrt{3}$

(3) $2<t<4$ のとき，切り口は，右の図のような六角形になる。

AP$=t-2$ より，

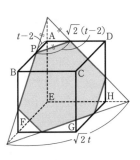

$S=\dfrac{\sqrt{3}}{4}\times(\sqrt{2}\,t)^2-\left[\dfrac{\sqrt{3}}{4}\times\{\sqrt{2}\,(t-2)\}^2\right]\times3$

$=\sqrt{3}(-t^2+6t-6)$

$t=2$，4 のとき，切り口はそれぞれ正三角形 AFH，BGD になり，上の式を満たす。

(4) (i) $0<2x\leqq2$ すなわち $0<x\leqq1$ のとき，

$S_1=\dfrac{\sqrt{3}}{2}x^2$，$S_2=\dfrac{\sqrt{3}}{2}(2x)^2$

$S_2=2S_1$ より，$\dfrac{\sqrt{3}}{2}(2x)^2=2\times\dfrac{\sqrt{3}}{2}x^2$ $2\sqrt{3}\,x^2=\sqrt{3}\,x^2$

よって，$x=0$ この値は問題に適さない。

(ii) $2<2x\leqq 4$ すなわち $1<x\leqq 2$ のとき,

$S_1=\dfrac{\sqrt{3}}{2}x^2$, $S_2=\sqrt{3}\{-(2x)^2+6\times(2x)-6\}$

$S_2=2S_1$ より, $\sqrt{3}\{-(2x)^2+6\times(2x)-6\}=2\times\dfrac{\sqrt{3}}{2}x^2$ $5x^2-12x+6=0$

$x=\dfrac{6\pm\sqrt{6}}{5}$ $1<x\leqq 2$ より, $x=\dfrac{6+\sqrt{6}}{5}$

60. (答) (1) 4cm (2) $\dfrac{26}{3}$ cm³

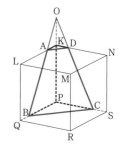

(解説) 右の図のように, 立方体を KLMN–PQRS,
切り口の平面 ABCD と辺 PK の延長との交点を O
とする。
(1) 球の直径は立方体の対角線 QN であるから,
QN$=2\times2\sqrt{3}$
立方体の1辺の長さを a cm とすると, QN$=\sqrt{3}\,a$
よって, $\sqrt{3}\,a=4\sqrt{3}$ $a=4$
(2) 三角すい O–ADK と三角すい O–BCP は相似で,
相似比は AD：BC$=1:3$ であるから,
2つの三角すいの体積の比は, $1^3:3^3=1:27$
OA：AB$=1:2$, AB$=2\sqrt{5}$ より, OA$=\sqrt{5}$
また, OK：KP$=1:2$, KP$=4$ より, OK$=2$
△OAK で, ∠OKA$=90°$ であるから,
AK$=\sqrt{(\sqrt{5}\,)^2-2^2}=1$
AB$=$DC, AD∥BC より, DK$=$AK
よって, 三角すい O–ADK の体積は,
$\dfrac{1}{3}$△ADK・OK$=\dfrac{1}{3}\times\left(\dfrac{1}{2}\times1^2\right)\times2=\dfrac{1}{3}$ ⎫
                                        ⎬ (*)
ゆえに, 求める体積は, $\dfrac{1}{3}\times(27-1)=\dfrac{26}{3}$ ⎭

(別解) (2) (*)部分は次のように求めてもよい。
求める立体 ADK–BCP を3点 A, C, P を通る平面で切って, 三角すい A–BCP
と四角すい A–KPCD に分ける。
BP$=$CP$=3$, KP$=4$ より,

(三角すい A–BCP の体積)$=\dfrac{1}{3}$△BCP・KP$=\dfrac{1}{3}\times\left(\dfrac{1}{2}\times3^2\right)\times4=6$

また, DK$=$AK$=1$ より,

(四角すい A–KPCD の体積)$=\dfrac{1}{3}\times$(台形 KPCD)$\times$AK

$=\dfrac{1}{3}\times\left\{\dfrac{1}{2}\times(1+3)\times4\right\}\times1=\dfrac{8}{3}$

ゆえに, 求める体積は, $6+\dfrac{8}{3}=\dfrac{26}{3}$

8章の問題

p.210 **1** **答** (1) $x=13$, $y=\dfrac{15}{2}$　(2) $x=6\sqrt{2}$, $y=3\sqrt{7}$　(3) $x=5$, $y=3\sqrt{3}$

解説 (1) $\triangle$AED で，$\angle$D$=90°$ であるから，

$AE=\sqrt{12^2+(7-2)^2}$

点 F から辺 AB に垂線 FG をひくと，

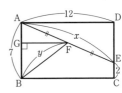

$\triangle$FAG$\backsim\triangle$AED（2角）で，相似比が $1:2$ であ

るから，$AG=\dfrac{1}{2}ED=\dfrac{5}{2}$，$GF=\dfrac{1}{2}DA=6$

$\triangle$FGB で，$\angle$FGB$=90°$ であるから，

$BF=\sqrt{6^2+\left(7-\dfrac{5}{2}\right)^2}$

(2) $\triangle$ADC で，$\angle$ADC$=90°$ であるから，$AD=\sqrt{9^2-5^2}=2\sqrt{14}$

$\triangle$ABD で，$\angle$ADB$=90°$ であるから，$AB=\sqrt{(2\sqrt{14})^2+4^2}$

$\triangle$ABC$=\dfrac{1}{2}BC\cdot AD=\dfrac{1}{2}AB\cdot CE$ より，

$\dfrac{1}{2}\times9\times2\sqrt{14}=\dfrac{1}{2}AB\cdot CE$

(3) 頂点 A から線分 BC，CD にそれぞれ垂線 AE，AF を

ひくと，$\triangle$ABE と $\triangle$ADF はともに $30°$，$60°$，$90°$ の直角

三角形である。

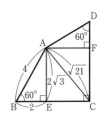

よって，$AE=\dfrac{\sqrt{3}}{2}AB=2\sqrt{3}$，$BE=\dfrac{1}{2}AB=2$

$\triangle$AEC で，$\angle$AEC$=90°$ であるから，

$EC=\sqrt{(\sqrt{21})^2-(2\sqrt{3})^2}$

また，$FC=AE$，$AF=EC$ で，$DF=\dfrac{1}{\sqrt{3}}AF$

2 **答** (1) $AD=(2+2\sqrt{2})$ cm，$AB=(4+2\sqrt{2})$ cm　(2) $(2+2\sqrt{2})$ cm^2

解説 (1) $OD=OE=2$

$\triangle$AOE は直角二等辺三角形であるから，$AO=\sqrt{2}$ $OE=2\sqrt{2}$

また，$AB=\sqrt{2}$ AD

(2) 線分 AD と EF との交点を G とする。

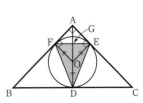

$EF=AO$，$GO=\dfrac{1}{2}AO$ より，

$\triangle$DEF$=\dfrac{1}{2}EF\cdot GD=\dfrac{1}{2}\times2\sqrt{2}\times(\sqrt{2}+2)$

参考 (1) O は $\triangle$ABC の内心より，

$\angle$ABO$=\angle$DBO で，$\triangle$ABD は直角二等辺

三角形であるから，$AO:OD=BA:BD=\sqrt{2}:1$ より，線分 AO の長さを求め

てもよい。

3 **答** (1) $\dfrac{21}{8}$ cm (2) $\dfrac{\sqrt{235}}{8}$ cm

解説 (1) BH$=x$ cm とすると, DH$=4-x$
△CBH で, ∠CHB$=90°$ であるから, CH$^2=3^2-x^2$
△CDH で, ∠CHD$=90°$ であるから, CH$^2=2^2-(4-x)^2$
よって, $3^2-x^2=2^2-(4-x)^2$

(2) 頂点 A から対角線 BD に垂線 AI をひくと, AI$=$CH

CH$=\sqrt{3^2-\left(\dfrac{21}{8}\right)^2}=\dfrac{3\sqrt{15}}{8}$

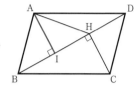

BI$=$DH より, IH$=$BH$-$BI$=\dfrac{21}{8}-\left(4-\dfrac{21}{8}\right)=\dfrac{5}{4}$

△AIH で, ∠AIH$=90°$ であるから,

AH$=\sqrt{\left(\dfrac{3\sqrt{15}}{8}\right)^2+\left(\dfrac{5}{4}\right)^2}$

別解 (2) 対角線 AC と BD との交点を M とすると,
AM は △ABD の中線であるから, 中線定理より,
AB$^2+$AD$^2=2($AM$^2+$BM$^2)$

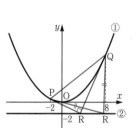

$2^2+3^2=2($AM$^2+2^2)$ よって, AM$^2=\dfrac{5}{2}$

HM は △HAC の中線であるから, 中線定理より,

HA$^2+$HC$^2=2($HM$^2+$AM$^2)$ HA$^2+\left(\dfrac{3\sqrt{15}}{8}\right)^2=2\left\{\left(\dfrac{21}{8}-2\right)^2+\dfrac{5}{2}\right\}$

4 **答** (1) $\dfrac{123}{16}$ (2) 3

解説 R$(a, -2)$ とする。

(1) P$\left(-2, \dfrac{1}{2}\right)$, Q$(8, 8)$, PR$^2=$QR^2 である

から, $\{a-(-2)\}^2+\left(-2-\dfrac{1}{2}\right)^2$

$=(a-8)^2+(-2-8)^2$

(2) △PRQ で, ∠PRQ$=90°$ であるから,
PQ$^2=$PR$^2+$QR^2

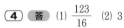

$\{8-(-2)\}^2+\left(8-\dfrac{1}{2}\right)^2=\left[\{a-(-2)\}^2+\left(-2-\dfrac{1}{2}\right)^2\right]+\{(a-8)^2+(-2-8)^2\}$

$a^2-6a+9=0$

5 **答** (1) $\dfrac{31}{11}$ cm (2) $\dfrac{17}{11}$ cm

解説 (1) QS$=x$ cm とすると,
BQ$=$QS$=x$ より, QC$=5-x$
点 S から辺 BC の延長に垂線 SH を
ひくと, △SCH で, ∠SHC$=90°$,

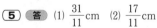

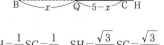

∠SCH$=60°$, SC$=1$ であるから, CH$=\dfrac{1}{2}$SC$=\dfrac{1}{2}$, SH$=\dfrac{\sqrt{3}}{2}$SC$=\dfrac{\sqrt{3}}{2}$

△SQH で，∠SHQ＝90° であるから，$x^2＝\left\{(5-x)+\dfrac{1}{2}\right\}^2+\left(\dfrac{\sqrt{3}}{2}\right)^2$

(2) 辺 AD の延長と線分 QS の延長との交点を E とすると，

△DSE≡△CSQ（2角夾辺）より，$SE＝SQ＝\dfrac{31}{11}$，$DE＝CQ＝5-\dfrac{31}{11}＝\dfrac{24}{11}$

△EPQ で，∠EPQ＝∠PQB＝∠EQP より，$PE＝QE＝2QS＝\dfrac{62}{11}$

よって，PR＝AP＝AD＋DE－PE

p.211 **6** **(答)** (1) 8cm　(2) $OM＝4\sqrt{34}$ cm，$ON＝5\sqrt{17}$ cm

(解説) (1) AM＝x cm とすると，MP＝ME＝20－x，NF＝NP＝17－(20－x)
＝x－3 であるから，AN＝20－(x－3)＝23－x
△AMN で，∠NAM＝90° であるから，$17^2＝x^2+(23-x)^2$

$x^2-23x+120＝0$　　ただし，$0<x<\dfrac{23}{2}$

(2) △OME で，∠OEM＝90° であるから，$OM＝\sqrt{(20-AM)^2+20^2}$
△ONF で，∠OFN＝90° であるから，$ON＝\sqrt{(AM-3)^2+20^2}$

7 **(答)** (1) $4\sqrt{3}$ cm　(2) $\dfrac{45\sqrt{3}}{4}$ cm²　(3) $\sqrt{21}$ cm

(解説) (1) △AEB と △CAD において，
四角形 ABCD が円に内接しているから，
∠EBA＝∠ADC ……①
AE∥DB より，∠EAB＝∠ABD（錯角）
∠ABD＝∠ACD（$\overset{\frown}{AD}$ に対する円周角）
よって，∠EAB＝∠ACD ……②
①，②より，△AEB∽△CAD（2角）
ゆえに，AE：CA＝EB：AD

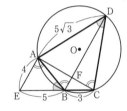

(2) 線分 AC と BD との交点を F とすると，FB∥AE より，

$AF＝\dfrac{5}{8}AC＝\dfrac{5\sqrt{3}}{2}$，$BF＝\dfrac{3}{8}AE＝\dfrac{3}{2}$

(1)より，△AEC で，AE：EC：AC＝4：8：$4\sqrt{3}$＝1：2：$\sqrt{3}$ であるから，
∠CAE＝90°，∠ACE＝30°
△AFD で，∠AFD＝∠CAE＝90°（錯角），
∠ADF＝∠ACE＝30°（$\overset{\frown}{AB}$ に対する円周角）より，$FD＝\sqrt{3}\,AF＝\dfrac{15}{2}$

(3) ∠ACB＝30° より，∠AOB＝60° であるから，△OAB は正三角形である。
よって，円 O の半径は AB である。　　△ABF で，∠AFB＝90° であるから，

$AB＝\sqrt{\left(\dfrac{5\sqrt{3}}{2}\right)^2+\left(\dfrac{3}{2}\right)^2}$

(参考) (3) 線分 EA の延長と円 O との交点を G とする
と，∠CAG＝90° より，CG は円 O の直径である。
△AEB∽△CEG（2角）であるから，
AE：CE＝EB：EG より，線分 EG の長さを求め，
$CG＝\sqrt{(EG-EA)^2+AC^2}$ としてもよい。

⑧ **答** (1) $30\sqrt{2}$ cm (2) 220 cm^3

解説 (1) 右の図のように，側面の展開図をかくと，
線分 AD′ 上に 2 点 P，Q をとるとき，長さが最小に
なる。

△AD′A′ で，∠AA′D′＝90° であるから，

$$AP+PQ+QD'=\sqrt{(AB+BC+CA')^2+A'D'^2}$$

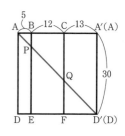

(2) △ABC で，$CA^2=AB^2+BC^2$ であるから，
∠ABC＝90°　また，∠ABP＝90°
よって，AB⊥平面 BPQC
右の図で，BP∥CQ∥A′D′ より，

$$BP=\frac{5}{5+12+13}A'D'=5,\quad CQ=\frac{5+12}{5+12+13}A'D'=17$$

ゆえに，(四角すい A−BPQC の体積)$=\dfrac{1}{3}\times$(台形 BPQC)$\times$AB

$$=\frac{1}{3}\times\left\{\frac{1}{2}\times(5+17)\times12\right\}\times5$$

⑨ **答** (1) $\dfrac{28}{3}$cm^3 (2) $3\sqrt{21}$ cm^2

解説 (1) 平面 AFPQ と辺 BC の延長との交
点を R とする。

CP∥BF，CP$=\dfrac{1}{2}$BF より，

RC＝CB＝4 …①

また，QC∥AB と①より，

QC$=\dfrac{1}{2}$AB$=2$

三角すい R−CQP と三角すい R−BAF
は相似で，相似比は 1：2 であるから，
求める体積は，

$$\left\{1-\left(\frac{1}{2}\right)^3\right\}\times(\text{三角すい R−BAF の体積})$$

$$=\frac{7}{8}\times\left\{\frac{1}{3}\times\left(\frac{1}{2}\times4\times2\right)\times8\right\}$$

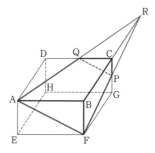

(2) AF＝AQ$=\sqrt{4^2+2^2}=2\sqrt{5}$

QF$=\sqrt{4^2+2^2+2^2}=2\sqrt{6}$

△AFQ は AF＝AQ の二等辺三角形であるから，

$$\triangle AFQ=\frac{1}{2}\times2\sqrt{6}\times\sqrt{(2\sqrt{5})^2-(\sqrt{6})^2}=2\sqrt{21}$$

AF∥QP で，QP$=\sqrt{2^2+1^2}=\sqrt{5}$ であるから，

求める面積は，$\dfrac{AF+QP}{AF}\triangle AFQ=\dfrac{2\sqrt{5}+\sqrt{5}}{2\sqrt{5}}\triangle AFQ$

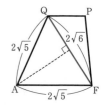

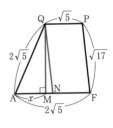

別解 (2) $AF=AQ=\sqrt{4^2+2^2}=2\sqrt{5}$

$QP=\sqrt{2^2+1^2}=\sqrt{5}$　　　$PF=\sqrt{1^2+4^2}=\sqrt{17}$

点 Q から線分 AF に垂線 QM をひく。

また，点 Q を通り線分 PF に平行な直線と，線分 AF との交点を N とする。

四角形 QNFP は平行四辺形であるから，

$QN=PF=\sqrt{17}$，$NF=QP=\sqrt{5}$

ゆえに，$AN=\sqrt{5}$

$AM=x\,cm$ とすると，$MN=\sqrt{5}-x$

$\triangle QAM$ で，$\angle QMA=90°$ であるから，$QM^2=(2\sqrt{5})^2-x^2$

$\triangle QNM$ で，$\angle QMN=90°$ であるから，$QM^2=(\sqrt{17})^2-(\sqrt{5}-x)^2$

よって，$(2\sqrt{5})^2-x^2=(\sqrt{17})^2-(\sqrt{5}-x)^2$　　　$x=\dfrac{4\sqrt{5}}{5}$

$QM=\sqrt{(2\sqrt{5})^2-\left(\dfrac{4\sqrt{5}}{5}\right)^2}=\dfrac{2\sqrt{105}}{5}$

求める面積は，$\dfrac{1}{2}\times(\sqrt{5}+2\sqrt{5})\times\dfrac{2\sqrt{105}}{5}$

p.212 **⑩** **答** (1) $2\sqrt{5}$ cm　(2) $\dfrac{\sqrt{105}}{15}$ cm

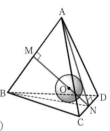

解説 (1) $\triangle ACN$ で，$\angle ANC=90°$ であるから，

$AN=\sqrt{(2\sqrt{7})^2-1^2}=3\sqrt{3}$

$\triangle AMN$ で，$\angle AMN=90°$ であるから，

$MN=\sqrt{(3\sqrt{3})^2-(\sqrt{7})^2}$

(2) 球 O の半径を $r\,cm$ とする。

（四面体 ABCD の体積）＝（三角すい O-ABC の体積）

　＋（三角すい O-ABD の体積）＋（三角すい O-ACD の体積）

　＋（三角すい O-BCD の体積）

$\triangle ABN\perp CD$ であるから，四面体 ABCD の体積は，

$\dfrac{1}{3}\triangle ABN\cdot CD=\dfrac{1}{3}\left(\dfrac{1}{2}AB\cdot MN\right)\cdot CD$

$=\dfrac{1}{3}\times\left(\dfrac{1}{2}\times2\sqrt{7}\times2\sqrt{5}\right)\times2=\dfrac{4\sqrt{35}}{3}$

$\triangle ABC=\triangle ABD=\dfrac{\sqrt{3}}{4}\times(2\sqrt{7})^2=7\sqrt{3}$

$\triangle ACD=\triangle BCD=\dfrac{1}{2}\times2\times3\sqrt{3}=3\sqrt{3}$　であるから，

$\dfrac{4\sqrt{35}}{3}=\left(\dfrac{1}{3}\times7\sqrt{3}\times r\right)\times2+\left(\dfrac{1}{3}\times3\sqrt{3}\times r\right)\times2$

(別解) (2) 球 O の半径を r cm, 球 O と △ABC との接点を P とする。
点 P は線分 CM 上にあるから, ∠MPO=90°
ゆえに, △MPO∽△MNC (2角) であるから,
OM : CM=OP : CN
OM : $\sqrt{21}$ =r : 1
よって, OM=$\sqrt{21}\,r$
また, 球 O と △ACD との接点を Q とすると,
Q は線分 AN 上にあるから, ∠NQO=90°
ゆえに, △NQO∽△NMA (2角) であるから,
ON : AN=OQ : AM
ON : $3\sqrt{3}$ =r : $\sqrt{7}$
よって, ON=$\dfrac{3\sqrt{21}}{7}r$

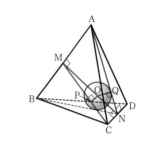

OM+ON=MN より, $\sqrt{21}\,r+\dfrac{3\sqrt{21}}{7}r=2\sqrt{5}$

11 答 (1) △APC と △AQD において,
AP=AQ (正三角形 APQ の辺)   AC=AD (正三角形 ACD の辺)
∠CAP=∠DAQ (=60°−∠QAC)
ゆえに, △APC≡△AQD (2辺夾角)
(2) $4\sqrt{3}$ cm (3) $\sqrt{129}$ cm
(解説) (2) AH=x cm とすると, BH=5−x
△AHC で, ∠AHC=90° であるから,
CH^2=8^2−x^2
△BHC で, ∠BHC=90° であるから,
CH^2=7^2−(5−x)^2
よって, 8^2−x^2=7^2−(5−x)^2 x=4
ゆえに, CH=$\sqrt{8^2-4^2}=4\sqrt{3}$
(3) △APQ は正三角形であるから, AP=PQ

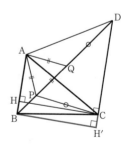

(1)より, CP=DQ
よって, AP+BP+CP=PQ+BP+DQ であるから,
AP+BP+CP の最小値は 4 点 B, P, Q, D が一直
線上にあるとき, すなわち, 線分 BD である。
△AHC で, ∠AHC=90°, AH=4, AC=8 である
から, ∠HCA=30°
ゆえに, ∠HCD=30°+60°=90°
点 B から辺 DC の延長に垂線 BH′ をひくと, 四角
形 BH′CH は長方形であるから, BH′=HC=$4\sqrt{3}$
CH′=HB=AB−AH=5−4=1
また, DC=AC=8
△DBH′ で, ∠DH′B=90° であるから, BD=$\sqrt{(4\sqrt{3})^2+(8+1)^2}=\sqrt{129}$
ゆえに, AP+BP+CP の最小値は $\sqrt{129}$

12 (答) (1) $x\,\mathrm{cm^2}$　(2) $\dfrac{\sqrt{2}}{6}(x^2+2x)\,\mathrm{cm^3}$　(3) $x=-1+\sqrt{13}$

(解説) (1) OB＝OD＝4, BD＝$4\sqrt{2}$ であるから, △OBD は, ∠BOD＝90° の
直角二等辺三角形である。また, △OFG は正三角形であるから,
OF＝FG＝x, OH＝2

ゆえに, $\triangle\mathrm{OFH}=\dfrac{1}{2}\times2\times x=x$

(2) 四角すい O–EFGH を平面 OBD で切って,
2 つの三角すい E–OFH と G–OFH に分ける。
対角線 AC と BD との交点を P とする。点 E,
G から平面 OFH にそれぞれ垂線 EQ, GR を
ひくと, 点 Q, R は線分 OP 上にある。
△OEQ, △OGR はそれぞれ直角二等辺三角形
であるから,

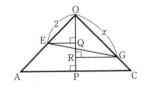

$\mathrm{EQ}=\dfrac{1}{\sqrt{2}}\mathrm{OE}=\sqrt{2}$,　$\mathrm{GR}=\dfrac{1}{\sqrt{2}}\mathrm{OG}=\dfrac{1}{\sqrt{2}}x$

(四角すい O–EFGH の体積)
＝(三角すい E–OFH の体積)＋(三角すい G–OFH の体積)
$=\dfrac{1}{3}\times x\times\sqrt{2}+\dfrac{1}{3}\times x\times\dfrac{1}{\sqrt{2}}x=\dfrac{\sqrt{2}}{6}(x^2+2x)$

(3) (正四角すい O–ABCD の体積)
$=\dfrac{1}{3}\times$(正方形 ABCD の面積)$\times\mathrm{OP}=\dfrac{1}{3}\times4^2\times2\sqrt{2}=\dfrac{32\sqrt{2}}{3}$

(四角すい O–EFGH の体積)：(正四角すい O–ABCD の体積)＝3：16 より,

$\dfrac{\sqrt{2}}{6}(x^2+2x):\dfrac{32\sqrt{2}}{3}=3:16$　　$16\times\dfrac{\sqrt{2}}{6}(x^2+2x)=3\times\dfrac{32\sqrt{2}}{3}$

よって, $x^2+2x-12=0$　　$0<x<4$

ゆえに, $x=-1+\sqrt{13}$

9章 円の応用

p.215 **1.** 答

d	2	3	5	9	10
共通内接線	0	0	0	1	2
共通外接線	0	1	2	2	2

2. 答 2つの円 O，O′ の接点を A とすると，PT＝PA，PT′＝PA
ゆえに，PT＝PT′

3. 答 (1) $x=2\sqrt{15}$　(2) $x=6$

p.216 **4.** 答 円 P の半径 9，円 Q の半径 4，円 R の半径 3
(解説) 円 P の半径を x とすると，円 Q の半径は $x-5$，円 R の半径は $x-6$
よって，$(x-5)+(x-6)=7$

5. 答 △OAO′ と △OBO′ において，
OO′ は共通　　OA＝OB（円 O の半径）　　O′A＝O′B（円 O′ の半径）
ゆえに，△OAO′≡△OBO′（3辺）
よって，∠AOO′＝∠BOO′
ゆえに，中心線 OO′ は二等辺三角形 OAB の頂角の二等分線となるから，共通
弦 AB を垂直に 2 等分する。

6. 答 120°
(解説) 弦 AP は円 O′ の接線であるから，∠APO′＝90°
同様に，∠BPO＝90°
また，△POO′ で，OO′＝OP＝O′P（半径）より，△POO′ は正三角形であるか
ら，∠OPO′＝60°
∠APB＝∠APO′＋∠BPO−∠OPO′

7. 答 2つの円の共通内接線と線分 BC との交点を D とする。
△DAB で，DA＝DB より，∠DAB＝∠DBA
また，△DAC で，DA＝DC より，∠DAC＝∠DCA
△ABC で，∠DBA＋∠DAB＋∠DAC＋∠DCA＝180°
よって，2(∠DAB＋∠DAC)＝180°
ゆえに，∠BAC＝90°

8. 答 2つの円の共通内接線と接線 ℓ，m との交点をそれぞれ P，Q とする。
△PAB で，PA＝PB より，∠PAB＝∠PBA
同様に，△QAC で，∠QAC＝∠QCA
また，∠PAB＝∠QAC（対頂角）　　よって，∠PBA＝∠QCA
ゆえに，錯角が等しいから，$\ell \parallel m$

p.217 **9.** 答 ∠DOA＝$a°$ とする。
△COD で，CO＝CD（円 C の半径）より，∠CDO＝∠COD＝$a°$
よって，∠OCE＝∠CDO＋∠COD＝$2a°$
また，△ODE で，OD＝OE（円 O の半径）より，∠OED＝∠ODE＝$a°$
よって，△OCE で，∠BOE＝∠OCE＋∠OEC＝$3a°$
ゆえに，$\overset{\frown}{BE}=3\overset{\frown}{AD}$

10. **答** (1)① O を中心とし，半径 $r-r'$ の円を
かく。

② OO′ を直径とする円をかき，①の円との交
点の 1 つを P とする。

③ 線分 OP の延長と円 O との交点を A とする。

④ 点 O′ を通り線分 OA に平行な直線と，円
O′ との交点のうち，直線 OO′ について点 A と
同じ側にある点を B とする。

直線 AB が求める共通外接線である。

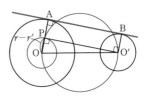

(2)① O を中心とし，半径 $r+r'$ の円をかく。

② OO′ を直径とする円をかき，①の円との
交点の 1 つを Q とする。

③ 線分 OQ と円 O との交点を C とする。

④ 点 O′ を通り線分 OC に平行な直線と，
円 O′ との交点のうち，直線 OO′ について点
C と反対側にある点を D とする。

直線 CD が求める共通内接線である。

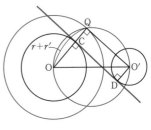

注 (1) 直線 OO′ について，共通外接線 AB
と対称な共通外接線も同様に作図することができる。

(2) 直線 OO′ について，共通内接線 CD と対称な共通内接線も同様に作図するこ
とができる。

p.218 **11.** **答** $\dfrac{11}{4}$

解説 点 R から線分 PQ に垂線 RH をひく。
円 P，Q の半径が等しいから，H は線分 PQ の
中点である。

ゆえに，PH＝4－1＝3

円 R の半径を r とすると，PR＝1＋r

RH＝6－1－r＝5－r

△PRH で，∠PHR＝90° であるから，

$(1+r)^2=3^2+(5-r)^2$

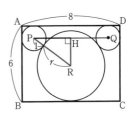

12. **答** $(\sqrt{2}+1)r$

解説 円 P と円 Q との接点を A とし，線分 OP の
延長，OA の延長と半円 O との交点をそれぞれ B，
C とする。また，円 P と半円 O の直径との接点を
D とする。

OC は円 P，Q の共通内接線であるから，

OC⊥PQ，OA＝OD＝AP

よって，△OAP は直角二等辺三角形であるから，

OP＝$\sqrt{2}$ OA＝$\sqrt{2}\,r$

OB＝OP＋PB

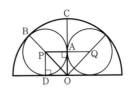

13. (答) (1) $R=\dfrac{3+2\sqrt{3}}{3}r$

(2) 円 P_1 の半径 $\dfrac{8}{7}$，円 P_2 の半径 $\dfrac{24}{5}$

(解説) (1) 図1で，△PAB は1辺の長さが $2r$ の正三角形で，C はその重心であるから，

$PC=\dfrac{2}{3}\times(\triangle PAB\text{ の高さ})=\dfrac{2}{3}\times\sqrt{3}\,r$

$R=r+PC$

(2) 図2で，D は線分 AB と直線 P_1P_2 との交点である。
△ACD で，∠ADC$=90°$，AC$=8-3=5$，AD$=3$
であるから，DC$=\sqrt{5^2-3^2}=4$
円 P_1，P_2 の半径をそれぞれ r_1，r_2 とすると，
△AP$_1$D で，∠ADP$_1=90°$ であるから，
$(r_1+3)^2=(8-4-r_1)^2+3^2$
△AP$_2$D で，∠ADP$_2=90°$ であるから，
$(r_2+3)^2=(8+4-r_2)^2+3^2$

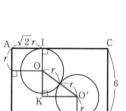

図1

図2

14. (答) $\dfrac{9-3\sqrt{3}}{2}$

(解説) 立方体を平面 AEGC で切ったときの切り口は，右の図のようになる。
点 O' から線分 IO の延長に垂線 $O'K$ をひく。
球 O，O' の半径を r とする。
OI$=O'J=r$ より，OK$=6-2r$，OO'$=2r$
また，AI$=GJ=\sqrt{2}\,r$ であるから，
$O'K=AC-AI-GJ=6\sqrt{2}-2\sqrt{2}\,r=2\sqrt{2}\,(3-r)$
△OKO$'$ で，∠OKO'$=90°$ であるから，
$(2r)^2=(6-2r)^2+\{2\sqrt{2}\,(3-r)\}^2$　　$2r^2-18r+27=0$　　ただし，$0<r<3$

p.220 **15.** (答) (1) C$(2\sqrt{3}$，$2)$　(2) $\dfrac{2}{3}$，6

(解説) (1) OC は ∠AOB の二等分線である。
△COA で，∠OAC$=90°$，
∠AOC$=30°$，CA$=2$ であるから，
OA$=\sqrt{3}$ CA
(2) 求める円の中心を P，半径を r とすると，OP$=2r$，PC$=r+2$
また，OC$=2$CA$=4$
(i) 中心 P が線分 OC 上にあるとき，
OP$+$PC$=$OC より，$2r+r+2=4$
(ii) 中心 P が線分 OC の延長上にあるとき，
OC$+$CP$=$OP より，$4+2+r=2r$

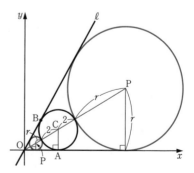

16. **答** (1) A(1, 1)　(2) B$\left(\dfrac{3+\sqrt{5}}{2},\ 2+\sqrt{5}\right)$

解説 (1) A$(a,\ 2a-1)$ とすると，$a>\dfrac{1}{2}$ で，$a=2a-1$

(2) B$(b,\ 2b-1)$ とすると，円 A，B の半径はそれぞれ 1，b であるから，

AB$=1+b$　　よって，$\sqrt{(b-1)^2+(2b-1-1)^2}=1+b$

両辺を平方して，$(b-1)^2+(2b-2)^2=(1+b)^2$　　$b^2-3b+1=0$

円 B の半径は円 A の半径より大きいから，$b>1$

17. **答** (1) $(3+2\sqrt{3},\ 0)$　(2) $\dfrac{10}{3}\pi$　(3) $\dfrac{23}{3}\pi$

解説 点 A，B から x 軸にそれぞれ垂線 AC，BD をひき，B から線分 AC に垂線 BE をひく。

(1) △AEB で，$\angle$AEB$=90°$，AB：AE$=(3+1):(3-1)=2:1$ ……①

よって，EB$=\sqrt{3}$ AE$=2\sqrt{3}$

(2) △AEB で，①より，$\angle$BAE$=60°$

点 A から y 軸に垂線 AF をひき，円 B が y 軸に
接したときの中心を B′ とすると，同様に，
$\angle$B′AF$=60°$

ゆえに，点 B は A を中心とする半径 4，中心角
$150°$ の円弧をえがく。

(3) 円 B が通った部分は，右の図の赤色部分であ
るから，求める面積は，

$\pi\times5^2\times\dfrac{150}{360}-\pi\times3^2\times\dfrac{150}{360}+\left(\pi\times1^2\times\dfrac{1}{2}\right)\times2$

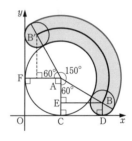

18. **答** (1) 5 秒後，9 秒後　(2) $\dfrac{35\pm2\sqrt{5}}{5}$ 秒後

解説 t 秒後の点 P，Q の座標は，それぞれ $(15-2t,\ 0)$，$(0,\ 5-t)$ である。

(1) 2 つの円が外接するのは，PQ$=4+1=5$ のときである。

よって，$\{0-(15-2t)\}^2+(5-t-0)^2=5^2$　　$t^2-14t+45=0$

(2) 2 つの円が内接するのは，PQ$=4-1=3$ のときである。

よって，$\{0-(15-2t)\}^2+(5-t-0)^2=3^2$　　$5t^2-70t+241=0$

p.221 **19.** **答** (1) 3 点 O，A，B について OA$+$OB$\geqq$AB が成り立つ。

(等号が成り立つのは点 O が線分 AB 上にあるときである)

右の図で，OA$=r-a$，OB$=r-b$，AB$=a+b$ であるから，

$(r-a)+(r-b)\geqq a+b$　　$2r\geqq2(a+b)$

ゆえに，$r\geqq a+b$ ……①

(2) (1)と同様に，OB$+$OC$\geqq$BC より，$r\geqq b+c$ ……②

OC$+$OA$\geqq$CA より，$r\geqq c+a$ ……③

ここで，すべての等号が同時に成り立つのは，点 O が
同時に 3 つの線分 AB，BC，CA 上にあるときである
が，それはありえない。

よって，①，②，③より，$3r>(a+b)+(b+c)+(c+a)$

ゆえに，$\dfrac{3}{2}r>a+b+c$

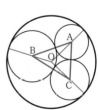

20. (答) (1) $\dfrac{5}{9}$　(2) $\dfrac{5}{2n+3}$

(解説) (1) 両端の円の中心をそれぞれ P, Q とする。
円の半径を r とし，頂点 A から辺 BC に垂線 AH をひく。
△ABC で，∠A $=90°$ であるから，
BC $=\sqrt{3^2+4^2}=5$

よって，$\triangle\text{ABC}=\dfrac{1}{2}\times5\times\text{AH}=\dfrac{1}{2}\times3\times4$

AH $=\dfrac{12}{5}$　　また，PQ $=4r$

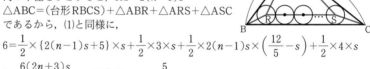

△ABC $=$（台形 PBCQ）$+\triangle\text{ABP}+\triangle\text{APQ}+\triangle\text{AQC}$ であるから，

$6=\dfrac{1}{2}\times(4r+5)\times r+\dfrac{1}{2}\times3\times r+\dfrac{1}{2}\times4r\times\left(\dfrac{12}{5}-r\right)+\dfrac{1}{2}\times4\times r$

$6=\dfrac{54}{5}r$　　ゆえに，$r=\dfrac{5}{9}$

(2) 両端の円の中心をそれぞれ R, S とする。
円の半径を s とすると，RS $=2(n-1)s$
△ABC $=$（台形 RBCS）$+\triangle\text{ABR}+\triangle\text{ARS}+\triangle\text{ASC}$
であるから，(1)と同様に，

$6=\dfrac{1}{2}\times\{2(n-1)s+5\}\times s+\dfrac{1}{2}\times3\times s+\dfrac{1}{2}\times2(n-1)s\times\left(\dfrac{12}{5}-s\right)+\dfrac{1}{2}\times4\times s$

$6=\dfrac{6(2n+3)s}{5}$　　ゆえに，$s=\dfrac{5}{2n+3}$

p.226 **21.** (答) (1) $x=45$　(2) $x=40$　(3) $x=54$　(4) $x=\dfrac{25}{3}$　(5) $x=\dfrac{27}{4}$　(6) $x=6$

(解説) (1) ∠PQR $=65°$
(2) ∠PQR $=100°$，∠RPQ $=x°$
(3) ∠PRA $=$ ∠RPA $=(180°-72°)\div2$
(4) $5^2=3x$
(5) $8x=6\times9$
(6) $10x=5\times12$

p.227 **22.** (答) (1) $x=75$　(2) $x=46$　(3) $x=33$

(解説) (1) ∠ABD $=$ ∠CBD $=(180°-54°-24°)\div2=51°$　　また，∠ADB $=54°$
(2) ∠BCA $=68°$，∠ABC $=90°$ より，∠BAC $=90°-68°=22°$
(3) ∠CBD $=24°$，∠BCD $=x°$
∠ACB $=90°$ より，∠ABD $+$ ∠DCA $=(x°+24°)+(x°+90°)=180°$

23. (答) 点 P における 2 つの円の共通内接線 QR をひく。
QR は円 O の接線であるから，接弦定理より，
∠APQ $=$ ∠ACP
同様に，QR は円 O′ の接線でもあるから，
∠BPR $=$ ∠BDP
∠APQ $=$ ∠BPR（対頂角）より，
∠ACP $=$ ∠BDP
ゆえに，錯角が等しいから，AC∥DB

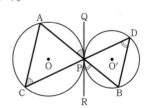

24. **答** (1) △ACD で，AC＝AD（仮定）より，∠ACD＝∠ADC
CD は円 O の接線であるから，接弦定理より，∠ACD＝∠ABC
四角形 ABCE は円に内接するから，∠CED＝∠ABC
よって，∠CDE＝∠CED
ゆえに，△CDE は CD＝CE の二等辺三角形である。
(2) 24°
解説 (2) (1)より，△ABC∽△CDE（2角）であるから，∠DCE＝∠BAC＝44°
また，∠ACD＝∠ABC＝(180°−44°)÷2＝68°

25. **答** (1) △DAC と △DCB において，
∠CDA＝∠BDC（共通）
CD は円 O の接線であるから，接弦定理より，∠DCA＝∠DBC
ゆえに，△DAC∽△DCB（2角）
(2) CD＝$\dfrac{10}{3}$，DA＝$\dfrac{5}{3}$
解説 (2) CD＝x，DA＝y とすると，(1)より，AD：CD＝AC：CB
$y:x＝3:6$
また，CD：BD＝AC：CB　　$x:(y+5)＝3:6$

p.228 **26.** **答** △ACD で，AD＝AC（仮定）より，∠ADC＝∠ACD
よって，∠BAC＝∠ADC＋∠ACD＝2∠ADC
ゆえに，∠ADC＝$\dfrac{1}{2}$∠BAC　　また，∠EAC＝$\dfrac{1}{2}$∠BAC（仮定）
よって，∠EAC＝∠ADC
ゆえに，接弦定理の逆より，線分 AE は △ACD の外接
円に頂点 A で接する。

27. **答** 頂点 A における △ABC の外接円の接線を SA と
すると，接弦定理より，∠SAB＝∠BCA
SA∥BD（仮定）より，∠SAB＝∠ABD（錯角）
よって，∠BCD＝∠ABD
ゆえに，接弦定理の逆より，辺 AB は △BCD の外接円
に頂点 B で接する。

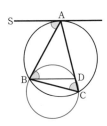

p.229 **28.** **答** (1) $x＝4\sqrt{5}$　　(2) $x＝2$　　(3) $x＝2\sqrt{13}−4$
解説 (1) $x^2＝5×(5+11)＝80$　　ただし，$x>0$
(2) $x(11−x)＝3×6$　　$x^2−11x+18＝0$　　ただし，$0<x<\dfrac{11}{2}$
(3) $x(x+8)＝3×(3+9)$　　$x^2+8x−36＝0$　　ただし，$x>0$

29. **答** AE＝$\dfrac{114}{13}$，ED＝$\dfrac{55}{13}$
解説 AB は円 O の直径であるから，∠ACB＝90°
△ABC で，AC＝$\sqrt{(6\sqrt{5})^2−6^2}＝12$
△ACD で，∠ACD＝90° であるから，AD＝$\sqrt{12^2+5^2}＝13$
4点 A，B，C，E は円 O の周上にあるから，方べきの定理より，
DE・DA＝DC・DB　　DE×13＝5×(5+6)

30. （答）(1) 4　(2) $AC=\dfrac{15\sqrt{13}}{13}$，$BC=\dfrac{10\sqrt{13}}{13}$

（解説）(1) PC は円 O の接線であるから，方べきの定理より，$PC^2=PB\cdot PA$
$PB=x$ とすると，$6^2=x(x+5)$　　$x^2+5x-36=0$　　ただし，$x>0$
(2) △PCB と △PAC において，
　∠BPC＝∠CPA（共通）
PC は円 O の接線であるから，接弦定理より，∠BCP＝∠CAP
ゆえに，△PCB∽△PAC（2角）

相似比は　PB：PC＝4：6＝2：3　であるから，$BC=\dfrac{2}{3}AC$　……①

AB は円 O の直径であるから，∠ACB＝90° より，$AC^2+BC^2=5^2$　……②

①，②より，$AC^2+\dfrac{4}{9}AC^2=25$　　$AC^2=\dfrac{225}{13}$

31. （答）PC は円 O の接線であるから，方べきの定理より，$PC^2=PA\cdot PB$
同様に，PD は円 O′ の接線であるから，$PD^2=PA\cdot PB$
よって，$PC^2=PD^2$
ゆえに，PC＝PD

32. （答）△PAT と △PTB において，
$PT^2=PA\cdot PB$（仮定）より，PT：PB＝PA：PT
　∠APT＝∠TPB（共通）
ゆえに，△PAT∽△PTB（2辺の比と間の角）
よって，∠PTA＝∠PBT
ゆえに，接弦定理の逆より，PT は3点 A，B，
T を通る円の接線である。
（注）これは，まとめ②(1)方べきの定理（→本文 p.222）の逆の証明である。
なお，まとめ②(2)の逆も成り立つ。

p.230 **33.** （答）(1) $\sqrt{3}:\sqrt{2}$　(2) $\sqrt{3}:(\sqrt{3}+\sqrt{2})$

（解説）(1) 頂点 A から辺 BC に垂線 AH をひく。
△ABH で，∠AHB＝90°，∠ABH＝45° より，
$AB=\sqrt{2}\,AH$
△ACH で，∠AHC＝90°，∠ACH＝60° より，
$AC=\dfrac{2}{\sqrt{3}}AH$

ゆえに，$AB:AC=\sqrt{2}\,AH:\dfrac{2}{\sqrt{3}}AH=\sqrt{2}\times\sqrt{3}:\dfrac{2}{\sqrt{3}}\times\sqrt{3}$
$=\sqrt{2}\times\sqrt{3}:\sqrt{2}\times\sqrt{2}=\sqrt{3}:\sqrt{2}$

(2) 右の図のように，点 B における2つの円の共通外
接線を BT とすると，接弦定理より，
　∠CBT＝∠DEB＝∠CAB
　∠BPD＝2∠BED，∠BOC＝2∠BAC
よって，∠BPD＝∠BOC　……①
円 P と円 O が頂点 B で内接しているから，3点 B，
P，O は一直線上にある。
よって，PD∥OC

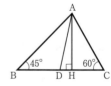

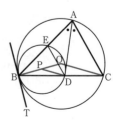

ゆえに，BP：BO＝BD：BC

∠BAD＝∠CAD より，BD：DC＝AB：AC＝$\sqrt{3}$：$\sqrt{2}$

よって，BP：BO＝BD：BC＝$\sqrt{3}$：($\sqrt{3}$＋$\sqrt{2}$）……②

①，②より，$\overset{\frown}{BED}$：$\overset{\frown}{BAC}$＝$\sqrt{3}$：($\sqrt{3}$＋$\sqrt{2}$）

(別解) (1) 点 O から辺 AB に垂線 OF をひく。

円 O の半径を r とする。

∠AOB＝2∠ACB＝120°

△AFO で，∠AFO＝90°，∠AOF＝$\frac{1}{2}$∠AOB＝60°

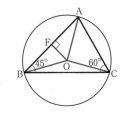

であるから，AF＝$\frac{\sqrt{3}}{2}$OA＝$\frac{\sqrt{3}}{2}r$

ゆえに，AB＝2AF＝$\sqrt{3}r$

△AOC で，∠AOC＝2∠ABC＝90°，OA＝OC

よって，AC＝$\sqrt{2}$OA＝$\sqrt{2}r$

ゆえに，AB：AC＝$\sqrt{3}r$：$\sqrt{2}r$＝$\sqrt{3}$：$\sqrt{2}$

(注) (1)の答は $\sqrt{6}$：2 または 3：$\sqrt{6}$，

(2)の答は $\sqrt{6}$：($\sqrt{6}$＋2） または 3：（3＋$\sqrt{6}$）

としてもよい。

34. (答) (1) 36　(2) 16　(3) $2\sqrt{13}$

(解説) (1) 四角形 ABCD が円に内接するから，方べきの定理より，

EA・EB＝ED・EC＝(4＋5)×4＝36

同様に，四角形 AFGB が円に内接するから，EF・EG＝EA・EB

ゆえに，EF・EG＝36

(2) 四角形 ABCD が円に内接するから，

∠ECB＝∠DAB ……①

四角形 AFGB が円に内接するから，

∠DAB＝∠FGB ……②

①，②より，∠FGB＝∠ECB であるから，四角

形 BGEC は円に内接する。

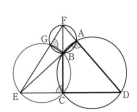

よって，方べきの定理より，FE・FG＝FC・FB

同様に，四角形 ABCD が円に内接するから，

FC・FB＝FD・FA＝(2＋6)×2＝16

ゆえに，FE・FG＝16

(3) (1), (2)より，EF・EG＋FE・FG＝36＋16

よって，EF・(EG＋GF)＝52　　EF²＝52

ゆえに，EF＝$2\sqrt{13}$

▨▨▨▨▨▨▨▨▨▨▨▨▨▨▨▨▨▨▨▨▨▨▨ **9章の問題** ▨▨▨▨▨▨▨▨▨▨▨▨▨▨▨▨▨▨▨▨▨▨▨

p.231 **1** **答** (1) $x=38$　(2) $x=40$　(3) $x=17$
解説 (1) $\angle DAP=\angle DBA=35°$，$\angle DAB=180°-108°=72°$
(2) $\angle BCA=\angle BAT=25°$ より，$\angle CBA=90°-25°=65°$
よって，$\angle ADC=65°$　　$CD\!\parallel\!AT$ より，$\angle DAT=65°$
(3) $OA\!\parallel\!DE$ より，$\angle DEP=\angle OAE=90°$ であるから，$\angle EDP=90°-56°=34°$
$\angle DBC=\angle DCB$ より，$\angle DBC=\dfrac{1}{2}\angle EDP=17°$

2 **答** 右の図
解説 点 C における半円 O の接線をひき，
その接線と直径 AB の延長との交点を P と
する。
$\angle CPB$ の二等分線と線分 OC との交点を O′
とし，O′ を中心として，半径 O′C の円をか
けばよい。

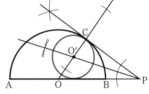

3 **答** $AB=2\sqrt{3}$，$AC=\sqrt{3}$，$AD=\sqrt{21}$
解説 小さい円と大きい円の中心をそれぞれ O，
O′ とし，O から線分 O′B に垂線 OH をひくと，
$\triangle O′OH$ は $OO′=1+3=4$，$O′H=3-1=2$ であ
るから，$30°$，$60°$，$90°$ の直角三角形である。
よって，$AB=OH=\sqrt{3}\,O′H$
共通外接線の交点を P とすると，
$\triangle O′OH\backsim\triangle OPA$（2角）より，$PA=\sqrt{3}\,OA$
また，$\triangle PAC$ は正三角形であるから，
$AC=PA=\sqrt{3}\,OA$
同様に，$BD=PB=\sqrt{3}\,O′B$
よって，四角形 ABDC は $AC=\sqrt{3}$，$BD=3\sqrt{3}$，
$AB=CD=2\sqrt{3}$ の等脚台形である。
点 A から線分 BD に垂線 AI をひくと，$\triangle ABI$ で，
$AI=\dfrac{\sqrt{3}}{2}AB=3$，$BI=\dfrac{1}{2}AB=\sqrt{3}$ であるから，
$\triangle DAI$ で，$AD=\sqrt{3^2+(3\sqrt{3}-\sqrt{3})^2}$
参考 $AB=\sqrt{(1+3)^2-(3-1)^2}$ と求めてもよい。

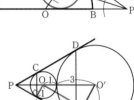

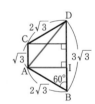

4 **答** $\dfrac{16\sqrt{10}}{5}$
解説 $\angle ACB=90°$ で，半径が 2 であるから，$AC=BC=2$
$\triangle BDC$ で，$\angle BCD=90°$ であるから，$BD=\sqrt{2^2+(8-2)^2}=2\sqrt{10}$
AD は円の接線であるから，方べきの定理より，
$DA^2=DB\cdot DE$　　$8^2=2\sqrt{10}\,DE$

(5) **答** BE は円 O の接線であるから，接弦定理より，

∠DBE＝∠DAB

$\overgroup{AD}=\overgroup{DCB}$（仮定）より，∠DCA＝∠DAB

よって，∠DCA＝∠DBE

すなわち，∠DCF＝∠FBE

ゆえに，4点 F，B，E，C は同一円周上にある。

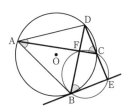

p.232 **(6)** **答** ∠PQR＝∠AQT（対頂角）

QT は円 O の接線であるから，接弦定理より，

∠AQT＝∠ABQ

四角形 QBPR は円に内接するから，∠ABQ＝∠PRQ

よって，∠PQR＝∠PRQ

ゆえに，△PQR は PQ＝PR の二等辺三角形である。

(7) **答** (1) $2+2\sqrt{3}$ (2) 円 O の半径 2，円 P の半径 $\dfrac{2}{3}$

(解説) 線分 AO の延長と辺 BC との交点を D とする。

AD は正三角形の中線であるから，△ABD≡△ACD である。

ゆえに，円 P と円 Q の半径は等しい。

(1) △OPQ で，OP＝OQ，∠POQ＝60° であるから，

△OPQ は正三角形である。

PQ∥BC より，PQ⊥OD よって，∠POD＝30°

また，∠BAD＝30° ゆえに，OP∥AB

辺 AB と円 O，P との接点をそれぞれ R，S とすると，

OR⊥AB，PS⊥AB であるから，PS＝OR＝1

よって，RS＝OP＝2

△ARO で，∠ARO＝90°，∠RAO＝30° であるから，

AR＝$\sqrt{3}$ OR＝$\sqrt{3}$

同様に，BS＝$\sqrt{3}$

AB＝AR＋RS＋SB

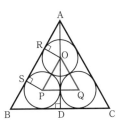

(2) 辺 AB と円 O との接点を T，辺 BC と円 P との接点を U とし，線分 PQ と

AD との交点を E とする。

円 O，P の半径をそれぞれ x，y とする。

△ABC で，AD＝$\dfrac{\sqrt{3}}{2}$AB＝6 BD＝$\dfrac{1}{2}$BC＝$2\sqrt{3}$

△OPE で，∠OEP＝90°，∠POE＝60° であるから，

PE＝$\dfrac{\sqrt{3}}{2}$OP＝$\dfrac{\sqrt{3}}{2}(x+y)$，OE＝$\dfrac{1}{2}$OP＝$\dfrac{1}{2}(x+y)$

△PBU で，∠PUB＝90°，∠PBU＝30° であるから，

BU＝$\sqrt{3}$ PU＝$\sqrt{3}\,y$

BU＋PE＝BU＋UD＝BD より，

$\sqrt{3}\,y+\dfrac{\sqrt{3}}{2}(x+y)=2\sqrt{3}$

よって，$x+3y=4$ ……①

△ATO で，∠ATO＝90°，∠TAO＝30° であるから，AO＝2OT＝2x

$AO+OE+ED=AD$ より，$2x+\dfrac{1}{2}(x+y)+y=6$

ゆえに，$5x+3y=12$ ……②

①，②を連立させて解く。

別解 (2) 円 O，P の半径をそれぞれ x，y とする。

$\angle POD=60°$ $\triangle PBU$ で，$\angle PUB=90°$，$\angle PBU=30°$ より，$\angle BPU=60°$

また，$PU \parallel OD$ であるから，3点 B，P，O は一直線上にある。

ゆえに，$\triangle OBT\equiv\triangle OBD$（斜辺と1鋭角）より，$OT=OD$

よって，円 O は $\triangle ABC$ の内接円である。

$\triangle ABC$ は正三角形であるから，O は $\triangle ABC$ の重心である。

ゆえに，$x=\dfrac{1}{3}AD=\dfrac{1}{3}\times\dfrac{\sqrt{3}}{2}AB=2$

$\triangle OBD$ で，$\angle ODB=90°$，$\angle OBD=30°$ であるから，$OB=2OD=4$

同様に，$\triangle PBU$ で，$PB=2PU=2y$

$OP+PB=OB$ より，$(x+y)+2y=4$

8 答 (1) $\triangle ABC$ と $\triangle EBD$ において，

$\angle ACB=\angle EDB$（$\overparen{AB}$ に対する円周角）……①

$AD \parallel BC$ より，$\angle ADB=\angle DBC$（錯角）

BE は円の接線であるから，接弦定理より，

$\angle ADB=\angle EBA$

よって，$\angle DBC=\angle EBA$ であるから，

$\angle ABC=\angle EBD$ ……②

①，②より，$\triangle ABC\backsim\triangle EBD$（2角）

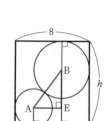

(2) $EB=\dfrac{24}{5}$，$AD=4$

解説 (2) $\angle ACB=\angle DBC$ より，$AB=DC$ であるから，四角形 ABCD は等脚台形である。

よって，$BD=AC=6$

(1)より，$BC:BD=AB:EB=AC:ED$ $5:6=4:EB=6:ED$

ゆえに，$EB=\dfrac{24}{5}$，$ED=\dfrac{36}{5}$

BE は円の接線であるから，方べきの定理より，$EB^2=EA\cdot ED$

$\left(\dfrac{24}{5}\right)^2=EA\times\dfrac{36}{5}$ $AD=ED-EA$

9 答 (1) 9 (2) 14

解説 図1~3 は，それぞれ球の中心を通り，底面に垂直な平面で切ったときの切り口である。

(1) 図1のように，点 A，B から底面にそれぞれ垂線 AC，BD をひく。また，点 A から線分 BD に垂線 AE をひく。

$AE=CD=8-2-3=3$ $AB=2+3=5$

$\triangle AEB$ で，$\angle AEB=90°$ であるから，

$BE=\sqrt{5^2-3^2}$

ゆえに，$h=3+BE+2$

図1

(2)(i) 球を B, B, A の順に
入れたとき, 図2のようにな
る。

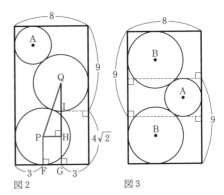

2つの球 B の中心を P, Q と
し, P, Q から底面にそれぞ
れ垂線 PF, QG をひく。ま
た, 点 P から線分 QG に垂
線 PH をひく。
PQ＝3＋3＝6
PH＝8－3－3＝2
△PHQ で, ∠PHQ＝90°で
あるから,
QH＝$\sqrt{6^2-2^2}$＝$4\sqrt{2}$

図2   図3

Q を中心とする球 B と線分

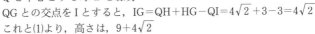

QG との交点を I とすると, IG＝QH＋HG－QI＝$4\sqrt{2}$＋3－3＝$4\sqrt{2}$

これと(1)より, 高さは, $9＋4\sqrt{2}$

球を A, B, B の順に入れたときも同様である。

(ii) 球を B, A, B の順に入れたとき, 図3のようになる。

(1)より, 高さは, 9＋9－4＝14

(i), (ii)より, 高さが最も低くなるのは, (ii)のときである。

p.233 **10** **答** 線分 AD の中点を M とする。

(1) ∠PAM＝∠PAC＋∠CAM

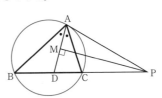

△ABD で, ∠PDM＝∠ABD＋∠BAM

PM は線分 AD の垂直二等分線であるから,
　∠PAM＝∠PDM

また, ∠BAM＝∠CAM（仮定）

よって, ∠PAC＝∠ABC

ゆえに, 線分 PA は △ABC の外接円に頂点
A で接する。

(2) (1)から, 方べきの定理より, PA²＝PB·PC

PM は線分 AD の垂直二等分線であるから, PA＝PD

ゆえに, PD²＝PB·PC

11 **答** (1) A(4, 3)

(2)(i) $b＝\dfrac{a^2-4}{4}$　(ii) $b＝\dfrac{(a-4)^2}{12}$

(iii) $\dfrac{9-6\sqrt{2}}{2}$

解説 (1) 円 A の半径が3で, x 軸に接するから,
A(c, 3) とおける。

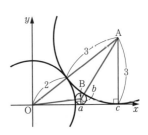

よって, OA²＝$c^2＋3^2$

OA＝2＋3＝5 であるから, $c^2＋3^2＝5^2$

$c^2＝16$　　$c>0$ より, $c＝4$

ゆえに, A(4, 3)

(2) 円 B は x 軸に接するから，半径は b である。

(i) $OB^2 = a^2 + b^2$ で，$OB = 2 + b$ であるから，$a^2 + b^2 = (2+b)^2$

ゆえに，$b = \dfrac{a^2 - 4}{4}$

(ii) $AB^2 = (a-4)^2 + (b-3)^2$ で，$AB = 3 + b$ であるから，

$(a-4)^2 + (b-3)^2 = (3+b)^2$

ゆえに，$b = \dfrac{(a-4)^2}{12}$

(iii) (i)，(ii)より，$\dfrac{a^2 - 4}{4} = \dfrac{(a-4)^2}{12}$　　$a^2 + 4a - 14 = 0$　　$a = -2 \pm 3\sqrt{2}$

$a > 0$ より，$a = 3\sqrt{2} - 2$

ゆえに，求める半径は，$b = \dfrac{(3\sqrt{2} - 2)^2 - 4}{4} = \dfrac{9 - 6\sqrt{2}}{2}$

12 （答）(1) EM＝MB，PM＝MA（ともに仮定）
より，四角形 EPBA は，対角線がそれぞれの
中点で交わるから平行四辺形である。

よって，EP∥AB より，

∠PEC＝∠CBA（錯角）

また，PA は円の接線であるから，

接弦定理より，∠CBA＝∠PAC

よって，∠PEC＝∠PAC

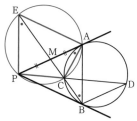

ゆえに，4 点 E，P，C，A は同一円周上にある。

(2) (1)より，∠CPA＝∠CEA（$\overset{\frown}{CA}$ に対する円周角）

EA∥PB（平行四辺形の対辺）より，∠CEA＝∠CBP（錯角）

また，PB は円の接線であるから，接弦定理より，∠CBP＝∠CDB

よって，∠CPA＝∠CDB

ゆえに，錯角が等しいから，PA∥BD

（別解）(2) △PAB で，PA＝PB（円の接線）より，∠PAB＝∠PBA

∠PBA＝∠AEP（平行四辺形の対角）

四角形 EPCA は円に内接するから，∠AEP＝∠ACD

∠ACD＝∠ABD（$\overset{\frown}{AD}$ に対する円周角）

よって，∠PAB＝∠ABD

ゆえに，錯角が等しいから，PA∥BD

10章　標本調査

p.234 **1.** **答** (1) 全数調査　(2) 標本調査　(3) 全数調査　(4) 標本調査　(5) 全数調査
解説 (1) 学校の安全性に関わることであるので，全数調査がよい。
(2) 製品をすべて調査すると，販売する製品がなくなるので標本調査がよい。
(3) 航空事故に関わることであるので，全数調査がよい。
(4) 全数調査では時間や労力がかかり過ぎるので，標本調査がよい。
(5) 強度が弱いと事故につながるので，全数調査がよい。

p.235 **2.** **答** 母集団は行事に参加した全員の年齢，標本は無作為抽出された150人の年齢，標本の大きさは150

3. **答** (エ)

4. **答** (1) 男子 71 人，女子 49 人
(2) 1 年生 40 人，2 年生 40 人，3 年生 40 人
(3) 1 年生男子 24 人，1 年生女子 16 人，2 年生男子 24 人，2 年生女子 16 人，
3 年生男子 24 人，3 年生女子 16 人
解説 母集団の大きさは，$895+608=1503$

(1) 男子は，$120 \times \dfrac{895}{1503}$　　女子は，$120 \times \dfrac{608}{1503}$

(2) 1 年生は，$120 \times \dfrac{297+206}{1503}$　　(3) 1 年生男子は，$120 \times \dfrac{297}{1503}$

p.236 **5.** **答** 67.6 点

6. **答** 62.2 %

7. **答** 39 個

解説 不合格品の比率は $\dfrac{3}{200}$　　2600 個中の不合格品の個数は，$2600 \times \dfrac{3}{200}$

p.237 **8.** **答** (1) 2.6 台　(2) 3900 台
解説 (1) $(1 \times 85 + 2 \times 134 + 3 \times 85 + 4 \times 66 + 5 \times 16 + 6 \times 10 + 7 \times 4) \div 400$
(2) 2.6×1500

p.238 **9.** **答** (1) 120.4 g　(2) 11 箱
解説 (1) 階級値を使う。階級 110 g 以上 114 g 未満の階級値は 112 g である。
$(112 \times 3 + 116 \times 20 + 120 \times 43 + 124 \times 32 + 128 \times 2) \div 100$
(2) 10 kg 入りの箱の中に，M サイズのみかんが何個はいっているかを推定すると，
$10000 \div 120.4 = 83.0\cdots$ より，1 箱に 83 個はいっている。　$450 \times 2 \div 83 = 10.8\cdots$

10. **答** (1) 2.4 冊　(2) 441 人　(3) 16704 冊
解説 (1) $(0 \times 2 + 1 \times 10 + 2 \times 15 + 3 \times 14 + 4 \times 7 + 5 \times 2) \div 50$
(2) 標本 50 人の中で，2 冊以上読んだ生徒数は 38 人である。

生徒数は，$580 \times \dfrac{38}{50}$

(3) 全校生徒が 1 か月に読んだ本の総数は，$2.4 \times 580 = 1392$（冊）と推定できる。
1 年間で読む本の総数は，1392×12

p.239 **11.** **答** 1625 匹
解説 この池にいる赤い金魚の数を x 匹とすると，$x : 250 = (60 - 8) : 8$

12. (答) 1543 個

(解説) 10 回の実験で取り出した 300 個の球のうち，印のある球は 35 個である。
はじめに袋の中にあった白球の個数を x 個とすると，$x:180=300:35$

13. (答) (1) 3：4：2　(2) S サイズ 75 箱，M サイズ 111 箱，L サイズ 62 箱

(解説) (1) S サイズの割合は，$\dfrac{49}{150}=0.32\cdots$　　M サイズの割合は，$\dfrac{66}{150}=0.44$

L サイズの割合は，$\dfrac{35}{150}=0.23\cdots$

ゆえに，S，M，L サイズの個数の比は，3：4：2

(2) (1)より，S サイズのりんごは，4500 個のうち $4500\times\dfrac{3}{3+4+2}=1500$（個）あ

り，5kg の箱に $5000\div250=20$（個）はいる。

ゆえに，S サイズの箱は，$1500\div20=75$

同様に，M サイズのりんごは 2000 個あり，5kg の箱に $5000\div280=17.8\cdots$ よ
り 18 個はいる。

ゆえに，M サイズの箱は，$2000\div18=111.1\cdots$

L サイズのりんごは 1000 個あり，5kg の箱に $5000\div320=15.6\cdots$ より 16 個は
いる。

ゆえに，L サイズの箱は，$1000\div16=62.5$

──────── **10章の問題** ────────

p.240 **1** (答) 8960 台

(解説) 1.4×6400

2 (答) 250 頭

(解説) この山のシカの生息数を x 頭とすると，$x:50=30:6$

3 (答) (1) 29.1 歳　(2)(i) 185 個　(ii) 137760 円

(解説) (1) 階級値を使って，$(3\times3+9\times12+15\times18+21\times21+27\times24+33\times31$
$+39\times18+45\times11+51\times5+57\times4+63\times3)\div150=4368\div150=29.12$

(2)(i) 標本 150 人の中で，18 歳未満の参加者は 33 人である。

記念品の個数は，$840\times\dfrac{33}{150}$

(ii) 標本の参加予定者を，参加費別の年齢区分に分けると，次の通りである。

年齢	0 歳以上 6 歳未満	6 歳以上 18 歳未満	18 歳以上 60 歳未満	60 歳以上
人数	3 人	30 人	114 人	3 人

ゆえに，$\left(0\times\dfrac{3}{150}+50\times\dfrac{30}{150}+200\times\dfrac{114}{150}+100\times\dfrac{3}{150}\right)\times840$

4 (答) (1) 0.95　(2) 3158 本

(解説) (1) 標本 500 本のねじのうち，規格内のねじの本数は 477 本であるから，

規格内のねじの比率の推定値は，$\dfrac{477}{500}=0.954$

(2) 用意するねじの本数を x 本とすると，$x\times0.95\geqq3000$　　$x\geqq3157.8\cdots$

MEMO

MEMO

MEMO

新Aクラス中学数学問題集 融合

「融合」という名の新しいタイプの問題集！

「融合」問題とは
1つの問題の中に複数分野の
内容をふくんだ総合問題です

◆ 高校入試の直前対策に！
◆ 中学数学の総仕上げに！

筑波大附属駒場中・高校元教諭
深瀬 幹雄 著

　1つの問題の中に複数の分野の内容をふくんだ問題を，融合問題といいます。入試では，中学数学で学習したさまざまなことがらを覚えているだけではなく，それらを関連づけて考えることができる学力が要求されます。そこで，この問題集では，入試によく出る典型的な融合問題を14日間でできる14ステージに精選し，順序よく配列しました。これらの問題を解くことで，確かな数学の知識がむりなく身につき，しっかりとした分析力，見通しをもった計算力と的確な表現力が着実に身につきます。解答編では，考え方や解き方がわかりやすく，ていねいに解説してあります。また，中学数学の重要なエッセンスをまとめた付録もついています。

新Aクラス中学数学問題集 融合　A5判・124頁　1000円